区域规划理论与方法

周建明 著

中国建筑工业出版社

图书在版编目（CIP）数据

区域规划理论与方法 / 周建明著. — 北京：中国建筑工业出版社，2013.6
ISBN 978 - 7 - 112 - 15453 - 1

Ⅰ. ①区…　Ⅱ. ①周…　Ⅲ. ①区域规划 - 研究 - 中国
Ⅳ. ①TU982.2

中国版本图书馆 CIP 数据核字（2013）第 108224 号

责任编辑：郑淮兵　马　彦
责任校对：王雪竹　刘梦然

区域规划理论与方法

周建明　著

*

中国建筑工业出版社出版、发行(北京西郊百万庄)
各地新华书店、建筑书店经销
中新华文广告有限公司制版
北京世知印务有限公司印刷

*

开本：787×1092 毫米　1/16　印张：19　字数：470 千字
2013 年 11 月第一版　　2013 年 11 月第一次印刷
定价：**45.00** 元
ISBN 978 - 7 - 112 - 15453 - 1
(24010)

前 言

《区域规划理论与方法》书稿源于我在中国科学院地理研究所（即现地理科学与资源研究所）的博士论文。1993年3月论文通过答辩后，当时北京某知名出版社的一位高级编辑建议我修改后在该出版社出版，后因某些原因而搁置了。

今天面世的书稿，是在当初博士论文的基础上，删除了一部分过时或与本书主旨关联性不强的内容，补充了工作以来参与我导师吴传钧院士的两次国家自然科学基金课题研究成果和我撰写的部分书稿、文章，还有我在中国城市规划设计研究院工作以来参与、主持的国家自然科学基金、科技部攻关项目、中国工程院咨询项目以及地方委托的城市和区域规划项目的成果，经总结、删减、充实、完善后完稿。本书初稿撰写之时正值我国"以经济建设为中心"、实行"改革开放"国策，开展大规模经济建设之时。为指导全国的经济建设，当时的国家计委国土司和国内学界，主要是地理界和经济界，学习西方和日本等，在全国范围和不同空间尺度开展的国土开发整治规划，先后编制了京津塘、东北老工业基地、欧亚大陆桥城镇带规划等，特别是长江沿岸地带得到大规模开发；形成了增长极、点轴开发、网络开发等在全国和各省区域开发中常用的三种模式，以增长极核理论为基础的点轴开发模式得到尤为广泛的推行并取得实效，提出了认同度较高的全国"T"字型和"弓箭开发"宏观战略布局。20世纪80年代中期以后，以城镇体系规划为主的区域规划逐步占据主导地位，在中国开始提出的城镇体系规划"三结构一网络"（即城镇体系的规模等级结构、职能结构、空间结构和交通网络）理论和方法，为城市规划部门所接受并广泛使用，并纳入到《中华人民共和国城市规划法》和建设部《城镇体系规划编制办法》中。20世纪90年代末期起，我国陆续出台了西部大开发、促进中部崛起和东北老工业基地振兴等区域发展战略，编制了长三角地区、珠三角地区、京津冀都市圈、海峡西岸经济区、成渝城乡统筹示范区、长株潭城市群区域规划、鄱阳湖生态经济区规划等区域规划。在总结过去经验的基础上，为实践科学发展观和建设"资源节约、环境友好"社会，2010 年 12 月国务院印发《全国主体功能区规划》。自撰写博士论文到现在，虽中间有起落，但我国政府对区域规划的重视一直未变，未来将更加重视区域规划的编制。故此，在系统梳理国内外区域规划理论与方法的基础上，跟踪、总结我国区域规划的实践，丰富我国以地域分工理论、城镇体系规划和主体功能形成为主要内容的区域规划理论体系，形成以区域特征因子解析、过程与机制研究、区域空间组织为主要支撑，区域特色产业培育和竞争力提升为主要目标的理论和方法，无疑将对我国的区域规划理论创新和实践应用具有一定的指导和参考。这是作者出版本书的背景和目的。

感谢我的夫人张诗琳女士一直以来对我工作的大力支持和对家庭的无私奉献！感谢我的父亲周云龙先生和母亲凌月华女士，是他们用勤劳的双手和节俭的品德让我从农村走向了首都！感谢我的两位恩师吴传钧院士和郭来喜教授，他们"润物细无声"的传道授业解惑，使我从学生到社会受益终生！感谢我在中国城市规划设计研究院的直接领导秦凤霞主任一贯的信任、支持和关心、爱护！感谢北京大学江艺东硕士和甘霖学士！她们帮我梳理了稿子中的相当部分内容，包括参考文献的注解等。她们是我所接触的少有的聪明灵气、专业基础扎实的优秀学生。

周建明

二〇一三年七月十六日于北京

目　　录

引　言

　　区域，是当今全球竞争最重要的空间载体和最基本的地域单元。

　　自20世纪掀起的市场化浪潮方兴未艾，21世纪又以时代的强音宣告了全球化的到来。在市场化与全球化交织的进程中，世界呈现出全新的、开放的、动态的发展环境，信息、资本、技术、劳动力等要素在最大范围内实现了空前的快速流动，区域的角色与作用正在发生深刻的变革。

　　区域化是当今世界经济地理格局中最显著的变化趋势。全球竞争时代，商品流、资金流、信息流的频繁发生，使分散的城市走向联合，城市体系从点状变为网状，建立在功能节点（中心城市）和发展轴（联系方向）结构之上的城市区域应运而生。此时，西方国家纷纷通过中央权力下放或城市联盟权力上交，构建大都市区（metropolitan region）和都市连绵带（megalopolis）等区域层次的空间单元，以形成全球竞争体系中新的竞争优势来源。这种以提高区域竞争力为目标的发展理论称为"新区域主义（New Regionalism）"。

　　在新区域主义盛行的趋势下，传统的以单个城镇为中心视点的规划与研究已经无法适应新的时代要求，区域规划和区域研究日渐体现出其无法替代的价值。为适应社会经济发展的需要，以研究生产力布局为内容的经济地理学已然从研究宏观总体平面式布局及微观个体（企业）区位选择发展到以区域开发为核心的轨道上来。

　　当今中国，处于空前的转型期、发展期、矛盾期和竞争期，正在迎来区域经济发展的黄金契机。市场化趋势下，新体制的引入和运行使地方政府经济行为的独立性日益强化，原体制下不合理的区际关系及区域利益格局因此震荡和裂变。全球化环境中，作为国家宏观规划与地方各层次规划之间最有效的中间管制手段，区域规划正在成为协调社会经济的先进形式和竞争优势的重要来源。是故，如何重塑我国区域关系的新格局已成为国家经济持续发展的重要途径。

　　本书尝试从中观尺度①的区域开发出发，在评析传统开发理论的作用时，探寻其突破口。本书的思路是从构筑中观尺度的地域组织理论入手，并与国家宏观经济环境改善和区域内部结构调整相结合，寻求国家与区域、区域与区域联系协调的同时，探索区域开发的优化途径。

　　本书基本结论如下。

　　（1）区域开发的实质：协调国家与区域、区域与区域的关系并培植起区域的自发展能力，寻求区域开发的优化途径。协调的手段是国家通过其宏观调控能力改善区域外部不合理的经济环境及建立区域自身的有效竞争空间。协调的结果是形成合理的区际联系及区域内部结构的优化。

---

　　①　在城市规划的体系中，区域规划介于国土尺度的宏观规划与城市尺度的微观规划之间，因而是中观尺度规划的代表。

（2）有关的区域开发理论：主要集中于区际联系和效果，区域内部结构与开发方式选择，微观开发理论及动态理论等方面。但这些理论的疏忽点是区域的空间尺度。

（3）有效竞争空间是从市场发育、经济组织、企业激励和信息成本四个方面揭示区域开发的优化途径。即以区域产业结构的突破口——中高技术层次产品达到规模经济所需要的市场容量和生产要素（尤其指不流动要素：如资源）的地域空间分布和组合为前提，同时还必须考虑以下几个方面对其的形变：合理有效的社会经济组织，完善区域市场所需的信息成本，对企业活力的有效激励，以及有相当竞争力的区域增长极或地域生产综合体以便取得较好的集聚经济效益。

（4）区域开发的途径应是宏观基础具有合理的外部环境并通过中观区域经济开发的组织者和管理者；调整区域内部结构的同时在微观层次选择与区域开发相协调的匹配企业，并激励企业活力的发挥。

第一章 区域规划与开发

中共十一届三中全会以来，我国的经济体制经历了从中央政府高度集权的计划经济到有计划的商品经济及至目前的社会主义市场经济的大跨度转变。随着新旧体制交替时的冲突和矛盾及经济体制改革的不断深入，中央政府对地方政府的放权日益加大。地方政府从作为执行中央计划的职能部门发展到具有较强独立经济行为的区域经济组织者，省级政府的经济行为成为项目投资和地方经济运行的主要决策因素。以此相对应，我国的生产力布局模式也由以产业或生产部门在不同经济空间的配置为线索，即产业主导型，向产业配置区域化的方向发展。尤其在进入新世纪以后，"十一五"和"十二五"规划纲要相继将区域规划置于高度重视的战略地位，将西部大开发、东北振兴、中部崛起、东部率先发展和国家层面区域规划确立为国家总体发展战略，在全国范围内掀起了以城市区域规划为重点的新一轮区域规划高潮。在此背景下，区域开发中多方利益的协调与区域竞争力的提升已成为地方政府和国家经济发展的关键。

如何认识自改革开放至今我国生产力布局的变化特点以及造成这种变化的原因，又如何分析这种变化的作用和存在的问题；这关系到新体制下宏观总体战略中国家与区域、区域与区域的协调，以及区域开发的相关理论。

本部分着重对区域规划与区域开发的基本概念予以概述。

第一节 区域与区域开发

区域开发涉及区域、开发区域和区域开发三个方面，研究区域人地关系协同作用下区域经济的发展问题。因此，在研究区域开发以前，首先必须对上述三个概念给予框定。

一、区域

区域的研究涉及多种学科，各门不同学科从其各自的观点出发对区域有不同的定义[1]。

英国地理学家迪金森（R. Dickinson）认为区域概念是用来研究各种现象（物质、生物和人文）在地表特定地区内结合成复合体的趋向的。这种复合体有一个场所、一个核心和在它们边缘地区明确程度不同的变化梯度[2]。

美国地理学家惠特尔西（D. Whittlesey）主持的国际区域地理学委员会研究小组提出"区域是选取并研究地球上存在的复杂现象地区分类的一种方法"，认为"地球表面的任何部分，如果它在某种指标的地区分类中是均质的话，即为一个区域"，并认为"这种分类指标，是选取出来阐明一系列在地区上紧密结合的多种因素的特殊组合的"。

陈传康教授把 P. James 所给的区域定义和英语对区域的通用解释结合起来，给区域下了一个最通用的定义：区域是用某个或某几个特定指标划分出来的一个连续而不分离的空间，这个空间是指地球表层的一定范围，它的界线是由这些指标来确定。这些指标可以是均质共性（如气候区，植被地带等），也可以是辐射吸引力（如运输枢纽、流域、贸易区等），也可以是一定的管理权（如行政区、教区等），更可以是一定的土地类型结构分布范围（如一定土地类型组合在该区内经常重复出现，构成一定复域分布的自然区），还可以是起着一定的职能作用（如城市规划中的功能区）[3]。

作为地理学中最重要的概念，"区域"被一些地理学者认为是地理学的研究对象，或者是地理学的研究中心[4-6]。但是，在地理学中有关区域的概念还存在以下几个方面的不同观点。

（1）分区是否具有客观性。以英、美为代表的西方地理学家偏向于认为分区是主观的。我国大部分地理学家偏向于认为分区是客观的。作者认为按辩证唯物主义观点，地表分异的客观存在构成区域划分的基础，这是区域划分的客观性；另一方面，由于区域系统的内在复杂性，以及区划工作者认识上的局限性，故而作为区域划分主体的人由于其对客观区域认识的不同，必然会带上其主观性。因此，区域划分就是进行区划的人主观对客观的反映，是主客观的统一。

（2）区域的划分是否具有无限可分性。英、美等西方地理学家偏向于认为：地球空间可以无限地分成大小不同的片段。当地球空间这样一个片段用界线划分出来时就称为一个地区。这里，必须区分出两种地区，一种是从地球空间人为地划分出来的片段，另一种是称为"区域"的特定地区。大部分前苏联地理学家（除 A. 阿尔曼德）还有我国目前比较公认的观点认为：要达到一定的面积，内部具有一定结构特征的范围才称为"区域"；区域内的"片段"不能称为"区域"。作者同意后一种观点，区域虽可划分成不同层次，但划分区域则是为实现一定的目的。从理论上讲，不管区域范围有多大，在其内部的差异则是始终存在的，因此可无限细分；但在实践应用上，到一定尺度后，区域内部的继续细分不仅会存在技术方法的困难，越来越受制于区划者的主观因素，且亦是无实际应用价值的。

（3）区域在地表空间是否具有重复性和空间的不可或缺性，这要看划分区域的目的而定[6]。

参照《简明大英百科全书》对区域所下的定义，区域是有内聚力的地区。根据一定标准，区域本身具有同质性，并以同样标准而与相邻诸地区或诸区域相区别。区域是一种学术概念，是通过选择与特定问题相关的特征并排除不相关的特征而划定的。区域的界限是由地球表面这个部分的同质性和内聚性决定的。区域也可以由单个或几个特征来划定，也可按一个地区人类居处的总情况来划定。社会科学中最普遍的特征是民族、文化或语言，气候或地貌，工业区或都市区，专门化经济区，行政单位以及国际政治区域（如中东）。

至此，可以对区域下一个确切的定义：区域即是按一定指标（一个或多个）划定的具有一定地域范围的连续的空间实体。

区域可以按特定目的和指标体系进行分类，从广义的较概括的角度分类一般有三种分法。

（1）按区域的主体属性可分为自然区、经济区和行政区三种。

（2）按认识和分析区域的方法论分类，有同质区域、结节区域和规划区域。

（3）J. Friedmann 从中心—外围的关系出发，将区域划分为特大城市发展区、向上转移区、边远区、衰退区四种[1]。

二、经济区与开发区域

本书涉及的主体对象开发区域，是区域的一种特殊类型，属于规划区域的一类。它与经济区接近，但又与经济区相异。

综合几本较权威的地理著作对经济区所下的定义可看出：经济区是在劳动地域分工基础上形成的、不同层次和各具特色的地域经济单元。是以中心城市为核心，具有全国性意义的专门化和发达的内部及国际经济联系的地域生产综合体；是在商品经济发展的一定阶段以后，社会生产地域分工的表现形式[1-3]。

（一）经济区的种类

经济区按其所包容的内容划分，一般分为单功能经济区和综合型经济区。

所谓单功能经济区，即是指为达到某项指定经济发展目的而划分的区域。这类经济区划定的标准主要是区域经济发展的条件一致或在经济发展中所遇到的问题类似。包括两个亚类：部门经济区和特定经济区。前者是指在全国或大区范围内对某个经济部门划定的经济区。后者是指地理空间上的局部地区，同其经济发展水平或潜力或障碍的一致性而专门划定的地区。前者要求在地理空间上连片划定，既不重复，也无空缺；后者在地理空间上存在一定的局限性。

综合型经济区主要包括流域区及综合经济区。二者的相同点都是因经济发展水平的区际差异所形成的劳动地域分工，即为了充分发挥区域优势与区际联系和合作而形成的区际专门化与区域综合发展相结合的综合型经济区域。而由于划分的目的不同，二者在诸多方面也存在差异。

（1）流域区是以河流为中心，以河流流域内的资源综合开发为基础而划定的经济区。流域内部的资源与经济联系极为紧密，因而世界多数国家皆将其中大的河流流域作为统一的经济区综合考虑。

流域区具有以下三个最典型的特点：首先，流域是关联度很高，整体性很强的区域，流域内资源及其经济具有相互依存和整体性的特点。不仅各自然要素互相间联系极为密切，而且地区间的相互影响极其显著，特别是上下游地区间的关系密不可分。这种属性要求人类在流域内进行各种经济开发时，都必须考虑到人类活动给流域带来的影响和后果。其次，流域内资源的开发具有多目标的综合性特点，因而必须把流域作为一个系统工程，进行整体的综合开发，因为大的河流一般跨越的地域范围较大，且兼具水资源、水能、水运及流域内其他资源及生态环境等多方面的功能。流域内的经济开发，除了要与流域的自然环境相适应外，还必须达到区域间、部门间的协调与配合。最后，流域经济区是一个多层次、多目标的综合经济区。在流域经济区内部，从横向的地域范围上看，有干流流域，重要支流流域，中小支流流域等不同层次的经济区；从纵向看，可以分为河流开发治理、水资源综合利用、流域生产布局等。

根据流域经济区进行综合开发的成功例子有美国的田纳西河流域，前苏联的安加拉—

叶尼塞河流域的综合开发以及法国的罗讷河里昂—地中海段的综合开发。

（2）综合经济区，它是指拥有某些方面的优势与一定的经济发展实力，因而可以为实现更高一级经济区（直到国家）的总的发展目标，独立承担一个方面任务的、连续的区域。在综合经济区的经济结构中，占主导地位的是那些为实现上级经济区的发展目标，推动地区经济发展的专业化主导部门。建立这种经济区的目的在于使得系统中各个区域都能有计划地建成结构合理、联系密切、相对独立的经济实体，以便最大限度地取得集聚经济效益，并使得各个区域都有条件发挥它们的主观能动性，与其他区域一道，分工合作完成全国总的发展任务。

综合经济区的划分一般遵循以下三个原则：

1）首先要服从国家地域分工的需要，但同时也需尽可能使各经济区都能依靠自己的条件发展生产，在相当程度上满足本地区生产与生活的需要。

2）综合经济区是由中心城市与腹地结合组成的区域。

3）各级经济区的界线应尽可能与行政区的界线相一致。

（二）经济区的功能

经济区的功能是由划分它的目的及经济区自身的地位两方面决定的。

划分经济区的目的是根据社会生产劳动地域分工理论，合理组织区际分工，使经济整体在地域空间布局与产业联系协调两方面，促进经济合理高效发展；或者是为帮助指定区域实现经济、社会的目标而划定。因而，经济区自身的性质、特点及其在上一级区域系统中的地位就成为其承担一定的区际任务、规定其发展方向的主要基础。

（三）经济区的性质

作为一个经济区，它必须具有以下几方面性质。

（1）区域性。经济区是在劳动地域分工基础上形成的，不同层次和各具特色的地域经济单元。无论是何种经济区，都是作为一种经济实体存在于地域空间的。经济区作为一种特殊区域，为完成一定的功能和目的，必须落实到一定地域空间上才能完成。

（2）整体性。经济区作为一个相对独立的经济实体，在与其他区域发生联系的同时，必须拥有一定的自主权与自我发展能力；即区域关系在区际分工中承担一定的专门化职能的同时，还必须在其自身内部的各组成部分之间相互协调与配合，形成区域大系统中的一个相对独立的子系统。

（3）客观性。经济区是社会生产劳动地域分工发展到一定阶段的表现形式，是客观存在的，也是可以认识的。

（4）阶段性。经济区是客观存在的物质实体，是社会生产劳动地域分工的产物。因而社会经济的发展会引起经济区内部结构和外部联系的变化，并从初级形式向高级形式演变。当这种变化处于量变阶段时，经济区的形式表现为相对的稳定性；当量的积累引起质的变化时，则显示出阶段性的特点。

（四）经济区的功能结构

经济区的功能结构与其类型相一致，单功能经济区，其内部功能为某个经济部门的专门化生产地域单元，或者是为解决特定问题而组建的功能区。但是，即使是单功能经济区，在其经济区内有一定的专门化主导部门外，还有其他与此相关联的部门，包括为专门化部门服务的辅助性部门以及地方服务性部门。特定问题的经济区亦然。对特定问题的经济区而言，它虽不一定有具备区际意义的专门化生产部门，但是其内部除一定的主导产业以外，还有其他相关的辅助产业与之相配套。

对综合型经济区而言，情况更是如此。在综合经济区内部，除为实现劳动地域分工而形成的专门化主导产业部门以外，还有其内部各部门，区域内部各个子区域间经济联系的辅助产业部门。综合经济区是以中心城市为核心，以商品流、物质流和信息流的方式构成内部产业间和不同地域间的联系。在每一综合经济区内部，根据其自然和社会经济条件，形成一个或数个具有全国或区际交换意义的专门化部门；以及为专门化部门服务的，与专门化部门具有紧密联系的前向、后向与旁侧辅助性生产部门；为区内服务的自给性生产部门和基础设施；使区内国民经济各部门相互依存与制约，按一定比例协调发展。

（五）经济区的形成过程

经济区形成的理论基础是劳动地域分工理论，划分经济区的前提是区域差异。

关于经济区形成的基础问题，目前国内外有两种不同观点：以英、美为代表的西方地理学家偏向于认为分区是主观的；我国大部分地理学家偏向于认为分区是客观的。经济区是社会劳动地域分工发展到一定历史阶段的表现形式，人们根据不同的社会目的，划分出不同类型的经济区。从经济区形成和发展的过程来看，它是社会劳动地域分工的必然结果。马克思在论述文化初期和交换时认为："不同的社会在各自的自然环境中，找到不同的生活资料和不同的生产资料。因此，它们的生活方式、生产方式和产品也就各不相同。这种自然的差别，在公社互相接触时引起了产品的互相交换，从而使这些产品逐渐变成商品。"这是说各地区自然条件的差异是社会生产劳动地域分工的自然基础。

从人类历史上第一次社会大分工（农牧业的分工）到第二次社会大分工（手工业从农牧业中分离出来），在地域上也就相应地出现从农牧区的分离到城乡分异的发展。社会生产部门分工与其相应的地域分工是经济区形成的客观基础。

（六）经济区划

经济区划是为了合理组织劳动地域分工，依据区划目的确定区划指标，划定经济区，以达到在加强区际分工与联系的同时使区域经济合理化发展的目标。

根据经济区划的目的和功能，可以将其分为综合经济区划与部门经济区划。一般所称的经济区划主要是指综合经济区划，是为国民经济的整体服务的。部门经济区划则以国民经济某一部门为对象，为该部门的发展规划与合理布局服务。如工业、农业、交通运输、旅游、商业区划等。在部门经济区划内又有综合部门经济区划和单项部门经济区划。

新中国在建国初期主要借鉴前苏联的经济区划方法，后来随着对外开放的深入，对西方国家的经济区划方法也有所采用。

1. 前苏联经济区划

前苏联经济区划开始于20世纪20年代初，由全俄中央执行委员会和国家计委直属经济区划委员会研究制订。他们对经济区的认识如下：经济区是国内一个特殊的、经济上尽可能完整的地区，这种地区由于自然的特点和历史文化的积累，区内居民及其生产技能等方面的相互结合使它成为全国整个国民经济体系中的一个环节，一个具有合理的区际分工（地区生产专门化）和区内综合发展的地域生产综合体。

（1）前苏联经济区划的目的

全俄电气化计划的负责人 R. M. 克尔查诺夫斯基认为，前苏联经济区划的目的是为了保证全国和各地区的最高工作效率，为计划管理和直接的经济和行政活动创造条件，以便用最少的人力、物力和财力消耗获得最大的经济效果。

（2）前苏联经济区划的原则

1）经济区的客观性。经济区是社会劳动地域分工发展到一定阶段的表现形式。它的发生和发展受其内部客观规律支配，故而和社会劳动地域分工一样，是客观存在的。

2）经济区的整体性。经济上的一致性是经济区最重要的标志，也是经济区划最重要的依据。

3）经济区划的战略性。经济区划的目的，是为了在认识经济区的形成和发展规律的同时能动地影响其发展，使其向有利的方向发展，力避不利因素的影响。

4）地区生产专门化和经济综合发展。地区专门化部门是依据地区优势形成和发展的，反映出一个地区在全国经济中所占的地位和所起的作用，是经济区的核心。地区经济综合发展是指一个经济区除了有全国性意义的专门化部门这个核心以外，还应有为专门化部门服务的辅助或配合部门以及生产当地居民日用消费品的部门。三类部门按一定比例结合形成的地区经济的综合发展，一方面有利于促进地区专门化部门的顺利发展，另一方面也有利于地区经济取得更好的经济效果。

5）经济区划与行政区划的统一。社会主义经济区划和行政区划统一的特点，是由社会主义国家本身的性质所决定的。各级国家机关是各级行政区经济的组织者和领导者，任何一级行政区界一经划定，行政区界内的各地都加强了对行政中心———一般也是经济中心———的经济向心力，经济区划适当考虑行政区划有利于地区经济的统一。

6）中心城市的经济吸引。城市与周围腹地之间具有地域分工上的紧密联系，城市是区域经济的中心，区域则是城市形成和发展的依托。经济中心以其经济实力和各种潜力强弱为极限形成其对周围地区的吸引范围，每个经济中心以其经济上的吞吐能力为向外辐射和吸引的极限而形成其经济腹地，最终构成一系列不同等级的地域（经济吸引范围）系统。

7）重视交通运输的作用。前苏联经济区划专家认为，运输是实现地区之间和地区内部经济联系的物质手段，也是制约地域分工的重要因素。运输线路的分布，很大程度上取决于货流的地理分布以及区内和区际的经济联系，稳定的大宗货物货运分界往往成为各层次经济区的分界线。因而，充分考虑交通运输因素，以便形成合理的实际区内联系，提高社会生产率。

8）经济区划中的民族问题。前苏联是多民族组成的联盟国家，考虑经济区划时，把民族问题放在重要地位来处理。

（3）前苏联经济区划系统

按上述目的和原则划分的前苏联经济区划系统分成经济地带、基本经济区（或称大经济区）、行政经济区（与州和地区的范围相适应）、基层经济区（与城市工业区的范围相适应）四级系统。

（4）前苏联经济区划的方法

1）动力生产体系法。由著名经济地理学家科洛索夫斯基提出，基本思路是把工艺上有"亲缘关系"的各企业的地理组合作为经济区的基本组成单位。这种方法划分经济区是按生产过程：从燃料动力、原料生产起，沿生产顺序经过各种加工过程，直到各种制成品的生产，组成一个动力生产体系。由这些动力生产体系根据扩大再生产的需要，组合成各层次的经济区。

2）经济中心吸引法。按中心城市（或称经济中心）及其吸引范围划分经济区，再把它们联结起来组成区划网络。各不同等级和不同吸引范围的经济中心组成了不同层次的经济区。这种划分方法的优点是便于正确揭示各地域内部的经济联系和区际分工。缺点是经济中心之间的吸引范围界线与合理的经济区之间有时出入较大，难于划定。

3）经济联系法。即根据各地区之间交通运输联系的便利程度划分经济区。

4）统计分类法。根据一定的统计材料，选择一定的指标对地域空间进行分类，按区际差异性和区内相似性原则划分经济区域。

2. 西方资本主义国家经济区划的理论和方法

西方国家经济区划的目标：经济区划是组织区际合理分工，有计划地建立与加强区内各部门间、各子区域间经济联系，指导区域经济朝着最有利方向发展的有力工具。

（1）西方国家经济区划的类型

1）单功能经济区域类型。可细分为：在全国或大地区范围内，为规划发展、合理布局某个经济部门而划分的部门经济区，如农业区、工业区、旅游区等；为了解决某些局部地区的特定经济问题而划分的经济区，如经济开发区、经济贫困区、经济萧条区、经济过度集聚区等。单功能经济区划分标准一般有两个：一是地区生产发展条件的一致性，或是在经济发展中所遇到的问题类似；二是在地理上集中连片。

2）多功能综合区划类型。多功能综合区是为了充分发挥各地区的优势，合理组织地区各行业之间与各城乡之间的生产与非生产联系，建立合理的区际分工与协作而划分的综合区。主要分为流域区与综合经济区。

（2）西方国家经济区划的方法

1）主要按地域分工划分综合经济区，按地区专业化部门的规模和地域范围自上而下、逐层划分综合经济区。

2）主要以城市为中心，以市场区分界线划分经济区。

（七）开发区域

"开发区域"按 J. Friedmann 的定义是被限定在以共同的开发前景和问题为基础的地区。按中心—外围理论，他认为有五种类型的开发区可被确定。

（1）核心区，与 François Perroux 的增长极（Polesde Croissance）概念相似，即具有高潜力经济增长能力的城市。在核心区的分类中，至少有四种等级：国内大都市区、区域的首府、亚区的中心和地方服务中心。

（2）向上转移区，与开发走廊的定义相似，是资源禀赋好，具有与核心区相关联的区位，经济资源被更好利用的地区。

（3）资源待开发区，位于向上转移区以外，以新聚落和处女地开发或最新发现的矿藏和森林开发的大规模投资为特点，是"新的希望区"。可分为接触和非接触前沿区。

（4）向下转移区，古老的、已定居的地区。这种定居区的农村经济必须是停滞的或衰落的。它的特殊资源组合被认为是很有希望的，但在过去却只有轻微开发。

（5）特殊问题区[1]。Colin Mellors 和 Nigel Copperthwaite 把欧盟内的问题区域归纳为六种类型：1）经济滞后区（低收入、低生产率和高失业，以农业为主导，工业和服务业不发达，位于地理上的边缘区位）；2）工业衰落区（工业化最早的一些区域，现在正处于打破就业平衡与发展服务业的过程中，因为它们的老化工业常面临来自进口商品的竞争，家庭需求变化和区位转移，产业的、区位的和需求的变化结合产生了经济衰退，基础设施日益老化，失业率逐渐升高）；3）农业区域；4）城市问题区；5）边缘区；6）边境区[2]。

三、区域开发

区域开发通常是在综合开发利用当地资源的基础上，建设相应的基础设施和城镇居民点体系；也可以以调整或协调区域内人口、资源、经济、环境间相互关系为目标；或根据中央与地方政府不同时期社会经济发展所提出的要求进行。

参考有关文献（胡序威，1991，3，陆大道 1987，3；吴传钧，1990；毛汉英 1990；J. Friedmann 1966），区域开发主要侧重于以下几个方面的研究：区域自然地理基础与特征，区域经济开发战略目标和方向，区域的产业结构及其演替机制，区域开发的空间结构和开发方式，以及区域开发的宏观调控机制。

作者认为，区域开发是在系统分析开发区域发展的宏观基础及中观约束基础上，在协调经济、社会、生态效益的前提下，制定不同时期区域开发的战略目标和发展方向以及与之配套的区域政策，并协调和发展区域的四维结构（区际联系，包括国家与区域、区域与区域；区域的产业结构；区域的空间结构；以及区域的时间结构——阶段目标的衔接），使其能综合、协调、优化发展。它具有地域性、综合性、战略性、开放性、动态性等特点。

从开发区域人地关系、地域系统的观点来看，区域开发的主要内容应包括：

（1）开发区域的开发条件评价。包括区域的自然条件，资源及开发条件，区域系统的特征及经济发展水平分析。

（2）确定区域的空间尺度，形成合理有效的竞争空间。这是从市场发育、经济组织、企业激励和信息成本四方面结合形成合理的区际联系和增强区域自发展能力的最重要措施之一。本人认为它是一种中观尺度的地域组织理论（详见本书第二部分），虽然这方面从未被学术界提及和重视。

（3）确定区域社会、经济开发战略、目标和发展方向。

（4）改善宏观经济环境，协调国家与区域、区域与区域的关系。

（5）改造区域内部系统。研究区域系统形成和时空演化的运行机制，从产业结构和地域空间结构两方面出发，使开发区域形成自组织的协同作用，使其向高级方向演进。

（6）区域开发的微观机制研究。涉及区域开发所需的企业类型、性质、组织选择及其空间行为，区域对企业的激励和引导，企业与区域的协调。

（7）区域调控机制和区域政策的研究。

（8）区域发展仿真模拟和区域预测研究。

第二节　区域规划的构成因子

在区域规划过程中起促进或制约作用的因子包括以下五类。

一、宏观经济环境

区域规划的宏观经济环境是决定区域开发模式的宏观基础，包括以下两方面内容。

（一）国家宏观开发战略与区域政策

国家宏观开发战略，根据国家对其内部不同地区国土资源差异和优势的分析，并结合国家总体发展目标而制定。宏观开发战略一旦制定，便确定了一系列区域政策，包括投资政策、区域开放政策、计划内物资分配政策、信贷政策、财政政策、扶贫政策等等。这些区域政策的倾斜程度直接影响到区域经济的发展。

如国家自 1978 年以来，从沿海开放转向沿海和长江的"T"字形开放，又转向"三沿"（沿海、沿长江和沿边）开放的宏观战略，依次带动了经济特区、沿海开放带、沿江开放带、边境开放带等区域的兴起。

（二）现状经济环境与合理经济环境的偏差

现状经济环境与合理经济环境的偏差影响着区域优势的发挥及地区冲突的剧烈程度，也最终影响到国家宏观总体利益，并使中央政府作出反应，从而调整国家的区域政策。整个过程可以表示为：总体目标—国家宏观开发战略与区域政策—区域开发的成效、差异与地区冲突—国家宏观总体效益及总体目标的实现情况—反馈到政府部门—调整国家的区域政策。

合理的经济环境有利于区域优势的发挥，亦有利于国家宏观总体效益的实现，目前我国经济环境与合理经济环境大致存在以下偏差：

（1）价格体系不合理。能源、原材料和初级产品的价格低于其价值，与加工工业的高附加值形成剪刀差，使得以初级产品生产为主的中西部地区在与东部地区的联系中蒙受着价值的双重损失。

（2）国家宏观调控不力。东部沿海地区由于市场占先效应，率先建立了高附加值的加工工业体系，抑制了中西部地区按比较优势本应发展起来的一些加工工业。20 世纪 90 年代由于国家宏观调控不力，重点项目拼盘式投资在东部沿海地区因资金雄厚而尽得先机，进一步恶化了产业布局的不平衡性。

（3）财政、税收、外汇留成比例不合理以及信贷优惠条件的倾斜，亦使东部地带较之中西部地带得到更多的实惠。

（4）区域开放政策的梯度差以及投资环境的差异，使得我国东部地带的投资收益率和工资水平高于中西部，从而使得中西部地带本就不足的资金通过银行系统转入东部，大量的人力资本流入东部。

以上偏差直接造成了东、中、西三大经济带的不平衡发展。对于中西部地带，一方面由于价格体系的不合理导致既得利益无端流失；另一方面，由于经济发展水平落后的累积效应，贫困犹如飘在上空的阴云，长期在头顶盘旋。这就使得以公平为施政目标之一的中央政府不得不以区域政策对其实施财政补贴，如果用"输血"和"造血"来比喻国家扶贫与中西部地带经济发展的关系，则无疑是"输血"代替了"造血"功能。不过，真正抑制"造血"功能的，并非"输血"本身，而是不合理的外部经济环境使西部地带陷入贫困的恶性循环。由于历史原因和地理条件，造成中西部地区经济发展水平和产业结构起点落后，而不合理的宏观经济环境更扼杀了中西部经济发展的能力和活力——原本依照相对优势可获益的初级产品生产因价格偏低而亏损，煤炭等一些部门生产越多亏损越大，严重挫伤了当地发展此类产业的积极性。面对如此显著的偏差，近十年来中央政策向中西部地区多有倾斜，作为对区域发展现状的政策反馈，以调整区域经济不平衡发展的局面。

二、地域尺度

地域尺度对区域开发的影响表现在以下四个方面。

（1）不同地域尺度的区域，其国土资源的量和质均存在差别，这会影响到区域开发过程中区际联系的程度以及重点产业对资源需求的供给情况，即影响到开发区域的总体实力、开发规模与开发程度。

（2）地域尺度影响到区域产业结构的形成和发展，足够的空间能够使区域集中足够的资源，实现中高技术层次主导产业的突破和多适性产业结构的形成，并促使区域的产业结构演替。

（3）地域尺度影响到开发区域内部增长极等级体系的形成以及地域联系格局的调整。尤其对于落后地区而言，足够大的地域空间可以通过内部核心区的选择，培育起具有较强自发展能力和较高增长率的经济增长极，促成其内部核心区与其腹地的循环累积，改变区域在与先进地区联系中的被动和边缘区的地位，形成互利互惠的垂直型和水平型分工共存的联系方式。

（4）地域尺度对区域开发的作用是通过建立合理有效的区域社会经济组织而实现的。一方面，若开发区域的尺度过大，政府的组织层次过多，政策激励的传递和中转次数就会增多，信息失真将使激励效果减弱；另一方面，地域尺度过小，对区域内实行产业结构调整和地域结构调整所需要的生产要素量就会显得不足，开发区域经济行为的独立性就差。不同地域尺度的空间组织各有利弊，可以通过构建合理的社会经济组织来趋避。一个合理有效的区域社会经济组织，可以通过一定的激励手段，使区域内生产要素合理配置和微观经济主体活力激发所需的信息成本最小化。

三、区位因子

区位因子可以帮助确定区域的专业化市场、优势产业部门和联系地区，即找出区域对外联系的产品市场和生产要素引进区。区位因子的空间不均衡性影响到国家区域政策的倾斜程度。

四、空间结构因子

空间结构因子包括节点、线（轴）、网络、等级体系和流，可以用来描述经济活动的地域过程：经济活动首先在空间的节点产生集聚，然后以资金流、商品流、信息流的形式实现地域扩散，沿着线（轴）方向建立不同等级的节点，使不同节点通过线（轴）形成网络，从而形成空间的等级体系。

五、区域经济构成因子

区域经济因子可以分为四个层次：

（1）区域的自然资源和历史基础。它们影响着区域的产业结构，影响着区域内的生产力发展，也影响着区域社会文化进步。

（2）劳动力、技术、资金等生产要素。它们是生产发展、经济增长的决定要素。按照哈罗德-多马模型，经济增长速度是资本储蓄率与投入产出率的函数，而投入产出率是技术进步的函数；根据柯布-道格拉斯生产函数，生产是资本和劳动投入的函数。不论哪种生产函数，决定生产力水平的自变量都是劳动力、技术或投资额等生产要素。

（3）市场。市场对区域经济发展的牵动作用表现在：1）市场需求引导产业结构的变化。需求弹性大小是产业选择主导商品的重要标准，不同的市场需求对应着不同的产业结构增长，以市场需求弹性不足的商品生产为主的产业结构在经济增长的低速时期较之于其他产业结构的区域，其经济增长的速度就会快一些；在经济增长的高速时期较之于生产需求弹性大的商品产业结构，其经济增长的速度就会慢得多。2）专业化市场的容量影响着区域产业能否达到规模经济，能否获得与其他区域相抗衡的竞争力。这在后进区域由传统产业向中高技术层次产业演进时，能够降低调整经济结构的成本，对于改变后进区域与先进区域在区际联系中的边缘区地位和在区际贸易中以垂直型分工为主的被动局面大有裨益。

（4）生产的组织和管理。生产的组织和管理对区域经济开发所起的作用是引导、控制、调节和制约区域经济活动，即通过区域调控政策和措施对区域生产要素进行组织和配置，以引导区域经济开发在地域结构和产业结构上协调发展，并使区域获得更好的宏观经济效益。

第三节　区域规划的类型与层次

一、区域规划的类型

区域规划以特定的区域为目标对象，不同属性、特点和层级的区域，往往有不同的规划内容和规划方法。对区域规划的类型划分，可以有不同的角度和标准，但归结起来，各种分类方法在本质上都是依据其研究对象区域来展开。

（一）按照区域属性

区域规划可以分为以下类型：（1）自然区区域规划，如流域规划、山区规划、湖区规划、林区规划等；（2）经济区区域规划，如长三角区域规划、珠三角区域规划、东北经济协作区规划等；（3）行政区区域规划，如省域规划、市区规划、县域规划等；（4）社会区区域规划，如革命老区规划、少数民族聚居区规划、边区规划、贫困地区规划等。

（二）按照区域特点

区域规划可以分为以下类型：

（1）城市地区区域规划，多以一个或几个大城市为中心，包括周围郊区和若干次级地区。这类规划的重点是解决城市与腹地之间的分工协作和相互联系，改善产业布局，控制大城市规模，促进腹地的基础设施建设和产业承接进程。

（2）工矿地区区域规划，如胜利油田石化产业区规划，鲁西南煤矿地区规划、鞍山冶金工业地区规划等。这类规划以合理开发利用资源为主要内容，重点是协调矿区开发、工业建设与农业生产之间的矛盾，针对矿区的对外交通、居民点布置、基础设施完善等专题制定规划方案，并特别注意矿区三废排放和治理问题。

（3）农业地区区域规划，如黑龙江三江平原地区规划、山东寿光蔬菜基地规划等。这类规划主要解决土地开发利用、交通和水利工程建设、农村居民点布局等问题，着重强调保护耕地和基本农田。

（4）风景区区域规划，如峨眉山、张家界、青岛海滨等旅游地区的区域规划。这类规划特别注重风景区山水景观、生态环境或历史风貌、文化特质的保护，设计合理的交通流线，完善基础设施和相关辅助产业布局等。

（5）流域开发区域规划，如长江流域综合规划、黄河流域综合规划等。此类规划要特别侧重于河流整治和水资源的合理开发，综合协调上游与下游、干流与支流、除害与兴利、近期与远景的关系，综合论证防洪、灌溉、发电、航运、渔业、旅游等开发活动的经济效益和实现成本，对流域周边城乡居民点和产业集聚区进行合理布局。

（6）大型交通线沿线开发区域规划，如高速铁路沿线区域规划等。这一类规划兴起较晚，着眼于以交通为纽带的现状区域开发，着重解决沿线地区产业分工协作、跨区交通干线与城市交通的衔接、主要站点经济圈的培育等问题，以促进走廊经济带的形成和发展。

（三）按照区域层次

区域规划的层次体系包括：（1）国家层面区域规划，如全国土地利用规划、全国城镇体系规划等；（2）跨省区域规划，如东北经济协作区规划、长三角地区区域规划、京津冀地区区域规划等；（3）省域区域规划，如海南省区域规划等；（4）省内城市群规划，如山东半岛城市群规划、珠江三角洲地区区域规划等；（5）市域区域规划；（6）县域区域规划；等等。

各层次的区域规划在内容上各有侧重，且要起到承上启下的作用，在遵从上层规划的同时为下层规划提供指导。

二、区域规划的层次

区域规划的层次体系可以从宏观基础、中观约束、微观机制三方面理解。

（一）宏观层次

区域规划的宏观基础是国家的宏观发展战略与区域政策。

国家发展的首要目标是取得经济效益与社会平等稳定之间的均衡，区域间联系的协调与互利使开发区域既能与国家宏观总体战略相协调，又能建立合理的区际联系。实施区域开发，使开发区域在内外协调的环境中顺利发展，首先取决于宏观层次合理的外部环境，这需要中央政府的宏观调控和区域政策，创造良好的经济运行环境。

传统的国家发展目标被概括为公平与效率，但现在对这两个概念的理解过于偏窄，尤其正值我国从计划经济向市场经济过渡的过程中，在合理完善的机制还未形成的背景下，更应该对这两大目标的含义重新加以认识。首先，效率目标可以分解为短期、中期和长期；其次，公平的含义是可以拓展的，不能认为公平仅包括投资机会的公平或人均收入的平等，更应包括发展机会的公平和竞争环境的公平①。

（二）中观层次

中观层次的区域约束是区域开发中影响最大的因素，包括要素禀赋、经济系统构造和区位三个方面。这些约束也是区域外部环境约束（宏观经济环境）的条件。它们构成了区域的比较优势，与宏观层次的国家开发战略和区域政策结合起来，决定了区域的开发方向。

（三）微观层次

微观层次的企业是区域开发主体。

区域开发的实质是在国家宏观战略与区域政策的基础上，区域经济的决策者和组织者通过区域调控政策选择与区域经济发展相匹配的企业，并通过有效激励促使企业活力的发挥。因此，微观层次的区域开发重心是探讨匹配企业的选择、匹配企业的区位选择和行为导向、企业的组织结构和规模增长程度以及企业活力的激励。

（1）匹配企业的选择，决定于区内条件（生产要素及资源禀赋）、比较利益与区际分工，以及区域经济系统的构造特征。

（2）匹配企业的区位选择，决定于企业行为及其目标约束。

我国企业隶属于不同主体，分国有企业、集体企业、个人企业和其他经济类型等，其中全民所有制企业占主导地位，如表1-1所示，在我国西部地区尤为如此。

---

① 发展机会的公平，如教育、卫生、服务及社会公共福利事业的公平，基础设施投资的公平等。竞争环境的公平，如计划产品留成比例调整与价格剪刀差转移的价格补偿；理顺价格体制；金融信贷及财政税收的公平；计划内生产要素的分配公平；对外贸易、引进外资等政策公平；等等。

按经济类型分的我国工业总产值比例①（单位：%②）　　　　表1-1

类型 \ 年份	1952	1957	1978	1980	1985	1988	1989	1990	1991	1992	1993	1994	1995	1996
全民所有制	76.2	80.1	77.6	76.0	64.9	56.8	56.1	54.6	52.9	48.1	43.1	34.1	34.0	28.5
集体所有制	3.3	19.0	22.4	23.5	32.1	36.2	35.7	35.6	35.7	38.0	38.4	40.9	36.6	39.4
城乡个体	20.6	0.8			1.9	4.3	4.8	5.4	5.7	6.8	8.4	11.5	12.9	15.5
其他经济类型				0.5	1.2	2.7	3.4	4.4	5.7	7.1	10.2	13.6	16.6	16.6

　　集体企业和个体企业的行为目标基本上遵循西方区位论的原理，即在减少风险原则的前提下寻求利润的极大化。而国有企业由于自身所处环境和影响因素的复杂性，其行为具有独特的行为方式与目标取向。

　　据调查研究，我国国有企业的行为目前受制于市场、政府、职工和厂长（经理）这四方面力量的共同作用。而在这四种力量中，厂长（经理）的作用显然具有最特殊的意义，其他三种力量通过厂长（经理）体现出来。但由于厂长本身的行为目标是多重性的，他们除追求金钱目标——高薪金外，还十分注重非金钱目标，如职业安全、权力地位、社会名望和事业成就等。将厂长（经理）的上述行为目标与前述的市场、政府和职工的力量联系起来一同纳入对整个国有企业行为的分析，则政府部门在其中的作用最大，职工次之，市场再次之。原因在于目前的厂长（经理）大部分仍由上级主管部门任命[1]。

　　因此，我国国有企业在行为空间取向上独立性倾向不强，基本还是沿袭过去的传统，即国家依据生产力布局的基本原则实行平面上的空间嵌入，然后再在中小尺度的区域空间上依据一些布局原则，综合比较后落实具体的区位。

　　（3）企业的组织结构、性质和规模扩展依赖于区域产业组织政策，以及企业空间布局时的集聚经济和规模经济效益。据调查，我国目前的企业规模扩大过程正在持续不断地进行。其扩大的形式有内部规模扩大，外部兼并（水平类型，同类企业的兼并；垂直类型，具有生产联系的企业间兼并），外部联合（水平和垂直两种类型）三种形式。

　　（4）企业活力的激励。由于激励过程中，信息成本随政府政策在不同层次间传递而增加，传递过程越长，信息的失真率越高，政府激励企业活力达到同样成效的信息成本费用也越高。因此，需要建立最佳激励成效的区域组织，上级政府通过区域的组织者和管理者达到激发地方企业活力的目标。

第四节　区域规划三大特征

一、区域性

　　区域性的内涵，是指区域的相互依存和相互交流，以及在此基础上形成的文化同质

---

①　资料来源：中国统计年鉴．北京：中国统计出版社．1997：415.
②　本表价值量指标均按当年价格计算。

性、内聚力和统一的行为能力。不论何种类型的区域规划，最终都落实在区域这一空间单元之上，因此区域性是区域规划的首要特征。

区域规划的区域性，包含四个层次的内容：

（1）区域空间，即区域规划对象的区域性。区域规划对象是由若干中心城市及周围腹地组成的实体空间——区域，特定区域的规划要体现该区域的地域特色。

（2）区域复合体，即区域规划内容的区域性。区域规划研究内容不是单纯空间意义上的区域，而是包含经济、文化、生态、社会等多重要素的区域复合体。

（3）区域社会，即区域规划最终承担者的区域性。区域规划虽不直接带来社会重构，但是产业布局、经济联系等空间设置最终将作用于区域内的人以及人所组成的社会。近年来倡导市民参与区域规划的理念日渐流行，正是因为人们日益意识到区域规划的最终承担者是区域内的公民社会。

（4）区域共同体，即区域规划行为主体的区域性。区域规划从编制到实施的整个过程需要区域各级领导部门、协调部门和公民的普遍参与配合，并将最终影响到整个区域内的个体和组织，因此其行为主体是整个区域共同体。

二、综合性

区域规划的综合性主要是指其对象要素的复杂性、面对问题的多重性、规划内容的综合性和解决手段的多样性。

区域规划是一门综合科学，这一点早已为人所知，但是在规划编制中往往对"综合性"的理解存在偏差，认为综合性要求面面俱到、无所不包，但这样的区域规划对于所研究区域的核心问题和主要矛盾无法把握，削弱了区域规划的科学性和实用性。事实上，综合性要求综合分析抓住重点，与针对性并无矛盾，美国在20世纪90年代就开始有针对性地进行区域规划，如洛杉矶地区以解决空气污染为主要内容的区域规划、佛蒙特州针对土壤侵蚀的区域规划等等[28]。

三、战略性

区域规划是政府调控的重要手段，具有全局性、长期性、战略性特征。

战略性要求区域规划能够根据当前社会经济发展形势，发挥地区优势，合理配置资源，通过生产力布局规划对经济社会发展的空间结构进行宏观调控，实现改善区域关系、协调各方利益、可持续发展的战略目标。从国家的宏观政策到地方的实施落实，区域规划是不可或缺的中间环节，不可不谓调控公平与效率天平的关键砝码。

第五节　区域开发的过程和机制

一、技术的空间传递与市场的空间转移

后进区域的开发，遇到的首要问题之一是市场狭小，对经济的牵引力不足，且还要应

对先进区域市场占先的制约。但在另一方面，从后进区域所需技术的开发成本和先进区域对其扩散的可能性来看，后进区域引进中低层次技术比其自主开发要便利得多。

按照技术扩散和产品生命周期理论，先进区域在完成对某项技术的发明并投入生产以后，由于技术专利的保护，能获得高额垄断利润，弥补其研发费用绰绰有余。然而，当该项技术的产品进入消费大众化的成熟期后，由于生产大批量进行，产品的市场销售价格大幅度下跌，其垄断利润会随之消失，利润率会降低，且随着商品不断从中心区向外推移，运输成本的费用就会随之升高，此时质量和性能更好的替代型产品有可能被先进区域开发出来。

故而先进区域愿意把成熟技术转移到具有创新能力和创新企业、市场容量较大的后进区域，从而在后进区域形成这样的效应：成熟的技术被后进区域的企业家所掌握—已打开的市场为后进区域该项产品生产提供了市场牵引—先进区域要保持技术优势，就要形成不断开发新技术和转移成熟技术的新陈代谢过程。这就是产品生命周期和产业传递与演进的雁形形态的结合模式。其技术扩散的地域过程按照 Hagstrand 的扩散模式，为 Logistic 曲线。后进区域在其开发过程中的主要任务之一就是依据上述规律选择合适时期，结合区域内的相对比较优势（如丰富的劳动力、资源和土地），选择在区域内、外部市场还具有一定潜力的产品进行生产，以此促进区域的繁荣，为区域产业结构向中高技术层次的演替积累经济实力。

二、区域的外部冲力与适应能力

由于后进区域与先进区域在经济发展水平与技术层次上存在起点差异，不平等的区域关系和净极化效果会越来越有利于先进区域，即使在价格体系比较合理的条件下，区域间的不等价交换也是存在的。表现为：

（1）资源型初级产品市场的需求弹性不足，多样化的加工业产品市场的需求弹性大，后者能更好地适应市场变化和更充分地利用技术进步的好处。在区际联系中，贸易条件往往会变得愈来愈不利于较单一地提供资源型初级产品的"边缘区"，经济剩余会通过不平等的交换流向"中心区"。以 1989 年的统计资料为例：1985 年全国加工工业资金利税率平均为 48.413%，而能源、原材料等初级产品行业的资金利税率平均仅为 9.344%。

（2）经济剩余通过不平等的交换关系从后进区域流向先进区域。如由于价格体系不合理，国家每年从内蒙古调出的钢材、木材、煤炭、皮毛等原材料调拨价与市场价的差额达 21 亿元以上，远远超过国家每年对内蒙古的财政补贴（10 亿～14 亿元）[1]。价格扭曲系数①测定结果：1989 年我国的原材料初级产品行业的价格扭曲系数皆为负值。如煤炭采选业（-11.05），石油及天然气开采业（-98.6），炼焦、煤气及煤制品业（-80.7），木材加工及竹藤制品业（-39.7），黑色金属矿采选业（-26.5），建材及其他非金属矿制品业（-14.1），饲料工业（-13.0）等等[2]。

（3）人才、资金等生产要素通过极化效应流向先进区域。工资率、资金利税率是决定人才和资金流动的主要因素，当然，在我国工资率被严重扭曲（如各种形式的价格补贴、房租极低或单住房子不收租金等）的情况下，文化环境和工作环境的好坏也直接影

---

① 价格扭曲系数计算公式：$I_j = (R_j - R)/R \times 100\%$，$R_j$ 是 j 部门的资金利税率，R 是所有部门的平均资金利税率。

响人才的流动，而户籍制度在一定程度上限制人才流动。我国资金流动的自然趋势是从中西部向东部流动，西部地区来源于国家财政补贴的资金有很大一部分通过银行系统转移拆借到东部沿海地区。在技术领域和经济发展水平方面，先进区域通过一种强制性机制，使得同后进区域的经济发展水平和技术层次的差距"自我保持"（不同层次区域在经济竞争中的"强制效应"被先进区域间在技术竞争中的"强制效应"所强化），以便创造、保持、强化先进区域与后进区域间的净极化效应。

后进区域的产业结构、技术层次、经济实力、区域经济组织管理者对区域经济的组织能力和区域经济调控政策决定了区域对外部冲力的适应能力。

三、技术吸纳、创新培育、产业升迁的模式

科学技术是第一生产力，技术进步是区域发展的最主要动力。科技进步对区域开发的作用表现在：（1）改变区域生产要素组合比例，达到区域内要素禀赋与生产优化所需的要素组合比例尽可能协调一致，以便减少对其他区域生产要素的依赖；（2）促进区域产业结构的演进，发达国家和地区产业结构演替规律表明，技术进步是其主要动力；（3）促进区域经济效益的提高，即科技进步改变生产要素的投入产出比例。

但技术进步转变为区域经济的增长还需要创新机制和创新企业家的作用。因为技术开发出来以后还必须经过"创新"，即把生产要素和生产条件的新组合引入生产体系，也就是"建立一种新的产业函数"，才能将技术进步的成果转化为推动经济发展的生产力。技术"创新"的主要内容包括：（1）引进新产品，（2）采用一种新的生产方法，（3）开辟一个新的市场，（4）获得一种原料或半成品新的供给来源，（5）实行一种新的企业组织形式。但实现上述五种"创新"的关键是创新机制的形成和创新企业家的培育。对于多数后进区域来说，技术开发能力极端微弱，因此引进、消化、吸收来自其他区域的先进技术和一般实用技术，并通过"创新"转化为区域经济增长的动力，是后进区域开发的必由之路。不同层次构造特征的区域对不同层次技术的消化、吸收能力不同，所以，必须具有一定的选择性。问题是如何确定一定的选择标准。

技术的选择标准，关键在于后进区域自身特征（要素禀赋与自然条件、区位、经济发展水平）及发展方向要与引进技术层次相吻合。用钱纳里（Hollis B. Chenery）个别产业发展换代模型，按国际标准产业分类，把加工工业分成经济发展初期增长的产业（初期产业）、经济发展中期增长的产业（中期产业）和经济发展后期增长的产业（后期产业）三类，三者对应的生产技术层次依次升高。以初期产业为主的区域一般适用低层次的技术，短期内可以采取进口替代政策，以低成本引入技术和经验；而进入到后期阶段，产业前后向关联效应强，所适用的技术层次较高，引入成本升高，则需要加强自主研发能力。

日本学者尾崎岩研究了产业技术及其关联结构的特点，他根据产业技术特点测算并划分了以下两个生产函数（L = 劳动力，K = 资本，X = 产量）：

（1）要素制约型生产函数

$$L = \alpha L X^{\beta_L}, \quad K = \alpha_K X^{\beta_K}$$

（2）柯布－道格拉斯生产函数

$$X = \alpha L^{r_L} K^{r_K}$$

根据测算，函数（1）生产弹性系数 β_K，β_L 有大于、等于、小于 1 三种情况，同样，函数（2）的生产弹性负数之和 $r_L + r_K$ 存在大于、等于、小于 1 三种情况。根据上述特点，将产业的生产技术区分为下列四种类型，见图 1-1。

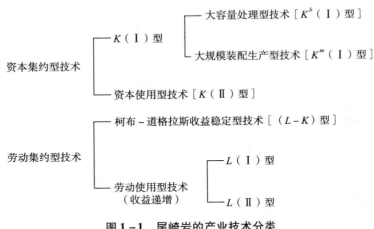

图 1-1 尾崎岩的产业技术分类

以上各类技术分别适用于要素禀赋、主导产业、发展阶段和发展方向不同的区域。总之，开发区域产业的技术层次选择就是在区域特征和技术层次吻合过程中不断协调的结果。而在创新和技术的催发下，可以实现区域产业的升迁，即主导产业技术层次从低到高不断向上演替并由此带动辅助产业和基础设施发展的过程。

四、地域空间集聚与扩散的时空演化

区域开发并不是在地域空间上同时展开的，而总是由某些特定区位凭借某些优势（如交通枢纽、矿藏点、港口等）形成区域的优先开发区位。Harry. W. Richardson 把这些优先开发的区位称为"区位约束"，他认为"区位约束"就是在工业化前就形成的经济空间结构中的节点，"诸多由工业化前的城市或资源指向的工业集中地形成的持久影响，在它们的初始力场消失后，对演化类型及随后的变形还将保持很久"，这些约束是充当人口集聚点的固定区位。

区位约束分为三种主要类型：（1）不能流动的资源，如矿产资源储藏区、深水港；（2）长时间建立的城市，它的基础可以是基于现在的绝对区位优势上，或者纯粹的机会或历史因素的偶然；（3）具有特别优势的特殊点，这些特别优势来源于土地的异质性或未来运输发展的潜在节点区位，这些点比其他点开发得更早。虽然（1）和（3）不直接引起城市的产生，但必定产生城市——唯一的例外是建立在"不流动的资源"之上的产业（如石油、煤炭等），其产品若能够以很低的成本被运输到市场，那么它的产出地可能不需要较多的劳动力和经济集聚。

上述这些区位约束点构成了区域开发的空间框架。它们影响到区域中心城市的数目，也影响到区域内工业和人口的空间布局，更重要的，它们可以改变区域的总集聚拉力。

这些区位约束点，即区域增长极，通过流（资金流、人才流、信息流、能源流、劳动力流、商品流等）的作用与腹地和边缘区产生"极化效应"与"涓滴效应"，形成集聚和扩散的作用力。集聚力与扩散力的此消彼长形成了区域空间开发的不同阶段：离散阶段（集聚力很弱或没有）、集聚阶段（集聚力大于扩散力）、扩散阶段（扩散力大于集聚力）、空间均衡阶段（扩散力与集聚力达到动态平衡阶段）。相应的地域过程为离散阶段、增长极的集聚阶段、通过增长极沿发展轴的扩散阶段以及空间均衡态的网络阶段。

五、区域开发的时空演化机制

（一）演化的动力

区域演化的动力是集聚力与扩散力的综合作用。集聚力来源于集聚经济（区位经济、城市化经济和运输经济）和规模经济的收益，收益越大，集聚力越强。扩散力来源于牵引作用和溢出作用，前者是指由极化中心主导产业的发展，带动了腹地与此相关的原材料和加工工业的发展；后者是指由于极化中心过度集聚而导致规模不经济使一些产业向外扩散。

（二）演化的基础

演化的基础是区域差异性。自然条件、资源、社会经济基础在地域空间上的分布具有差异性，而政府的政策起着强化或削弱这种差异的作用。这种差异性与人类开发能力的有限性（劳动力、资本等）使得区域开发在地域空间上形成不均衡的过程，一些区位约束点得到优先开发。即使区域开发经历了离散阶段、集聚阶段、扩散阶段到空间均衡阶段，也不是完全的永远的均衡，而是动态的演进的均衡——自然条件、资源和社会经济基础在地域空间上分布的不均匀性，造成技术进步的作用在空间不同区位具有不同的影响，通常新技术新成果首先在一些作用效果好的区位约束点（如市场区、新技术开发区、交通枢纽区、深水港区）得到体现，然后沿着发展轴向外扩散，以达到新一轮的均衡，如此往复演进。

（三）演化的作用方式

这是指演化过程在地域空间上的集聚扩散模式，一般有三种方式，即近邻集聚（或扩散）、跃迁集聚（或扩散）和等级集聚（或扩散）三种。近邻集聚（或扩散）是增长极周围腹地与增长极之间的集聚（或扩散），跃迁集聚（或扩散）是从一个增长极向另一同等级增长极间的集聚（或扩散），等级集聚（或扩散）是低一级增长极与高一级增长极之间的集聚（或扩散）。对一般城市增长极来说，这三种作用方式往往同时存在，但集聚与扩散的层次和方向性不同。

（1）扩散方式一般具有下向性，即按增长极等级自上而下扩散，直至广大农村地区。扩散过程具有感应梯度性，即自上而下的扩散对象需与被扩散地区的需求层次相吻合。扩散的对象表现为技术、商品和信息、资金、人力资本，但以前三者为主。

一般来说，近邻扩散适合于最终商品（即消费商品等）的扩散，且被扩散的商品层次不是很高（如中低技术层次的商品扩散），并有随距离衰减的规律。原因在于，增长极与其周围腹地之间的技术层次和收入层次的递减幅度变化很快——技术层次呈指数递减；收入层次在我国大部分城市及其周围地区，一般在近邻存在一个小的峰值，尔后呈几何级数递减。近邻扩散的商品处于成熟期，技术处于淘汰期。

跃迁扩散是由于扩散源地与被扩散地之间在需求的商品层次和技术层次上相近，按Linder 的偏好相似理论（或称之为感应梯度），相互间的感应效应明显。因为收入水平是影响需求结构的主要因素，而人均收入水平既是判别需求结构是否相似的主要指标，也是生产资料需求程度的指示器；处于同一规模等级层次的增长极间的收入水平比较相似，其间的跃迁扩散动力就强。按照产品生命周期理论，跃迁扩散的商品是处于成长期的商品，技术处于创新期。

等级扩散是在不同等级的增长极之间自上而下的扩散。由于增长极内部人均收入分配的不均等性，存在着高中低逐渐递减且发散的梯度。因此，它们与上一级层次的增长极之间在消费需求上具有一定程度的吻合（重叠），图 1-2 中的阴影部分即为高一级增长极与低一级增长极之间的吻合部分。

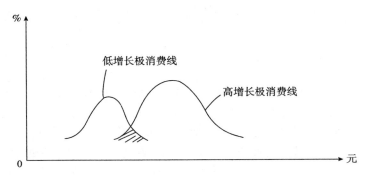

图 1-2　等级扩散机制

（2）集聚过程一般具有上向性，表现为技术、资金、劳动力、资源等自下而上流动。由于集聚过程主要是由生产上的联系而引起的，故而从腹地至增长极的生产要素流动过程（近邻集聚）为集聚的最主要形式；而不同级别增长极的资本利润率不同以及工资地区差异，也会引起资本和劳动力自低一级中心向高一级中心的流动（等级集聚）；同等级间的跃迁集聚发生概率最小，因为引起移动对象的差异在同等级之间最小。跃迁集聚若要发生，一般只能是发生在同等级增长极之间工业化程度或技术水平层次不同时，一些区域的劳动工资率高或资本利润率高，使得其他同等级增长极的资本、技术和劳动力向这些增长极集聚。

（四）演化的路径

由于地域空间一些区位具有产业发展的比较优势，区域开发便首先在这些区位形成具有一组主导产业的增长极；在此基础上，由于集聚经济和规模经济的作用使增长极进一步极化（类似于循环累积理论中的回波效应或不均衡开发理论中的极化效应）。当增长极发展到一定规模，进一步发展受到限制时便发生溢出作用，生产要素通过各种形式的流向外扩散，进入地域开发过程中以扩散为主的阶段。当从点-轴格局扩散到整个空间形成网络时，即为成熟的空间均衡状态。所谓空间均衡，就是在总体上没有减少经济系统的产出就不会有一个企业或家庭能够迁移它的区位的一种类型。

按照 A. Losch 提出的空间均衡，一般应具备五个条件[1]：

（1）每个单独的区位必须是尽可能有利的，以便大企业布局在最有利润的地方，消费者效用极大化；

（2）生产发生的点是很多的，以致整个地区都被占领，所有的人口都能得到服务；

（3）必须没有超常利润；

（4）供给、生产和销售区必须是尽可能的小；

（5）在市场区边界，消费者对他们得到供给的两相邻生产点是无差异的。

（五）演化的过程

一般的区域开发理论都认为：区域开发的时空演化过程可以划分为离散阶段、集聚阶段、扩散阶段和成熟阶段。但是，实际的结果是在集聚阶段前还有一个全面扩散的过程，即农业实用技术的扩散和农村集市系统、农村工业的发展阶段。没有这一全面的扩散阶段，要想实现集聚阶段是不可能的，因为集聚阶段所需要的农村剩余必须建立在此基础上。

农村剩余是指农业实际所有超过需要量的差额或实际所得超过期望所得的差额[1]。表现为三个方面：（1）农产品剩余。对城市增长极形成和发展的影响表现为两方面，其一是农产品剩余作为最终产品供城市增长极人口的生活消费；其二是作为中间产品投入于以农产品为原料的轻工业生产。（2）农业经济剩余，包括农产品消费者剩余和农业生产者剩余。农产品消费者剩余表现为由于农产品价格偏低而得的收益，即价值得益；农业生产者剩余就是农业级差收益，即农业地租。（3）农业剩余，表现为农业劳动力剩余。在经济发展过程中劳动力会从边际生产率低的农业部门向边际生产率高的非农产业转移。

农产品剩余过少，供给不足，常常造成工业化进程停滞，亦阻碍城市增长极的形成和发展。在经济发展的初期阶段，农业剩余产品作为中间产品的功能作用明显，因为以农产品为原料的加工业如食品、饮料、纺织业、造纸及文教用品工业等在经济发展的初期阶段占有较大比重，随着经济的进一步发展和产业结构的升级，这五个部门的重要性将趋下降。农产品剩余作为最终消费品对城市增长极的影响也很大，虽然随着城市增长极的发展，其相对比重会下降，但绝对比重依然是上升的。在城市增长极的形成时期，这种作用的影响更大。

农业经济剩余对城市增长极的作用表现为通过农产品消费者剩余实现农业价值向城市工业的转移。其作用方式为：（1）通过对城市工业中作为中间产品投入的农产品的价格压低，直接实现农业剩余向工业的转化；（2）通过对农产品中最终消费品的价格压低，使得城市消费者的生活费用降低，银行储蓄率提高，从而实现向投资收益率（或用资金利税率）高的城市工业部门转移；（3）农产品价格压低使城市工业职工的生活费用降低，有利于降低劳动力再生产成本，从而降低工人的工资水平，使城市工业部门具有更高的利润积累率，促进城市增长极的发展。农业生产者剩余对城市增长极的影响一般是通过对农业直接征税、转移农业储蓄和改变农业剩余产品贸易条件三种形式。我国在经济体制改革前一般采用第三种形式，即通过低价对农业生产者剩余征购，以直接促使农业生产者剩余的转移，经济体制改革后逐渐转向第一、二种形式。

农业劳动力剩余可以为城市建设和非农生产提供源源不断的人力资源，在工业化初期形成劳动密集的优势，促进城市化进程的深入。但是进入工业化和城市化后期，城市中的务工者会与一系列流动人口问题相联系，故而中心城市吸纳的农业劳动力剩余必须与中心城市自身的容纳力相符合。

通过上述的分析可以看出：在经济发展的初期正是广大农村地区资金、技术、生产资料等的扩散和农业剩余的增加，才能促成集聚阶段的形成。区域经济发展和产业演替是阶段性的，且具有周期性特点，在地域空间上表现为从均衡到不均衡、从极化到扩散的周期性螺旋式上升过程。

第二章 区域规划的理论模式

在第一章，本书介绍了区域与区域规划的基本概况，本章将介绍区域规划的理论模式，思路的展开沿着以下两条路径：一是对国外区域规划的各种学派和理论予以归纳和评析，以便洋为中用，找出适合于我国区域开发的理论部分和实践经验；二是对新中国成立以来我国生产力布局及区域开发的变化特点和运行机制进行透析，以便为新时期区域规划工作的展开提供理论与方法上的借鉴。在此基础上，框定本书的研究结构。

第一节 区域开发的理论脉络

根据 J. Friedmann 的观点，一个合理的区域开发理论，必须包括以下两点：首先，它必须分清增长条件下发生的空间联系重组，它必须能够解释在区域亚系统边界内的变化；其次，它必须解释广泛的系统增长方面的空间类型的、变化着的影响[1]。

到目前为止，有关区域开发的各种学派林林总总，各种理论汗牛充栋。其代表学派有新古典派的区域开发理论，有激进学派的区域开发理论，还有结构学派的区域开发理论等等。而符合 Friedmann 条件的代表性区域开发理论，可按照地理学的时空二象性思维方式，分成空间静态理论和时间动态理论两大类，表 2 – 1 所示。

区域规划相关理论脉络　　　　　　　　　　　　　　　　　　　表 2 – 1

	理论	代表人物	形成时间
时间动态理论	劳动地域分工理论	亚当·斯密，大卫·李嘉图，赫克歇尔，俄林，里昂惕夫，林达尔，保罗·克鲁格曼	19 世纪初到 20 世纪中叶
	均衡发展理论	赖宾斯坦，纳尔森，罗森斯坦·罗丹，纳克斯	20 世纪上半叶
	非均衡发展理论	霍夫曼，斯瓦姆依，Hirschman 等	20 世纪下半叶
	中心 – 外围模型	HarueyPerloff，F. Delaisi，A. Predohe，R. Prebisch	20 世纪上半叶
	依附论	R. Prebisch，S. Amir，A. Emmanuel，A. G. Frank	20 世纪五六十年代
	循环累积因果原理	G. Myrdal	1957 年
	出口基地理论	R. E. Bolton，H. R. Richardson	1966 年
	进、出口替代战略	普雷维什，辛格	20 世纪下半叶
	倒 U 型规律	Williamson，S. Kuznets	1965 年
	区域发展阶段理论	胡佛（E. M. Hoover），费希尔（J. Fisher），罗斯托（W. W. Rostow），诺瑟姆（Ray. M. Northam）	20 世纪下半叶
	长波理论	C. Clark，N. D. Kondratieff，J. Mensh，W. W. Rostow	20 世纪下半叶
	产业集群理论	马歇尔，克鲁格曼，罗默，卢卡斯，贝克尔	20 世纪上半叶
	创新 – 扩散理论	熊彼得	20 世纪初
	IMD 区域竞争力模型	IMD（瑞士洛桑国际管理发展学院）	20 世纪末
	波特区域竞争力模型	迈克尔·波特	1990 年

续表

	理论	代表人物	形成时间
空间静态理论	田园城市理论	霍华德（E. Howard）	1898 年
	中心地理论	W. Christaller，A. Losch	20 世纪 30 年代
	区位论	杜能，韦伯，龙哈德，克里斯塔勒，廖什等	20 世纪上半叶
	圈层结构理论	冯·杜能，伯吉斯，霍伊特，哈里斯，乌尔曼	20 世纪上半叶
	区域协同理论	格迪斯（Patrick Geddes）	1951 年
	区域城市结构理论	洛斯乌姆（L. H. Russwurm）	1975 年
	大都市带理论	戈特曼，Doxiadis，Papaioannou	20 世纪下半叶
	地域生产综合体理论	巴朗斯基，H. H. 科洛索夫斯基	20 世纪中叶
	核心 – 边缘理论	弗里德曼（J. R. Friedmann）	1966 年
	扩散理论	T. Hagerstrand	20 世纪下半叶
	梯度推移学说	弗农，威尔斯，郝希哲	20 世纪下半叶
	增长极理论	佩鲁（F. Perroux）	20 世纪 50 年代初
	发展轴理论	沃纳·松巴特（Werner Sombart）	20 世纪 70 年代
	点 – 轴开发理论	陆大道	20 世纪八九十年代
	二元结构论	A. Lewis，D. W. Jorgenson	20 世纪下半叶
	Desakota 理论	麦吉（T. G. McGee）	20 世纪八九十年代

一、劳动地域分工理论（Spatial Divisions of Labor Theory）

所谓劳动地域分工，是指相互关联的社会生产体系在地理空间上的分异，是社会分工的空间形式。地域分工的前提条件是存在生产产品的区际交换，关于劳动地域分工的理论又称贸易理论，经典模式包括绝对优势理论、比较优势理论、要素禀赋理论、产业内贸易理论等[2]。

亚当·斯密（Adam Smith）最早提出绝对优势理论，认为形成国际分工和国际贸易的根本依据是绝对优势，即如果一国生产单位数量某种商品所使用的资源绝对量较少或效率较高，则它在这种商品的生产上具有绝对优势。即使一个国家能够生产自己所需的全部产品，也没有必要全部生产，而应该专门从事某种具有绝对优势的生产活动，这样，各国在对外贸易中都可受益。因而斯密主张自由贸易，自由地进行对外贸易，可以扩大商品市场，使每个行业的分工日臻完善，促进生产力提高。

大卫·李嘉图（David Ricardo）进一步认为，国际贸易的基础是各国存在着相对比较优势，即使一国在所有商品上都具有绝对优势，而另一国没有任何绝对优势，但是它生产某种商品的机会成本低于其他国家，则在该商品生产上具有比较优势。两利相衡取其重，两害相权取其轻，找到相对比较优势，也可进行国际贸易。通过专业于具有相对优势的产品，并通过国际贸易交换相对劣势的产品，各国都可以节约社会劳动，并能消费和享受更多的产品。

之后，赫克歇尔（E. Hechsher）和俄林（B. C. Ohlin）提出资源禀赋学说，基本思想是生产要素的丰歉决定商品相对价格和贸易格局。俄林假定各国需求情况相似，且生产要素的生产效率相同，各国商品价格的差异决定贸易格局。而商品价格不同是由于各国生产要素禀赋不同，不同商品需要的不同生产要素搭配比例不同。每个国家出口密集使用本国丰裕而价廉的生产要素的商品，进口密集使用本国稀缺而价昂的生产要素的商品，贸易就获得比较利益。后来这一理论又先后经过了美国经济学家里昂惕夫[①]和瑞典经济学家林达尔[②]的修正。

保罗·克鲁格曼则用规模经济、外部性等理论从供给方面对产业内贸易做了解释。他认为各国参与国际贸易的基本动因有两个，这两个原因都有助于各国从贸易中获益。一是进行贸易的各个国家千差万别。国家就像人一样，当他们各自从事自己擅长的事情时，就能取长补短，从这种差别中获益。二是国家之间通过贸易能达到生产的规模经济，即如果每一个国家只生产一种或少数几种产品，能进行大规模生产，就能达到规模经济。

二、均衡发展理论（Balanced Development Theory）

新古典经济学认为"市场是看不见的手"，假设区域经济增长取决于资本、劳动力和技术三个要素的投入状况，而各个要素的报酬取决于其边际生产力，在自由市场竞争机制下，生产要素为实现其最高边际报酬率而流动。因此，尽管各区域存在着要素禀赋和发展程度的差异，由于劳动力总是从低工资的欠发达地区向高工资的发达地区流动，资本从高工资的发达地区向低工资的欠发达地区流动，生产要素的自由流动将导致各要素收益平均化，从而达到各地区经济平衡增长的结果。

最早提出均衡发展理论的是努尔克塞，他阐明所谓合理的经济发展观点，即各产业以相等的增长率并按比例发展。他认为经济发展的主要障碍是资本形成不足；并认为资本形成不足是投资的有效需求不足引起的，而不是由于储蓄不足造成的。投资的有效需求在扩大，应该按照消费需求的不同类型按比例发展各种产业。因为，一个产业得以存在和发展，是其他产业需要该产业的产品；同时，该产业也要从其他产业获得所需原料。均衡发展理论的其他代表学说还有赖宾斯坦的临界最小努力命题论、纳尔森的低水平陷阱理论、罗森斯坦·罗丹的大推进理论和纳克斯的贫困恶性循环理论。

在第二次世界大战后资本主义经济迅速发展时期，人们普遍认为，只要经济快速发展、普遍繁荣，通过市场机制的作用就可以实现地区之间的均衡发展。索罗-斯旺模型在

---

① 以资源禀赋理论对美国的情况进行验证时，出现了著名的"里昂惕夫之谜"。按照该理论，美国应当专业生产和出口资本密集型产品，同时进口劳动密集型产品，但美国实际出口的是劳动密集型商品，进口的是资本密集型商品。为了解释这个"谜"，里昂惕夫引入了人力资本这一重要概念。他的解释是：要素的生产效率相同是要素禀赋理论成立的假设前提之一，但这个前提在现实贸易中显然是很脆弱的，美国劳动力所受的教育和培训是当时世界各国中最多的。因此，在比较美国和世界上其他国家资本和劳动力的相对数量时，美国应该是其他国家劳动力的倍增，则美国每"等量劳动力"的资本供给较其他国家就相对小一些，从这个意义上讲，美国就是"劳动密集型"国家。经教育和培训后，高素质劳动力对产量和质量提高的贡献是在长时期内持续发挥出来的，这种劳动力后来被定义为人力资本。

② 按要素禀赋理论，国际贸易应该发生在要素禀赋、经济结构不同的国家之间，即在资本密集的发达国家与劳动力、土地密集的发展中国家之间进行，而且贸易格局主要应为工业品与初级产品的交易。然而第二次世界大战后约有四分之三以上的国际贸易额发生在经济发展水平接近、生产要素比例相似的发达国家之间。也就是说，要素禀赋理论只能解释不足四分之一的国际贸易量。瑞典经济学家林达尔提出了需求相似说，他认为，要素禀赋理论重视供给方面，可以对初级产品的贸易做出较满意的解释，但对工业品的贸易格局不易做出满意的解释，因为在发达国家间相互贸易中起着主要作用的是需求因素，即工业品的去向主要是那些国内需求结构相似的国家。

生产要素自由流动与开放区域经济的假设下，认为随着区域经济增长，各国或一国国内不同区域之间的差距会缩小，区域经济增长在地域空间上趋同，呈收敛之势。不平衡增长是短期的，平衡增长是长期的。美国经济学家威廉姆森在要素具有完全流动性的假设下，提出区域收入水平随着经济的增长最终可以趋同的假说。而随后西方发达国家区域问题却开始逐步暴露出来，资本、劳动力都流向了经济发达、基础设施完善、技术条件好的地区，促进了发达地区的经济增长，但没有给欠发达地区带来什么好处，甚至与发达地区的差距越来越大。平衡发展与经济效益之间的尖锐矛盾，使人们不得不重新思考均衡发展理论的合理性，转向批判均衡发展理论的非均衡发展理论。

三、非均衡发展理论（Unbalanced Development Theory）

关于经济增长的均衡与非均衡之争由来已久。

（1）约特保罗斯·拉乌设计了式（2-1）验证经济增长的过程，得出经济均衡增长理论。

$$V = \frac{1}{G} \sum_{i=1}^{n} W_i \quad (g_i - \beta_i G)^2 \tag{2-1}$$

以后的 Nurkse 和 R. Rorsonstein 从贫困国家的现状出发，提出由于资本形成不足和市场狭小引致的贫困恶性循环理论，并提出大推进（均衡）理论，即国民经济各部门平衡发展。休斯经过对西欧各国的详细调查，确认整个产业是不断投资并推进技术进步的事实，支持均衡发展理论。

（2）以霍夫曼为先导的非均衡发展理论，认为经济发展的障碍，乃是由于不发达国家的企业家素质和政府决策能力低下所致。为了克服这个缺陷，应该采取对某特定产业进行集中投资，从而激起对其他产业的需求。他认为进行集中投资的产业应具备前后向关联效果大的特点。

西托夫斯基（从纯理论）和欧林（从发达国家经常出现新产业的历史事实，未发现均衡增长的迹象）支持霍夫曼的非均衡发展理论。

斯瓦姆依设计了整个产业的非均衡度指标。

$$V = \frac{1}{n} \sum_{i=1}^{n} \quad (g_i - g\beta_i)^2 \quad （标准偏差型） \tag{2-2}$$

$$V = \frac{1}{n} \sum_{i=1}^{n} \quad |g_i - \bar{g}\beta_i| \quad （平均偏差型） \tag{2-3}$$

式中　i——产业号码；

　　g_i——产业增长率；

　　g——整个经济的增长率；

　　β_i——产业的需求收入弹性；

　　$g\beta_i$——各产业均衡增长的模型；

$g_i - \bar{g}\beta_i$——各产业与均衡增长模型不符合。

斯瓦姆依考察了 60 个国家，利用这些指标研究了理论和实际客观增长率之间的关系。在弄清这种非均衡度和增长率的关系之后，表示赞同非均衡发展理论。

钱纳里—蒂拉亦认为，按产业结构模型进行分析，均衡增长不是整个经济高速增长的必要条件，因而否定了均衡发展理论。

对非均衡发展理论的杰出贡献者 Hirschman 来说，仅仅考察产业增长的均衡与否是远远不够的。他从区域之间的关系以及区域内部产业演替的条件出发，得出结论：（1）先进区域与后进区域通过"极化效应"与"涓滴效应"相互发生作用。但在经济增长的早期阶段，"极化效应"将远强于"涓滴效应"，并由此导致区域间不平衡加剧。要减弱区域间的不平衡，需要政府部门采取经济政策，施加一种反作用力；在区域内部，则应选择一些具有初始优势条件的核心区政策促进后进区域的开发，以缓和区域间的不平衡。（2）针对均衡发展理论中的不足，认为资本不足正是后进区域的最大障碍；因此，在产业结构演替中，应选择一些前后向联系都较大的关键产业优先发展。

四、中心—外围模型（Center – Periphery Model）

这一理论是从后进区域与先进区域的联系和结果论述后进区域的开发问题。

中心—外围模型起源于 Haruey Perloff 对 19 世纪世界经济空间组织格局的分析。Perloff 把 20 世纪中叶的美国分为中心区和腹地区两部分，前者是工业和市场的核心区，是大规模服务性产业的聚焦点；而后者则是专门从事资源型产品和中间产品生产，以满足中心区原材料需求的地区。1929 年 F. Delaisi 把欧洲分成工业中心区和农业腹地区的中心—外围空间结构。A. Predohe 认为 19 世纪初英国成为世界经济的唯一中心。以后，随着新工业核心区的发展，世界经济发展的唯一中心将变为多中心，从而构成整个世界经济发展的中心区，其他地区则为中心区提供原料并成为中心区产品的销售市场。

最早将中心—外围模型用于国家对外政策的，当推 R. Prebisch。他于 1950 年从拉美国家经济落后与欧洲北美的关系分析得出：作为中心的欧洲、北美对外围原材料的廉价进口以及中心产品对外围市场的冲击，使外围地区的初级产品在国际市场的贸易条件下面临长期恶化的趋势，并从而抑制了外围地区完善产业结构的形成。由此产生出进口替代型的战略模式。

五、依附论（Attachment Theory）

中心—外围模型的国际关系探讨进一步发展即所谓的依附论。其代表人物有 R. Prebisch，S. Amir，A. Emmanuel，A. G. Frank 等。其要点是，发达国家与发展中国家由于其社会经济发展水平不同，发展中国家对国际贸易支配能力的下降导致原材料初级产品的贸易条件恶化，经济发展和工业化之路需要引进国外资本和技术，从而造成对发达资本主义国家的依附。

G. Myrdal 和 J. Friedmann 认为："中心—腹地论"是可用于任何一个层次区域发展的理论。G. Myrdal 曾用此理论解释巴西的区域经济发展，即通过先进区域和后进区域的联系产生的作用分析区域经济的发展。

J. Friedmann 认为：大到全球，小到一个很小的区域都存在中心—腹地结构。中心区与腹地区的概念是相对的，某一层次的中心区相对于其上一层次而言可能是腹地区。任何一个层次的中心区和腹地区之间都有着密切的联系。互补性是其相互依赖的基础。

该理论对区域开发的指导意义可归纳为以下两点。

（1）区域开发可以选择一些具有初始优势的地区形成增长极，并通过与其腹地间的极化效应和扩散效应带动区域的开发。极化效应的结果有利于获得集聚经济（区位经济、城市化经济和运输经济）和规模经济效益，提高整个区域的开发效率和开发水平。扩散效应的结果便于核心区的优势扩散，带动腹地的开发，并导致区域内的社会公平。

（2）中心区与外围区的相互联系具有动态性。对一个社会经济发展极不平衡的发展中国家来说，初期极化效应远大于扩散效应，中心区与外围区的相互联系是有利于中心区而不利于外围区的，表现为从贸易条件、市场占先到生产要素的流动都是于中心区有利而于外围区不利；后来随着核心区的发展成熟，资本、资金、技术等要素外溢带来的扩散效应会带动外围区的发展。

六、循环累积因果原理（Cumulative and Ciroular，Causal Theory）

这是一种与中心—外围模型有很多相似之处的区域开发理论（图2-1）。论述的是区域开发过程中不均衡运动的规律。由 G. Myrdal 于 1957 年提出[7]。他认为区域经济开发过程并不是在地域空间上同时进行的。某些区位由于特殊的初始优势（如交通枢纽、沿海港湾区、矿藏分布点等）而得到优先开发，并在开发过程中形成集聚经济（区位经济、城市化经济、运输经济）和规模经济优势。由于这些优势的存在，使得该区域在与其他区域的联系过程中产生"回波效应"，形成资金、资源和劳动力的流入与产品的输出，进一步推动区域的开发。"有一种趋势起源于市场力自由作用产生的区域不平等。国家越穷，这种趋势变得越占主导。"[1]

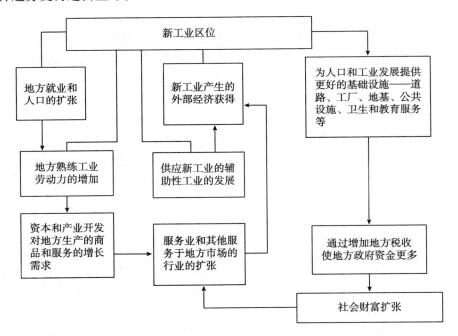

Myrdel 的累积因果概念；一个区域工业生产扩张的例子

图2-1 Myrdal 循环累积因果原理示意

Myrdal 认为：无论什么原因，一旦在一个特别的中心开始发展，区域通过累积原因发展了它自身的增长惯性（例如，在一个区域新的工业区位能够释放出一串效应进一步吸引新工业）。这种增长的惯性通过增长中心和这个国家其他部分的相互作用进一步"持续和加强"。贸易和要素以远离俄林的均等化条件流动，对滞后区域产生"回波效应"，阻碍滞后区域的经济增长，扩大区域间的经济鸿沟。通过迁移，较贫困的区域失去了最具创造性的年轻工人，银行系统提走了贫困区域人民的储蓄，重新投资较富有的区域。自由贸易倾向于使贫困区域小的、传统的工业破产，因为他们不能和增长区域的工业相竞争。

Myrdal 争辩说，一个区域的持续增长是以其他区域的损失为代价的。增长中心对其他区域亦具有扩散效应（例如，通过对其他区域原材料的需求增加带动其开发），区域间相互作用的纯效应取决于"回波效应"和扩散效应共同作用的结果。

七、出口基地理论（Export Base Theory）

该理论认为区域增长率是区域出口增长率的函数，表述为：

$$y_i = f(x_i)$$

式中　y_i——区域的产出增长率；

　　　x_i——区域出口增长率。

该理论的价值在于它强调了区域经济系统开放的重要性和由在区域增长中国内需求类型变化引起的作用。

R. E. Bolton 提出短期的区域增长模型：

$$y_n = y_x \frac{br_x}{a + br_x}$$

$$y_p = y_x \frac{r_x}{a + r_x}$$

式中　y_n——内生收入增长率；

　　　y_x——外生收入增长率；

　　　y_p——个人总收入增长率；

　　　b——减去进口漏出后的消费；

　　　a——截距。

如果 $a=0$，则 y_p、y_n 与 y_x 具有相同的增长率；如果 $a>0$，y_p、y_n 比 y_x 增长的慢；如果 $a<0$，y_p、y_n 比 y_x 增长的快。

在通常的研究试验中 a 通常为负。这可能被解释为地方部门投资要素的增长快于当地政府在增加收入或进口补偿等方面的支出增长。

从上述模型可以看出，该理论把区域经济增长视为外部需求收入扩张的结果。外部需求牵引区域出口工业的增长，并通过乘数效应促进区域增长。增长的结果反映为人口增长、加速城市化或新出口工业的增长。

出口基地理论过分强调了出口工业对区域经济增长的影响。以致被认为其是区域增长的唯一因素。然而，后进区域在发展出口工业时不仅面临发达区域技术优势的"自我保持"和抑制效应，以及市场占先效应；而且面临难以有一定竞争优势的专业化市场；也面临区域内资金短缺、人力资本不足以及区域政府组织经济能力不足的影响，使得其出口工业难有进一步发展。

正如 H. R. Richardson1996 年所指出的那样，是出口的影响而不是出口的增长成为区域发展的刺激因素。这些因素包括政府开支的效应、非经济因素的劳动力流入、区域内在的技术发展和辅助工业效益的改善，还有由于区域内生工业而使区域进口替代产品增加等。然而，这些影响本身被认为仍是由出口扩张所增长的收入决定的。

出口基地理论对区域开发的借鉴意义是在区域开发过程中要充分重视出口对区域开发的影响，尤其是要形成一种区域政策以扶植区域出口工业的发展，即把封闭区域经济系统转变为一种开放系统。出口增长可被视为一种促进区域经济系统发展的负熵流。

八、进口替代与出口替代战略（Import Substitution Strategy & Export Substitution Strategy）

进口替代（Import Substitution）是指用国内生产商品替代过去依靠进口的产品，这一发展战略是 20 世纪五六十年代两位来自发展中国家的经济学家普雷维什和辛格提出的。在国际市场中，发展中国家生产的农业、矿业等资源型初级产品价格不断下跌，而发达国家生产的消费品价格走高，贸易关系不平等日益突出。因而发展中国家应该发展本国民族产业，替代进口外国商品。

进口替代战略有利于加强发展中国家的独立发展能力，刺激民族工业的发展完善，但是不能完全消除进口依赖性，知识改变了进口商品的结构——从进口制成品变为进口技术专利、设备、中间产品和资本等。且本国生产的产品虽然在国内的关税保护下能够占领市场，但在国际市场上鲜有竞争能力。

与进口替代相对的出口替代（Export Substitution）则主张以新的产品取代传统的初级产品出口，力图利用本国的劳动力和资源密集优势，提高劳动生产率，改进产品质量，加强产品在国际市场上的竞争能力，通过外向型工业的发展增加外汇收入。20 世纪 60 年代以后，巴西、中国香港、新加坡、中国台湾等地的出口替代战略成就显著，证明了这一战略有利的一面；但是在亚洲金融危机下，外向型经济体表现出的脆弱性又暴露了出口替代战略过于依赖国际市场的弊端。

进、出口替代战略本身应用于国际贸易和国家竞争力研究，但是对于区域之间的生产力分配和区域合作规则的制定亦有很强借鉴意义。

九、倒 U 型曲线规律（Williamson's Inverted – U Theory）

Williamson 对欧洲一些国家的数据作了统计分析后得出结论：当今欧洲一些发达的资本主义国家，在其经济发展过程中，其国家内部的区域间人均收入不平衡随国民经济发展水平呈倒 U 型曲线规律。美国的 S. Kuznets 在比较了印度、斯里兰卡、波多黎各、英国和美国后，亦得出了同样的结论。

这个统计规律对区域开发的指导意义在于：既然在经济发展过程中区域差异必然要经历一个逐渐扩大到逐步缩小的过程，那么在经济发展的低水平时期在地域空间上形成不同增长速度的类型区应被视为合理，即在不同经济发展阶段国家对区域开发的政策目标在效率与公平之间倚轻倚重。问题是不同国家的转折点不同。对一个具体国家来说，如何把握公平与效率之均衡点是国家区域政策的核心，亦是区域开发的关键。

十、区域发展阶段理论（Regional Development Theory）

区域发展阶段理论关注区域层面的产业结构变动过程，代表性模式有五阶段论和六阶段论。

（1）胡佛（E. M. Hoover）和费希尔（J. Fisher）的五阶段论。该理论认为区域经济发展变动过程可以划分为五个阶段：自给自足的初始阶段、乡村工业崛起阶段、农业生产结构变迁阶段、工业化阶段、服务业输出阶段。这一划分方式对于理解区域生产结构变化和区域城市化进程比较有概括力。

（2）罗斯托（W. W. Rostow）的六阶段论。该理论也称作"起飞论"，由美国经济学家罗斯托提出，认为社会发展要经历以下六个阶段：传统发展阶段、为"起飞"创造前提阶段、"起飞"阶段、向成熟推进阶段、群众性高额消费阶段、追求生活质量阶段。"起飞"阶段之前两个阶段的主导产业以农业为主，"起飞"阶段实现农业生产方式向城市生产方式的转变，经济增长速度大大提高，第四阶段至第六阶段依次实现从重工业到轻工业再到服务业的产业转型。

除了着眼于产业结构和经济发展水平的发展阶段论，1975 年美国城市地理学家 R. 诺瑟姆（Ray. M. Northam）还提出了描述城市化过程的 S 形曲线，认为城市化水平进入30%～70%区间时有一个加速发展时期，如图 2－2 所示。

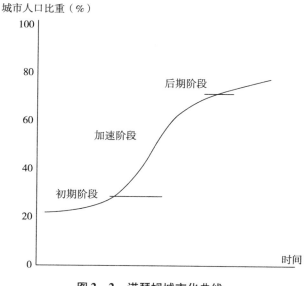

图 2－2　诺瑟姆城市化曲线

十一、长波理论（Long－wave of Economic Fluctuation）

长波理论诞生于经济学，最早是对自 19 世纪中叶以来，经济活动以约 50 年为一周期的长波循环的研究。到现在，对长波的分析解释已历经三个阶段。

早期阶段：从19世纪中叶到20世纪30年代，以资本变动解释经济波动。早期的长波研究，侧重于价格和其他变数中的长周期波动，其始祖乃是克拉克（C. Clark），他在1847年对经济匮乏和恐慌的周期性作了研究。尼古拉·康德拉捷夫（N. D. Kondratiev）通过对从英、法、德、美等国获取的价格、利率、工资和商品生产的时序数据的分析，提出了从18世纪末到20世纪初发生了周期为48～60年的两次半长周期循环。与克拉克不同，康德拉捷夫不用外部因素来解释长波循环，他深信当时大多数经济学家认为外部生成社会经济生活的许多方面实际上是长波循环活动的内部生成部分。

中期阶段：20世纪30年代到70年代，主要论点是创新引发投资波动，进而引起经济波动。因提出创新理论而闻名的熊彼得，将创新作为长波循环的原动力，并将波动周期划分成繁荣、衰退、萧条、复苏四个阶段。但他的理论只解释了一个长周期循环的高转折点，还不是一种内部生成理论。门什（J. Mensh）对长波循环创新论的发展，是对衰落和高涨之间的创新群作了外部生成的解释，在这方面提出了三个重要的概念：第一，将创新分成基本创新（或产品创新）和改善创新（或过程创新）；第二，产品创新所创造的产品或产业，在整个寿命周期的过程中要经历四个不同阶段，即引进、增长、成熟和衰落；第三，阐明了产品创新和长波活动之间的内在联系，产品创新过程就是在长波循环的特定阶段发生的。门什以内部生成的观点将技术革新纳入长波循环结构，弥补了早期长波循环理论所缺乏的关键特点。罗斯托（W. W. Rostow）的长波循环不平衡理论，这种理论基于不平衡生产增长以及基本部门和产业部门之间的生产分配，强调主导增长部门（包括棉纺、铁路、电力和汽车等部门）的重要性，并认为这些部门的结构演替促进了经济增长的周期性高涨。罗斯托的理论要点是把长波循环归因于一个主导部门周期性地取代另一个主导部门。罗斯托认为，增长部门是长波循环中推动经济发展的动力。范杜因（Van Dujin）的长周期循环综合理论，他综合上述主要观点，将长周期归因于：（1）每一循环不同阶段中的产品创新和过程创新群；（2）寿命周期的创新；（3）由与创新寿命周期有关的资本投入刺激的增值和加速过程。社会的内在经济条件引起过程创新和产品创新。企业决策人和企业家的行为是促进产品创新的动力。

现代阶段：对长波周期的解释为人的需求行为引发创新，从而导致资本投入刺激，进而引起经济波动。主要理论是长波循环的需要等级论。该理论以两个命题为基础：（1）人的行为是以满足需求和需要的愿望为动力的，（2）需求和需要是分等级的（马斯洛（A. H. Maslow）于1943年创立需求层次论）。需要的不同等级支配着社会行为。社会是由占支配地位的未满足的需要等级推动的。需要等级的社会行为刺激了社会创新，从而引起资本波动，使得经济随之波动。

区域经济活动同样存在着长波周期，因为其经济发展过程及其影响因素与国家经济发展过程是相似的。但区域并不完全等同于国家，因而其经济波动周期及其表现特征与国家经济波动有一定差别。对国家内部的区域发展而言，其经济发展不仅取决于其内部经济的增长，亦取决于国家宏观经济波动及区际相互作用的关系变动。

区域长波循环的显示特征包括两个层面：（1）显示经济波动的特征指标，如价格、利率、工资、经济增长速度、通货膨胀率、失业率等经济变化的指示度量。经济学界研究长波循环的依据主要是指这个层面。（2）在引起上述指标变化的深层原因中，一些特征因素亦能显示经济波动，尤其是长波周期，因为长波循环的周期是这些特征因素引起的结果。这些因素主要包括产业结构（主导产业部门和基本产业部门）及其波动。

区域经济发展的长波振动是由影响其波动的因子引起的。对于一个特定区域而言，区域发展的影响因子包括外部和内部两个方面，而波动是内外因子综合作用的结果。

（1）外部因子

国家宏观经济的波动及区际联系方式的影响。

1）国家宏观经济的波动对地域经济发展的影响。国家宏观经济是各地方区域经济组合的整体，因而，宏观经济的波动对区域经济的波动产生相应影响。当然，由于国家内地区经济发展的不平衡以及造成国家宏观经济波动的原因和采取的政策不同，对区域经济发展的影响程度也不同。国家宏观经济的波动是影响区域经济发展的重要因素，因而区域经济发展的波动是其他因子引起的波动叠加于国家宏观经济波动的基础之上的。

产业政策也是引起地域经济长波振动的重要因素。不同的产业政策对具有不同产业结构的地域经济的作用不同。如改革开放前我国的产业政策是重工轻农；在工业内部，则重重（工业）轻轻（工业）。结果是像辽宁等重工业省份的经济快速发展，而上海等偏重于轻工业的城市经济增长缓慢。改革开放后，由于产业政策的调整，使得像上海、江苏、浙江等轻工业省市的经济发展较之于以重工业、农业为主的省市（辽宁、吉林、贵州等）要快得多。

1987 年我国经济增长与产业结构份额—偏离分析　　　　表 2－2

各产业		煤炭采选	石油开采加工	食品	纺织	化工	建材	冶金	机械	通信设备	电气机械	电子设备	工业总产值
全国平均增长速度/%		3.40	6.80	6.70	10.60	17.30	12.60	9.25	18.10	3.40	4.62	3.80	15.70
产业份额/%	东部	1.14	4.01	7.73	12.28	7.78	5.19	8.48	10.65	4.10	2.82	1.33	13.60
	中部	5.13	5.42	9.13	9.12	6.73	5.78	9.85	9.36	4.60	2.49	1.91	12.80
	西部	3.41	5.64	8.51	8.57	5.82	5.77	10.12	9.86				
全国平均产业份额/%		2.17	5.36	7.82	11.93	7.07	5.32	9.04	10.64	3.74	4.13	3.03	

区域政策对区域经济增长的作用表现在两个方面：生产要素的直接投入或改变区域的经济态势，以便增加区域对外部生产要素的吸引力或改变区域的投入产出率，影响区域经济的增长。如：1980 年以前我国生产力布局偏重于国防安全和均衡布局，区域政策偏重于社会公平，"大三线"、"小三线"的建设使得我国中西部地区的经济增长明显快于东部；1980 年以后由于国际形势的变化和改革开放的需要，我国的区域政策目标偏重于整体经济效率的提高，从而使得我国沿海地带的经济增长速度大大快于中西部。

2）区际联系的方式与强度。区际联系对区域发展的作用表现在：形成区际分工和专业化市场并通过乘数效应带动区域的发展。但区际联系的作用效果还有赖于区域间的经济发展水平与结构差异。通过"回波效应"和"扩散效应"对区域经济产生影响。这种影响表现在：先进区域对后进区域市场占先的影响，不同层次专业化商品贸易条件的影响，以及先进区域对后进区域先进技术和科学管理方法等创新的扩散和后进区域吸纳先进区域创新成果的能力等诸多方面。因而，区际联系及经济活动的地域空间过程，尤其是创新活动的空间扩散过程和专业市场的时空结构变动亦是区域发展波动的重要因子。

（2）内部因子

在影响区域发展的内部因子中，引起其波动的主要因子是：

1）市场结构及其波动。市场对区域经济发展的牵动作用表现为：①市场需求引导产业结构的变化。需求弹性大是主导产业选择的重要标准之一。不同的市场需求对应着不同的产业结构，不同产业结构具有不同的经济增长率。以市场需求弹性不足的商品生产为主的产业结构在经济增长的高速时期较之于生产需求弹性大的商品的产业结构，其经济增长的速度就会慢得多。②专业化市场的容量大小影响着区域产业结构能否达到规模经济，以及是否有与其他区域相抗衡的竞争力。这对于后进区域突破传统产业向中高技术层次的产业演进影响甚大。

2）资源禀赋及其开发利用速度。资源禀赋是区域产业结构形成和发展的重要基础，也影响区域内的产业布局。而产业结构形成和发展及其地域布局是区域经济增长与衰落的主要因子。

3）区域创新能力及吸纳创新的能力。创新已被认为是经济发展的主要动力。因而，区域创新能力及吸纳创新的能力便成为区域经济涨落的重要力量。区域自身的创新能力是区域与区域联系中是否成为核心区的关键。按照佩洛的观点创新型主导产业是经济增长的主要力量。区域创新能力的产生及强弱，一则依赖于区域内科研力量的强弱；二则依赖于创新企业和创新企业家的存在；三则依赖于区域企业组织。区域吸纳创新的能力强弱取决于区域内创新企业和创新企业家的存在以及区域劳动力的素质。

十二、产业集群理论（Industry Cluster Theory）

产业集群是指有相互关联的企业在地理空间上的"扎堆"现象。马歇尔认为，形成聚集经济有三个潜在来源：当地有效的劳动力市场；专业化的供应商和流通渠道；同产业内厂商之间的信息溢出。克鲁格曼采用迪克斯特与斯蒂格利茨的垄断竞争假设，建立了一个不完全竞争市场结构下的规模报酬递增模型。模型分析结果表明，一个经济规模较大的区域，由于前向和后向联系，会出现一种自我持续的制造业集中现象，即产业集群，并且经济规模越大，集中越明显。运输成本越低，制造业在经济中所占的份额越大，在厂商水平上的规模经济越明显，越有利于聚集。产业集群内部相互强化的作用可以导致经济的创新和国际竞争能力的增强，而且，产业集群一旦形成并巩固下来，很难被复制。因此，产业集群是地区竞争的独特优势和源泉。

20世纪90年代前后，以罗默、卢卡斯、贝克尔为代表的"新经济增长理论"[3]把人力资本积累引入经济增长模型中，强调了知识、人力资本在提高劳动生产率、促进经济增长方面的重要意义。

按照这些理论和相关线索，我们可以发现，一个区域的竞争力强弱，和它的地理位置、交通条件、产业集中程度、本身所处的经济发展阶段、知识聚集程度、人力资本状况都是相关的，那么指标的设计应该反映该地区在以上这些方面的基本情况。

十三、创新—扩散理论（Innovation Diffusion Theory）

熊彼得认为，创新就是"建立一种新的生产函数"，把一种从来没有过的关于生产要素和生产条件的"新组合"引入生产体系。在熊彼得看来，"创新"是一个"内在的因素"，所谓"经济发展"也就是"来自内部自身创造性的关于经济生活的一种变动"，即不断地实现这种"新组合"的结果。熊彼得对创新过程的认识经历了两个阶段：早期，熊彼得强调企业家对创新的推动作用；在后来的创新模型中熊彼得转向强调大企业在创新中的巨大作用。

在熊彼得之后，创新理论发展为两个分支：即以技术变革和技术推广为对象的技术创新分支和以制度变革为对象的制度创新分支。技术创新研究的重点为：技术创新与市场和企业的关系，企业组织及行为对技术创新的影响。制度创新有利于扩大资本积累，而且会导致工资率上升、市场规模扩大、劳动分工进一步深化，因此制度对于经济增长特别重要。在此之后的旧制度学派认为社会发展过程中经济制度必然会同新的社会生活条件发生冲突。制度是以往过程的产物，同过去的环境相适应，而同现在的要求不完全一致，社会只有在制度结构和现存条件相适应的时候才能正常发展。新制度经济学派认为有效的制度安排能够降低交易费用、增加产出、促进经济增长。诺斯关于"制度选择"的思想具有更加重要的现实意义。他认为任何制度的运行都是有成本的，应选择运行成本较少、绩效较好的制度，以此来提高资源配置效率，促进经济发展。制度理论揭示了新旧制度之间的矛盾及制度的演变特征，对竞争力研究具有重要意义。即为了改善竞争力，一定要随着经济的发展及时调整那些已不再适用的制度，通过改变制度结构与生产力的发展创造更大的空间，从而提高竞争力。

在创新理论方面，英国学者弗里曼还提出了激励持续创新的"国家创新系统"概念。随后，许多学者进一步阐述和规范了这一概念。帕维蒂则把国家创新系统定义为"决定一个国家内技术学习的方向和速度的国家制度、激励结构和竞争力"。英国卡迪夫大学的库克教授在国家创新系统的基础上提出了区域创新系统概念，并进行了较全面的理论及实证研究。库克认为区域创新系统主要是由在地理上相互分工与关联的生产企业、研究机构和高等教育机构等构成的区域性组织体系，而这种体系支持并产生创新。

很显然，在竞争日益加剧的今天，一个区域在技术与制度方面的创新能力强弱，决定了该区域是否能够更多地吸引和更充分地利用各种各样提升经济实力的资源。反映创新能力的指标是在研究区域竞争力过程中不可或缺的。尤其需要指出的是，在以往的研究中，往往出于方便提取的考虑突出了反映科研技术创新能力的指标，比如科研经费、研究人员数量等，而忽视了反映制度创新能力的软指标的提取，这将严重影响到我们对一个区域创新能力的全面评价。

十四、IMD 区域竞争力模型（IMD Regional Competitiveness Model）

IMD 认为，区域竞争力就是一个国家或一个公司在世界市场上生产出比其竞争对手更多财富的能力。它将区域竞争力分解为八大方面，包括企业管理、经济实力、科学技术、国民素质、政府作用、国际化度、基础设施和金融环境。其核心是企业竞争力，其关键是可持续性发展。这几方面构成的区域竞争力优势是在本地化与全球化、吸引力与扩张力、资产与过程、和谐与冒险四种因素环境中所形成的，具体模型如图 2－3 所示[4]。

IMD 区域竞争力模型，是从国家竞争力与企业竞争力的相互关系出发，认为国家竞争力的核心就在于国家内创造增加值的能力，即企业竞争力；而企业是否具有竞争力，则

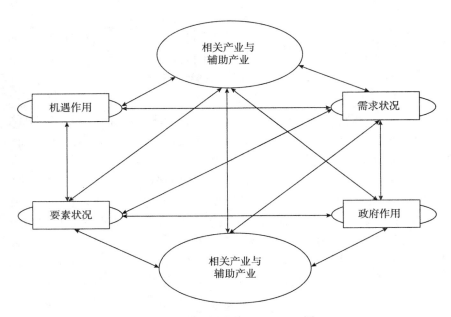

图 2-3　IMD 区域竞争力模型[4]

是从其国家环境对企业运营的有利或不利影响来加以分析。因此，IMD 区域竞争力模型从国家这一研究对象出发，选择了企业管理、经济实力、科学技术、国民素质、政府作用、国际化度、基础设施、金融环境八个方面予以评价；这八大方面则取决于区域竞争力四大环境因素，即本地化与全球化、吸引力与扩张力、资产与过程、冒险与和谐四组因素的相对组合关系。要增强国家竞争力就必须明确其政策目标，而目标制定的最大挑战就在于如何处理竞争力模型中这四组因素的关系。当然，IMD 模型并非解决问题的最终办法，而只是一种参考而已。

十五、波特区域竞争力模型（**Michael Porter Diamond Model**）

波特是当今著名的竞争战略研究专家，他在 1990 年发表的《国家竞争力》一书可谓经典之作，对后来的国家或者区域竞争力的研究启发最大[5]。

"国家为什么能够成为产业在国际竞争中成功的基础？""为什么某些产业里的许多领先者通常都出现在同一国家？"为此，他从产业角度出发，选择了十个有代表性的国家，对它们主要产业的发展史进行了历时四年的研究，抽出每个国家共有的四大要素：生产要素，需求条件，相关产业和支持产业的表现，企业的战略、结构、竞争对手；还有两个辅助因素——机会和政府。波特认为机会是可遇而不可求的，政府的角色是干预与放任的平衡。波特把这些内容构筑为竞争力的菱形模型，又称"钻石模型"或"波特区域竞争力模型"，这一模型甚至完全主导了一定时期内对于竞争力研究的指标设计工作。

十六、田园城市理论（**Garden Cities**）

区域空间组织的思想萌芽可以追溯到 19 世纪末期，由现代城市规划学创始人 E. 霍华德（E. Howard）[6]在 1898 年发表的名著《明日的田园城市》中提出，他的田园城市理想模型是以铁路连接并控制在一定规模下的城镇所组成的体系，"城镇群中的每一个城镇的设计都是彼此不同的，然而这些城镇都是一个精心考虑的大规划方案的组成部分"，当田园城市人口增长达到 32000 人后，"它将靠在其'乡村'地带以外不远的地方……建设另一座城市来发展"，"在行政管理上是两座城市，但是，由于有专设的快速交通，一座城市的居民可以在很短的时间内到达另一座城市"。按照这种方式，逐渐形成一种适度规模、协调共生的城镇群体。

1922 年，在霍华德的思想影响下，其助手昂温（Unwin）提出"卫星城理论"，1944年，阿伯克隆比主持的大伦敦规划中，试图通过外围设置与中心城规模悬殊、承担局部功能的新城推进城市与区域的进一步发展。

十七、中心地理论（Central Place Theory）

首创于 W. Christaller（1933）和 A. Losch（1939），是关于城市区位的一种静态理论。主要论述一定区域（国家内部）城镇等级、规模、职能间关系及其空间结构的规律性，并采用六边形图式对城镇等级和规模关系加与概括。

20 世纪 60 年代以来中心地理学说进一步得到应用，主要表现在利用市场最优原则，根据门槛人口以及提供货物和服务的范围，规划最优城镇体系。

应用中心地理论对开发区域进行城镇体系的规划，重要的是使其动态化，即经济发展时期不同，区域城镇体系亦应随之变化；实际化（可操作化），因为中心地理论的假设前提与区域开发的实际条件常常存在着较大差异（如设想某一地区为表面均一的平原，原料和人口分布均匀等，即不考虑研究对象的地理条件差异），因此区域的城镇体系只能根据客观实际条件，并应用其建立理论的思想方法得出。

十八、区位论（Location Theory）

区位论有宏观和微观之分。研究个别企业区位选择和布局条件的理论为微观区位论。起源于杜能和韦伯，后经龙哈德、克里斯塔勒、廖什、帕莱德艾萨德和、胡弗等发展，形成了完整的区位理论。微观区位论总是假定厂商以最低限度成本或最大限度利润作为确定工厂区位的目标，并且总是把"获得原料的成本"（从原料产地到生产地点的运输成本）"加工原料的成本"（生产地点的劳动成本和其他各种生产成本）、"分配产品的成本"（把制成品从生产地点运往销售市场的成本）三项，作为确定工业区位的基本条件。

着重于全国范围和区域范围的国民生产总值和国民收入增长率及其国际的、区际的差异，全国范围和区域范围资本形成的特征和投资率的差异，失业率和通货膨胀的地区差异以及它们对工业区位移动的影响的研究称为宏观区位论。

区位论在区域开发中的指导意义在于，宏观方面，在分析区域差异和区域优势的基础上，按比较利益原则确定区域发展方向；微观方面，则在于确定区域内匹配企业的选择及其区位因子，以及匹配企业的区位创造。

早期的区域经济学家都是研究单个厂商的最优区位决策问题。如德国经济学家杜能从区域地租出发探讨了因地价不同而引起的农业分工现象，创立了农业区位论，奠定了区域经济理论的学科基础。20世纪初，德国经济学家韦伯提出了工业区位论。20世纪30年代初，德国地理学家克里斯塔勒根据村落和市场区位，提出中心地理论。稍后，另一德国经济学家廖什把中心地理论发展成为产业的市场区位论。相对于农业区位论和工业区位论立足于单个厂商的最优区位选择，中心地理论和市场区位论则是立足于一定的区域或市场，着眼于市场的扩大和优化。这些区位论都采用新古典经济学的静态局部均衡分析方法[7]，以完全竞争市场结构下的价格理论为基础来研究微观经济主体的区位决策问题，因而又叫古典区位论。随着网络和扩散理论、系统论及运筹学思想与方法的应用，区位理论得到迅速发展，促使地域空间结构理论、现代区位论的逐渐形成。现代区位论，一方面使区位研究从单个厂商的区位决策发展到区域总体经济结构及其模型的研究，从抽象的纯理论模型推导，发展为建立接近区域实际的、具有应用性的区域模型；另一方面，现代区位论的区位决策目标不仅包括生产者利润最大化，而且包括消费者的效用最大化。

十九、圈层结构理论（Circle Structure Theory）

该理论源于德国农业经济学家冯·杜能对于农业圈层空间结构模式的研究，在此基础上伯吉斯提出城市用地功能区的同心圆模型，霍伊特提出城市用地功能区的扇形模型，哈里斯和乌尔曼提出城市用地功能区的多核心模型。

伯吉斯的同心圆圈层模式：这一理论模式是伯吉斯（E. W. Burgess）于1925年对芝加哥城市土地利用结构分析后总结出来的。在这种模式中，中心城市处于城市群内城镇群体空间的中心位置，其他城镇则根据发展阶段的变化在离中心城市不同距离的纵深位置呈同心圆状分布。伯吉斯认为支付地租能力越大的功能单位、企业或家庭越接近市中心，但忽略了城市交通、自然障碍物、区位选择偏好等方面的影响，与实际有一定的偏差。1932年，巴布科克考虑到交通轴线的辐射作用，将同心圆模式修正为星状环形模式。

霍伊特的扇形模式：这一理论是霍伊特（Homer Hoyt）于1939年提出的。在这种模式中，各类城市用地趋向于沿着主要交通线路和自然障碍物最少的方向由市中心向市郊呈扇形发展。在霍伊特看来，由于特定运输线路线性可达性（Liner Accessibility）和定向惯性（Drectional Inertia）的影响，各功能用地往往在交通线的两侧形成。他把沿辐射状运输主干线所增加的可达性称为附加可达性。轻工业和批发商业对运输线路的附加可达性最为敏感，多沿铁路、水路等主要交通干线扩展。各收入阶层，由于经济和社会因素的理性和内聚力，在相应的住宅区内以不同速度作条带扇形状延伸。

哈里斯-乌尔曼多核心模式：多核心理论最先由麦肯齐（R. D. Mckenzie）于1933年提出，然后被哈里斯（C. D. Harris）和乌尔曼（E. L. Ullman）于1954年加以发展。该理论强调城市土地利用过程中并非只形成一个商业中心区，而会出现多个商业中心区。其中一个主要商业区为核心，其次为次核心。这些中心不断发挥成长中心的作用，直到城市的中间地带完全被扩充为止。在城市化过程中，随着城市规模的扩大，新的城市核心又会产生。

二十、区域协同理论

格迪斯（Patrick Geddes）作为西方近代系统区域规划思想的奠基人，首创了区域规划的综合研究，指出区域中的城市从来就不是孤立的、封闭的，而是和外部环境（包括和其他城市）相互依存的。认为"人们不能再以孤立的眼光来对待每一个城市，必须认真进行区域调查，以统一的眼光来对待它们"[7]。在工作方法上成为西方城市科学从分散和互不相关走向综合的第一人。

二十一、区域城市结构理论

1975 年洛斯乌姆（L. H. Russwurm）从城市地区和乡村腹地联系的角度提出了区域城市模型。他认为区域城市由中心至外围划分为四个部分，各部分范围及功能组合为：（1）城市核心区，大致包含了相当于城市建成区和城市新区地带的范围，用地功能具有综合性；（2）城市边缘区，位于城市核心区外围，其土地利用已从农村转变为城市的高级阶段，是城市发展指向性因素集中渗透的地带，也是郊区城市化和乡村城市化地区；（3）城市影响区，是城市产业等实体性要素可能扩散的最大地域范围；（4）乡村腹地，与城市没有明显的内在功能联系。

二十二、大都市带理论（Megalopolis Theory）

法国地理学家戈特曼在研究了美国东北部大西洋沿岸的新罕布什尔州南部到弗吉尼亚州北部的城市化地区，首先提出大都市带（Megalopolis）概念。大都市带从空间形态上看是核心地区构成要素的高度密集型和整个地区多核心的星云状结构，从空间组织上看其内部单元各具特色，从而形成条块状的色彩斑斓的"马赛克"。杜克西亚迪斯（Doxiadis）等进一步提出了世界连绵城市（Ecumnopolis）结构理论，认为目前世界上主要的大都市带最终都将连接起来，形成一个巨型的环绕全球的城市空间系统。派帕里奥诺（Papaioan-nou）阐述了全球城镇网络系统的发展过程和模式，即由大城市—大城市地区—大城市带—城市化地区—洲际城市化地区—全球城市化地区等阶段组成。

二十三、地域生产综合体理论（Territorial Production Complex Theory）

这是从地域和产业的结合着手分析生产力布局的理论。所谓地域生产综合体是指一定地域上各有关企业互相联系、互相制约而结合在一起，而且又是计划经济的产物，通过利用自然条件、自然资源、生产基础设施与地理区位等，因地制宜地布局生产力，使综合体内部各个企业成为一个有机整体，从而取得最佳的经济效果。

地域生产综合体被认为是有效地进行区域开发、基本建设、合理布局生产力、综合利用资源的一种较为理想的国民经济地域组织，它是生产地域系统中最基本的地域单元[1]。

H. H. 涅克拉索夫院士把地域生产综合体划分为五级：全苏级、加盟共和国级、大区级、地方级和工业枢纽型地域生产综合体。

H. H. 科洛索夫斯基认为，生产综合体是指一个工业点或整个地区内企业在经济上互相制约的结合。按范围等级水平可分为两种类型：

（1）第一种综合体只局限于一个地理点或一个中心，它所占地域不大。在该地域内有时仅有一个大型工业联合企业，该联合企业把一系列不同的生产部门与其他几个同联合企业发生一定关系的企业有机联系起来。在一个地理中心，可能会集中几个或许多个有一定生产联系的工业企业。在一些大的工业企业中心，除拥有许多企业外，还可能拥有不止一个联合企业。在某一具体地域上布局这些点是因为：1）当地的原料基地，2）当地的能源基地，3）当地的劳动力资源，4）地理区位的优越性，5）市场占先的条件，6）集聚经济的效益。（此尺度地域生产综合体可称之为微观地域生产综合体。）

（2）第二种是区域性地域生产综合体，即中观或宏观尺度的地域生产综合体。此类地域生产综合体一般由经济区内具有区际意义的专业化主导部门及与其配套的辅助产业和基础部门组成。

地域生产综合体理论在区域开发中的作用在于解决区域的地域调整过程和布局。

二十四、核心—边缘理论（Core – periphery Theory）

美国区域发展与区域规划专家弗里德曼（J. R. Friedmann）于1966年根据委内瑞拉区域发展演变特征的研究，以及缪尔达尔（K. G. Myrdal）、赫希曼（A. O. Hischman）等人有关区域经济增长和相互传递的理论，提出了核心与外围（或核心与边缘）发展模式。该理论试图解释一个区域如何由互不关联、孤立发展演变成彼此联系、发展不平衡，又由极不平衡发展成为相互关联的平衡发展的区域系统[9]。每一个核心区域（Core Region），均有一影响区（Zone of Influence）为边缘区（Peripheral Region）。核心与边缘作为基本的结构要素。核心区是社会地域组织的一个次系统，能产生和吸引大量的革新；边缘区是另一个次系统，与核心区相互依存，其发展方向主要取决于核心区。核心区与边缘区共同组成一个完整的空间系统[10]。

弗兰克（A. G. Frank）和阿明（Samir Amin）指出外围国家对中心国家存在着严重的商业依附、金融依附和技术依附，并且形成了弗兰克所指出的"宗主国"和"卫星城"之间的依附链条。宗主国的经济发展其实也是依赖于外围国家的，就像外围国家依赖它们一样。阿根廷经济学家劳尔·普雷维什（Raul Prebisch）提出"中心—外围"（核心—边陲）的世界经济体系论。核心（西方发达国家）和边陲（非西方不发达国家）之间的经济关系是不平等的，核心国通过不平等的贸易条件剥削边陲国，给不发达国家带来贫困。用中心和边缘分别表示出口制成品和出口农矿产品的国家，认为在国际市场上后者的贸易条件有不断恶化的趋势。沃勒斯坦认为，欧洲范围内的劳动分工将资本主义世界体系在地理空间上划分为三个地带，即核心区、边缘区和半边缘区。"极化效应"表现在，随着核心的发展，边缘的要素向核心流动，从而削弱了边缘的经济发展能力，导致其经济发展恶化。核心的劳动力收入水平高于边缘，这样，就导致边缘的劳动力在就业机会和高收入的诱导下向核心迁移。结果，核心因劳动力和人口的流入而促进了经济的增长，边缘则因劳动力外流特别是技术人员和富于进取心的年轻人的外流，经济增长的劳动力贡献减小。再就是资金的流动，核心的投资机会多，投资的收益率高于边缘，边缘有限的资金也流入核心；而且，资金与劳动力的流动还会相互强化，从而使边缘的经济发展能力被削弱。在贸易中，核心由于经济水平相对高，在市场竞争中处于有利地位。"涓滴效应"体现在，核心吸收边缘的劳动力，在一定程度上可以缓解边缘的就业压力，有利于边缘解决就业问题。

核心与边缘的关系是一种控制与依赖的关系。初期是核心区的主要机构对边缘区的组织有实质性控制，是有组织的依赖。然后是依赖的强化，核心区通过控制效应以及生产效应等强化对边缘区的控制。最后是边缘区获得效果的阶段，革新由核心区传播到边缘区，核心区与边缘区间的交易、咨询、知识等交流的增加，促进边缘区的发展。随着扩散作用的加强，边缘区进一步发展，可能形成较高层次的核心区，甚至可能取代核心区。

核心区与边缘区间有前向联系和后向联系，前者主要是核心区向更高层次核心区联系和从边缘区得到原料等；后者是核心区向边缘区提供商品、信息、技术等。通过两种联系，发展核心区，带动边缘区[11]。

二十五、扩散理论（Diffusion Theory）

扩散理论研究地表现象如何从产业地向四面八方传播。

扩散进行的方式有近邻扩散、跃迁扩散和层次扩散。最普遍的形式是混合扩散，即上述几种类型的组合。

扩散演变的过程，具有时空结合的内在规律。这方面最成功的例子即是 T. Hägerstrand 对技术扩散时空规律的研究。用"蒙特卡罗模拟"的随机模式得出技术创新扩散时序过程的频率累计值为 S 形，即逻辑曲线。形式为：

$$P = \frac{K}{1 + e^{(a+bt)}}$$

式中　a——起始截距；

　　　b——斜率；

　　　t——时间；

　　　K——最大可能扩散值。

扩散理论对区域开发的作用在于：扩散现象是地域空间的普遍现象，从技术创新的推广到商品营销的扩散，以及信息传递等。它是区域开发过程动态化的主要形式之一。其中，信息扩散的成本收益是衡量区域社会经济组织富有效率与否的指示灯。

但扩散理论到目前为止还仅对于技术创新扩散模式有过定量研究，对商品的地域扩散方式及其定量化模型、影响因素分析以及信息在地球空间扩散的成本收益的研究也十分必要；因为市场、技术创新的扩散和吸纳以及信息传递的效率是区域开发动力的"三驾马车"。

二十六、梯度推移学说（Gradient Elapse Theory）

区域经济发展中的梯度推移说是建立在产品周期理论基础之上的。所谓梯度是指区域之间经济总体水平的差异。梯度推移说的基本观点：一个区域的经济兴衰取决于它的产业结构，进而取决于它的主导部门的先进程度。与产品周期相对应，可以把经济部门分为三类，即产品处于创新到成长阶段的是兴旺部门；产品处于成长到成熟阶段的是停滞部门；产品处于成熟到衰退阶段的是衰退部门。因此，如果一个区域的主导部门是兴旺部门，则被认为是高梯度区域；反之，如果主导部门是衰退部门，则属于低梯度区域。推动经济发展的创新活动（包括新产品、新技术、新产业、新制度和管理方法等）主要发生在高梯度区域，然后，依据产品周期循环的顺序由高梯度区域向低梯度区域推移。梯度推移主要是通过城市系统来进行的。这是因为创新往往集中在城市，从环境条件和经济能力看比其他地方更适于接受创新成果。具体的梯度推移有两种方式：一种是创新从发源地向周围相邻的城市推移；另一种是从发源地向距离较远的第二级城市推移，再向第三级城市推移，依次类推。这样，创新就从发源地推移到所有的区域[12]。

二十七、增长极理论（Growth Pole Theory）

法国经济学家 F. Perroux 在 20 世纪 50 年代初最早提出"增长极"的概念，他认为，一个产业部门的兴衰必将影响到与其密切相关的其他产业，而主导产业的产生和发展，对经济的地域结构有着特殊要求。因而，经济增长不会同时出现在所有地方。它将出现在具有某些优势条件的特定地区，这些特定地区就是"增长级"。

J. R. Boudeville（1966）将增长级的概念扩展到地理空间的分析中，注意到增长中心的空间分散。他认为，增长极在地域上是集聚的，一般集中在中心城市，从而构成了区域的空间增长中心。不同规模的中心城市构成空间增长极等级系统，通过扩散效应，共同促进腹地发展。

同期瑞典经济学家缪尔达尔提出了循环累积因果理论，他认为发达地区（城市或增长极）产生两种效应，一是发达地区对周围地区的阻碍作用和不利影响的回流效应，即极化效应；另一种是发达地区对周围地区经济发展的推动作用或有利影响的扩散效应。美国经济学家 A. Hirshman 提出了与缪尔达尔相似的"极化—涓滴效应学说"，认为一个国家的经济增长率先在某个区域发生，那么就会对其他区域产生作用。他把经济相对发达区域的增长对欠发达区域产生的不利和有利作用，分别称之为极化效应和涓滴效应，涓滴效应最终会大于极化效应而占据优势，因为从发达区域的长期发展来看，将带动欠发达区域的经济增长。

农村发展极理论是 J. Friedmann 提出的，目的在于对消费性大城市与广大农村地区日益扩大的差异提出对策。即通过在广大农村地区建立为其服务的集市系统，把经济增长从一些核心地区扩散到广大农村地区。

二十八、发展轴理论（Axis of Development Theory）

发展轴（德文：Entwicklungsachse）是联邦德国规划界针对区域开发规划提出来的区域发展模式，也被称为生长轴（Growth Axis）模式。生长轴理论是经济学家沃纳·松巴特（Werner Sombart）首先提出的，主要思想：连接中心城市（增长极）的铁路、公路和水运等交通线网的铺设使区域中形成了新的有利区位，吸引产业、人才、资金沿线集聚。对区域开发具有促进作用的交通干线被称为生长轴，轴线附近的地带被称为轴带。生长轴理论是增长极理论的延伸，成为落后地区空间优先发展选择的理论依据。德国人鲍狄埃（Pottier，1963）认为生长轴是指多个增长极（最初是在轴的两端，之后是在轴的中间）的发展，这有助于新交通走廊的开辟而减少成本、产生聚集经济，它可以为一体化的增长极战略和区域间的交通投资提供一个成功方法。

二十九、点—轴开发理论（Point‑axis Development Theory）

该理论认为，区域开发首先在一些初始条件较好的区位开始，并通过极化和扩散的协同作用在地域空间进一步发展。在初始阶段，由于极化作用远大于扩散作用，区域开发的空间表现形式首先是在一些离散的点上极化；随着增长极的不断扩大，原来的集聚经济和规模经济将变得越来越不经济，增长极的溢出效应增强。但增长极的溢出形式是有一定规律的，即它首先沿开发轴通过流（物质流、资金流、能源流等）向外扩散，并在轴线上形成一个个规模不等的次一级增长极，这些增长极再进一步沿次一级开发轴扩展，并最终导致区域开发的空间网络形态，即空间均衡；直到下一次技术进步和中心增长级产生结构的跃迁，导致又一轮的空间扩散。

这一过程的空间表现形式为从点到轴，再扩大到面的过程。所谓点，即城市或集中的工业区区域经济的增长极，为一组具有主导产业和辅助产业的结构体，是区域经济增长的核心区。轴即由交通线路、能源线或水源通道组成的联系空间节点的通道；其中，交通和能源是地域经济发展的两大支柱。

三十、二元结构论（Dual Structure Theory）

有结构学派和新古典学派之分。结构学派的代表人物是 A. Lewis，新古典学派的代表人物是 D. W. Jorgenson。从不发达区域产业部门技术水平的层次差异分析着手，论述后进区域工业化和农村劳动力转移之路。

二元结构论的特点是把不发达区域的经济分为农村的传统农业和城市的现代工业两部门，并认为工业部门的比重在这两个部门中的增大过程就是经济发展的过程。Lewis 认为不发达部门是产生过剩劳动力的根源，不发达部门向先进部门提供廉价、丰富的劳动力是经济发展的关键。但 Lewis 把农业当作一个被动的部门，在整个经济运行过程中看不见农业劳动生产率的提高、收入的增加。Lewis 的继承人 Fei Jinhan 和 Ranis 针对其理论的缺陷，提出了修正的观点：第一，不重视农业在促进工业增长方面的重要性，会造成农业的停滞；第二，忽视了由于农业生产率的提高而出现剩余产品，应该是农业劳动力向工业流动的先决条件；否则，工业中新吸收的来自农业的劳动力就没有口粮和其他农产品的供应。

M. P. Todaro 从农业劳动力转向城市工业部门的预期收益率入手分析农村劳动力的转移问题。认为即使城市已经存在着大量失业人口，但只要城市就业的预期收入高于农村，则农村人口就向城市流动。

二元结构理论的另一派代表人物 D. W. Jorgenson 应用古典学派的边际生产理论说明农业部门，他的理论否定了 Lewis – Fei – Ranis 提出的农业部门边际生产力为零的假设，并自始至终用新古典派的极大化理论说明农工两部门的劳动力供求、资本积累、生产、消费和人口增长等问题，并主张这一原理可以说明从经济发展初期阶段的贫困状态发展到工业化的全过程。

三十一、麦吉 Desakota 理论（McGee Desakota Theory）

加拿大地理学家麦吉（T. G. McGee）用"Desakota"一词表示亚洲一些发展中国家出现于人口密集、位于大城市之间，与西方大都市带类似而发展前景又完全不同的新型空间区域。地区往往借助于城乡间的强烈相互作用，劳动密集型工业、服务业和其他非农产业发展迅速，逐步由原乡村地区发展为类似西方大都市带的超级都市区。亚洲的有三种类型：（1）邻近大城市的乡村地区由于人口大量注入城市或转入非农产业部门而形成的 Desakota，以日韩两国较典型；（2）由两个或多个大城市相互向对方扩散，交通的发展特别是铁路和高速公路的发展使这些城市相互连接起来，形成狭长的都市带，如中国的沪宁杭地区；（3）邻近国家的次级中心城市，以传统农业为主，非农产业发展不快，但人口相当密集，如中国四川盆地、印度尼西亚的爪哇岛等。

以上评述了区域开发的一些理论。归纳起来，这些理论涉及区域开发的方面包括：（1）区际联系和效果（劳动地域分工理论，出口基地理论，循环累积因果原理，依附论；中心—外围模型，进、出口替代战略，大都市带理论）；（2）区域内部（均衡与非均衡发展理论、二元结构论、Desakota 理论、中心地理论、地域生产综合体理论、IMD 区域竞争力模型、波特区域竞争力模型、区域城市结构理论、区域协同理论、梯度推移学说）；（3）微观理论（田园城市理论、区位论、圈层结构理论、增长极理论、发展轴理论、点—轴开发理论、核心—边缘理论、地域生产综合体理论、产业集群理论等）；（4）阶段理论和扩散理论（扩散理论、倒 U 型规律、区域发展阶段理论、长波理论、创新—扩散理论等）。

上述理论是历经一个多世纪探索和检验得来的成果，构成了区域规划研究大厦的基石。然而在今天以批判的眼光来看，这些理论尚存在一个最大的疏漏，就是没有考虑开发区域的真正内涵和地域尺度，区域是一个多种尺度嵌套而成的概念体系，而以上理论缺少对不同尺度区域的区别适用性。

第二节　区域规划研究与实践

一、国际区域规划的研究与实践脉络

（一）区域规划的兴起和初步发展（19 世纪末～20 世纪中叶）

19 世纪末，工业革命给西方世界带来了生产方式和社会结构的深刻变革，城市的集聚程度和联系程度迅速提高，一系列区域问题开始暴露出来：居民点分布无序、基础设施混乱、生态环境破坏、地区差异扩大，等等。1898 年霍华德（E. Howard）提出了田园城市思想，主张突破城市界限，将城市和周围乡村作为一个有机的系统来组织，从此标志着区域规划思想理论的萌芽。随后，英国社会学家格迪斯（Patrick Geddes）于 1915 年进一步提出城市规划与乡村规划应该结合在一起的思想。1930 年，美国学者刘易斯·芒福德（Lewis Mumford）提出了区域整体发展理论，逐渐完成区域规划理论体系的奠基[37]。

在这种以城市为中心、融合周边地区进行规划的理论思潮影响下，面对 20 世纪初城市无序蔓延带来的人口激增、城乡矛盾、生态恶化等城市问题，规划师意识到必须打破市区的局限，将城市置于广阔的区域内来探索新的实践路径。1920 年德国成立鲁尔煤矿居民点协会，主持编制了鲁尔区区域居民点总体规划，开创了区域规划的先河。

美国于1921年开始编制纽约大都市地区规划。英国在1922~1923年完成了当卡斯特煤矿区区域规划编制。1921年，苏联在全国范围内进行了经济区划，在计划经济下实现了国家主导的全国国土规划，至第二次世界大战前，又在全俄电气化计划和经济区划的基础上开展了西部重点建设区的区域规划[62]。1933年，国际现代建筑协会制定了著名的《雅典宪章》，明确提出城市应与周围地区形成一个整体来研究，至此，区域规划的思想正式为规划界普遍认同。

（二）区域规划的繁荣时期（20世纪40年代~20世纪70年代）

第二次世界大战之后，西方世界的经济受到严重破坏，城市建设百废待兴，因重建城市的需要，区域规划一度迎来了空前的繁荣：1944年英国在艾伯克隆比（Patrick Abercrombie）的主持下编制了大伦敦区域规划；联邦德国从1945年开始编制国家层面的"联邦德国国土整治纲要"、各州层次的"空间规划"和县一级的区域规划；战后日本编制了全国性的综合开发计划[62]。

在如火如荼的实践浪潮中，区域规划理论也得到广泛深入的发展，工业区位论、中心地理论、劳动地域分工理论、增长极理论、倒U型发展理论、区域生产综合体理论、核心—边缘理论等相继问世，并在实践中得到应用和发展，充分体现出理论的实践价值。

（三）区域规划的复兴时期（20世纪70年代~20世纪末）

20世纪60年代末，新自由主义思潮兴起并盛行，一方面强调公众是规划的主体，规划过程需要公众参与；一方面强调"小即是美"，重视环境保护。在新自由思想的影响下，区域规划继承了平等、民主、环保等新的理念，不在单纯从经济视角规划空间。在这种背景下，区域规划理论也有了新的发展，可持续发展理论、循环经济理论、系统动力学、新区域主义、景观生态学等理论相继流行，并对区域规划的实践活动产生影响。

可持续发展理论下，区域规划转向以改善生活质量、实现人地和谐为目标，使经济发展、社会进步、生态安全三者适应的原则成为几乎一切规划编制的准绳。循环经济理论下，以减量（Reducing）、再利用（Reusing）、循环（Recycling）为内容的3R原则成为产业持久发展的新路径，为区域产业选择和布局提供新思维。景观生态学理论下，斑块—廊道—基质的生态安全格局作为一种新模式被嵌入到区域格局中。系统动力学理论用建立模型的方法来刻画系统的非线性特征和动态特征，补充了区域规划的方法论体系。新区域主义理论下，西方区域规划经历了由技术性控制向公共政策导引的转变过程，以提升区域竞争力为导向的政策制定成为区域规划的主要调控手段。

（四）区域规划的近期进展（21世纪以后）

世纪之交，由于增强区域国际竞争力的需要，及解决日益突出的人口、环境、资源、经济问题的迫切性；推升了区域规划的地位，全球经济整合的大趋势唤起了区域规划的新一轮复兴。

新时期区域规划的理论创新层出不穷。Peter Hall[13]将近30年区域政策和规划发生变化的深刻背景归纳为：经济全球化、传统制造业和产品经济在许多城市的急剧衰退、知识经济和网络社会的到来及对环境议题的持久关注，他所代表的技术学派认为区域规划是为了解决区域问题而进行的一种具有前瞻性动机的理性过程（a Rational Process）；以 Scott、Held、Ambrose 和 Cooke[14] 为代表的社会学派认为，城市和区域规划是一个物质、政治和经济过程，而不仅仅是一项技术性的实践活动；以 Brindly、Rydin、Stoker 和 Thornley 为代表的政治学派认为，城市和区域规划就实施方式而言是一种深刻的政治行为，它涉及如何重塑当前的社会经济动力学过程以达到特殊的发展目标[16]。

在理论发展的基础上，新区域主义对规划实践产生了深远影响，区域城市化和城市区域化的思潮使都市密集区（Megalopolis）成为新的规划热点，如美国 2005 年完成的大芝加哥都市区 2040 区域框架规划，在规划思想上体现了以社区为动力，公民广泛参与的新理念[15]。

二、国内区域规划的实践历程

新中国成立以来我国区域规划的发展大致经历了以下四个阶段：（1）计划经济时期以联合选厂为基础的区域规划，（2）改革开放初期以国土规划为特点的区域规划，（3）20 世纪 90 年代以城镇体系规划为特点的区域规划，（4）进入 21 世纪后以城市区域规划为特点的区域规划。

（一）计划经济时期的区域规划（1956～1960 年）

中国最早的区域规划开始于"一五"时期，为了更好地安排大批苏联援建项目，在部分城市和省区开展了以联合选厂为基础的区域规划。1956 年，中国国务院《关于加强新工业区和新工业城市建设工作几个问题的决定》中提出要搞区域规划。这段期间，建委组织开展了包括广东、贵州、四川、内蒙古、吉林、辽宁、江苏、江西、安徽、山东、上海等在内的十几个地区的全省或以省内经济区位范围的区域规划[16]。这一时期的区域规划以大工业项目选址为重心，效仿苏联模式，是我国区域规划的第一个高潮。其后由于政治环境变动，区域规划实践一度被迫中断。

（二）改革开放初期的区域规划（1978 年～20 世纪 90 年代）

1978 年改革开放以后，中央领导人出访西欧考察，借鉴德、法、日等国国土整治规划的经验，使这一时期的区域规划以国土规划的形式获得了生机，一直持续到 20 世纪 90 年代初期。1981 年由中共中央书记处做出了关于"搞好我国的国土整治"的决定，自 1982 年起在湖北宜昌、河南焦作、吉林松花湖、新疆巴音郭楞州、京津唐等十几个地区开展了地区性国土规划的试点。1985～1987 年我国参照日本的经验，编制了《全国国土总体规划纲要》，此版纲要划分了全国东、中、西三大经济地带，将沿海和沿长江作为一级开发轴线，把沿海的长三角、珠三角、京津唐、辽中南、山东半岛、闽东南，以及长江中游的武汉周围和上游的重庆—宜昌一带均列为综合开发的重点地区，至今仍具有现实意义。1992 年开始，国务院组织编制了长江三角洲及长江沿岸地区、西南及华南部分地区、环渤海地区、西北地区、东南沿海地区、东北地区和中南地区等全国"七大区"规划[17]，奠定了新中国经济版图中重点开发区域的基本格局。

（三）20 世纪 90 年代的区域规划（20 世纪 90 年代）

20 世纪 90 年代起，我国区域规划偏离了国土规划的轨道，转向以城镇体系规划为主。1989 年全国人大常委会通过的《中华人民共和国城市规划法》正式将城镇体系规划纳入编制城市规划不可缺少的重要环节，胡序威[18]认为"在国外有城镇体系研究，却很少听说有城镇体系规划，编制城镇体系规划也可以算是我国主创。"这一阶段我国对外开放深入开展，市场机制发育加快，经济高速增长，城镇体系规划的"三结构一网络"（规模等级结构、职能分工结构、空间结构及空间网络系统）有效地促进了地区资源的合理配置，这种规划方法时至今日仍然广泛应用。

（四）进入 21 世纪以来的区域规划（2000 年以后）

进入 21 世纪之后，我国城市化进程加速，区域规划出现了多主体、多类型、多层次、多目标并以城市区域规划（包括都市圈规划、都市区规划、城市群规划等）为中心的新形势。具体进展如下：

（1）区域规划的战略地位大大提高。2006 年，《"十一五"规划纲要》界定了区域协调发展的内涵和标准，明确提出要"坚持实施推进西部大开发，振兴东北等老工业基地，促进中部地区崛起，鼓励东部地区率先发展的区域发展总体战略"，"逐步形成主体功能定位清晰，东中西良性互动，公共服务和人民生活水平差距趋向缩小的区域协调发展格局"[19]。区域规划成为"十一五"期间的重要政策，并启动了京津冀地区和长江三角洲地区区域规划两项试点工作。到"十二五"时期，区域规划的地位进一步提升，并明确界定西部大开发、东北振兴、中部崛起、东部率先发展和国家层面区域规划的工作重点[20]：1）在生态经济社会协同发展中，推进西部大开发；2）在培育替代产业和改善民生中，振兴东北等老工业基地；3）在提高城市化和推进工业化中，促进中部地区崛起；4）在政府改革和经济发展方式转变中，实现东部地区率先发展；5）贯彻落实国家层面的区域规划，以国家总体战略发挥跨区域的区域规划指导作用。

（2）以城市区域规划为核心的区域规划实践空前繁荣。新区域主义影响下，为提高大城市竞争力和拓宽城市发展空间而进行的都市区规划、都市圈规划或城镇密集区规划正在我国悄然兴起。所谓"都市区"或"城镇密集区"，即为一个或多个中心城市，以及与中心城市保持便捷通勤联系，或城市功能由中心城市向外扩散直接影响所及的地域范围。这类成熟的区域单元可以使整个区域高度一体化，城市之间和谐共生、协同发展，并对更大的外围区域产生巨大的辐射能量，带动周边区域快速发展，甚至产生全球性影响，如美国东北部大西洋沿岸大都市带、日本东海道太平洋沿岸大都市带等[21]。

从"十一五"至今，国家出台的区域规划和政策文件，加上带有促进区域协调发展性质的有关方案超过 70 个[22]。近期进行的区域规划包括：跨地域的城镇群规划（珠江三角洲、长江三角洲、山东半岛城市群、环杭州湾、中原城市群、关中城市群等），跨地区的区域开发规划（沿江城市带规划，安徽皖江开发规划等），都市圈规划（南京、徐州、苏州、无锡、常州、武汉、沈阳等），城乡一体化规划（京津冀北地区、嘉兴、温岭等），省市城镇体系规划（各省市县三级、苏州、无锡、大连等），都市区规划（广州、杭州、宁波等），城市交通通勤圈规划（泉州等）[23]，等等。

（3）出现新的区域规划导向。《"十二五"规划纲要》明确提出要实施主体功能区战略，主体功能区规划是新时期区域规划的新导向。

"主体功能区"的核心思想是，根据资源环境的承载能力、现有国土开发密度和发展潜力，确定哪些区域适宜优化开发和重点开发，哪些区域应当限制开发和禁止开发。将国土空间划定为优化开发区域、重点开发区域、限制开发区域和禁止开发区域四类①，根据各类区域的不同条件分别确定适宜的发展模式。主体功能区规划有利于国土空间的高效率用和区域优势的互补协作，形成区域协调发展的宏观格局。

按照全国主体功能区规划，未来国土空间将形成"两横三纵"的城市化战略格局、"七区二十三带"的农业战略格局和"两屏三带"的生态安全战略格局，如图2-4~图2-6所示。

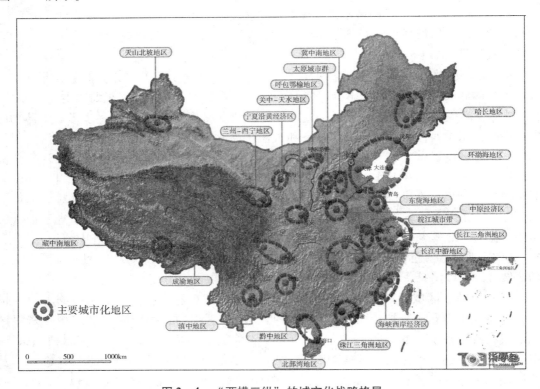

图2-4 "两横三纵"的城市化战略格局

---

① 目前划定的优化开发区域包括环渤海、长三角和珠三角3个区域；重点开发区域包括冀中南地区、太原城市群、呼包鄂榆地区、哈长地区、东陇海地区、江淮地区、海峡西岸经济、中原经济区、长江中游地区、北部湾地区、成渝地区、黔中地区、滇中地区、藏中南地区、关中—天水地区、兰州—西宁地区、宁夏沿黄经济区和天山北坡地区等18个区域；限制开发区域分为农产品主产区与重点生态功能区，农产品主产区主要包括东北平原主产区、黄淮海平原主产区、长江流域主产区等7大优势农产品主产区及其23个产业带，重点生态功能区包括大小兴安岭森林生态功能区、三江源草原草甸湿地生态功能区、黄土高原丘陵沟壑水土保持生态功能区、桂黔滇喀斯特石漠化防治生态功能区等25个国家重点生态功能区；禁止开发区域包括国务院和有关部门正式批准的国家级自然保护区、世界文化自然遗产、国家级风景名胜区、国家森林公园和国家地质公园等。

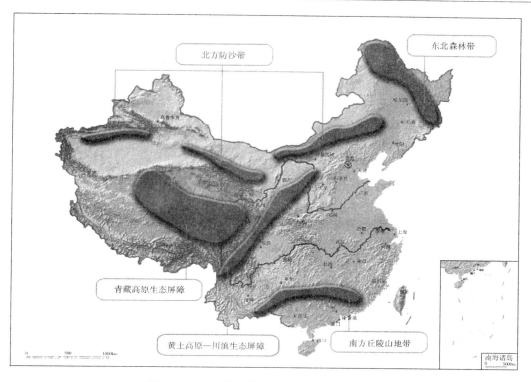

图 2-5 "两屏三带"的生态安全战略格局

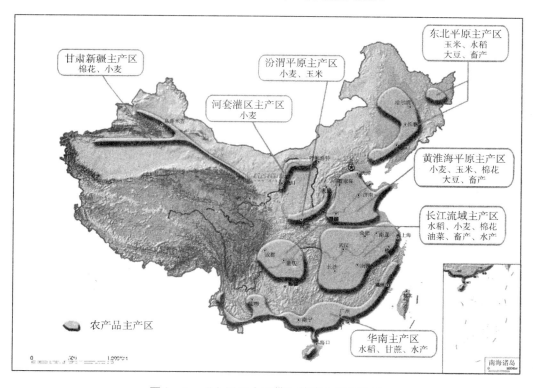

图 2-6 "七区二十三带"的农业战略格局

三、国内区域规划的理论进展

相比国外，国内区域规划领域的理论研究起步较晚，且具有与实践结合紧密的显著特点。截至 2012 年 7 月 1 日，以"区域规划"为关键词在中国学术期刊网络出版总库、中国优秀硕士学位论文全文数据库、中国博士学位论文全文数据库和中国重要会议论文全文数据库进行主题检索，共检索到文献 4905 篇[24]。按发表年度可整理出如下趋势图（图 2 - 7），从中可以看出，国内的区域规划理论研究由自 20 世纪八九十年代兴起，在 2003 年左右进入了一个明显的研究高潮。

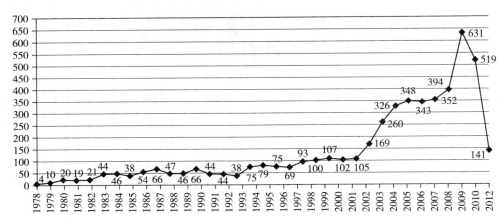

图 2 - 7　近三十余年国内区域规划研究文献数量

总体来看，近 30 年我国区域规划的理论研究成果大致围绕以下几个主题。

（一）对国外经验的研读与总结

国内区域规划理论研究中，介绍国外区域规划经验这一主题具有最深厚的研究传统。

20 世纪 80 年代至 20 世纪 90 年代初期，对前苏联区域规划模式的总结是这一领域的一个研究热点，比较具有代表性的成果，如：王进益[25]在 1984 年节译前苏联《综合性区域规划》一书的前言至第一篇，介绍了前苏联区域规划的一般做法，包括前苏联区域规划的发展过程，区域规划工作的对象、类型、特点和任务，区域规划、计划、设计三者之间的关系等内容，属于早期对前苏联区域规划较为系统的阐述；同年，V. P. 布杜索娃、袁朱[26]在《地理译报》发表《苏联的经济区划、区域规划与城市规划》一文，探讨了前苏联的全国经济区划、区域规划、城市规划三项工作的层次衔接关系，对应经济区的层级结构，对不同尺度上的区域规划进行分层分类；1990 年，王进益[27]在《苏联区域规划的情况和问题》一文中回顾了前苏联区域规划的发展过程。

20 世纪 90 年代以后，随着对外开放的深入，欧美国家的区域规划经验引起了学术界的重视，对西方各国区域规划的理论介绍与实践评述逐渐成为新的研究趋势。孙娟、崔功豪[28]在《国外区域规划发展与动态》一文中回顾了国外区域规划发展历程，从背景、理念、理论、方法、内容、手段等方面分析了国外区域规划新动态，对我国新时期区域规划工作的展开有一定借鉴意义。谢惠芳、向俊波[29]在《面向公共政策制定的区域规划——

国外区域规划的编制对我们的启示》一文中提出"技术性仅仅是区域规划属性之一，政策属性才是区域规划的本质属性"的观点，认为"新时期的中国区域规划改革应该首先确立和实现区域规划的公共空间政策属性"，文章从公共政策的角度出发，介绍和分析了国外区域规划中的综合性与微观性、规划地位的法定性、规划行政程序的开放性、规划实施手段的多样性，针对我国区域规划中的政策缺陷，对我国区域规划改革提供借鉴。陈志敏、王红扬[30]的《英国区域规划的现行模式及对中国的启示》一文首先总结了1930年以来英国区域规划体制诞生与演变的历程；然后从英国规划政策背景、立法基础、规划目标与主体构成、基本程序、主要政策领域、可持续发展评估以及实施监控与回顾等多个方面，介绍了现行英国区域规划模式的主要内容与方法；最后，针对中国区域城镇规划缺乏广泛的公众参与、实施过程缺少监控机制、规划内容政策化不足等问题，提出可以从英国区域规划模式中获得的一些启示。张京祥、何建颐、殷洁[31]在《战后西方区域规划环境演变、实施机制与总体绩效》一文中系统地回顾了第二次世界大战后西方国家区域规划演变的总体环境，并对区域规划的实施机制以及总体绩效进行了较全面的评述；认为在全球竞争时代，"区域被赋予了全新的发展含义和空间价值，区域规划成为增强区域竞争力的重要手段和公共政策"。殷为华[32]的文章《20世纪90年代以来中外区域规划研究的对比分析》对比分析了1990年以来国外区域规划研究的主要进展，认为我国区域规划研究尚存在以下不足之处："（1）缺乏对区域规划的本质属性、科学内涵、理论依据及其实施途径的合理阐述和科学解释；（2）缺乏在评价国外区域规划理论成果和实践经验的基础上，大胆探索我国区域规划组织和实施的机制；（3）缺乏在我国经济社会结构发生巨大变迁的新背景下，深入分析新一轮区域规划的目标重构和管理体系改革；（4）缺乏合理界定政府在区域规划制定、实施及调整的全过程中所应承担的角色功能。"

（二）对国内区域规划的思辨性审视

在总结借鉴国外先进经验的基础上，国内学者从未停止对我国区域规划实践中各种问题的反思，围绕这一主题的研究成果非常多，尽管其中较少达到如点－轴发展模式一般的理论性高度，但也积累了很多颇具思辨性的结论，可以为区域规划实践提供有力的借鉴。

例如1995年，严重敏、周克瑜[33]在《关于跨行政区区域规划若干问题的思考》一文中分别讨论了按行政区范围规划、按经济区范围规划、按自然区范围规划三类区域规划的利弊，预测"随着城市化和区域经济的发展，跨行政区的发展和规划问题将越来越普遍"，这篇文章在论证跨行政区区域规划的必要性基础上，又提出了此类规划应重视和解决利益协调机制、政策调控手段、组织管理与政区体制改革四个关键问题，其视角和观点十分具有超前性。2002年，胡序威[34]在《我国区域规划的发展态势与面临问题》一文中着重分析了国土规划、城镇体系规划、城市区域规划三种类型区域规划的发展变化趋势，认为存在国土规划衰落、城镇体系规划地位提升、城市区域规划兴起的趋势具有客观必然性，为了适应城市化、市场化、全球化的新趋势，传统区域规划面临迫切的革新。2004年，牛慧恩[35]在《国土规划、区域规划、城市规划——论三者关系及其协调发展》一文中首次界定了国土规划、区域规划、城市规划三者的关系，认为三者是空间规划体系中不同层次规划，三者之间应该建立一种从空间高层次到低层次的规划衔接关系，同时强调三者在规划内容上各有不同的侧重，并且下层次规划应该符合并落实上层次规划的要求，以实现三者的协调管理，建立统一的空间规划体系，这是我国空间规划发展及其有效实施与合理管理的关键所在。2005年，周毅仁[36]在《"十一五"期间我国区域规划有关问题的思考和建议》一文中将区域规划的内涵阐释为："区域规划既不是国民经济和社会发展规划在区域上的细化，也不是行业规划在区域上的汇总，而是为解决特定区域的特定问题或达到区域内特定目标而采取或实施的战略、发展思路、政策等。"区域规划的内涵决定了区域规划的特点和性质，正值"十一五"规划期间，国家把区域规划工作放在突出的重要位置，对区域规划编制主体、编制程序、审批主体等问题的确定具有必要性和迫切性。2010年，陈耀[37]的文章《我国区域规划特点、问题及区域发展新格局》针对近年来区域规划战略地位不断提升的趋势，剖析当前我国区域规划战略出台的背景和环境的必要性，提出需要把握的问题并展望了未来我国区域经济发展的趋势：（1）"沿海经济带走向'俱乐部趋同'，作为'国家队'的整体实力将进一步增强"；（2）"大城市圈主导区域资源配置，区域经济进入'动车组时代'"；（3）"'移民就业'向'移业就民'转换，产业资本将替代劳动力成为要素流动的主体"；（4）"民族地区经济的战略地位跃升，跨越式发展将成为民族地区的主旋律"。

（三）对新时期区域规划的趋势透视

进入21世纪以来，随着国际环境和学科理论的更新，我国区域规划进入了新的时代，"十一五"和"十二五"期间堪称区域规划的"第四个春天"①。在最近十年来，对于新时期区域规划的特点、理念、思路、创新的透视正在成为当前新的研究热点，围绕这一话题的研究文献以"新"为共同的关键词，不仅关注新兴的现象和政策走向，并且吸纳了最新的理论和思想，向理论前沿性和实践前瞻性的发展态势做出展望。

2005年，王兴平[38]在城市规划年会中的论文《对新时期区域规划新理念的思考》提出，传统区域规划开发主导、综合平衡、平均主义的理念，在全球化、民主化、信息化的时代背景下，正在被以竞争优势为核心的动态发展理念、以约束条件为前提的有限发展理念、全球化的开放发展理念、区域城乡一体化理念、区域协商协调的平等规划理念、以人为本理念等代替。胡序威[39]于2006年发表《中国区域规划的演变与展望》一文，在回顾中国区域规划发展和演变的三个历史阶段基础上，对"十一五"规划的区域规划前景做出乐观的展望；并针对部门间竞相争夺规划空间等问题，提出理顺规划体系、搞好多方规划协调、进行有效规划实施和空间管制三点建议。崔功豪[40]在《中国区域规划的新特点和发展趋势》一文中提出"当前世界已进入全球竞争时代，而全球竞争集中表现为区域竞争"，中国区域规划正在进入新的阶段，这一阶段的特点包括：（1）"规划的空间化，经济性和空间性相结合"；（2）"指导、引导和调控相结合，市场机制和政府主导相结合"；（3）"发展与保护相结合，开发与控制相结合"；（4）"刚性与弹性相结合"；（5）"战略与行动相结合"。并指出区域规划发展的趋势将以规划全覆盖为目标、城市区域规划为重点、创新产业和区域文化为着力研究的新内容、区域性专项规划为实施措施。殷为华、沈玉芳、杨万钟[41]在《基于新区域主义的我国区域规划转型研究》一文中着重阐释

---

① 根据胡序威等人的研究，新中国成立以来至20世纪末国内共出现三次区域规划高潮，分别是在新中国成立之初、改革开放初期和九十年代，新世纪以来区域规划的空前兴盛可以被视作第四次高潮。

了 20 世纪 80 年代以来新区域主义所积极倡导的"多种含义的区域空间、多层治理的决策方式、多方参与的协调合作机制"等主要论点，根据自 1990 年起我国空间发展呈现出的"区域城市化"和"城市区域化"趋势特点，对我国新一轮区域规划的制定和实施提出相应建议："应主要通过树立正确的区域观念，更新区域规划理论依据、改变自上而下的传统规划思维、协调各类区域规划及其相关政策的空间效应"。2008 年，方忠权、丁四保[42]的《主体功能区划与中国区域规划创新》一文分析介绍了"十一五"规划期间出现的主体功能区规划对于我国区域规划理论和实践的创新意义。2010 年，胡云锋、曾澜、李军、刘纪远[43]在《新时期区域规划的基本任务与工作框架》一文中提出了新时期区域规划十项基本任务，即：区域整体功能定位，城镇体系建设布局，交通、能源等基础设施布局，产业分工与空间布局，水土资源开发、利用与保护，生态环境保护与治理，科教文卫资源整合与人力资源开发，区域发展的政策体系，区域规划实施的保障机制，需统筹协调解决的其他重大问题；并据此建立新时期区域规划的参考工作框架。戚常庆、李健[44]的《新区域主义与我国新一轮区域规划的发展趋势》一文从新区域主义理论入手破解国家自 2009 年至 2010 年密集出台区域规划的发展背景与动机，认为我国新一轮区域规划正向着新区域主义关于区域功能整合、区域网络化治理、区域一体化发展、区域制度创新的新理念发展。

（四）区域规划实践评述

在国外区域规划理论研究中，规划案例评述类研究所占比重很大，而相比之下，国内这一主题的研究较少，研究对象也多集中于长三角、珠三角、京津冀这三大东部沿海经济开发区域。但是随着近几年来中央密集出台数十个区域规划项目，各地区域规划实践工作全面展开，实践评述类研究文献的数量亦呈增长态势。

这一研究主题之下又可分为两个子课题，其一是对一段时期内国内区域规划工作的系统回顾，如李平、石碧华的《"十一五"国家区域政策的成效"十二五"区域规划与政策的建议》，冯建喜的《新中国成立以来我国区域规划出现的 3 次高潮及原因》等；其二是对典型规划案例的单独研究，如谢涤湘、江海燕[45]的《珠三角城市群地区的区域规划与区域治理——基于〈珠江三角洲地区改革发展规划纲要〉的思考》，李阿萌、张京祥[46]的《都市区化背景下特大城市近郊次区域规划探索——以南京为例》，李立勋，辜桂英[47]的《基于公共理性的区域规划体制创新——以海南城乡总体规划为例》等。

（五）区域规划理论综述

此类研究是对区域规划领域内前人研究的总结和梳理，比较有代表性的文献如刘晓航、李畅、魏婉贞[48]的《区域经济一体化格局下的区域规划研究综述》，方中权、陈烈[49]的《区域规划理论的演进》，李广斌[50]的《新时期我国区域规划理论革新研究》，李广斌、王勇、谷人旭[51]的《我国区域规划编制与实施问题研究进展》，毛汉英[52]的《新时期区域规划的理论、方法与实践》，等等。

学科理论的进步是一个渐进累积的过程，一个新理论的提出，只有借助以往理论积累的高度，才能眺望到纷繁现象背后的规律。尽管国内学者对国外区域规划的理论综述文献很多，但国内区域规划的研究综述数量却很少。作为当前世界上区域规划实践活动最剧烈的地区，中国应重视国内理论的梳理，尽管这一主题的文献理论创造性稍弱，但是对于学科的发展和"中国模式"理论的提炼是不可缺省的铺垫。

（六）区域规划的方法介绍

此类研究以实践性强为突出特点，包括一些介绍区域规划编制的方法论的文献，如鲍超、方创琳[53]的《从地理学的综合视角看新时期区域规划的编制》，刘卫东、陆大道[54]的《新时期我国区域空间规划的方法论探讨——以"西部开发重点区域规划前期研究"为例》，张京祥、吴启焰[55]的《试论新时期区域规划的编制与实施》等；也包括对区域规划新型技术方法的介绍，如3S技术——遥感技术（Remote Sensing，RS）、地理信息系统（Geographic Information System，GIS）、全球定位系统（Global Positioning System，GPS）——在区域规划中的应用等。

总之，近30年来国内区域规划的理论研究取得了突飞猛进的进展，特别是最近五到十年间，区域规划研究进入一个视野国际化、角度多样化、成果丰富、百家争鸣的繁荣阶段。同时，亦不可忽视我国区域规划领域的理论建树与国外尚存较大的差距，当今中国区域规划的理论发展远远落后于实践，在开放的国家环境中，中国是许多国外区域规划理论的践行者，而非学科理论创新的领跑者。路曼曼其修远兮，中国区域规划的理论研究之路尚需积跬步而成千里，砥砺而行。

第三节 区域开发的趋势导向

一、区域规划与区域研究的方法论

自从20世纪50年代，区域开发与发展问题在许多国家中逐渐成为广泛深刻的社会经济问题，引起经济学、地理学、社会学、人口学等领域学者们的重视，在该领域里取得了大量的研究成果，推动了经济地理学、区域经济学、区域科学、城市科学、区域生态经济学等学科的发展。

区域开发与发展是涉及自然、经济、社会、环境等许多要素的高度综合性领域。在长期的调查和研究实践中，学者们的学科基础和考察问题的角度不尽相同，从而导致不同的理论体系。概括起来，主要是两种差别较大的分野：区域经济学家的经济学视角和经济地理学家的地理学视角。从事规划实践的科学技术人员在空间方面较多地倾向于地理学家。20世纪50年代以前，区域开发与发展问题的研究主要受区位论的影响，而区位论的研究无论经济学家和地理学家，都采取相同的考察方式。到了20世纪50年代以后，研究区域问题的前提假设和着眼点才出现明显的差异：

（1）关于社会经济的空间格局（结构）和空间过程问题，是大部分地理学家和部分经济学家注意的中心。这部分学者认为：区域开发和发展"作为一个空间过程来看是很自然的"。他们认为，这些学者对区域发展的关心是基于这样一个事实，即发展过程产生空间格式，而空间格式又能通过复杂的反馈来修饰区域的发展过程。如资源和劳动力的空间分异，会影响到区域经济增长和发展稳定性。在理论上，增长极理论、出口基础理论、

核心 - 边缘论、现代化论（Moderniz ation Theory）以及以企业之间经济联系为主要出发点的企业联系论（Industrial Linkages）等，是这些科学家的理论建树。

（2）大多数经济学家在区域问题中总习惯于假设区域内部是均质的，而把区域内部的地区差异抽象掉。这样做便于将宏观经济理论运用于区域分析中。这种分析要从某些参数变量的相互作用中预测区域经济活动的短期变动和长期变动。而这些参数只能是作为区域内各地区同样的常数才可能做出正确的预测。以这种方式研究区域，便于解剖影响区域发展的社会经济因素（如劳动、资本的供给与需求、市场、集聚经济等）的相互作用机理，揭示出一个或一组变量发生变化时，对区域经济发生影响的方向和程度。这种研究对于找到区域发展中的问题（诊断）和制定有效的区域政策（治疗）有重要意义。但有些经济学家一直不愿承认经济的空间组织存在任何规律性，不注重人口和经济活动的距离及空间分布的分析，认为区位不是重要的经济变量。例如，有些学者就自信地假定，国际贸易可以在零运输成本的世界里作分析。这种分析显然忽略了区域内部距离和空间差异的影响（17）。而这两大因素对地区经济发展的许多重要决策，影响是极为明显的。

（3）许多地理学家和部分经济学家通过对国家、地区发展实证性研究，认为空间 - 距离 - 可达性（Space - Distance - Accessibility）对区域发展具有先决性。因此，他们提出，要区域获得大规模开发和迅速发展，必须首先发展交通和通讯网。这一重要观点常被另类学者称之为"空间决定论"或"空间偏受主义"（Spatial Determinism or Spatial Fetishism）。

由于考察区域发展问题的着眼点和学科基础差异而导致上述方法论的分野，实质上反映了区域发展问题的复杂性和解决途径的多样性，在区域规划的研究与实践中，两种视角往往综合作用、互为补充。

二、区域规划与区域研究的新趋势

区域规划与发展这一学术命题具有较长的研究传统，进入 21 世纪以后，随着研究成果的积累和规划实践的深入，这一领域逐渐显示出新的趋势与动向。

（一）新的目标导向

传统区域规划的任务被单一地理解为实现生产要素在空间上的优化整合，随着人们对区域综合性和发展多面性认识的深入，区域规划逐渐从单纯的物质空间规划转为综合规划。区域规划目标相应地发生以下转变：（1）从经济目标转向综合目标，兼顾经济、社会、文化、生态、民生多方发展；（2）由终极目标转向过程实施和渐进性引导，更加尊重客观规律；（3）由指令型、强制型目标转向指导型、协调型目标，强调公众参与规划决策；（4）从刚性目标转向弹性目标，规划方案从单方案发展为多方案；（5）由面面俱到型转向目标导向型[38]。

区域规划目标的新趋势代表区域规划走出以经济为唯一目标的误区，综合、灵活、弹性的发展目标已成为新时代区域规划的特点。

（二）新的理论基础

长期以来，区域规划的重点是区域产业布局、空间结构和经济发展战略等内容，第二章第一节提到的劳动地域分工理论、区位论、地域生产综合体理论、增长极理论等传统理论被广泛应用于这一领域的研究中。而进入新时期，区域规划的内涵和目标更为广泛，现代区域规划理论有了新的发展，结合可持续发展、循环经济、景观生态学、耗散结构、系统动力学及新区域主义等理论，为区域规划研究和实践的展开提供了新的理论基础。

1. 人文主义规划理论

以弗里德曼为代表，主张引导区域规划实现人本主义回归，强调深入社区和公众参与，认为传统的、依赖国家强制力的规划时代已经过去，公民应该在规划中扮演重要角色。

2. 城市区域理论

曼纽尔·卡斯特（Manuel Castells）认为，全球化时代的世界体系是建立在连接、网络和节点的空间结构之上的，传统的"地点空间"正在被"流空间"所代替[56]。这种变革的重要结果是塑造了许多地位重要的"门户城市"（Gateway Cities），即各种"流"的汇集地[57]。由门户城市及其腹地组成的具有内部联系的"城市区域（City Region）"正在成为全球竞争的基本单元。

3. "人地关系地域系统"理论

该理论认为，如今人类作用于自然环境的强度和范围愈来愈大，因而愈来愈强烈地改变着自然结构和社会经济结构，地球表层系统中"人"和"地"两大类要素的相互作用，成了地球表层系统中最值得重视的主要关系[35]。

（三）新的规划理念

在新的目标引导之下，新的理论基础之上，传统区域规划的发展理念不再适应新时期的规划要求，区域规划的研究与实践体现出了许多全新的理念[62]，其中最显著的是整体协调理念、城乡一体化理念、可持续发展理念和以人为本理念。

1. 整体协调发展理念

西方城市规划较早显示出整体协调的思路，纽约大都市区规划中提出的3E（Economy，Environment，Equality）理念便是一个体现。整体协调发展理念不同于计划经济体制下通过指令达到整体调控的模式，而是一种共识型的、契约型的、自上而下与自下而上相结合的整体协调发展。我国自十六届三中全会提出科学发展观和"五个统筹"之后，"十一五"规划确立的区域规划战略必然以整体协调发展理念为指导。

2. 城乡一体化理念

对城市与乡村差异与联系的研究由来已久，从第二章第一节提到的二元结构理论和麦吉 Desakota 理论开始，城乡分割问题和城乡结合带空间就已经是区域规划的关注点所在。新时期区域规划摒弃了传统区域规划对城乡空间分别规划的分割思路，城乡一体化的系统协调理念日益被广泛接受。

3. 可持续发展理念

1992 年联合国环境与发展会议颁布的《21 世纪议程》对可持续发展形成国际共识，这一理念迅速向诸多领域渗透，在此背景下，2004 年大伦敦规划提出"增长、公平与可持续发展"的理念，标志新时期区域规划受到可持续发展理念的深刻影响。

4. 以人为本理念

新时期区域规划逐渐将关注点从空间转向空间中的人。人与人之间的依赖与竞争是区域社会空间形成的决定性因素，也间接塑造着区域物质空间的发展和变化。韩国首尔在"展望首尔 2006"规划中的"便利首尔、温情首尔和活力首尔"理念，大温哥华地区"市局的区域战略规划"提出"建立设施完善的社区"战略，日本爱知县区域规划提出公众参与和多元协作的 3C（Collaboration，Coordination，Compromise）规划模式，均代表了这一理念的深入[40]。

（四）新的实践进展

我国区域规划实践工作的进展集中体现在新的规划尺度和规划单元的产生。

20 世纪 90 年代我国地理学者已开始对"采用什么样的地域类型作为区域规划的地域单元"这一问题的思考，传统区域规划工作主要分为三大类：第一大类是按行政区范围进行的各种区域规划，第二大类是按经济区范围进行的各种区域规划，第三大类是按自然地理区范围进行的区域规划[140]；而以第一类为主。

行政区范围内的区域规划由于有统一的全区型决策主体，因而有较强可操作性，但可能人为地隔断一些固有的区内外经济联系；经济区和自然区的区域规划有利于从全局的高度来充分考虑自然与人文各方面因素，但缺乏一个相对统一的全区决策主体。新时期的区域规划力图将这三类规划相互结合，在行政区之上，结合自然分区和经济分区补充了新的规划尺度，所谓"主体功能区"、"综合配套改革实验区"等便是这一尺度上的新型规划单元。

第四节　我国区域规划与开发的现状与思考

回顾新中国成立以来我国生产力布局和区域开发实践，可以得出以下几点结论。

一、区域发展政策变化趋势

新中国成立以来，我国经济建设的重心在沿海与内地间经过几次摆动。但从总体趋势看首先是一个从相对均衡到倾斜的变化，其中十一届三中全会是这种转变的分水岭；然后是从倾斜重新走向相对均衡的变化，2000 年左右提出西部大开发标志这一转折点的到来。

（一）新中国成立之初以内地为经济重心阶段

新中国成立前夕，我国薄弱的现代工业主要分布在上海、东北南部、天津、青岛、广州、无锡、武汉、重庆、太原等地。1949 年，按一般所称的大区划分，华东占 50.2%，西北、西南合占 11.5%。为了改变此种工业畸形分布的局面，从"一五"（第一个五年计划）开始，我国经济建设的重心就有计划地西移。但"一五"期间重点工程的工业项目主要配置在大中城市，且在新增工业基地的同时原有工业基地得到了加强。如"一五"期间 156 项重点工程中，东北老工业基地就有了 52 项，占投资项目总数的 1/3；华北有28 项；东北和华北之和占了重点工程总项目数的 51.3%。"二五"开始更是进行大尺度的空间结构调整。"三五"以至"四五"时期的大三线建设，以国防安全为重点的布局原则占支配地位，由此形成了大规模战略布局调整的大三线建设。基建投资大幅度向西倾斜，"三五"时期976亿元基建投资中，投资沿海的仅占26.9%，中部占29.8%，西部占34.9%，其余地区占8.4%；沿海与中西部比例为0.416∶1。与此同时，不处于战略"三线"的省市区搞起了自己的"小三线"，大搞所谓的"山、散、洞"。

（二）经济重心向沿海倾斜阶段

从"六五"开始，我国的宏观区域政策向东倾斜。1981～1989年基建投资分配中，东部占50.1%，中部占26.6%，西部占16.3%。这从1978年前后各个计划时期我国东部与中西部之间的投资比例中可见一斑，如表2-3所示。

各个时期东部与中西部投资比 表2-3

时期（1953~1995）	"一五"	"二五"	1963~1965	"三五"	"四五"	"五五"	"六五"	"七五"	"八五"
东部与中西部投资比	1∶1.27	1∶1.45	1∶1.67	1∶2.41	1∶1.53	1∶1.19	1∶0.97	1∶0.72	1∶0.56

不仅如此，我国还对东部沿海地带实行特殊优惠政策。表现在：（1）放宽沿海地区利用外资建设项目的审批权限，增加沿海地区的外汇使用额度和外汇贷款，增加沿海地区的财政留成比重，在税收、物资供应特别是国家直接投资方面向沿海倾斜；（2）实行改革开放梯度推进战略：即经济特区—沿海开放城市—沿海经济开放区—内地改革开放程度渐次递减、逐步推进的梯度战略。

在区域经济管理政策方面，亦从传统的、自上而下的高度集中的计划管理体制，转变到中央与地方分解管理职能，扩大地方在财政、资金、投资和外贸等方面的权限，让地方政府在地区性事务中拥有更多的自主权。

（三）兼顾东中西部全面发展阶段

进入21世纪以后（"九五"计划之后），中央政策出现新的趋势，公平与效率的天平适度向公平倾斜，西部大开发、中部崛起、振兴东北老工业基地等区域政策相继出台，中西部投资比例又有所上升，如表2-4所示。

不同时期各个区域投资总量（亿元）及比重 表2-4

	地区	"六五"时期	"七五"时期	"八五"时期	"九五"时期	"十五"时期	1981~2005年
总量/亿元	全国总计	7998	20593	63808	139094	295362	526855
	东部地区	3410	10051	35477	75700	154941	279578
	中部地区	1614	3705	9846	23566	52145	90877
	西部地区	1508	3506	10182	24312	57971	97479
	东北地区	998	2418	6075	11165	24117	44641
比重/%	东部地区	42.6	48.8	55.6	54.4	52.5	53.1
	中部地区	20.2	18.0	15.4	16.9	17.7	17.2
	西部地区	18.9	17.0	16.0	17.5	19.6	18.5
	东北地区	12.5	11.7	9.5	8.0	8.2	8.5

注：来源：中华人民共和国国家统计局. 2007中国发展报告［M］//国家统计局课题组. 专题篇 中国地区经济均衡发展研究报告. 北京：中国统计出版社，2007.

这一阶段我国基本完成了从计划经济向市场经济的转轨，中央政府对经济的宏观调控能力相对削弱，尽管政策有意向中西部和东北地区倾斜，但由于地区之间经济技术发展水平的累积差异，东部地区投资比重虽有所下降但仍占5%以上，比中西部和东北地区投资比重之和还要多。因此，从"效率优先"到"兼顾公平"的转变是一个长期的渐进式过程，在稳定的政策调控下，区域经济将指向重心明确的全面发展目标，而非全盘平均的均衡发展目标。

二、区域发展差距形成原因

随着经济体制改革的不断深入和中央政府对地方政府放权让利的日益扩大，生产力布局从国家宏观总体的"空投式－镶嵌型"向区域间冲突和联系协作的方向转变，带来地区差距不断拉大的累积效应。

十一届三中全会以前，我国的生产力布局是：国家通过所拥有的财政分配权、信贷分配权和预算约束权作用于生产部门；从而使产业成为"能动量"；而空间地域作为"人文和自然的历史积淀物"，对中央或地方政府的各种经济参数及指令的弹性很少，是"被动量"；生产力布局是"产业主动型"的，即通过产业（最终是通过集约性投资、信贷、地区差价等经济量）在被动的地域空间的流动来完成生产力布局的任务，由此造成了我国生产力的"空投式－镶嵌型"布局。

经济体制改革后，有计划的商品经济和市场经济不断完善，市场力量的不断加强使得按劳动地域分工、以经济互利为联系纽带的地区合作亦在不断增强，在新的体制和政策导向下，区域发展的差距逐渐形成。

（一）投资模式变动拉大地区差距

十一届三中全会后，随着中央政府对地方政府放权让利的日益扩大，中央政府对基本建设直接投资的比例不断缩小，除了极少数国家重点工程项目仍依赖中央政府的直接投资外，许多工程采用"项目拼盘"。由此造成经济发展水平高、资金浓厚的东部沿海优先得到投资，加之投资和政策的过度倾斜，导致地区差距进一步拉大。

（二）产业结构差异拉大地区差距

同时，拉大地区差距的又一原因是产业结构的差异以及价格体系不合理，导致以能源、原材料初级产品为主的地区双重价值的流失，以加工工业为主的地区则取得"双重利润"。"产业主导型"的生产力布局格局，与地区相叠加的吻合度差异颇大。东部沿海地区由于经济技术的水平层次高，中央政府对其直接投资的项目对地方经济的带动作用大，成为其经济发展相一致的匹配企业，促进了地方发展。西部地带由于其原来的经济技术层次低，中央政府对其直接投资的重点工程项目多数为能源、原材料和初级产品的加工业，或国防科技等军工企业。这些项目或者因价格偏低，对地方经济作用很小；或者对其他产业的前后向联系薄弱或无联系（如"三线"建设的军工企业）而成为游离于地方经济之上的一个个孤岛。

（三）市场供需动力拉大地区差距

近几年来，我国的需求结构变化速度很快，这导致我国不同地区产品需求弹性不同的产业结构的发展能力不同。那些以能源、原材料和初级产品为主的地区，由于其产品的需求弹性不足，其在经济快速增长的时期，发展速度就慢；反之，那些以生产附加价值大、产品需求弹性高的加工工业的地区，则在经济快速增长、消费需求结构转换快的时期，其增长速度就快。

由于上述原因，西部地区为缩小与东部沿海地区日益拉大的差距，纷纷以各种手段（包括地方政府的宏观调控、各种非关税壁垒）发展利高价大的加工工业，这就造成了对西部原材料需求日益扩大的东部沿海地区的冲突渐趋剧烈，随着经济不平衡加剧，产业结构趋同性增强，"诸侯经济"① 不断强化。

三、区域发展的问题、思考与展望

现今我国区域发展存在的问题，主要有三个方面：一是结构性问题，包括地区分工和生产力布局不当等；二是公平性问题，包括地区差距过大和区域政策倾斜等[58]；三是约束性问题，包括资源短缺和生态恶化等。

根据"十一五"和"十二五"规划纲要，新时期我国区域规划的核心任务是实现区域协调发展，着重从理论和实践上解决以下几个方面的问题[59]：

（1）缩小各地区基本公共服务水平的差距，实现基本公共服务均等化，达到缩小区域发展差距所必需的"起点公平"；

（2）完善和落实主体功能区规划，国家"'十一五'规划纲要"把推进形成主体功能区作为促进区域协调发展的重要举措；

（3）建立区域生态补偿机制；

（4）建立健全区域合作机制；

（5）加快重点优势区域②开发开放步伐；

（6）解决问题区域的发展问题，目前我国将问题区域主要划分为五类，即发展落后的贫困地区、结构单一的资源型城市、处于衰退中的老工业基地、财政包袱沉重的粮食主产区和各种矛盾交融的边境地区。

第五节　本章小结与全书框架

综上，伴随着国土范围内大城市圈格局的逐渐成形，未来我国区域发展很可能走向一

---

① "诸侯经济"这一说法最早是胡鞍钢在1990年提出的，改革中权力下放使中央的整合能力下降，各个地方一味追求局部利益，而忽视国家全局利益和社会整体效益，诸如产业结构趋同性、基础设施重复建设、地区间恶性竞争等现象都是"诸侯经济"盛行的体现。

② 继上海浦东新区、天津滨海新区、深圳特区之后，国务院又先后批准了成都和重庆为城乡统筹综合配套改革试验区、武汉城市圈和长株潭城市群为全国资源节约型和环境友好型社会建设综合配套改革试验区，2010年4月又正式批复沈阳经济区为国家新型工业化综合配套改革试验区。从此基本上形成了东中西互动、南北兼顾的改革试点格局。

个由大城市圈主导区域资源配置的新模式。成熟的大城市圈中，中心城市将通过"极化"和"扩散"效应调动和管理区域资源，使之得到优化配置；腹地区域通过区域产业承接从"移民就业"转向"移业就民"，产业将替代劳动力成为要素流动的主体。目前各地的城市群正在进入活跃发展期，除东部长三角、珠三角、京津冀沿海三大经济圈之外，中西部地区和东北地区也在形成重要的城市群，如成渝城市圈、武汉城市圈、中原城市群、长株潭城市群、关中城市群、皖江城市带、辽中南城市群等等[60]，区域增长极多极化的格局正在形成，区域发展的新局面即将逐渐打开。

在本章最后，将介绍本书基本的分析框架，即区域开发的一般路径：在区位优势和禀赋条件的基础之上，循序渐进地建立结构先进、布局合理的区域产业体系，实现提升区域竞争力的目标，推进区域关系从竞争到合作再到一体化的竞合演进，最终构造出一个结构合理、组织高效的发展区域。如图2-8所示，这一理论模式的特点是循序性和层级性，区域规划必然基于对区位优势和区域因子的全盘考虑，区域产业体系的培育必然基于区域的定位和特点，区域竞争力亦必以区域产业经济和有效管理组织为源。本章重点讨论了区域规划理论金字塔的第一层级，即区域规划的起点与依据——区域理论模式，接下来四个章节将分别从产业与经济增长、竞争力提升路径、区域竞合、区域空间组织四个层次来探讨区域规划对于提升区域实力的意义，最后第七章将介绍区域规划与区域开发的支撑辅助体系。

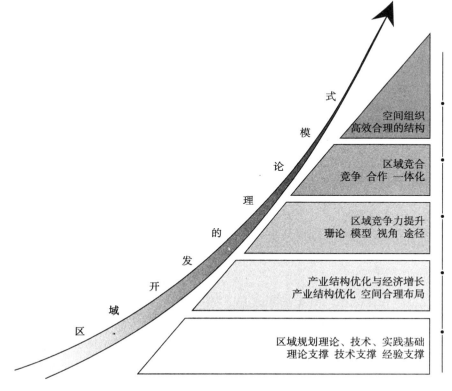

图2-8 区域规划理论模式

第三章　区域发展模式与机制

区域开发战略的研究内容主要是社会经济全局的长期发展目标及其实现途径：包括社会经济发展的总目标，这些总目标的变动，为实现这些总目标而使用的资源以及指导获得、使用和配置这些资源的政策做出的决策。

什么是区域开发战略的制定依据？是区域经济系统构造是否良好，还是区域是否具有较强的自发展能力？如何据此调整区域的开发战略和目标？这些问题有一个共同的起点，即区域经济系统的结构。毋庸置疑，区域经济系统构造决定了区域经济的运行机制和功能，亦由此决定区域经济的发展能力，本章就从经济系统的构造入手，分析区域发展的一般模式。

第一节　区域经济系统特征分析

一、经济系统的特征指标

（一）资源配置和转换效率

这是直接反映资源产出率水平的指标特征，一般用工业劳动生产率、农业劳动生产率、每单位能耗实现的工业产值、资金利税率四个指标来衡量，它们反映了区域效益和发展能力。

（二）产业结构演进水平

用工业化结构比重数（工业净产值占工农业净产值比重和工业就业人数占工农业就业总人数比重两个因素综合值）来衡量工业化一般水平，以国民收入五大部门构成中的运输业和商业比重数来衡量第三产业发展水平，以三大产业就业结构比例来衡量产业结构演进中的劳动力转移情况。上述三个指标是区域经济系统结构中程度和水平的反映。

（三）市场发育水平

以人均社会零售商品总额来衡量区域市场规模大小，以居民非食品支出占消费品总支出比重数衡量标志市场容量深度和质量的市场需求结构，以人均乡镇企业总收入、中小企业所占比重数和资源密集型产业产值所占比重数三方面反映市场主体成熟度。

（四）产业结构构造

1. 直接反映区域经济系统的增长速度

工业增长速度除了技术水平和产业组织（直接影响规模经济和集聚经济）外便是产

业结构构造的影响，可以用"结构份额—偏离"分析，即区域间不同增长率的工业部门构成差异及与全国的对比分析：

$$g_j = \sum_{i=1}^{n} m_{ji} r_{ji}$$

式中　g_j——区域 j 的工业增长率；

m_{ji}——权重，j 区域 i 部门在 j 区域工业总产值中的比重；

r_{ji}——j 区域 i 部门的增长率；

n——区域工业部门数。

2. 反映区域因价格扭曲导致的利益盈亏分析

$$\Delta M_i = \sum_{j=1}^{n} \Delta M_{ij} = \sum_{j=1}^{n} (R_j - \bar{R}) \frac{G_j}{R_j} U_{ij}$$

式中　ΔM_i——i 地区所有部门的利益盈亏额；

R_j——j 部门资金利税率；

G_j——总产值利税率；

U_{ij}——i 地区 j 部门的总产值。

3. 反映技术装备和要素组合结构的生产结构构造分析

（1）资源密集度指标

$$Rd = \frac{资源成本总额}{物质生产部门生产成本总额}$$

此指标可用来表示区域产业结构中资源利用情况，即生产要素中资源的投入比例。这指标亦从另一方面反映了技术进步状况。Rd 值高，生产要素组合中资源投入的比例高，相应的技术装备程度差。

（2）劳动密集度指标

$$Ld = \frac{劳动工资总额}{生产成本总额}$$

此指标反映了工资成本在生产成本中的吸附程度，即单位劳动量所能吸附的物化劳动量。Ld 值高，反映吸附程度高，劳动密集度高，产业结构高度化程度小，活劳动利用程度高。

（3）重工业化率指标

$$Wi = \frac{重工业实现的国民收入}{全部工业实现的国民收入}$$

此指标表示重工业在工业中的地位；Wi 值越高，表明产业结构重型化程度越高。一般来说，处于工业化阶段的国家 Wi 值较大。

（4）资本密集度指标

$$Cd = \frac{生产中资本投入总额}{生产成本总额}$$

此指标表明资本在工农业生产中的吸附程度，即单位资本所能吸附的物化劳动量。Cd 值高，吸附程度低，资本密集度低。

（5）技术密集指标

$$Ta = \frac{物质资料部门净产值}{物质资料部门总产值}$$

4. 反映区域间产业结构高度化程度的指标

（1）加工度指标

$$Md = \frac{加工业创造的净产值}{原材料工业创造的净产值}$$

此指标反映了产业加工深度。Md 值高，表明加工业在生产结构中的比例高，加工深度高，产业结构高度化程度高。

（2）附加价值率指标

$$Ae = \frac{工农业净产值}{工农业总产值}$$

此指标反映了物质生产部门的经济效益，也反映了新增价值在总产值中的比重。Ae 值越高，表明中间消耗越低，工农业生产的综合效益越高。一般说来 Ae 值的高低亦表明产业结构技术水平、加工深度及国民经济综合管理水平。建立在低技术水平上的产业结构、以初级产品为主的产业结构，Ae 值肯定是较低的。因此，Ae 值的大小直接反映了产业结构高度化程度。

（五）区域经济系统结构总体效果指标

1. 产业结构综合效益指数 S_S

$$S_S = \sum_{i=1}^{n} W_i T_i - T$$

$$T_i = \frac{Y_i^2}{K_i L_i}$$

式中　W_i——权数；

　　　　i——部门编号；

　　　　n——部门总数；

　　　　Y_i——代表第 i 个部门的总产值；

　　　　K_i——代表第 i 个部门的资金总额（固定资产原值加定额流动资金年均余额）；

　　　　L_i——代表第 i 个部门的劳动者人数。

T_i 和 T 是某项反映技术进步的综合指标，分别用某一部门和整个经济系统的单位劳动与资金投入的产值率来衡量。

此项指标的特点是将技术进步与产业结构分析相结合，不仅反映出各产业的技术进步状况；而且反映出在技术进步方面，产业结构的状况是否良好。

2. 产业结构消耗产出率指数 S_G

$$S_G = \sum_{j=1}^{n} \frac{W_j}{n} - \frac{Y}{C} \sum_{i=1}^{n} a_{ij}$$

式中　Y——社会总产值；

　　　　C——总消耗；

　　　　a_{ij}——直接消耗系数；

　　　　W_j——权数。

其中

$$\sum_{i=1}^{n} a_{ij} = \frac{1}{Y_j} \sum_{i=1}^{n} X_{ij}$$

式中 X_{ij}——j 部门在生产中直接耗用的 i 部门的产品价值；

  Y_j——j 部门的总产出。

S_G 值越大，产业结构越合理。

3. 产业结构协调性指标 S_h

$$S_h = P_{ci} - \sum_{j=1}^{n} a_{ij}(Q_j + \Delta Q_j) - I_i + \Delta I_i$$

式中 P_{ci}——第 i 产业实有生产能力；

  a_{ij}——投入产业中第 j 产业对第 i 种产业产品的直接消耗系数；

  Q_j——第 j 产业产品区域内部最终需求量；

  ΔQ_j——第 j 产业产品区域纯出口量；

  I_i——第 i 产业产品区域最终需求量；

  ΔI_i——第 i 产业产品区域纯进口量。

S_h 值越接近于零，产业结构的协调性就越好。

二、地域经济增长过程

地域经济增长是指劳动就业的增加、资本的积累和技术进步的作用，或是由于经济活动空间组织形式的差异而引起的产出增长。现代经济地理学研究地域经济增长的内容主要涉及两个方面。一方面是运用宏观经济分析方法，研究区域范围内的资本积累、劳动就业增加与国民收入增长的关系；研究资本形成与投资率、失业率和通货膨胀率的区域差异及其与区域经济增长率的关系；研究区域规划与政策对地域经济的影响。另一方面，则是从地域结构的视角研究地域经济增长，包括以下两方面的内容：产业结构与地域经济增长和空间结构（地域经济组织）与地域经济增长。

（一）产业结构与地域经济增长

关于产业结构与地域经济增长的关系，历来有均衡与非均衡两种理论之争。最早提出均衡发展理论的是努尔克塞，他阐明所谓合理的经济发展观点，即各产业以相等的增长率并按比例发展。他认为经济发展的主要障碍是资本形成不足，并认为资本形成不足是投资的有效需求不足引起的，而不是由于储蓄不足造成的。随着投资的有效需求的扩大，应该按照消费需求的不同类型而按比例地发展各种产业。因为一个产业得以存在和发展，是其他产业需要该产业的产品；同时，该产业也要从其他产业取得所需原料。

约特保罗斯、拉乌设计了以下公式验证经济增长的过程，得出经济均衡发展理论。

$$V = \frac{1}{G} \sum_{i=1}^{n} W_i (g_i - \beta_i G)^2 \tag{3-1}$$

以后的纳克斯（R. Nurkse）和罗森斯坦（P. N. Rothenstein）从贫困国家的现状出发，提出由于资本形成不足和市场狭小引致的贫困恶性循环理论，并提出大推进（均衡）理论，即国民经济各部门平衡发展。

休斯经过对西欧各国的详细调查，确认整个产业是不断投资和推进技术进步的事实，支持均衡增长的理论。以霍夫曼（W. G. Hofman）为先导的非均衡发展理论，则认为经济发展的障碍乃是由于不发达区域的企业家素质和政府决策能力低下所致。为了克服这个缺陷,采取对某特定产业进行集中投资,从而激起对其他产业的需求。他认为进行集中投资的产业应具有这样的性质:即产业的前后向关联效果大。

西托夫斯基(T. Scitovsky)(以纯理论)和欧特(发达国家经常出现新产业的历史事实,未发现均衡增长的迹象),支持霍夫曼的非均衡发展理论。斯瓦姆依设计了整个产业的非均衡度指标:

$$V = \frac{1}{n}\sum_{i=1}^{n}(g_i - g\beta_i)^2 \qquad (\text{标准偏差型})$$

$$V = \frac{1}{n}\sum_{i=1}^{n}|g_i - \bar{g}\beta_i| \qquad (\text{平均偏差型})$$

式中 i——产业号码;

  g_i——产业增长率;

  g——整个经济的增长率;

  β_i——i 产业的需求收入弹性;

  $g\beta_i$——各产业均衡增长的模型;

$g_i - \bar{g}\beta_i$——各产业与均衡增长模型不符合程度。

斯瓦姆依考察了 60 个国家,利用这些指标研究了理论和实际增长率之间的关系。在弄清这种非均衡度和增长率的关系之后,表示赞同非均衡增长的理论。

钱纳里(H. B. Chenery)和蒂拉(W. Tila)亦认为,按产业结构模型进行分析,均衡增长不是整个经济高速增长的必要条件,因而否定了均衡增长的理论。

对非均衡发展理论的杰出贡献者赫希曼(A. O. Hirshman)来说,仅仅考察产业增长的均衡与否是远远不够的。他从区域之间的关系以及区域内部产业演替的条件出发,得出结论:(1)先进区域与后进区域通过"极化效应"与"涓滴效应"相互发生作用。但在经济增长的早期阶段,"极化效应"将远强于"涓滴效应",并由此导致区域间不平衡加剧。要减弱区域间的不平衡,需要政府部门采取有关的经济政策,施加一种反作用力;在区域内部,则应选择一些具有初始优势条件的核心区政策促进后进区域的开发,以缓和区域间的不平衡。(2)针对均衡发展理论中的不足,认为资本不足正是后进区域的最大障碍;因此,在产业结构演替中,应选择一些前后向联系都较大的关键产业优先发展。

(二)地域组织与经济增长

主张从地域组织的角度,以经济综合体生产布局替代传统的单个企业布局的区域学派,基本理论是地域生产综合体理论和区域综合分析方法。地域生产综合体理论起源于社会主义的前苏联。由前苏联著名经济地理学家科洛索夫斯基于 20 世纪 30 年代提出。其主要内容是:地域生产综合体是根据某一地区的自然、经济和社会条件,按照国民经济的当前和长远发展规划,把建立代表地区经济特点的专门化部门与其协作配套的辅助性部门与基础设施有机地结合起来,以期取得较大的经济效益。区域综合分析方法是第二次世界大战后由美国区域科学家艾萨德(W. Isard)创立的。艾萨德认为,任何区域的经济要得到顺利发展就必须建立起一个部门组合合理、规模比例协调的产业结构,而要建立合理的地区产业结构,就只有把那些在生产上与非生产上相互间存在密切联系的多个经济部门,以主导专业化部门为核心,按一定的比例关系,成组布局在特定地区。

但是，区域内部不同地域空间的开发，随着地域经济增长的同时起着相应的变化。地域生产综合体和区域综合分析是就整个地域空间的布局结构而言的。实际上，地域经济增长是与空间的不均衡开发相伴生的。论述地域内空间不均衡开发过程的，则有增长极理论和扩散理论。

增长极理论是在 20 世纪 50 年代初由法国经济学家佩鲁（Francois Perroux）提出来的。提出的背景是针对当时新古典经济学关于市场机制能保证经济均衡增长的论点。他把抽象的经济结构关系定义为经济空间，并认为经济空间并不是均衡的，而是存在于极化过程之中，即任何一般意义上的空间都是由一个中心及传输各种力的场所组成。

佩鲁强调，增长不会同时在各处出现，它出现于具有不同强度的增长极上，然后把它的影响沿不同的经济通道扩散。增长极理论不同于希克斯（J. R. Hicks）的平衡增长理论和哈罗德（R. F. Harrod）－多马（E. Domar）的稳定增长理论。增长极理论被设想为在区域内部影响要素的流动。一般地，目标是通过引入规模经济和集聚经济，使投资在地理空间集中，增长极内部结构的核心是推动性的主导工业部门。围绕着主导工业部门的还有与之前后向联系密切的一组工业。因而不仅本身能迅速增长，而且通过乘数效应，推动整个区域发展。

和熊彼特（J. A. Schumpeter）一样，佩鲁亦强调企业家的创新是增长过程的主导因素，创新导致推动型主导产业或增长极的动态演替。

由于增长极创新、支配和推动活动的产生、增长和衰退，经济增长可以看作是一个由一系列不平衡机制组成的过程。因此，经济空间存在着极化过程。由于推动型工业在经济增长过程中的主导作用，佩鲁将其形象地称之为增长极。佩鲁的这一经济发展理论也被称为增长极理论。

佩鲁认为增长集中于不同的空间区位和一定带头产业的事实诱导，一些分析者认为增长极理论是一种区位论。实际上，佩鲁的经济空间不同于地理空间：增长极没有提供推动型产业地理空间区位的解释，也没有提供极在不同地理空间区位的影响效果。

把初始的增长极概念扩大到包括地理空间，典型工作是布德维尔（J. Boudeville）强调的经济空间的区域特征。他以发展的观点把区域分成三种类型：同质区域、极化区域和规划区域。布德维尔的极化区域与帕拉得（T. Palander）的功能区域概念相似，强调的是存在于地理空间的点（或极）间的相互联系和它们之间相互作用的强度。

把增长极转变成空间开发的理论启发了许多规划者。因为如果极能在地理空间存在，那么，依靠直接的政府干预和投资控制引入增长是可能的。对此，布德维尔解释，佩鲁的经济空间有别于数学空间。经济空间不仅包含了与一定地理范围相联系的经济变量之间的结构关系，而且也包括了经济现象的区位关系或称地域结构关系。因而认为极化过程既可以是功能性的，也可以是地域性的。因此，增长极是围绕推动性主导工业部门而组织的扩散性的高度联合的一组工业，不仅本身能迅速增长，而且具有乘数效应。

20 世纪 60 年代以后，增长极理论的发展主要体现在增长极的作用机制和构成条件。汉森（N. M. Hansen）认为：增长极理论应努力抓住复杂的技术源地，增长过程的动态联系在一定程度上是不可能的。古典的投入－产出分析技术进一步认为，投入、产出分析外加简单的图论是增长极分析的主要工具。拉森（J. R. Lasuen）认为增长极的研究应"更多地注意大企业的创新和作用，增长极涉及的基本要素在于地理空间的扩散"，并认为关键的发展要素是：（1）创新的产生；（2）创新知识的扩散；（3）吸纳（创新知识）的扩展。

　　为了说明这个方法的意义，拉森继续分析企业的组织结构如何影响创新的吸纳过程，以及这个过程如何对区域综合体的经济发展产生作用。更进一步的理论意义是他的论点导出了重要的政策结构，即建议通过改变企业组织影响增长空间发生的可能性和必要性。

　　对"扩散"模式的理论研究，最著名的要属瑞典的哈格斯特朗（T. Hägerstrand）。从20世纪30年代开始，哈格斯特朗就研究了技术创新的时空扩散过程。他对农业技术改进、汽车和无线电普及的归纳演绎推理证明：技术创新在时间上有一条曲线，相应地在空间上也遵循一定的规律，不同时序采用某项新技术的企业、城镇数量，开始阶段较少，中间阶段渐增，后期阶段衰减（因为技术陈旧或市场饱和所致）。从概率分布值来看，这一过程呈正态钟形曲线；而从频率累计值来看，呈 S 形曲线。

公式为 $P = \dfrac{k}{1 + e^{(a+bt)}}$

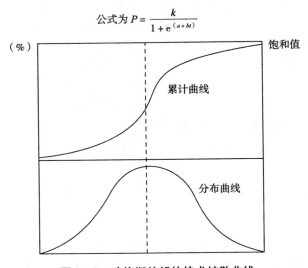

图 3 - 1　哈格斯特朗的技术扩散曲线

　　哈格斯特朗的研究还表明，在技术创新的第一阶段，它集中于创新中心和其他大城市，沿城市体系等级序列扩散；第二阶段，传播方式也相应改变，近邻效应占主导地位，空间摩擦力使得大中城市的郊区采用者迅速增长，而边远地区依然落后；到了第三阶段，创新的推广渐达饱和，区域差异开始拉平。哈格斯特朗的研究是采用"蒙特卡罗模拟"的随机模式完成的。

第二节　区域的地位和作用分析

　　国家宏观总体战略目标是国家公平与效率均衡协调的结果，在国家宏观总体战略目标已经确定的条件下，开发区域在国家中的地位和作用就成为其能否获得区域倾斜及倾斜到何种程度的指示器。

　　国家宏观总体战略制定的依据是源于对国情的分析，对国家总体经济发展水平、产业结构、要素禀赋及国家内部社会经济发展的地区差异的分析，对自然条件及自然资源的区域差异的分析。虽然有些战略（计划）因政治等的需要而把目标定得太高，成为无法实现的空中楼阁；但就其制定的目的来看，一般当以客观实际为条件并以此为参照实现国家的经济发展。我们可以看到一个国家宏观总体战略制定的因果链，即区域差异和区域特征是国家制定总体战略和区域政策的条件，又是国家制定和实施区域政策的结果。这个因果链结合在一起就是区域在国家宏观总体开发战略中的地位和作用。

一、宏观经济效益

这是国家区域政策目标天平一端的砝码——国家总体效率的组成部分。区域的宏观经济效益好，对国家总体效率的提高贡献大，一般情况下就越有可能获得重点开发。

那么，如何衡量开发区域的宏观经济效益呢？在此分三个方面予以阐述。

（一）效益的分解

首先，宏观经济效益按时间序列可分成短期、中期、长期三种类型。国家在制定宏观开发的战略目标时，不仅要考虑公平与效益的协调，更要考虑两者内部间的协调，如效益的短期、中期、长期的协调，组成社会公平各种要素的协调。就效益来讲，它具有时间和空间的交互作用。所谓讲究国家宏观总体效益，即寻求国家经济效益时空过程的极大化，而不仅仅指短期效益或时间横截面的空间总体的极大化。

陆大道在《我国区域开发的宏观战略》一文中提出，在不同地域间用投资收益率（收益率、资金利税率）的空间均衡（相等点）确定我国不同地区间的投资分配和宏观空间开发战略，即静态空间效益极大化法。投资分配的最优决策是曲线的切线斜率为 −1（即135°），见图3−2。由此可见我国东西部投资收益率决定了我国宏观战略为梯度开发战略，符合点−轴开发理论。

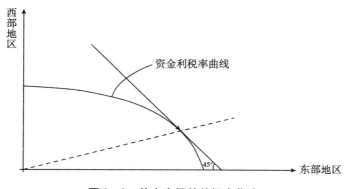

图3−2　静态空间效益极大化法

如本章开头所言，开发战略是一个动态的长期的过程。因此，就宏观经济效益而言，它的理论模式应如图3−3所示的时空三维模图。从图3−3可分析得出，对应时间点 t_m 的最佳经济效益为点（w_m, e_m, t_m），落在线 l 上。

$$E = f(w, e, t)$$

$$\frac{\partial E}{\partial t} = 0, \frac{\partial E}{\partial w} = 0, \frac{\partial E}{\partial e} = 0$$

即可求出随时间变化的最优分配线。

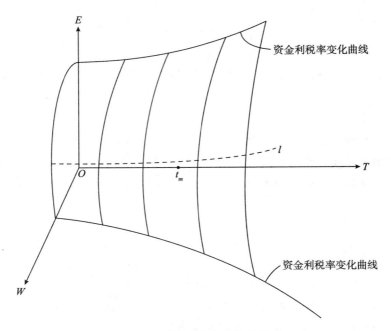

图 3-3　动态空间效益极大化法

如果为了不同时期社会经济效益与公平的调整，则只要把时间 t 按目标需要分割成不同阶段，然后按传统狭义定义，即可求得不同时间目标效益实现时线 l 上的点 $P(w, e, t)$。

(二) 效益的衡量

诚如前面所言，宏观经济效益的衡量乃是不同时间投入–产出的收益率，一般用资金利税率表示。在规定时间内的资金利税率越高，其宏观经济效益就越好。但对一个国家来说，宏观经济效益的衡量，必须以合理的价格体系为前提，否则，得出的结论就会失之偏颇。由于我国长期以来价格体系不合理、地区间因价格体系扭曲、产业结构不同而导致相应宏观经济效益的实际值与影子值偏离相当大。以资源原材料为主的资源型和重工业省区，经济效益明显偏差；以高附加价值的加工业生产为主的轻工业省区，经济效益明显偏好。

(三) 区域经济效益的衡量

因价格扭曲、权力下放而导致 20 世纪 90 年代省区间的原材料大战，"区域市场壁垒"的"诸侯经济"对国家宏观经济效益的损失见之于报刊杂志的已相当多。这里着重分析的是区域真实经济效益的衡量方法及我国目前经济环境下如何制定区域政策。

首先，区域间价格扭曲下真实经济效益的计算可用如下公式：

$$E = E_0 + \triangle E$$

式中　E——区域真实经济效益；

　　　E_0——现有经济效益；

　　　$\triangle E$——因价格扭曲而导致的效益亏盈，计算为：

$$\triangle E = \sum_{i=1}^{n} \frac{(y_i - y)}{y} U_i$$

式中　i——经济系统中各个部门编号；

　　　y_i——i 部门的资金利税率；

　　　y——所有部门的平均资金利税率；

　　　U_i——i 部门的总产值。

其次，区域经济效益还可分为直接经济效益和间接经济效益。直接经济效益就如上面所言，间接经济效益包括对其他区域的经济影响（可称其为对其他区域的推动效益）或其他区域对该区域的影响（可称之为带动影响），以及生态改善、社会稳定引致的收益剩余。

最后，宏观总体效益实现的区域基础。一则是利益补偿，即区域与国家及区域间的经贸联系因价格扭曲而引致的利益亏盈通过一定的途径反馈，以弥补亏损区域的利益损失，同时亦刺激具有价格偏低产业的区域满足国家和加工业区域需要的资源原材料需求。二则是国家逐步调整不合理的价格体系。但因价格扭曲是长期形成的，一时调整还不可能，牵一发而动全身，只能有一个逐步完善的过程，否则，操之过急容易导致通货膨胀、价格失控等经济现象，阻碍经济发展。

利益补偿较易实现，但失去价格杠杆的调控作用，是治标之举；价格体系完善是治本之道，但一时又无法实现。故此，目前应是两者结合并用，并在经济的发展过程中逐步过渡到以价格杠杆调控经济的轨道上来。

二、社会公平

社会公平仅从狭义的投资机会公平和收入分配公平是远远不够的，它还应该包括竞争环境公平和发展机会公平。而后者尤其重要，因为它关系到区域活力的发挥和效率的提高，亦有利于国家资源的有效配置和经济效益的提高。

（一）竞争环境公平

公平的竞争环境应包括如下几方面内容：

第一，价格体系的合理与完善。它对区域经济和国家宏观总体经济的作用前已分析，这里不作深究。

第二，财政税收的公平。财政拨留和补贴对经济的作用可被认为是国家对区域投资机会分配的另一种类型。我国的沿海省区，尤其是开放城市和经济特区的财政留成比例过高，也从一个侧面反映了其投资机会的增多；而内陆地区，尤其是贫困地区的财政补贴往往只能用于政府部门及其所属的服务、教育等开支，起不到投资机会增多的作用。财政政策的不同还会改变消费市场的结构和容量以及投资分配，从而促进区域经济的增长。税收对经济的调控作用反映在对企业利润的再分配上。我国在实行利改税后，对不同产业、不同地区实行不同的税率，其结果是：税率较轻的产业因利润较高而使投资倾向于此类产业；对税率较轻的地区则具有同样的效果（在其他条件相同的前提下）。

第三，金融信贷的公平。按照哈罗德－多马模型，区域经济的增长率：

$$g = \frac{S}{K}$$

式中　S——投资率，如果储蓄率能全部转化为投资率，则 S 可用储蓄率表示；

K——资本产出率，即单位投资能得到的产出。

对区域经济而言，上述模型的前提是区域封闭。如果是开放区域，则 S 将会因国家区域政策中金融信贷政策的倾斜而涨落。因为在其他条件相同的情况下，信贷利率不同直接影响资本利润率，而不同区域的资本利润率差异是导致资本流向在区域间转移的直接诱因；同时区域内产业间利润率差异使得资本的不同分配而得到不同的区域产出率，从而导致资金在不同产业间流动。

第四，资源分配政策，包括计划内生产要素分配和计划产品留成比例调整与因价格剪刀差转移的价值补偿。到目前为止，我国经济中，资源等生产要素的分配有很大一部分是通过国家有关部门的计划分配的；在国有企业中，迄今仍有近三分之一的生产要素是计划内供给的。价格双轨制使得计划内产品与计划外产品的生产成本、销售价格和企业盈利的比例相差悬殊，这无疑使获得计划内投资品的企业的生产成本相对于市场价要低得多。不同区域间由于产业结构不同、经济成分的构成不同，而使得其在国家的经济关系中从国家计划内获得投资品的数量与比例不同，从而使区域所得的纯经济效果不同；另一方面，区域生产的产品亦会因价格双轨制而使得其产品的留成比例不同，导致其纯经济效果亦不同。国家通过其掌握的权力可以对区域内生产的产品实行再分配，从而使区域的利益再一次波动。

第五，对外贸易、引进外资等政策的公平。对外开放对区域经济的带动作用表现在相对比较利益的获得：信息、技术、设备、资金、人才等的获得。对外开放的条件虽然与区域的地理区位、要素禀赋等有关，亦与区域的开放政策有关。国家在区域间实行不同的开放政策可以改变区域的对外开放条件，从而改变区域间的对外开放效果。如改革开放以来，"我国对沿海地区实行特殊的优惠开放政策：放宽沿海地区利用外资建设项目的审批权限，增加沿海地区的外汇使用额度和外汇贷款，增加沿海地区的财政留成比重，在税收、物资供应特别是国家直接投资方面向沿海倾斜"；这更加强了沿海地区对外开放的领先地位。

（二）发展机会公平

"发展"一词源于发展经济学，它包括两方面的含义：经济的增长和社会的进步。鉴于很多发展中国家经济发展过程中有增长而无进步的现实，发展经济学家们提出了"经济发展"的概念，其内容大体包括："物质福利的增进（特别是低收入人群），大多数人贫困及与之相联系的文盲现象、疾病夭折现象消失，收入与产出结构的变化（一般表现为生产结构由农业转向工业，就业与提升不为少数权贵独占），广大人民群众参与经济以及其他方面的决策等等"。由于自然、历史和社会文化方面的原因以及国家区域政策的倾斜，使得我国区域间发展机会不均。以大地带作比，我国东西部之间发展机会的差异相当明显；如果以地带内省区间作比或省区内城市与边缘乡村作比，则这种差距还要大得多。

三、生态环境改善

生态环境作为社会经济发展的一个重要因子，在区域开发中所占的地位越来越重。表现在：第一，生态环境的广延性。人类居住空间的生态环境具有相互密切联系的整体一致性。任何一个区域生态环境的恶化都会在不同程度上累及其他地区。据科学家考证：海湾战争中延续数月之久的科威特油井大火，对大气层的影响遍及全球；还有前苏联的切尔诺贝利事件；菲律宾皮纳图博火山的喷发等等。以我国为例，黄河中游黄土高原由于人类的滥伐乱垦，不仅使黄土高原地区水土流失严重，生态环境恶化，土地贫瘠；而且其流失的水土累积中下游地区，使黄河河床高出两岸平原平均达几米，危及中下游近百万平方公里国土上的生命财产。长江近一二十年泥沙含量大增，部分原因亦与其上游金沙江流域植被破坏严重有关。第二，生态环境的依存性。生态环境的恶化就其原因来说，一方面是由于自然灾害引起的；另一方面则是由于人类自身对自然界长期掠夺产生的恶果。而恶化的生态环境又作用于人类的生产和生活，使其蒙受更大的损失，从而阻碍经济发展。

因此，在分析区域的地位和作用时，生态环境的好坏亦是重要的评判标准。

四、政治稳定

经济发展需要有一个稳定的政治环境。稳定的政治需要有一个既公平又富效率的区域政策，又有一个适合生产力发展的社会体制。

第三节　区域发展条件系统分析

一、区域条件分析的理论发展

区域的优势和制约因素是劳动地域分工和区域专业化生产的前提和基础。对区域优势的阐述早在18世纪古典经济学鼻祖亚当·斯密的"国富论"里就有了。亚当·斯密认为，区域分工的前提在于区域的绝对优势，而到了李嘉图那里，对区域优势的分析又得到了进一步的发展，他提出了以相对比较成本，即相对优势的原则作为区域分工的依据。对区域优势和区域分工，斯密和李嘉图是以劳动量作为成本计算的，但区域优势的内容远不及此，单就生产要素来说，就有土地、资本、劳动力等，在剑桥经济学派微观经济学泰斗马歇尔那里，则又在生产要素中添置了管理一项。瑞典经济学家俄林在批判地吸收了上述古典经济学中区域比较优势的内容后，提出了要素禀赋论。俄林认为，区域优势即区域专业化出口商品的成本-价格差异，取决于区域劳动、土地、资本等各种要素投入在相对比例上的差异。用以交换的产品是劳动、资本、土地、技术与管理等多种要素投入的综合效果。区域优势即是区域中要素禀赋相对丰富的要素及其组合。其后"里昂惕夫之谜"及其解释的本质在于把俄林理论中要素概念中要素内容的拓展（自然资源论、人类技能贸易论和要素禀赋论动态化——产品生命周期论）。以马克思主义观点对区域优势和地域分工进行阐述的当首推前苏联著名经济地理学家巴朗斯基，他认为，所谓地理分工就是社会分工的空间形式。有两种情形，一种是某国家或地区不能生产某种商品，而由另一国家或地区输入；另一种是某国家或地区虽能生产某种产品，但成本较高，因而输入这种产品。巴朗斯基称前者为绝对地理分工，后者为相对地理分工，并由此提出了地理分工的公式。即：

$$C_v > C_p + k$$

式中　　C_v——v 地某商品价格；

　　　　C_p——p 地某商品价格；

　　　　k——运费。

　　社会发展到今天，以往建立和分析区域优势和地域分工理论的前提已发生了很大变化。首先，技术进步已成为促进经济增长的首要因素（见丹尼森，乔根森和肯德里克，库兹涅茨等）。创新即技术转化为经济增长的重要一环，按照熊彼特创新理论中的定义："创新"就是把生产要素和生产条件的新组合引入生产体系，换言之，就是"建立一种新的生产函数"。包括：（1）引进新产品；（2）采用一种新的生产方法；（3）开辟一个新的市场；（4）获得一种原料或半成品的新的供给来源；（5）实行一种新的企业组织形式。其次，市场容量和市场结构已成为牵引经济发展的主要因素之一。消费需求的多样化以及社会化大生产使得市场相对显得越来越小。于是，市场竞争的日益加剧和市场瓜分的不断深入对后进国家和后进区域的前进步伐设置了重重障碍，发达国家或发达区域的贸易壁垒、技术垄断、技术优势和自我保持更如"雪上加霜"，"冻缩"着后进国家或后进区域的经济发展，使其在原有的低起点上徘徊不前。由此，国家政策干预及宏观调控便成为必要。即使西方发达国家，为了保持其在高技术领域的优势和传统产业的市场份额，在第二次世界大战以后亦纷纷通过"国有化"，即国家投资、国家信贷、国家调节"经济计划化"等形式对国民经济进行宏观调节，并通过国家预算来实现。第二次世界大战后，西方主要国家约有一半左右的国民收入是通过预算进行集中和再分配的。如美国宏观调节中国家经济调节措施的第一条即是："国家集中力量对科技研究和国家基本建设进行重点投资，积极为整个社会再生产提供充分的科技和基本物质条件。"而日本在跻身于世界经济大国的过程中，国家产业政策更是举世闻名，尽人皆知。亚洲"四小龙"中韩国、新加坡的经济发展也主要是依靠政府的政策干预取得的。面对日益多样化的市场，通过国家的干预就能在某些领域形成区域优势。最后，影响经济发展的因素远超古典经济学中的三要素（或马歇尔的四要素），区域优势的范围亦已远超原范畴。

　　自此，就可以对区域优势和劳动地域分工归纳为：

　　消费结构多样化及其演替为产品进入市场提供了低壁垒进入的可能。技术创新周期及随后的商品生命周期不同阶段的要素构成及地域扩散，为后进区域时空组合截面上寻求开发某些产品的优势创造了条件。区域要素禀赋和区域政策为区域优势创造新的区位优势提供了基础和保证。

二、影响区域产业结构的因子分析

　　区域产业结构的形成与发展受制于许多因素，它是地域分工的产物；但区域间劳动地域分工的形式与国家的经济体制息息相关。社会主义计划经济体制强调的是国家整体利益基础上的劳动地域分工模式，因而经济区划和地域生产综合体的形式就成为其组织社会化大生产，形成区域间不同产业结构的重要手段。如前苏联和我国。资本主义市场经济强调的是区域优势的发挥，即区域间要素生产率的空间均衡。因此，区域产业结构更主要受制于区域生产要素的禀赋状况。党的十四大提出我国今后的经济体制模式是社会主义市场经济形式。因此，区域产业结构的形成和发展将更多地依赖于区域要素禀赋及区域自身发展的长远目标。

（一）效益优化的目标指示

区域产业结构政策的目标，就是要形成富于效率的产业结构，以推动区域产业结构的优化。但区域产业结构的重点在于效率和效益。区域产业结构合理化的标准在于，合乎区情的条件下，能否使区域经济获得长期的、稳定的发展。

（二）需求结构的拉力效应

所谓需求就是社会对商品的分配和最终消耗。需求结构包括中间需求和最终需求、个人需求和社会需求、消费需求和投资需求的比例结构三个方面。

需求结构对区域产业结构的作用表现在：通过需求各种形式的变化，在市场机制的作用下，通过价格信号牵引资源在不同产业的重新分配。按照马斯洛的需求层次论，人们的需求自低到高可分成五个层次，从最基本的生理需求到最高层次的自我实现需求。与此相对应，随着区域经济的发展及人均国民收入的提高，人们的消费层次亦会随之提高，而生产也只有通过消费需求和投资需求（从本质上讲，即属于未来的消费需求）才能实现其再生产过程。对一个区域而言，其产业结构下生产的商品结构应是与其消费结构、投资结构及其专业化生产引起的贸易结构一致。其贸易的出口商品即是供区域外的消费需求和投资需求。

决定一个区域中间需求和最终需求的比例的一个重要因素是区域经济整体的经济效益和区域对外贸易中间产品和最终产品间的贸易条件。中间需求就是各个生产部门对一次就将其本身的全部价值转移到产品中去的生产资料的需求。最终需求就是个人消费、设备投资、增加库存、出口、政府采购所构成的需求之总和。最终需求结构和规模的变化是推动产业结构之演变的最重要动因之一。

个人需求和社会需求结构强烈地影响生产消费资料的产业构成。需求结构的变化影响到区域产业结构的变化。

在最终需求中消费和投资的比例决定了消费资料产业同资本资料产业的比例关系。

（三）要素禀赋的基础作用

要素禀赋对区域产业结构的作用表现在生产的基础在于要素的投入。根据供求原理，要素禀赋的富裕程度与要素的价格相对应。首先，在一定的技术水平下，廉价要素代替高价格要素能使产品的生产成本降低，从而能使生产该种产品的企业获得更多的利润。其次，随着区域经济的发展，区域产业结构演替过程中除了技术进步改变生产要素的组合外，要素之间的富裕程度差异及它们之间的相对价格是选择区域产业结构的重要因素，因为这能保证产业结构演替时的要素供给。

（四）投资结构的推力效应

资金作为生产要素之一，比之于其他生产要素对区域产业结构的作用重要得多。这是因为，资金的流动性比其他生产要素要大得多。在诸多生产要素中，自然资源的赋存位置在区域空间上是不变的，如土地；能改变的也就是经过生产（采掘，如矿产资源；种植或采集，如动植物资源；利用，如光、热能资源和水能资源等等）后的商品。劳动力在空间上的移动成本要比资本的移动成本大得多。资本的流动去向是利润指向，即往利润率高的地方移动。

根据产业结构演替的一般规律：从资源密集型到劳动密集型到资本密集型到技术密集型直至知识密集型的产业演替是一般趋势。而这些不同阶段也对应着资金不同的密集程度。投资对区域产业结构的直接影响是可以改变区域产业结构的要素组合；间接影响是投资可改变区域的生产环境，形成有利于区域发展的生产组合。

（五）技术进步与创新的催化效应

在影响产业形成和发展的诸多因素中，技术进步起着主导和决定性作用。这是因为：

（1）技术进步决定着社会分工的发展与深化，而后者是引起产业结构发展变化的前提。

（2）技术进步是经济增长的重要因素。丹尼森、肯德里克、库兹涅茨等对不同类型国家的经济增长统计资料横纵向的对比研究充分证明了这一点。技术进步将越来越成为社会生产发展的主要推动力，以及社会生产效益提高的重要源泉。

（3）科学技术影响着劳动手段、劳动对象和劳动力等社会生产力的各种要素。现代生产力的每一要素在很大程度上都是物化了的科学，而生产力各种要素的变化，恰恰是社会生产宏观比例关系变化的重要基础。

技术进步从生产过程和需求过程两方面对产业结构发生直接和间接的影响。

从生产方面看：技术进步不断创造出新产品、新行业（部门），同时也会使一些落后的不经济的产品、行业消亡；技术进步使现有行业（部门）的劳动生产率和资金利润率不断提高，这就为有更多的劳动力和资金发展新行业（部门）提供了条件。同时，技术进步对不同生产部门影响的差异，又促使劳动力和资金向劳动生产率和资金产值率更高、资源利用更有效的行业（部门）转移。

从需求方面来看：技术进步会不断创造出新的生产和生活需求，从而推动满足这些新需求的行业（部门）发展，相应地它也会使一些过时的生产和生活需求消亡，从而使过去满足这些需求的行业（部门）被淘汰；技术进步会改变生产和生活需求的结构和人们的消费心理，从而使生产结构发生相应的变化等等。

但技术进步要转化为推动区域产业结构演替的动力，必须有创新作条件。简言之，创新是使技术进步转化为推动区域产业结构演替的纽带。"创新"理论由美籍奥地利经济学家约瑟夫·熊彼特于1912年提出。在他的《经济发展理论》中，对"创新"作了如下的定义。他认为"创新"就是把生产要素和生产条件的新组合引入生产关系，包括：（1）引进新产品；（2）采用一种新的生产方法；（3）开辟一个新的市场；（4）获得一种原料或半成品的新的供给来源；（5）实行一种新的企业组织形式。

从科学技术进步对区域经济发展的过程来看，科学技术转变成生产的进步包括五个相互联系的阶段：基础研究，应用研究，技术开发，新成果利用，新成果推广；其中前三个阶段为科技进步阶段，后两个阶段为技术创新阶段。

（六）有效竞争空间－产业升级的屏蔽效应

区域合理的产业结构不能依附于传统的地域分工模式。这种传统的地域分工模式是静态的比较优势理论，照此理论模式，由传统的区域优势及其引致的地域分工模式就难以改变。故此，需以动态的比较利益原理分析区域产业结构。如产品生命周期论、保护幼小工业论以及雁行产业发展形态说和最新的部门内贸易理论（产品差异化、规模经济、进入壁垒和吻合理论）。其中产品生命周期理论、雁行产业发展形态说虽从动态角度分析了后进国家如何较快地利用其"后进优势"在与先进国家产业结构的动态联系中跟随其产业结构的发展步伐，但是，如何赶超先进国家或先进区域的产业结构呢？上述两种理论模式只是提供了后进国家或后进区域加速接近先进区域的途径。保护幼小工业论提供了达到上述目的的方法，但也只是在先进国家或区域的发展水平层次后面，至多是达到其相当的水平，但如何实现后进区域赶超先进区域的目标，则是从地域角度出发建立一个有效竞争空间，使区域产业结构与外区域的输入输出有效联系和在合理选择中完成其向上的演替；对区域内选定将要扶持的新兴产业，实行有效的保护和扶持，使其在区域空间市场上得以生长发展；对区域内将要淘汰的产业，选择向更边缘区扩散。

（七）合理有效的产业组织

产业组织是指生产同一类商品（严格地说，就是生产具有密切替代关系的商品）的生产者，在同一市场上他们之间的相互关系结构。产业组织政策对区域开发的作用在于，通过建立一定的市场结构（区域内市场结构和区域外市场结构）和对市场行为实行干预和调控，以期获得较好的市场效果，即在通过市场机制发挥企业间竞争活力的同时，发挥企业规模经济的效益。

正是通过政府产业组织政策对区域内产业内的企业及企业间的关系结构实行引导和干预，使其形成合理有效的产业组织，以此促进区域产业结构合理化。

（八）区域政策的宏观调控

完整的区域政策应包括区域调控政策（协调区际关系，对区域经济运行实行调控）、区域布局政策和区域产业政策。在此之上，还应有一个总体协调上述三大政策的区域政策，包括上述政策的制定、修改及协调；即在认识区域发展规律的基础上，通过政府的区域政策推动区域产业结构的演替。

区域政策对区域产业结构演进影响最大的当数区域产业政策，包括产业结构政策和产业组织政策。其作用的方式为：通过规划区域产业结构高度化（即高效益的产业结构）的目标，确定带动整个经济起飞的"战略产业"和产业组织，并通过政府的经济计划、经济立法和经济措施扶持"战略产业"的起飞，同时其有效的产业组织与诱导经济按既定目标发展。

（九）区域优势和地域分工

地域分工是提高社会经济总体效率和发挥区域优势的重要条件。萨缪尔森认为：（由地域分工引致的）贸易的好处在于使交易双方的消费可能性边缘高于生产可能性边缘性。

按照传统理论，地域分工的前提是区域优势，但地域分工的结果又能强化区域优势。因此，两者间的相互关系可表述为：区域优势是地域分工的条件，地域分工是区域优势的结果。但两者间又是相互联系、相互制约的反馈关系。地域分工是社会劳动分工的空间形式，而人们往往是在具有某种优势的地区开展某种生产或经济活动，形成后的地域分工也会产生新的区域优势。但对地域分工条件和区域优势形式的变化则日新月异，表现为传统的地域分工模式早已被打破，区域优势的内容及其相应的内部各种优势对地域分工的作用强度也在发生变化。

首先，区域优势的内容已从绝对优势和相对优势发展到空间优势和时间优势，再到更高形式的客观优势和创造优势。社会发展到现在，已摆脱了传统的由区域优势决定地域分工的模式。现代的地域分工有很多部分是在无区域优势的前提下，通过地域分工而产生区域优势。典型的例子是在制造业部门内贸易，即由于生产专业化而导致产品差异化和规模经济等作用引起的地域分工。一般而言，地域分工模式随经济发展和技术层次提高而演进：从绝对优势到相对优势、时间优势（动态优势）和创造性优势。

传统的地域分工模式是静态的成本差异模式。如亚当·斯密（Adam Smith）的绝对成本说，或称绝对利益原则。其基本要旨是，每个国家都有其绝对有利的、适于某些特定产品生产的条件，而导致生产成本绝对低。每个国家均按此原则进行专门化生产，通过贸易相互交换各自生产成本绝对低的商品，会使各国的资源、劳动力和资本得到最有效的利用。该理论的根本缺陷在于，两国家间因经济发展水平存在显著差异，某一国家各部门的劳动生产率均高于另一国家时，后进国家是否只好闭关自守。根据哈罗德的相互作用模式得出对贸易利益的分配公式，即后进区域社会经济各部门的劳动生产率落后于先进区域，相互间的贸易交往仍对双方有益，只是由贸易引致的增益利益的分配多寡不公平而已，只要相互间依据各自的优势部门进行专业化生产。亚当·斯密的理论亦同其以后的国际贸易发展情况及地域分工模式不一致。

针对斯密理论的缺陷，英国古典政治经济学家大卫·李嘉图（David Ricardo）提出了比较成本学说，即相对优势的国际贸易理论及其相应的地域分工模式。其基本内容是：若两个国家都能以各自相对较低的成本生产各种产品，两国间的地域分工和贸易也会使双方同时受益。

李嘉图理论的不足之处在于：除了其理论的静态性外，单纯用劳动时间计算各种生产要素的组合以计算商品的比较利益未免过于理论化；除了对关税、运输成本等的抽象外，对市场结构和市场容量的抽象未免太不切实际；最后，李嘉图理论中计算比较利益的方法过于模糊。由此而引致一些歧义，如论述比较利益的例子："以天津和呼和浩特为例，假设棉织品和毛织品的成本，天津均低于呼和浩特。生产 1m 棉布的成本，在天津是 0.6元，呼和浩特是 1.5 元；而生产 1m 毛呢的成本，在天津是 7 元，呼和浩特是 12 元。由于两地棉布成本之比大于 1 倍，而毛呢小于 1 倍，故而呼和浩特还是具有生产毛织品的相对区域优势"。

　　李嘉图比较利益理论的证明事实上过于不完善，上述例子更值得商榷。首先，用于国家间贸易的前提不适于国家内部区域，因为前者假设生产要素不能在国家间流动。假如生产要素不能在两区域间自由流动，则用上述例子可推导出李嘉图比较利益理论的三个结论。

　　前提如上。即：生产 1m 棉布，天津 0.6 元，呼和浩特 1.5 元；生产 1m 毛呢，天津 7 元，呼和浩特 12 元。现再假设，总共生产 mm 棉布，nm 毛呢。则：由呼和浩特全部生产毛呢而天津全部生产棉布的总成本为：

$$C_1 = 12n + 0.6m$$

反之，则总成本为：

$$C_2 = 7n + 1.5m$$

$$\Delta C = C_1 - C_2 = 5n - 0.9m \tag{3-2}$$

　　地域分工和贸易的前提是各相应部门的劳动生产率存在着差异并因专业化生产而获益，但从式（3-2）中不能直接得出结论 $\Delta C > 0$。从式（3-2）推出的结论是：

　　（1）当一种商品在两个地域间的价格差与该种商品需要量的乘积与另一种商品的相应的乘积相等时，尽管区域间两商品存在绝对和相对的成本差异，但天津和呼和浩特选择什么作专门化商品已无关紧要了。即式（3-2）中 $5n = 0.9m$，$5n$：两城市间需求总量为 nm 毛呢，因成本差而引起的专业化生产的成本总节约；$0.9m$：棉布因专业化生产的成本总节约。

　　（2）当毛呢的成本总节约大于棉布的成本总节约时，则应在毛呢的低成本城市生产毛呢；棉布的高成本城市生产棉布。

　　（3）反之，则专业化的结果亦相反。

　　考虑运输成本时，设天津、呼和浩特间单位毛呢、棉布的运输成本为 t_1、t_2，且天津消费毛呢、棉布各为 n_1m、m_1m，呼和浩特各为 n_2m、m_2m，则：

$$\Delta C = C_1 - C_2 = 5n + \Delta n t_1 - 0.9m - \Delta m t_2$$

其中：

$$\Delta n = n_1 - n_2$$

$$\Delta m = m_1 - m_2$$

　　地域分工由上述几个因素决定。至于式（3-2）再拓展，要素禀赋和动态成本差异的分析，随下而行。

　　贝蒂尔·俄林从不同地域生产商品的各类要素的比例差异，及由此引起的价格比例差异，即相对价格差异出发，与一般均衡区位论结合起来，提出了地域分工模式。他认为，由生产要素相对价格差异引起商品相对价格差异，加上汇率因素，进而会引起商品绝对价格差异，最后导致区际贸易的产生。因此，绝对价格差异是贸易的直接原因。

　　继俄林之后出现的自然资源禀赋论及人类技能贸易论则是对俄林理论中生产概念的拓展。马克思的劳动地域分工模式建立在生产条件的地域差异基础之上。之后，前苏联经济地理学家巴朗斯基亦从成本差异出发分析了地理分工，并提出了分工条件：$C_u > C_p + h$（C_u，C_p 分别为两地某商品价格，h 为运费）。

　　以上分析，皆是在静态比较利益的基础上进行的。这种理论不利于后进区域赶超先进区域，亦不利于后进区域的经济发展，为此，一些经济学家，主要是后进区域的资本主义国家的经济学家，提出了几种动态比较成本理论，其中最早的当首推德国经济学家李斯特（Friedrich List）。对于欧洲大陆工业起步较晚的德国经济，李斯特主张用保护贸易的政策扶持弱小的德国工业。这就是后来所谓的"扶持幼小产业论"。其基本内容是：在一定阶段虽还不可能成为出口产业幼小工业部门，在一段时间后，经过政府的扶持和保护，可以成为很好的出口产业工业部门，就必须对之实施贸易保护政策。

上述理论的核心是：从某一时点看（静态地看），在国际贸易中一时处于劣势的产业，从发展的眼光看有些可能转化为优势产业，比较生产费用是可以变化的，对这些产业就应采取特殊的扶持政策。因此，这种理论被称之为"动态的比较生产费用说"。

19 世纪德国工业的突起以及 20 世纪 50 年代中期到 20 世纪 70 年代初期日本经济奇迹的产生是与上述观点分不开的。

对上述理论的进一步发展，筱原提出了选择主导产业（被保护）的二基准：即需求收入弹性和生产率上升率，以求保护主导产业发展所需的市场条件和产业本身的技术进步。

1. 产业结构演替的一般规律

区域产业结构的层次差异最明显的特征是工业化程度，最明显的标志是各产业部门国民生产总值的比例结构和劳动就业的比例结构。

产业结构理论的鼻祖是英国的配第（W. Petty）和 C. G. 克拉克，即配第－克拉克定理。其理论核心是：随着经济的发展，第一产业的就业人口比重将不断缩小，而第二、第三产业的就业人口比重不断增加。

美国著名经济学家库兹涅茨从国民收入和劳动力在产业间的分布两方面，对伴随经济发展的产业结构变化作了分析研究，得出如下结论：农业部门实现的国民收入占整个国民收入的比重和农业劳动力占全部劳动力的比重处于不断下降之中；工业部门的国民收入的相对比重则是大体上升，劳动力比重不变或略有上升；服务业部门的劳动力相对比重上升，实现的国民收入的相对比重则大体不变或略有上升。

从工业化过程出发，德国经济学家 Walther Hoffmann 重新用工业化概念对工业化过程进行了剖析，并用消费资料工业净产值与资本资料工业净产值之比，即霍夫曼系数（Hoffmann Coefficient）对工业化过程的不同阶段进行了分类，并用霍夫曼比例〔5（±1），2.5（±1），1（±0.5），1 以下〕划分了四个阶段。

三次产业的划分一般是：第一产业，农牧业；第二产业，工业、建筑业；第三产业，交通、运输和商业及各种服务业。

按国民生产总值或占国民收入及劳动力在三次产业中的比例大小划分，则其结构变化的一般趋势是：第一产业占整个国民经济的比重不断缩小；第二产业的比重由升到降；第三产业的比重不断扩大，并成为最大的产业。

三次产业内部结构的演变趋势为：

第一产业：种植业的比例持续下降，畜牧业的比例持续上升，在一些发达资本主义国家两者可达到同等的水平；农业的劳动生产率持续上升，由于农业的技术进步速度较之于第二、第三产业相对较慢，故而，第一产业国民收入的相对比重较之劳动力的相对比重下降更快；农业部门的商品化率及与其他产业的联系不断加强。

第二产业：轻、重工业的比例关系，在工业化初期，轻工业的比重占绝对优势；随着工业化的进一步发展，重工业的发展速度加快，其比重不断上升；第三阶段，轻、重工业的发展速度基本接近，重工业比重不断提高；第四阶段，轻工业的比例回弹。基本动因是资金、技术、人力资本和市场的相互作用。第一阶段，工业化刚起步，上述四个要素中资金、人力资本基本皆缺，技术落后、市场需求层次低，适于轻工业的发展。第二阶段，技术进步和资本积累及机械化过程中，生产资料市场进一步扩大，为重工业的发展提供了条件。第三阶段，科技进步对重工业发展效率的提高及消费市场的日益扩大之间相互作用的结果表现为轻、重工业发展速度相互接近。第四阶段则为第三阶段的继续，即轻、重工业速度的差异发展。

按要素密集程度：产业结构演替过程表现为从资源密集型、劳动密集型向资本密集型、技术和知识密集型演替。演替的主要动力机制是各技术进步速度和生产要素的相对价格。

采掘、原材料工业的生产与加工工业的关系表现为：在工业发展的初期和起飞阶段，采掘和原材料产业的比重会比较高；但到工业发展的成熟阶段，它的比重将下降，产业结构将出现高加工度化趋势。主要动因是随着科学技术发展特别是国民经济从外延发展向内涵发展转化，社会生产对原料、能源的需求应相对减少。

第三产业的主要比例可分为消费性和生产性两部分。其比例关系表现为：随着社会经济发展水平的提高及产业结构的演进，第三产业中生产性部分的比例将上升，消费性部分的比重将下降。

在产业结构演替的一般规律中，工业化程度提高过程和主导产业（亦称重点或带头产业部门）替代过程是其最突出的方面。其主要依据是科学技术发展水平、经济发展状况和经济发展的潜在优势。

因此，按科学技术发展水平和经济发展状况，可把不同的产业结构划分成以下四种类型：

（1）工业化前的经济：第一产业在国民经济中占主导地位，其内部结构极不合理，种植业畸形发展；第二产业尚未起步，劳动、资源密集型产业占绝对优势，轻、重工业以轻为主，采掘、原材料工业为主；第三产业基本是消费性部门。

（2）前工业化经济：第一产业虽然明显下降，但仍占相当大的比重；内部结构仍不合理，只是较之第一阶段已有明显改变。第二产业处于明显上升期，但内部关系特征还未有根本性改变。第三产业中生产性部分有较快上升，但仍居次要地位。

（3）工业化经济。第一产业已退居第二或第三位，内部比例关系基本处于合理状态。第二产业在国民经济中已处于主导地位。内部结构已重工业化和高加工度化。第三产业消费性部分与生产性部分的发展速度基本接近，第三次产业的比重已明显上升。

（4）后工业化经济。第一产业的比重已显微弱；第二产业的比重开始下降；第三产业的比重明显上升，并且超过第一、第二产业。第一产业内部比例协调，种植业与畜牧业并重。第二产业已呈资本密集型、技术密集型。第三产业内部服务咨询、金融业等比重明显提高。

对一个国家内部的区域而言，其三次产业结构可以通过区域合作和区域倾斜而突破本国或该区域经济和技术发展所处的阶段。

2. 区域产业结构及产业政策的调控

区域产业结构演替的动力按其来源可分为内聚式和外促式两种。内聚式即主要依靠自身的力量逐步实现产业的演替，如新中国成立后至 1978 年我国经济发展，外促式则是主要依靠外部的力量（市场和生产要素）促进区域经济的发展，如亚洲"四小龙"。现在纯内聚式模式已很少有了。从外促式的云南边境开放带对区域产业结构演替的机制和过程来看，则可分为三个过程：

（1）后起优势阶段。这个阶段的基本特征是在经济发展水平和技术层次上与发达区域还相差甚远，区域产业结构以农业为主。相互间要素禀赋差异及贸易的互补性很强。贸易以资源密集型为主，先进区域对后进区域实用技术的扩散和转让非常容易。因为先进区域的产业结构和已有市场受这类后进区域的影响甚微。

这个阶段的后进区域应充分利用其后起优势，引进先进区域的适用技术装备其产业，以达到为其产业演替积累资金条件。此时的产业结构政策应是以效益为主，对传统产业，尤其是农业等基础性产业实行重点投资，为第二阶段的经济起飞打下基础。此时的产业政策应以进口替代政策为主。

（2）经济起飞阶段。这个阶段的基本特征是产业结构和经济技术发展水平处于上述四种经济类型的第一、第二种类型过渡阶段，终止阶段为第三种经济类型的前期阶段。技术水平已属中低层次，在中等层次的劳动密集型产业对先进区域市场已产生一定程度的冲击。产业发展的目标是以"动态比较费用"为原则。在不同技术层次的产业结构，其差别政策逐渐拉大，技术层次向中高档发展，却又面临先进区域自我保持的加剧，后起优势逐渐消退。此时的产业结构政策是以传统技术装备传统产业，谋求区域经济的繁荣；以大量的可扩散的中等技术谋求区域经济的发展；以少量高技术寻求区域经济的突破。产业组织政策的重点是对中低技术层次的产业以市场竞争机制为主；对中高档技术层次的产业则是在保护竞争机制的基础上充分发挥规模经济的效益，以增强在先进区域市场上的竞争力。

（3）区际突破阶段。这个阶段的时序应是第三种经济类型的前期至结束。由于经济发展水平层次已接近先进区域水平，与先进区域产业结构的相似程度及技术层次的吻合度已很接近。故此，区域间的竞争空前剧烈，先进区域的贸易保护和先进技术的自我保持日益强烈。此阶段，贸易的层次已逐渐进入部门内贸易阶段。区域政策的重点是对同期后进区域中低技术输出的同时加强同先进区域的合作。

第四节　区域产业体系的结构与优化

区域产业决定了区域经济结构与长期发展潜力，是区域竞争力的根本来源。在以有效竞争空间为基本单元的区域竞争中，产业的结构升级为经，产业的空间布局为纬，共同界定了区域经济的有效发展空间。如何选择区域的主导支柱产业，如何培育当前最具竞争力的新兴产业，如何实现产业结构和空间结构的高效设计，这些问题关系到区域发展的前景和区域竞争的后劲，是有效竞争空间理论构筑的重要组成部分。

一、区域产业分析的理论基础

(一) 生命周期理论

产品生命周期 (PLC),是指产品的销售和利润变化依循一个系统化的轨迹,一般都要经历早期发展、增长、成熟、下降、淘汰一系列阶段。如图3－4所示,新产品初始投入市场,消费者要经历一个熟悉和接受的过程,故一开始销量较低;多数产品在初始阶段被淘汰,少数产品进入一个快速增长阶段,总需求量快速上升,直至市场饱和;之后产品过时,新产品出现,需求下滑,逐渐被市场淘汰。

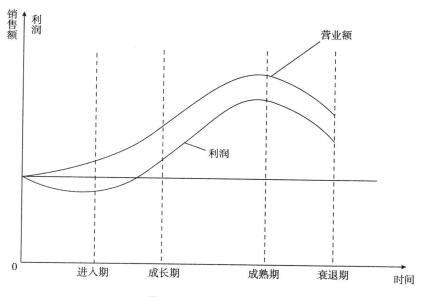

图3－4　产品生命周期

产品生命周期的利润分布对产业发展有重要的启示意义。

(1) 产品生命周期可以引导产品创新。总体来看,技术革命之后产品的生命周期变得越来越短,为了保持增长,必须持续进行创新。产品创新的途径有二,其一可以在现有产品进入淘汰期之前引进新产品,使生命周期重合;其二可以改进升级产品,或开发产品的新用途,延长现有产品的生命周期。

(2) 生产过程随生命周期产生系统性变化,每个阶段的资金、技术密度和劳动力特征不同。早期生产规模小,资金密度低,依赖专业的供应商、承包商和科研人员;进入增长阶段以后,引入大规模生产和流水线作业,资金投入增大,主要劳动力类型是行政营销方面的管理人员,而非研发技术人员;成熟阶段市场开始饱和,技术已经稳定,劳动力成本的相对重要性增加,主要依赖熟练工人。综上,随着生命周期的推进,技术、资金、劳动力等生产要素的相对重要性依次跃升,决定生产能力的重心从产品相关技术转移到生产相关技术,即转移到降低生产成本上来。

回顾自工业革命以来世界工业化的发展历程,正体现了上述生产过程的周期性和阶段性[61]。

阶段一：手工制造。即工业革命早期，作坊式、小规模生产。

阶段二：机械制造。大机器的应用实现从手工到机械的飞跃，实现大规模生产。

阶段三：泰勒主义。19世纪末期，强调科学管理的泰勒制被引入工业生产，将劳动分工精细化到特定工序，大大提高了劳动效率。

阶段四：福特主义。20世纪中期，兴起以规模巨大的生产单元、流水线制造工艺、标准化生产、面向大众消费市场为特点的福特制，使标准化产品的大规模生产成为可能。

阶段五：后福特主义。20世纪70年代~20世纪80年代，在信息技术和现代物流基础上发展起来的一种弹性生产系统，以日本丰田汽车公司为代表，又称丰田制。与刚性生产的福特制不同，丰田制强调产品多样化、柔性生产、即时供货的概念，通过细分市场来进一步获取利润。

（3）由于生产过程的周期性，禀赋不同的地理区位也与产品生命周期各阶段相关。1966年雷蒙德·弗农（Raymond Vernon）将明确的区位概念引入了产品生命周期理念，建立了以美国经验为基础的产品生命周期模型，如图3-5所示。

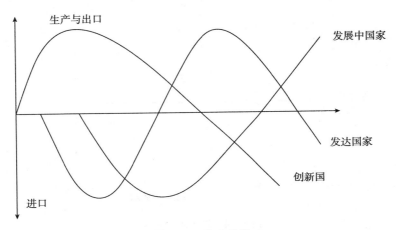

图3-5 弗农曲线

弗农认为，对于由美国创新研发的产品，在产品生命周期的第一阶段，所有生产都在美国国内进行，只在海外建立营销点，通过出口满足海外市场需求；第二阶段，海外生产点首先在较发达的国外市场（如欧洲）出现，欠发达国家的市场需求仍通过出口来满足；第三阶段，欧洲生产的商品与美国生产的商品共同出口到欠发达国家，开始瓜分国际市场；第四阶段，生产成本优势使欧洲分到越来越多的市场并开始向美国出口；第五阶段，随着产品生产完全实现标准化，生产线全部被转移到发展中国家，凭借低生产成本向欧洲和美国出口产品。

这一理论模式既可以用于解释跨国公司的区位演化，也可以解释区域发展过程中区域与外部联系的角色演化。

（二）产业集聚理论

产业集聚（Agglomeration）是指某一产业在特定地理区域内高度集中，产业要素在空间范围内不断汇聚的过程。集聚是专业化生产的空间表现，能够带来一系列功能效益，如规模化生产、垂直分工、共享基础设施等，是大幅提升产业竞争力的有效模式。与产业集聚相关的一个概念是产业集群（Cluster），是指在特定区域中具有竞争与合作关系，且在地理上集中，有交互关联性的企业、专业化供应商、服务供应商、金融机构、相关产业的厂商及其他相关机构等组成的群体。产业集群的形成依赖于区域在知识、投资、信息等方面的环境优势，反之，一个成熟的产业集群也有助于推动区域竞争力的提升。

对于经济活动空间集聚现象的理论研究[62]由来已久，上文提到的韦伯工业区位论、增长极理论、地域生产综合体理论、点-轴理论等都是沿着同一脉络对空间集聚现象的探讨。20 世纪 70 年代以来，伴随着柔性生产代替刚性生产，基于产业集群的"新产业区"成为新的研究热点。王缉慈[63]等定义新产业区为"一种以地方企业集群为特征的区域，弹性专精的中小企业在一定地域范围内集聚，并结成密集的合作网络，根植于当地不断创新的社会文化环境"。在新产业区的理论指引下，园区经济应运而生，产业园区和产业开发区成为当下流行的产业集群模式。

透视区域产业集聚与集群的结构，往往是基于价值链一部分而出现的"片段集聚"，如北京中关村电子产品集群，主营业务集中于电子产品生产链的上游研发区段和下游销售区段，至于中游的生产加工则分散到其他地区来完成。迈克尔·波特 1985 年在《竞争优势》一书中提出"价值链分析法"，认为一般企业的价值链分为"基本活动（Primary Activities）"和"支持性活动（Support Activities）"两大类，又可细分如下：（1）主要活动（Primary Activities）包括企业的核心生产与销售程序，分为进货物流（Inbound Logistics）、制造营运（Operations）、出货物流（Outbound Logistics）、市场行销（Marketing and Sales）、售后服务（After Sales Service）五个环节；（2）支援活动（Support Activities）包括支援核心营运活动的其他活动，有企业基建（the Infrastructure of the Firm）、人力资源管理（Human Resource Management）、技术发展（Technological Development）、采购（Procurement）等子分类。

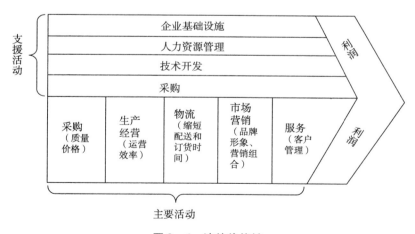

图 3 - 6　波特价值链

在波特价值链的基础上，施振荣提出"微笑曲线（Smiling Curve）"理论。如图 3 - 7 所示，产业不同生产环节的附加值呈现为一条 U 形曲线，两端的研发、设计和销售、售后附加值最高，而中间的制造、加工附加值最低，这一趋势随着专业化生产和地区分工的日趋深化而日益明显。从微笑曲线可以直观地看出附加价值在哪一部分更为优厚，从而调整竞争形态，令区域产业集群向高附加值区段攀爬。

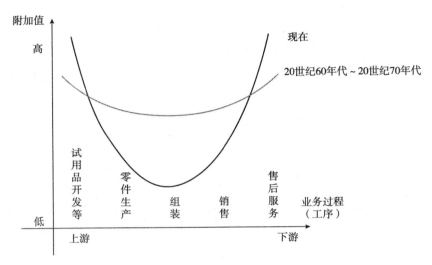

图 3 - 7　微笑曲线

（三）产业结构理论

产业结构描述国民经济各部门之间的分量比例和技术经济联系，顾朝林[64]指出"产业结构的重组、转移和优势产业选择"是产业发展战略的重点，当经济增长到达规模与量的边际效益顶点，产业结构的合理化调整可以突破增长瓶颈，带来新的增长空间。

现代产业结构理论诞生于 20 世纪 30 年代~20 世纪 40 年代，主要理论成果如表 3 - 1 所示：

现代产业结构理论体系　　　　　　　　　　　　　　表 3 - 1

时　间	代表人物	代表著作	代表理论
1931 年	霍夫曼		霍夫曼比例
1935 年	赤松要		雁行理论
1940 年	克拉克	《经济发展条件》等	配第 - 克拉克定律
1941 年	库兹涅茨	《国民收入及其构成》等	人均收入决定论
1953 年	里昂惕夫	《美国经济结构研究》等	投入 - 产出分析法
1957 年	筱原三代平		两基准理论
1958 年	赫希曼	《经济发展战略》等	产业关联理论
1960 年	罗斯托	《经济成长的阶段》等	主导部门理论
1969 年	丁伯根		丁伯根原则
1986 年	钱纳里	《产业关联经济学》等	多国模型

以上理论按照研究方向可以分为产业结构演变趋势、产业结构演变动力、产业结构调控方法三类。

1. 产业结构演变趋势理论

霍夫曼比例：霍夫曼（W. G. Hoffmann）在1931年提出霍夫曼定律，将消费资料制造业净产值与资本资料制造业净产值的比值定义为霍夫曼比例（H），随着工业化进程的展开，这一比例呈下降趋势。这一定律阐释了工业化进程中产业结构变化的一般规律，并可根据霍夫曼比例将工业化进程划分为四阶段：第一阶段，消费资料工业的生产在制造业中占主导地位，$H = 5(\pm 1)$；第二阶段，资本资料工业的发展速度加快，$H = 2.5(\pm 1)$；第三阶段，消费资料工业和资本资料工业的规模大体相当，$H = 1(\pm 0.5)$；第四阶段，资本资料工业的规模超过了消费资料工业的规模，$H < 1$。

雁行理论：1935年由日本学者赤松要提出，指东亚国家的经济发展形态体现出一国中不同产业先后兴盛衰退，以及某一产业在不同国家先后兴盛衰退的规律，如同飞行的雁阵。该理论认为东亚经济以日本为领头雁，其次为亚洲"四小龙"（韩国、中国香港、中国台湾、新加坡），再次是中国大陆和东盟各国。日本发展某一产业，当技术成熟之后，"四小龙"凭借生产要素优势承接产业转移，同时日本的产业结构升级，当"四小龙"在该产业发展成熟，这一产业又被第三梯队承接，"四小龙"再去承接日本的新产业，实现产业结构有先后次序的升级。雁行理论对产业结构规划的启示意义在于，要不断调整经济结构并发展外向型经济，不断通过承接发达区域产业转移以及向次发达区域输出产业来实现产业结构升级。

多国模型：又称钱纳里一般模式，是钱纳里与塞尔昆两位经济学家对101个国家在1950～1970年有关数据进行回归分析之后，建立起的标准产业结构理论。该模型根据人均GDP将经济增长过程分为六阶段，从任何一个发展阶段向更高级阶段的跃进都是通过产业结构转化来推动的，如表3-2所示。

多国模型的发展阶段论 表3-2

	产业阶段	经济阶段	产业结构
第一阶段	初级产业	不发达经济阶段	农业为主
第二阶段		工业化初期阶段	劳动密集型产业为主
第三阶段	中期产业	工业化中期阶段	资本密集型产业为主
第四阶段		工业化后期阶段	第三产业兴起
第五阶段	后期产业	后工业化阶段	技术密集型产业为主
第六阶段		现代化阶段	知识密集型产业为主

2. 产业结构演变动力理论

配第-克拉克定律：是克拉克于1940年在配第关于国民收入与劳动力流动之间关系学说的基础上提出的，核心观点认为经济结构中三大产业部门的收入差距是劳动力分布结构变化的动力。劳动力总是倾向于流向收入高的产业，于是随着人均国民收入水平的提高，劳动力分布会从第一产业向第二产业、第三产业依次转移。由此可以推论，一个区域的经济水平越高，其劳动力结构越偏重第二、第三产业，从事第一产业的劳动力比重越小。

人均收入决定论：库兹涅茨认为人均国民收入增长是产业结构变动的原因，其依据是经济总量的增长会带来需求结构的调整，需求结构的变动推动生产结构向高级化发展。我们从经济数据上往往能看出经济总量与产业结构的相关性，然而是经济总量决定了产业结构，还是产业结构决定了经济总量。库兹涅茨显然同意前者，但他的这一结论饱受质疑，有学者运用格兰杰因果检验法得到了相反的结论[65]，认为产业结构带动经济增长的观点目前也多有支持。

产业关联理论：1958 年赫希曼在《经济发展战略》一书中设计了一个不平衡增长模型，其中产业关联理论和有效次序理论是发展经济学中分析产业结构演进的重要工具。不平衡增长理论主张首先发展具有带动作用的主导产业，而主导产业部门的带动作用决定于关联效应，在主导产业进行生产之前，会与燃料、原料、装备制造等产业产生前向关联；在主导产业进行生产之后，其产品作为其他产业的投入品或直接进入消费部门而发生后向关联；在主导产业生产过程之中，也会与为它提供服务的交通、物流、供电等部门发生旁侧联系。根据赫希曼的观点，产业部门的有效发展次序应以联系效应的大小为据，优先发展联系效应大的产业。

主导部门理论：罗斯托提出主导产业扩散理论，认为主导产业是那些能够产生乘数效应、带动经济起飞的产业部门。主导产业的选择基准应根据扩散效应的大小，选择前向、后向和旁侧扩散效应强的产业为主导产业，以便将产业优势辐射到更多相关联的产业链上，以带动整个产业结构的升级。

3. 产业结构调控方法理论

投入产出分析法：美国经济学家里昂惕夫创立投入产出分析法并因此获得 1973 年诺贝尔经济学奖。这一方法是通过编制投入产出表，建立相应的线性代数方程体系，分析国民经济各部门之间投入和产出的相互依存关系。投入产出分析可以清晰地反映国民经济各产业部门之间的经济联系，以及各产业部门生产消耗与分配使用的平衡，是研究经济系统结构特点最常用的数量分析方法。

两基准理论：1957 年日本经济学家筱原三代平提出产业结构规划的两个基本准则——收入弹性基准和生产率上升率基准。所谓"收入弹性基准"是指以收入需求弹性作为选择战略产业的基本原则，因为收入需求弹性代表潜在的市场容量，只有收入弹性高的产业才有利于不断扩大其市场份额；所谓"生产率上升率基准"是指将资源优先配置给技术进步速度最快、生产率上升最快的产业，因为这样的产业生产成本降低快，能创造更多国民收入。两基准理论为区域选择优先发展产业提供了依据。

丁伯根原则：荷兰经济学家丁伯根通过大量基础性工作和模型的建立，提出国家经济调节政策工具的数量不得小于经济调节目标变量的数量，且这些政策工具必须相互独立的结论。这一原则揭示了政策目标与政策工具之间的关系法则，对于各国经济结构宏观调控的指示意义是：为了达到 X 个调控目标，至少运用 X 种有效的调控政策，要提高政策的针对性和有效性。

二、宏观产业政策指向

产业政策是国家对产业经济所进行的引导、调节和干预活动，是由政府代表国家利益和产业利益，在一定时期内对本国特定产业经济活动所提出的目标、行动准则、应完成的明确任务、应实行的工作方式、应采取的一般步骤和具体措施[66]等要求。近几年我国宏观产业政策文件频出，其中最重要的调控指向有二：一个方向是着眼于"效率"目标的产业转型与结构升级引导政策，另一方向是着眼于"公平"目标的产业转移与区域协调引导政策。

（一）产业转型与结构升级

2009年，为积极应对国际金融危机的冲击，着力解决当前经济结构存在的突出矛盾，加快结构调整，实现产业升级，增强发展后劲，国务院公布了《十大产业调整振兴规划》（以下简称"规划"），对汽车、钢铁、纺织、装备制造、船舶工业、电子信息、轻工、石化、有色金属产业和物流业等十大产业的发展路径给予宏观指引。

十大产业占GDP总额的比重超过三分之一，其运行状况直接关系中国经济能否实现平稳快速发展。"规划"宣布十大产业调整振兴规划的主要措施如表3-3所示。

十大传统支柱产业调整振兴规划内容概要[67] 　　　　　　　表3-3

产业	调控重点	主要措施
汽车产业	稳定和扩大汽车消费需求，以结构调整为主线，推进企业联合重组，以新能源汽车为突破口，加强自主创新	一要培育汽车消费市场；二要推进汽车产业重组；三要支持企业自主创新和技术改造；四要实施新能源汽车战略；五要支持汽车生产企业发展自主品牌
钢铁工业	控制总量，淘汰落后，联合重组，技术改造，优化布局	一要统筹国内外两个市场；二要严格控制钢铁总量，淘汰落后产能；三要发挥大集团的带动作用，推进企业联合重组，优化产业布局，提高集中度；四要加大技术改造、研发和引进力度；五要整顿铁矿石进口市场秩序，规范钢材销售制度，建立产销风险共担机制
纺织工业	自主创新、技术改造、淘汰落后、优化布局，巩固和加强对就业和惠农的支撑地位	一要统筹国际国内两个市场，积极扩大国内消费，拓展多元化出口市场；二要加强技术改造和自主品牌建设；三要加快淘汰落后产能；四要优化区域布局，东部沿海地区要重点发展技术含量高、附加值高、资源消耗低的纺织产品，推动和引导纺织服装加工企业向中西部转移，建设新疆优质棉纱、棉布和棉纺织品生产基地；五要加大财税金融支持
装备制造业	提高自主生产能力，提高技术水平，推进结构调整	一要依托高效清洁发电、特高压输变电、煤矿与金属矿采掘、天然气管道输送和液化储运、高速铁路、城市轨道交通等领域的重点工程，有针对性地实现重点产品国内制造；二要结合钢铁、汽车、纺织等大产业的重点项目，推进装备自主化；三要提升大型铸锻件、基础部件、加工辅具、特种原材料等配套产品的技术水平，夯实产业发展基础；四要推进结构调整，转变产业增长方式
船舶工业	稳定生产，扩大需求，重组改造，自主创新	一要稳定船舶企业生产；二要扩大船舶市场需求；三要发展海洋工程装备；四要积极发展修船业务；五要支持企业兼并重组；六要加强技术改造，提高自主创新能力

续表

产业	调控重点	主要措施
电子信息业	强化自主创新，完善产业发展环境，加快信息化与工业化融合，以重大工程带动技术突破，以新的应用推动产业发展	为实现完善产业体系、立足自主创新、以应用带发展三大重点任务，一要落实内需带动；二要加大投入，实施集成电路升级、新型显示器和彩电工业转型、第三代移动通信产业新跨越、数字电视推广、计算机提升和下一代互联网应用、软件及信息服务培育六大工程，鼓励引导社会资金投向电子信息产业；三要强化自主创新能力建设；四要促进发展服务外包；五要加强政策扶持
轻工业	扩大消费需求，强化质量安全管理，升级技术，加强自主品牌建设	一要积极扩大城乡消费；二要加快技术进步，建立产业退出机制，推进节能减排和环境保护；三要强化食品安全，整顿食品加工行业，提高准入门槛，健全召回和退市制度，加大对制售假冒伪劣产品违法行为的惩处力度；四要加强自主品牌建设；五要加强产业政策引导，推动产业转移，培育发展轻工业特色区域和产业集群；六要加强企业管理
石化业	稳定石化产品市场，加快结构调整，优化产业布局，着力提高创新能力和管理水平，不断增强产业竞争力	一要保持产业平稳运行；二要提高农资保障能力；三要统筹重大项目布局；四要控制总量、淘汰落后产能，停止审批单纯扩大产能的焦炭、电石等煤化工项目，坚决遏制煤化工盲目发展势头；五要加大政策扶持；六要完善公司治理结构
有色金属产业	控制总量、淘汰落后、技术改造、企业重组，推动产业结构调整和优化升级	一要稳定和扩大国内市场，改善出口环境；二要严格控制总量，加快淘汰落后产能；三要加大技术改造和研发力度；四要促进企业重组；五要充分利用国内外两种资源，增强资源保障能力；六要加快建设覆盖全社会的有色金属再生利用体系，发展循环经济，提高资源综合利用水平
物流业	加快发展现代物流，建立现代物流服务体系，以物流服务促进其他产业发展	一要积极扩大物流市场需求；二要加快企业兼并重组，培育一批服务水平高、国际竞争力强的大型现代物流企业；三要推动能源、矿产、汽车、农产品、医药等重点领域物流发展；四要加强物流基础设施建设。目前，国家确定了振兴物流业的九大重点工程，包括多式联运和转运设施、物流园区、城市配送、大宗商品和农村物流、制造业和物流业联动发展、物流标准和技术推广、物流公共信息平台、物流科技攻关及应急物流等

2010年，在"十一五"收官、"十二五"开局之际，国务院又颁布了《国务院关于加快培育和发展战略性新兴产业的决定》（以下简称《决定》）[68]，《决定》指出"战略性新兴产业是引导未来经济社会发展的重要力量。发展战略性新兴产业已成为世界主要国家抢占新一轮经济和科技发展制高点的重大战略。"

所谓"战略性新兴产业"，是以重大技术突破和重大发展需求为基础，对经济社会全局和长远发展具有重大引领带动作用，知识技术密集、物质资源消耗少、成长潜力大、综合效益好的产业。战略性新兴产业辐射带动力强，有利于加快经济发展方式转变和产业层次提升，推动传统产业升级和高起点建设现代产业体系，体现了调整优化产业结构的根本要求。

根据战略性新兴产业的发展阶段和特点，《决定》选择节能环保产业、新一代信息技术产业、生物产业、高端装备制造产业、新能源产业、新材料产业、新能源汽车产业等七大产业为例，分别对其发展方向和主要任务提出如表3-4所示的引导措施。

七大战略新兴产业培育与发展内容概要　　　　　　　　　　表3－4

产业	发展方向和主要任务
节能环保产业	①重点开发推广高效节能技术装备及产品，实现重点领域关键技术突破，带动能效整体水平的提高。②加快资源循环利用关键共性技术研发和产业化示范，提高资源综合利用水平和再制造产业化水平。③示范推广先进环保技术装备及产品，提升污染防治水平。④推进市场化节能环保服务体系建设。⑤加快建立以先进技术为支撑的废旧商品回收利用体系，积极推进煤炭清洁利用、海水综合利用
新一代信息技术产业	①加快建设宽带、泛在、融合、安全的信息网络基础设施，推动新一代移动通信、下一代互联网核心设备和智能终端的研发及产业化，加快推进三网融合，促进物联网、云计算的研发和示范应用。②着力发展集成电路、新型显示、高端软件、高端服务器等核心基础产业。③提升软件服务、网络增值服务等信息服务能力，加快重要基础设施智能化改造。④大力发展数字虚拟等技术，促进文化创意产业发展
生物产业	①大力发展用于重大疾病防治的生物技术药物、新型疫苗和诊断试剂、化学药物、现代中药等创新药物大品种，提升生物医药产业水平。②加快先进医疗设备、医用材料等生物医学工程产品的研发和产业化，促进规模化发展。③着力培育生物育种产业，积极推广绿色农用生物产品，促进生物农业加快发展。④推进生物制造关键技术开发、示范与应用。⑤加快海洋生物技术及产品的研发和产业化
高端装备制造产业	①重点发展以干支线飞机和通用飞机为主的航空装备，做大做强航空产业。②积极推进空间基础设施建设，促进卫星及其应用产业发展。③依托客运专线和城市轨道交通等重点工程建设，大力发展轨道交通装备。④面向海洋资源开发，大力发展海洋工程装备。⑤强化基础配套能力，积极发展以数字化、柔性化及系统集成技术为核心的智能制造装备
新能源产业	①积极研发新一代核能技术和先进反应堆，发展核能产业。②加快太阳能热利用技术推广应用，开拓多元化的太阳能光伏光热发电市场。③提高风电技术装备水平，有序推进风电规模化发展，加快适应新能源发展的智能电网及运行体系建设。④因地制宜开发利用生物质能
新材料产业	①大力发展稀土功能材料、高性能膜材料、特种玻璃、功能陶瓷、半导体照明材料等新型功能材料。②积极发展高品质特殊钢、新型合金材料、工程塑料等先进结构材料。③提升碳纤维、芳纶、超高分子量聚乙烯纤维等高性能纤维及其复合材料发展水平。④开展纳米、超导、智能等共性基础材料研究
新能源汽车产业	①着力突破动力电池、驱动电机和电子控制领域关键核心技术，推进插电式混合动力汽车、纯电动汽车推广应用和产业化。②开展燃料电池汽车相关前沿技术研发，大力推进高能效、低排放节能汽车发展

综上，加快传统支柱产业的调整与转型，以及战略新兴产业的培育与发展，是当前国家产业发展调控的主要政策指向。为了实现经济结构转型与产业层次升级，必须以提高自主创新能力为中心环节，建立公平、良好、活力的市场环境，通过财税金融政策扶持和宏观规划引导，指引产业经济向高水平、高层次、高竞争力方向发展。

（二）产业转移与区域协调

产业转移是优化生产力空间布局、形成合理产业分工体系的有效途径，是推进产业结构调整、加快经济发展方式转变的必然要求。当前，国内产业分工格局正在经历深刻调整，国务院先后于 2010 年和 2011 年出台了《关于中西部地区承接产业转移的指导意见》和《全国主体功能区规划》两部政策文件，为国内产业转移和区域协调发展提供政策指导。

2010 年 8 月 31 日，国务院出台了《国务院关于中西部地区承接产业转移的指导意见》（以下简称《意见》）[69]，针对东部地区劳动力成本上升、生态环境压力增大、产业结构急需升级等问题，明确提出引导和支持中西部地区承接东部地区产业转移的决定。中西部地区具有资源丰富、要素成本低、市场潜力大的优势，积极发挥产业承接基地的作用不仅有利于加速中西部地区工业化和城镇化进程，而且有利于推动东部沿海地区经济转型升级，在全国范围内优化产业分工格局。

《意见》提出，中西部地区承接产业转移要依托其产业基础和劳动力、资源等优势，因地制宜地承接发展优势特色产业，培育产业发展新优势，构建现代产业体系，如表 3-5 所示。

中西部地区重点承接产业发展提议　　　　　　　　　　　　　　　　　　　　表 3-5

产　业	发展重点
劳动密集型产业	承接、改造和发展纺织、服装、玩具、家电等劳动密集型产业，充分发挥其吸纳就业的作用。引进具有自主研发能力和先进技术工艺的企业，吸引内外资参与企业改制改组改造，推广应用先进适用技术和管理模式，加快传统产业改造升级，建设劳动密集型产业接替区
能源矿产开发和加工业	积极吸引国内外有实力的企业，大力发展能源矿产资源开发和精深加工产业，加快淘汰落后产能。在有条件的地区适当承接发展技术水平先进的高载能产业。加强资源开发整合，允许资源富集地区以参股等形式分享资源开发收益
农产品加工业	发挥农产品资源丰富的优势，积极引进龙头企业和产业资本，承接发展农产品加工业、生态农业和旅游观光农业。推进农业结构调整和发展方式转变，加快农业科技进步，完善农产品市场流通体系，提升产业化经营水平
装备制造业	引进优质资本和先进技术，加快企业兼并重组，发展壮大一批装备制造企业。积极承接关联产业和配套产业，加大技术改造投入，提高基础零部件和配套产品的技术水平，鼓励有条件的地方发展新能源、节能环保等产业所需的重大成套装备制造，提高产品科技含量
现代服务业	适应新型工业化和居民消费结构升级的新形势，大力承接发展商贸、物流、文化、旅游等产业。积极培育软件及信息服务、研发设计、质量检验、科技成果转化等生产性服务企业，发展相关产业的销售、财务、商务策划中心，推动服务业与制造业有机融合、互动发展。依托服务外包示范城市及省会等中心城市，承接国际服务外包，培育和建立服务贸易基地
高技术产业	发挥国家级经济技术开发区、高新技术产业开发区的示范带动作用，承接发展电子信息、生物、航空航天、新材料、新能源等战略性新兴产业。鼓励有条件的地方加强与东部沿海地区创新要素对接，大力发展总部经济和研发中心，支持建立高新技术产业化基地和产业"孵化园"，促进创新成果转化
加工贸易	改善加工贸易配套条件，提高产业层次，拓展加工深度，推动加工贸易转型升级，鼓励加工贸易企业进一步开拓国际市场，加快形成布局合理、比较优势明显、区域特色鲜明的加工贸易发展格局。发挥沿边重点口岸城镇区位和资源优势，努力深化国际区域合作，鼓励企业在"走出去"和"引进来"中加快发展

此外，为了引导产业有序转移和科学承接，《意见》对中西部承接产业转移进程还提出如下要求：（1）优化产业布局，把产业园区作为承接产业转移的重要载体和平台，增强重点地区产业集聚能力；（2）完善基础设施保障，加强公共服务平台建设，打破地区封锁，消除地方保护，改善承接产业转移环境；（3）将资源承载能力、生态环境容量作为承接产业转移的重要依据，加强资源节约和环境保护，严把产业准入门槛，禁止落后生产能力和高耗能、高排放等项目转入，避免低水平简单复制；（4）深化行政管理和经济体制改革，推动区域合作向纵深发展，创新产业承接模式，探索建立合作发展、互利共赢新机制；（5）强化人力资源支撑和就业保障，大力发展职业教育和培训，促进农村劳动力转移，完善社会保障制度，为承接产业转移提供必要的人力资源和智力支持；（6）加强政策支持和引导，为进一步改善中西部地区投资环境，在财税、金融、投资、土地、商贸、科教文化等方面给予必要的政策支持。

2010 年底，《全国主体功能区规划》（以下简称《规划》）[70]出台，对我国国土空间进行了三个层次的主体功能区划分：（1）按开发方式，分为优化开发区域、重点开发区域、限制开发区域和禁止开发区域；（2）按开发内容，分为城市化地区、农产品主产区和重点生态功能区；（3）按层级，分为国家和省级两个层面。《规划》要求根据各主体功能区的不同定位实行差别化产业政策，包括差别税率、差别化占地政策、差别化耗能和污染排放指标等，以形成合理的空间开发结构。对于环渤海、长江三角洲、珠江三角洲等优化开发区域，要率先转变经济发展方式，促进产业转移；中西部地区一些资源环境承载能力较强、集聚人口和经济条件较好的区域确定为重点开发区域，要引导生产要素向这类区域集中，促进工业化城镇化，加快经济发展；西部地区一些不具备大规模高强度工业化城镇化开发条件的区域确定为限制开发的重点生态功能区，是为了更好地保护这类区域的生态产品生产力，使国家支持生态环境保护和改善民生的政策能更集中地落实到这类区域，尽快改善当地公共服务和人民生活条件。

综上，国家区域产业政策不仅指向与时间变量有关的产业发展与升级，也指向与空间变量有关的产业布局问题。产业转移政策立足于国土尺度宏观视角下的区域协调目的，对东中西三个经济梯度区进行统筹调控，长远来看，有利于经济开发空间结构的优化。

三、区域产业结构优化设计

区域产业结构优化设计的中心环节是实现地区禀赋与产业属性的协调，在中央产业政策和区域政策的指导下，能否因地制宜地培育具有区域特色和发展潜力的产业体系关系到区域竞争实力的打造，而产业体系构建的起点和重点是正确选择扩散带动效应强大的区域主导产业。

（一）区域主导产业选择指标

1. 需求收入弹性

需求收入弹性用来衡量需求量对国民收入变动的反映程度，公式为：

$$e = \frac{(\mathrm{d}Q/Q)}{(\mathrm{d}i/i)}$$

式中　$\mathrm{d}Q/Q$——一定时点上，需求量的增长率；

di/i——同时点上，收入的变化率。

当 $e < 1$ 时，表示需求弹性不足，市场前景暗淡；

当 $e > 1$ 时，表示需求弹性大，市场前景广阔。

市场前景广阔有助于大批量生产和加速技术进步，故以此作为主导产业选择的一个指标。

2. 区域规模

区域规模对主导产业选择的影响主要体现在人口数量对应市场容量及市场层次结构，从而对区域主导产业中企业的规模经济产生影响。在一定程度上反映了区域培植主导产业的能力，包括区域资源数量和质量及区域能够集中的资金数量，可衡量主导产业形成和发展的保证程度。

3. 区域经济发展水平与阶段

不同的经济发展水平和阶段决定了区域生产要素的组合比例及区域市场的容量和结构，因而也就会影响到区域主导产业的选择。

4. 技术进步速度

技术进步是产业结构演替的主要动力。不同的技术能够改变生产要素的组合比例，也能提高投入产出的效率。按照丹尼森等人的估计，技术进步是西方主要发达资本主义国家经济增长的主要贡献因素。因此，区域主导产业的选择应充分考虑技术进步的速度。

公式为：

$$Q = y - \alpha k - \beta l$$

式中　y——总产值的增长速度；

　　　k——资金的增长速度；

　　　l——劳动的增长速度；

　　　α——资金的产出弹性；

　　　β——劳动的产出弹性；

　　　Q——技术进步速度。

5. 净产值率

这个指标主要反映区域主导产业经济效益的好坏。公式为：

$$S_i = \frac{N_i}{Y_i}$$

式中　S_i——i 部门的净产值率；

　　　N_i——i 部门的净产值；

　　　Y_i——i 部门的总产值。

6. 生产率上升率指数

与净产值率指标的含义相一致，但从动态的角度考虑经济效益，因此更符合主导产业的选择标准。公式为：

$$\gamma_i = \frac{P_i(t + \Delta t)}{P_i(t)}$$

式中　　　r_i——i 产业部门的生产率上升率；

$P_i(t + \Delta t)$——i 产业部门在 $t + \Delta t$ 时间内的生产率；

　　　$P_i(t)$——i 产业部门在 t 时间的生产率。

7. 出口的生产诱发系数

从出口对一个产业部门生产的影响衡量该产业部门是否有利于出口创汇，公式为：

$$U_{ik} = \frac{V_{ik}}{(\sum\limits_{j=1}^{n} F_{jk})}$$

式中　U_{ik}——第 i 部门第 k 项最终需求的生产诱发系数；

　　　V_{ik}——第 i 部门第 k 项最终需求的生产诱发额；

　　　F_{jk}——第 j 部门第 k 项的最终需求。

8. 产业关系度基准

意大利学者米兰纳（C. Milana）于 1986 年提出，主要产业必须对其他产业具有很高的产业关联度才能带动区域经济较快发展。产业的关联度系数应是产业的推动系数和产业的带动系数之和，公式为：

$$R_i = \sum_{j=1}^{n} d_{ij} / \left[\left(\sum_{i=1,j=1}^{n} d_{ij} \right) / n \right] + \sum_{i=1}^{n} d_{ij} / \left[\left(\sum_{i=1,j=1}^{n} d_{ij} \right) / n \right]$$

式中　d_{ij}——j 部门生产单位最终产品对 i 部门的完全需要系数。

（二）区域产业结构合理化基准

在选择主导产业之后，应积极利用主导产业的前向、后向、侧向联系，建立起完善的区域产业体系。区域产业结构合理化的基本要求是在确定区域主导产业的基础上，使区域的产业结构的总体效益极大化、生产消耗极小化。检验区域产业结构是否合理可以依据以下两个指标。

1. 结构综合效益指数

产业结构综合效益指数公式为：

$$S = \sum_{i=1}^{n} A_i T_i - T$$

其中

$$T_i = \frac{Y_i^2}{K_i L_i}$$

式中　A_i——表示 i 产业部门权重；

　　　Y_i——代表第 i 个产业部门的总产值；

　　　K_i——代表第 i 个产业部门的资金总额；

　　　L_i——代表第 i 个产业部门的劳动者人数。

T_i 和 T 是某项反映技术进步的综合指标，分别用某一部门和整个经济系统的单位劳动与资金投入的产值率来衡量。

该指标的作用在于能反映区域整个产业结构经济效益的好坏。

2. 结构消耗产出率指数

产业结构消耗产出率指数公式为：

$$O = \sum_{j=1}^{n} \left(W_i / \sum_{i=1}^{n} a_{ij} \right) - Y/C$$

其中

$$\sum_{i=1}^{n} a_{ij} = \sum_{i=1}^{n} x_{ij}/Y_j$$

式中　Y——社会总产值；

　　　C——总消耗；

　　　a_{ij}——直接消耗系数；

　　　W_i——权数；

　　　x_{ij}——j 部门在生产中直接耗用的 i 部门的产品价值；

　　　Y_j——j 部门的总产出。

第五节　区域产业经济发展模式规划案例

一、海西经济区产业规划

　　狭义的海峡西岸经济区即指福建省，现有九个地级及以上市：福州、厦门、泉州、漳州、莆田、三明、南平、龙岩和宁德，其中厦门市为国务院批准设立的经济特区，省会为福州市；广义的海峡西岸经济区是以福建为主体，面对台湾，邻近港澳，北承长江三角洲，南接珠江三角洲，西连内陆，涵盖周边，具有自身特点、独特优势、辐射集聚、客观存在的经济区域。

　　福建省是海峡西岸经济区的主体。福建地处祖国东南部、东海之滨，东隔台湾海峡与台湾省相望，东北毗邻浙江省，西北横贯武夷山脉与江西省交界，西南与广东省相连。福建居于中国东海与南海的交通要冲，是中国距东南亚、西亚、东非和大洋洲最近的省份之一。总体上，福建省以厦福泉三地占据核心经济地位，基本呈现出沿海城市经济实力强于内陆城市的经济格局。

2005 年福建各地级市三次产业产值　　　　　表 3 - 6

地区	地区产生总值/亿元	第一产业	第二产业	工业	建筑业	第三产业	人均/元
福州	1476.31	174.78	693.93	593.18	100.75	607.61	22301
厦门	1006.58	20.96	552.29	501.67	50.62	433.33	44737
莆田	359.91	51.42	192.00	168.56	23.44	116.49	12854
三明	392.84	97.90	150.32	125.75	24.57	144.62	14909
泉州	1626.30	97.88	939.48	870.05	69.43	588.94	21427
漳州	628.53	154.85	255.22	224.58	30.65	218.46	13402
南平	348.00	93.17	120.25	99.69	20.56	134.57	12083
龙岩	385.63	81.93	172.36	150.45	21.91	131.34	14105
宁德	343.60	83.90	119.03	96.61	22.42	140.67	11266
福建	6568.93	831.08	3200.26	2842.43	257.83	2537.59	18646

　　注：来源：《海峡西岸城市群协调发展规划》、《海峡西岸经济区产业经济专题规划》。

从表 3 - 6 可以明确福建省各地级市的产业经济现状具有如下特点：（1）从总量上看，泉州、福州、厦门占据了地区生产总值的前三甲位置；（2）从人均水平上看，福州、厦门、泉州三市的人均 GDP 高于全省人均水平，其中厦门市的人均 GDP 几乎是全省人均水平的 2.5 倍。其他六市的人均 GDP 皆低于全省平均水平；（3）从量上看，福州、漳州的第一产业产值最高，最低的是厦门市，不到福州第一产业产值的 1/8；（4）泉州的第二产业产值在九个城市中占有绝对优势，福州、厦门次之，第二产业产值最低的是宁德，仅为泉州的 1/5；（5）福州、泉州、厦门位居第三产业产值的前三位，与第二产业的位次类似，因为第三产业的发展必定是以第二产业的发展为基础。第三产业产值最低的是龙岩，约为第一名福州的 1/5。

而从三次产业结构来看，如图 3 - 8 所示。

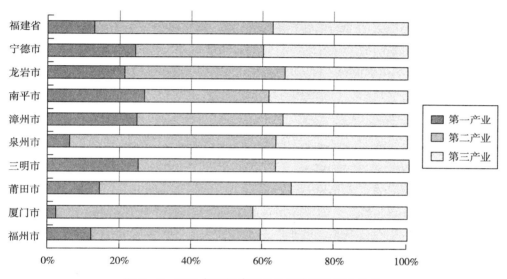

图 3 - 8　2005 年福建省和各地级市三次产业结构
（来源：《海峡西岸城市群协调发展规划》，《海峡西岸经济区产业经济专题规划》）

第一，南平的第一产业产值占地区生产总值比重最大，为 26.8%，其次是三明、漳州、宁德、龙岩，而厦门的第一产业在经济中比重最小，仅为 2.1%。第二，泉州的第二产业产值占地区生产总值比重最大，为 57.8%，紧随其后是厦门的 54.9% 和莆田的 53.3%，比重最小的南平和宁德，均为 34.6%。第三，厦门的第三产业产值占地区生产总值比重最大，为 43%，其次是福州 41.2%、宁德 40.9%，比重最小的是莆田，只有 32.4%。

从总体上看，福建省第一产业的省内差异最大，第一产业"靠天吃饭"的成分较大，"八山一水"的不均衡地形分布势必影响农林牧畜渔的不均衡发展；第三产业的省内差异最小，并且和各地第二产业的发展水平息息相关。

（一）海西经济区与周边的产业联系

1. 与台湾地区联系

（1）产业转移。台湾产业转移趋势及阶段分为：1）1987～1991 年。东盟四国劳工便宜、经济繁荣、政局稳定，吸引成效显著，台资主要流向东盟四国，包括泰国、马来西亚、菲律宾和印尼。2）1992～1993年。大陆市场经济方向的确立和进一步的改革开放，加之劳动力便宜，台资主要流向中国大陆。3）1994～1996年。1994年"新一轮南向政策"和1996年实施阻止台商前往大陆投资的"戒严用忍"政策，导致两岸关系紧张，台资部分流回东南亚，尤其是越南。4）1997～2003年。金融危机导致东南亚经济衰退，政局不稳，台资再次流向中国大陆。5）2004年后，大陆对台政策逐步宽松、闽赣地区经济与台湾经济互补性增强，两岸产业互补与经贸关系发展顺利。

（2）投资联系。改革开放以来，台资一直是福建最主要外资来源。目前，台湾是福建的第二大投资来源地。福建台资有以下特点：1）台商投资企业的产业集聚的植根性较弱。目前，福建台资主要投向服装、鞋帽、食品加工等劳动密集型产业，对电子、机械、信息等资本密集型和技术密集型产业投资较少。产业集聚的植根性较弱，技术"溢出效应"低，对区域创新能力的带动作用有待增强。2）地区投资范围不断延伸。台商投资由厦漳泉开始，再渐由东南沿海地带逐步向西部、北部延伸。3）对台招商引资形式不断拓展。4）开放之初，福建凭借得天独厚的地理优势吸引了大量台资，近五年来利用台资的数额则持续下滑。

（3）贸易联系。2002年起，中国大陆成为台湾第一大出口伙伴，次年，台湾与大陆的贸易总量（17.1%）超过美国（15.8%）跃居榜首。福建市场广阔、资源丰富，与台湾文化传统一脉相承，两地间是重要贸易对象，台湾已成为福建第一大进口来源地。

2. 与周边省份的经济及产业联系

（1）与江西的经济及产业联系

江西的支柱产业包括汽车、航空及精密制造、特色冶金和金属制品、电子信息和现代家电、中成药和生物医药、食品、精细化工及新型建材。总体上，江西资源丰富，劳动力和土地成本低，但存在经济总量小、技术水平低、产业层次低等问题。闽赣虽地理临近，但武夷山脉横亘整个边界线，直接穿越两省的铁路线较少，与到长三角的交通线路相比，江西往福建方向的交通相对不便。闽赣接邻地区中除鹰潭外，其他三个地级市工业基础薄弱，因此，毗邻地区产业梯度级差不明显，转移难度较大。但闽赣经济间存在互补性，具有产业经济联系的现实性和可能性。江西经济以资源密集型和资金密集型的重工业为主，福建传统优势产业是轻工业。福建在资金、技术、管理水平上有相对优势，江西能为福建提供人力资本和较低成本的产业发展环境。

（2）与浙江及长江三角洲的经济及产业联系

福建与温州相邻。温州地处长三角和珠三角两大经济区的交汇处，是浙江三大中心城市之一。温州以劳动密集型轻工民营企业发达著称，"温州模式"具有百姓化、精细化、分散型、轻工业等特点，是一种市场力量主导的发展模式。尽管温州企业"逐成本而迁"，要素瓶颈也迫使企业有外迁动力，但是，温州对福建辐射有限。这是由于温州经济发展不均衡，其先进地区转移产业时会先考虑本地落后地区。温州与福建接壤的泰顺、苍南两县皆属欠发达地区，难以对福建产生经济辐射；且由于福建与长三角地区之间的运输通道落后，铁路交通仍然不发达，当前难以与长三角在同一平台进行经济对接。

（3）与广东及珠江三角洲的经济及产业联系

珠三角拥有大规模廉价劳动力、生产加工能力强，而且形成了独具特色的产业集群和与国际市场接轨的产品销售网络。珠三角提出"适度重型化、轻型高级化"的产业发展思路，将逐步转移轻工类制造业和部分丧失优势的重化工业。福建具有良好的劳动力和资源优势，可以承接珠三角产业梯度转移；而且福建与珠三角产业结构具有同构性、互补性，有利于垂直、水平分工合作。福建还可以利用劳动力成本优势和土地开发成本优势，有选择地吸纳和承接珠三角因产业结构调整而转移的资源型和劳动密集型产业。福建省与广东省经济联系的主要路径可以通过提高闽西南城市化程度，发展产业集群，实现与广东汕头经济特区的对接，以及接受珠三角城市群和港澳经济辐射效应来实现。

（二）海西产业发展总体战略指向

（1）扬弃传统比较优势，围绕产业高度化目标对现存价值链分工进行调整，针对三次产业现状构建基础竞争优势，缔造区域竞争力，培育国际竞争力。今后，福建省应本着构建新竞争优势的目标，着力调整三次产业的发展方向：第一产业以"引台"和"外销"为重点，将海峡两岸农业合作试验区的功能由单纯的引种、试验、筛选、推广拓展到构建两岸农业产业一体化的高度；第二产业是福建产业复兴的关键，改造传统产业、加快新型工业化进程和发展临港重化工产业项目、提升产业集聚强度是两大核心战略；第三产业的保障功能是福建第一、第二产业发展战略的基础，重点在于，加快中心城市生产者服务产业的培育，为沿海产业项目布局提供服务。

（2）福建省内应积极构建"山海产业协调衔接"的区域均衡分工体系，实现产业间梯度性转移分工布局，并通过政策保障措施加强地区间的经济联系。应注重做好以下三个方面：第一，大力投入交通网络、信息网络、物流网络等区域性公共产品的建设力度；第二，坚持市场主导、政府辅助的工作思路，培育产业规模经济目标，引导在福建沿海形成电子通信设备业及机械、石油化工产业与纺织业和外向型加工业为核心的三大主导产业经济组团，使其成长为向内地产业转移的组织基础；第三，大力培育适宜非公有制经济发展的制度环境，出台实质性优惠措施进行扶持。

（3）在省内各地区间构建功能互补的第三产业发展策略，形成基于核心城市服务产业增长极的福建省区域城市化进程。城市化水平低是福建省中心城市难以形成区域增长极与城市群空间组织结构不合理的重要原因。只有在福州、厦门中心城市增长极确立后，民营经济发达、农业人口比重偏大的泉州市的城市化进程才能从根本上得到解决，"三点一线"式的福建区域城市化的沿海核心主轴才能最终确立。这是构建福建中心城市、中小城市和小城镇和谐城市群空间组织结构的重要前提。

（4）围绕"五类重大项目"，以园区开发为载体，构建优势产业链，全面增强产业集聚，形成分工合理的区域产业布局体系。综合"十一五"期间福建省的发展思路与现状条件，近期应以资金技术密集型为主的重大产业项目、以电子信息和软件生产为代表的劳动知识密集型重大项目、以基于自主知识产权的高新技术产业重大项目、以体现循环经济的绿色经济产业重大项目等"四类重大项目"为着力点。

（5）在县域层面推进产业横向联合，构建县城—乡镇—乡村的产业空间组织网络，实现城乡统筹、山海衔接。福建县域产业发展应遵循"农业主导、多产协调、壮大企业、竞争名牌、地区联动"的基本方针。

（6）以"制度激励、保障诱导"为指向，围绕福建省产业发展中的问题、战略与趋向，制定缜密系统的制度性和工具性保障系统，全面推动产业健康发展。

（三）海西经济区三大主导产业发展战略

1. 石油化工产业

目前，福建省石化产业集群发展较快，基础设施建设加快，石油炼化能力及炼油乙烯一体化进程加快。但是，目前亟待克服石化工业总体规模不大，多以中下游产品为主，石化产业龙头效应不足的劣势。未来的发展目标是，充分发挥港口、区位和产业基础三大优势，建设闽东南千亿元产值规模的石化产业集群。

在空间布局方面，第一，坚持湄洲湾石化基地和厦门海沧石化后加工基地两大基地的领跑战略；第二，实行园区带动产业集聚战略，湄洲湾石化工业基地包括泉港石化工业区、惠安泉惠石化工业区和莆田东吴化工区三个园区，以发展炼油、乙烯及下游产品的石油化工产业链为主，厦门海沧石化工业基地重点发展芳烃、合成纤维、塑料加工、感光材料、精细化工等系列产品；第三，多点开发协同发展战略，南平精细化工基地和福州市江阴化工区等新型石化工业区域的发展具有重要的补充作用。

2. 电子信息产业

当前，福建电子信息产业包括提升产业区域协同发展能力和促进产业专业化集聚两大战略目标。首先应构建跨区的产业链网络，充分发挥集群效应，积极承接发达国家和地区跨国公司的产业转移；在此基础上，以华映光电、冠捷显示器、戴尔计算机等进行品牌产品的产业群和产业链整合，促进闽东南福厦沿线地区国家电子信息产业基地的建设，将福建省建设成为继长三角、珠三角和环渤海之后的我国第四个电子信息产业主要聚集区。

在空间布局方面，实行福州、厦门南北并重的空间布局战略和投资类电子产品、消费类电子产品和基础元器件电子产品等三大门类平行发展的产品集群战略。

3. 机械制造业

福建省是我国规模最大、专业化协作程度最高、工艺设备先进、物流体系完善的工程机械制造基地。目前，福建机械制造业的发展重点及其空间布局包括：福州、厦门汽车及零部件产业集群，厦门工程机械产业集群，龙岩运输及环保等专用设备制造产业集群，闽东电机电器产业集群。

（四）海西经济区产业布局规划

在中国城市规划设计研究院与福建省城乡规划设计研究院共同编制的《海峡西岸城市群协调发展规划》中，对海西经济区的产业空间布局做出如图 3－9 所示的战略规划：依托重点中心城市、枢纽海港和枢纽空港构建八个沿海产业集聚区、两个服务业增长核心区，根据要素禀赋打造一个连续的沿海产业密集带，和多个分散的山区产业集中区，并在区域一体化思想指导下形成四个省级产业协调区。

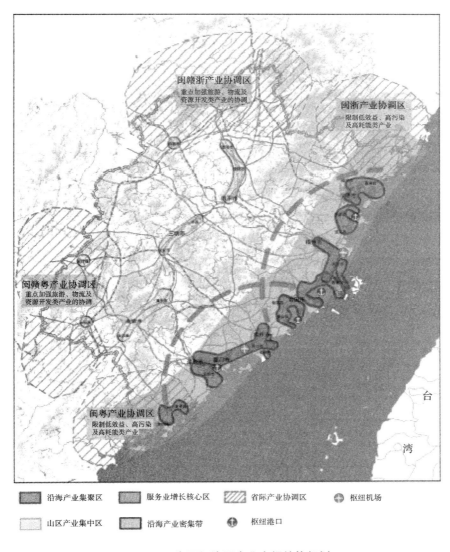

图3-9 海西经济区产业空间结构规划

（来源：《海峡西岸城市群协调发展规划》）

二、黄河三角洲产业规划

黄河三角洲，经过多年的发展，已初步形成以石油、纺织、化工、机械、建材、食品等支柱行业为主的工业体系。原油、原盐、纯碱、溴素等工业产品生产能力均居全国前列，化工、纺织、造纸、机械、食品等行业在山东全省占有重要地位。拥有胜利油田、鲁北化工、山东海化、山东活塞、魏桥棉纺、西王集团、晨鸣纸业、华泰纸业等一批在全国工业中居龙头地位的大型骨干企业。

黄河三角洲传统资源型产业特征突出，1995年以来，黄河三角洲产业结构变化呈现出第一产业逐年下降、非农产业不断上升的趋势。综合来看，黄河三角洲地区处于工业化快速发展阶段，第三产业所占比重有待逐步提高。

与国内发育较成熟的长三角、珠三角等城市群相比，黄河三角洲产业结构层次低，第一产业比重偏高，以传统农业为主，产业化、规模化水平不高；第二产业是黄河三角洲的主导产业，高达69.3%，但地方工业总量规模较小，产业素质偏低，关联度不强；黄河三角洲服务业发展滞后，第三产业比例较低，仅为21.8%，如图3-10所示。

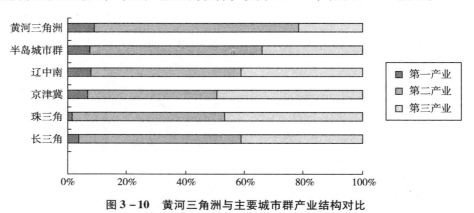

图3-10 黄河三角洲与主要城市群产业结构对比

从黄河三角洲内部来看，改革开放以来，东营和滨州两个地级市产业结构不断优化，第一产业比重不断下降，两市在2000年前已形成"二三一"的产业结构。除东营和滨州以外的七个县市区第一产业比重均逐年下降，第二产业比重除乐陵个别年份外其他均逐年增加，第三产业比重总体也呈上升之势。

（一）产业发展定位

黄河三角洲位于环渤海经济圈中南部，是我国重要的工业集聚区，在全国乃至山东的经济发展中处于重要的战略地位。随着国际产业转移的进一步加快，作为山东最有潜力的经济区，黄河三角洲必将在全国和山东的产业发展和产业分工体系中扮演越来越重要的角色。黄河三角洲地区产业定位主要有以下几个要点。

1. 国家能源和盐化工生态产业示范基地

黄河三角洲是我国东部沿海资源最富集和发展潜力最大的地区，其综合资源居世界各大江河三角洲之首。在山东省已探明储量的81种矿产中，黄河三角洲地区有40多种，石油、天然气地质储量分别约为50亿t和560亿m³。区域内拥有全国第二大油田——胜利油田。依托丰富的油气资源优势，将黄河三角洲打造成全国重要的能源基地。

2. 山东省重要粮食及农产品生产基地

首先，黄河三角洲地域辽阔，自然资源丰富，尤其土地资源优势明显，加快建设黄河三角洲国家重要的粮食安全战略基地。其次，四季分明，光照充足，雨热同期，是全国发展蔬菜、冬枣、金丝小枣、梨果等农产品的上佳区域，特色农业产业化生产格局逐步形成，依托滨州市牛羊加工业示范基地、寿光市蔬菜生产加工业示范基地、邹平县农产品加工业示范基地等农产品加工业示范基地，将黄河三角洲打造成为我国重要的农产品生产加工基地。

3. 新兴纺织服装和装备制造基地

纺织服装产业是黄河三角洲经济发展的第一大支柱产业，产品涉及棉纺织、毛纺织、印染、针织、化纤、服装等七大行业，棉纱、棉布产量在全国占有重要份额。依托魏桥纺织、亚光纺织等大型企业集团，促进棉纺、化纤、织布、印染、家纺、服装配套发展，巩固已有优势，提升价值链高端，将黄河三角洲建设成为全国重要的纺织服装加工基地。

黄河三角洲地区石油机械、燃气发电机、电焊机、电子元器件、电磁线、新特仪器仪表等油田专用设备和通用设备行业已形成一定基础，近年飞机制造、汽车生产、造船工业及相关零部件行业发展迅速。通过大力实施制造业信息化工程，着力提高研发系统设计、核心元器件配套、加工制造、系统集成和关键总成技术整体水平，加快发展汽车零部件、飞机及零部件、中小船舶、电工电器、农用车、环保设备等装备产品，建设形成具有较强竞争力的山东省新兴装备制造业基地。

4. 加快生态旅游和文化产业发展

转变经济发展方式，特别要强调黄河三角洲服务业发展。突出黄河入海口、湿地等生态特色，发展休闲度假观光生态旅游。发展具有突出优势和较高生态适应性的高效优质农产品，发展生态观光农业。打造一批在国内外有重要影响、有山东特色的文化品牌，推动齐鲁文化走向全国、走向世界；并积极推进文化体制改革，建设覆盖全社会的公共文化服务体系，加快文化产业发展。

（二）产业发展方向

1. 大力发展高效生态农业

充分考虑黄河三角洲地区土地资源和水资源的特点，突出生态、绿色和特色，改变传统的忽视生态环境保护的资源开发模式以及无视市场需求、粗放扩大加工能力的再生产方式，重点发展高效节水生态农业及生态旅游农业，建设生态林业基地、绿色农业基地、产业化养殖基地，建设精准农业示范区。

2. 优化发展能源和盐化工业

在利用能源和盐化工优势的同时，坚决遏制高耗能、高污染、过度消耗资源的"两高一资"行业过快增长，促进节能环保低排放，大力发展循环经济产业体系，必须走以大型化、集约化、基地化、精细化为方向，以重点区域和重大项目为载体，以科技进步为动力，积极承接产业转移，延伸拉长石油化工和盐化工产业链，促进两大产业有机结合，形成可循环的化工发展新格局，打造全国重要的高效生态重化工生产基地。

充分发挥石油和土地资源优势，抓住国际产业转移和国内大型石化企业集团扩张的机遇，以生产装置大型化、炼油化工一体化、产品精细化、行业发展园区化为重点，加强与中石油、中海油、中石化等大企业集团合作，规划建设炼化一体化工程，着力发展高技术含量、高附加值的精深加工产品，尽快实现由传统石化产业向低排放、可循环、高加工度产业转变，成为高效生态经济区崛起的主导力量。以临海经济园区为依托，规划建设一批特色生态石化工业园区，严格环保准入制度，鼓励现有石化企业向园区集聚，新上项目必须在园区布局，提高产业集中度。

围绕油气资源，稳定石油及天然气开采业，延长石油工业的产业链，发展低污染的石油化工产业。扩大胜利油田稠油处理厂原油加工能力，新建柴油加氢、催化重整装置。地方石化企业在现有原油加工能力的基础上，重点利用国际先进技术、先进设备改造装备现有石化企业，节能降耗，提高效益。重点开发油田专用表面活性剂、水处理剂、新型催化剂、填充剂等产品，逐步形成全国重要的油田化学品生产基地。开发合成橡胶及制品、高档染料和中间体、聚醚、专用树脂、新型涂料等产品，扩大各类添加剂、助剂、轿车防冻液等生产能力。

科学合理开发和高效综合利用海水、地下卤水和岩盐资源，盐田面积稳定在130万亩，积极推广鲁北化工、海化集团等企业循环发展模式，采用先进生产工艺和技术，向"减量化、再利用、可循环"增长模式转换，大幅度节能降耗，提升加工层次，发展精细化工，形成深加工系列，提高产品附加值。促进石化、盐化企业联合、园区对接，加快形成油–盐化工产业链。

3. 提升发展传统产业

运用高新技术产业和信息技术改造传统制造业，将纺织服装和装备制造业培育成为全省乃至全国重要的生产基地。充分发挥黄河三角洲地区在地缘、资源禀赋、投资环境和成本凹地等方面的优势，最大限度地减少工业发展对黄河三角洲地区生态环境的负面影响，发展纺织服装、绿色制造业、环保产业。尤其发挥黄河三角洲的地缘优势和成本优势，利用京津唐、济青等地区经济转型、产业结构调整的机会，选择低污染或无污染的、高附加值的、劳动密集型的加工制造业项目。

4. 积极发展现代服务业

（1）生态旅游业

按照《中华人民共和国自然保护区条例》，遵循保护、开发、利用相协调的原则，建成著名的黄河口旅游区生态旅游目的地，主要由黄河口自然风光与石油工业观光、康体休闲娱乐区、黄河故道观光等三大景区组成。以石油文化、城市景观为主要内涵的现代城市旅游区，已先后建成了新世纪广场、黄河水体纪念碑、孙武祠、天鹅湖、油田科技展览中心等人文景观；继续建设城市森林公园和清风湖景区，建设展示石油科技及石油开采、炼制等生产过程的石油文化景区；配套完善天鹅湖旅游区，建设天鹅湖温泉休闲度假区。以大王镇国家级现代农业示范基地为重点，推出生态农业旅游产品；以孙武祠为特色，建设孙子文化中心。

（2）现代物流业

充分发挥黄河三角洲和环渤海湾地区海陆空立体交通网络的功能，形成以公路货柜运输、商品配送和电子商务为支撑的现代物流业，将黄河三角洲与青岛物流中心城市有机连接，提高东营产品输往国内外市场的物流效率。

（3）金融保险业

金融现代化建设逐步实现业务信息处理电子网络化，保险业建立起多层次的保险体系。

（三）产业发展空间策略

1. 构建区域产业集群

构建优势产业集群是推进地区产业整合和优化地区资源配置，促进区域经济一体化，全面提升优势产业竞争力的重要途径之一。构建优势产业集群的总体设想是：以区域优势骨干企业为依托，属地为中心，以交通干线为构建轴线，以各种类型开发区为载体，紧紧围绕优势产业及其核心产品，从纵向垂直完善和拉长产业链条、形成簇群式发展。依据黄河三角洲的优势产业构成特点，初步提出构建六大优势产业集群。

（1）石油化工及深加工产业集群

以胜利石化的化工原料（原油、乙烯、石蜡、洗涤原料……）为依托，以属地东营为中心，以滨州等周围县市开发区或产业园区为载体，着力发展高附加值的高标号汽油、高档润滑油、重交沥青、石油助剂等深加工产品，全力打造石油化工及深加工产业集群，做大做强石油化工后加工产业，使其成为黄河三角洲经济区和山东省一个重要的新的经济增长点。

（2）盐化工及海洋化工产业集群

东营沿海以东营港经济开发区和广饶滨海化工产业项目区为主要载体，高效利用海水和卤水资源，开发利用海水制盐和海水提取镁、钾、溴等重要资源，重点发展海洋化工、氯碱化工和海水化学资源综合利用三条循环经济产业链。潍坊北部和莱州对地下卤水要形成规模化的综合开发利用体系，以碱、溴素为主导产品，形成盐化工、溴素及深加工、苦卤化工、精细化工等独具特色的盐及盐化工产业组群。

（3）纺织及服装加工产业集群

纺织服装业是黄河三角洲第一大支柱产业，区内的"昌邑中国印染名城"、"邹平中国棉纺织名城"享誉国内外。未来纺织及服装加工业发展的总体方向是，一要提升现有工业园区和产业集群水平，形成特色明显、功能齐全的纺织工业基地；二要加快培育大型、特大型纺织服装专业市场，以贸促工，以工兴城，带动相关产业集聚，完善物流仓储、餐饮服务等配套设施，促进小城镇建设，拉动当地经济发展。作为纺织大市的滨州，南部以魏桥创业、宏诚集团为依托，重点发展棉纺织、家纺、服装产业；北部以无棣基德为依托，重点发展特色、新型、环保纤维加工产业；建立以邹平区域为核心的棉纺织基地，以滨州区域为核心的家纺基地。

（4）装备制造业产业集群

黄河三角洲早期主要发展有农业机械、造纸机械、粮油加工机械、玻璃机械、水利机械和石油机械等，近几年飞机制造、汽车生产、造船工业及相关零部件行业迅速兴起，装备制造业形成涵盖多个门类的综合产业体系。构建和打造装备工业产业集群的基本途径，一是根据黄河三角洲装备制造业的基础和比较优势，推进东营、滨州及其他县市区相关联的装备工业产业整合，重点打造五大系列产业链，即汽车及零部件产业链、飞机及零部件产业链、船舶产业链、石油机械产业链、纺织机械产业链；二是推动中心城市的企业组织结构调整，加强研发中心的建设。在此基础上，以优势产业（企业）为核心，东营、滨州为中心，全力打造优势装备工业的产业发展集群。

（5）农产品深加工优势产业集群

黄河三角洲农牧林果水产资源丰富，具有较大的开发利用空间，近年来农产品深加工产业发展较快，形成了一批具有较强市场竞争力的农产品深加工企业。未来农产品深加工发展总体方向是，立足各县市区农牧林果水产资源的比较优势，大力发展包括玉米、大豆、林、果（梨、冬枣、金丝枣等）、土特产品、牧（肉、奶、皮革）、菜、水产品等资源的精深加工，全力打造各具地域特色的农产品深加工产业集群。

（6）高新技术产业集群

黄河三角洲高新技术产业发展的总体方向是，优化资源配置，建立科学的高新产业布局，以东营（高新区）和滨州经济开发区为主要载体，以莱州、昌邑、寒亭、寿光、邹平、广饶、博兴以及乐陵等地的开发区（园区）为重要支撑点，大力构建高新产业集群。东营重点发展电子信息制造（电路板、显示器模组制造等）、新材料（热超导材料、电子新材料、新能源材料和环保新材料等），滨州重点发展生物工程、电子信息（射频识别产品、高性能电子元器件和芯片制造）和新材料（硅材料、晶体材料、磁性材料等），寿光重点发展生物医药，利津县重点发展生物医药、化学药物、中成药和新药加工等。

2. 县市区产业发展方向

根据黄河三角洲各县市区产业发展现状国民经济社会发展"十一五"规划，确定各区县产业定位和产业发展方向，如表3-7所示。

黄河三角洲县市区产业发展方向   表3-7

城市		产业定位	产业发展方向
烟台	莱州市	中国石都、中国草艺品之都、山东重要的刹车盘生产基地、重要的黄金开采和加工基地	围绕"打造先进制造业基地和构建可持续发展工业体系"目标，突出发展汽车零部件、草艺品和纺织服装等行业，加快发展机电、建材、黄金、化工四大支柱产业；积极发展石材特色工业，打造中国北方规模最大、具有现代化水平的石材产业贸易中心
潍坊	昌邑市	中国丝绸之乡、全国棉花生产基地、商品粮生产基地，山东省重要的轻纺、化工和食品加工基地	加快北部沿海经济发展带、昌邑经济开发区、昌南工业项目聚集区"三大项目区"建设，进一步壮大海洋化工、石油化工、纺织印染、机械制造、食品加工五大产业集群，积极培育高新技术产业
	寒亭区	山东沿海重要的海洋化工和水产养殖基地	重点发展盐溴化工、机械制造以及水产养殖和加工；寒亭经济开发区重点培育亚星工业园、朗盛工业园和海龙工业园三个循环经济示范点
	寿光市	花城菜都，全国重要的花卉和蔬菜生产基地，山东省重要的造纸包装和原料化工基地	以重点项目为支撑，加大医药中间体、原料药、药物制剂开发力度；提升壮大造纸包装、原料化工、机械装备、食品饮料、新型建材、纺织服装六大传统优势产业；整合提高热电产业，向集约化、规模化方向发展；以蔬菜产业集团为龙头，大力发展低温脱水蔬菜、速冻菜、保鲜菜、净菜及蔬菜汁等特色产业，加速蔬菜产、加、销一体化进程，加快蔬菜精加工和综合利用的步伐
东营	东营区	全国重要的油田化学品生产基地，山东重要的石油机械生产制造基地，鲁北商贸物流中心	壮大支柱产业，积极发展替代产业，加快高新技术产业的培育和成长；抓好石油化工、盐化工、精细化工的产品开发、技术升级和产品深加工，延长石油化工产业链；提高产品附加值，衔接石油化工与盐化工的产业链；依托重点企业集团，积极发展金属加工、轻工纺织、机械制造、建材、农产品深加工等石油替代产业
	河口区	黄河三角洲重要的石油生产服务和旅游服务基地	重点培育壮大石油化工、盐及盐化工、精细化工三大支柱产业；石油化工业，依托骨干企业，重点实施重油加催化、轻烃回收等项目，提高石化产业效益；盐及盐化工业，重点发展离子膜烧碱、低钠盐、溴素深加工项目；围绕医药中间体、合成树脂、高分子材料等领域，大力发展精细化工业
	广饶县	全国最大的新闻纸生产基地、全国优势农产品生产基地、全国重要的子午胎和汽车配件生产基地，山东省石油化工基地、纺织印染基地	重点发展造纸、橡胶、化工、纺织、机电、食品加工等六大优势产业群体，开发新闻纸、石油产品、子午胎、面粉、植物油、离子膜烧碱、防火涂料、刹车片、棉纱、色布、橡胶制品和肉制品等主导产品

城市		产业定位	产业发展方向
东营	利津县	鲁北重要的化工、制药、机械制造、纺织基地，生态化、标准化的农业产业化基地	培植石油化工、制药、盐及盐化工、机械制造、纺织、农副产品加工等六大产业；提升炼油能力和水平，加快产品延伸和产业集聚，大力发展后续产品深加工；积极发展精细化工和化工新材料，提高合成材料、有机材料生产能力和水平，延长产业链条
	垦利县	黄河三角洲重要的生态农业、生态旅游及石油化工基地	重点发展化工、纺织、机电、农副产品加工和建材五大支柱产业；调整优化石油化工、改造提高发展精细化工和基本化工，发展替代产品和产业；最大限度地发挥现有纺织、服装等优势，努力扩大规模，提高技术装备水平，形成纺织加工制造业基地，重点发展高档服装面料，改造棉纺织；农副产品深加工，形成食品、面粉、大豆制品生产基地；利用黄河泥沙等自然资源和粉煤灰等工业废料，发展新型轻体材料及其他建材、铝塑及装饰建材，打造黄河三角洲独特的建材加工制造业基地
滨州	滨城区	鲁北地区现代化工商中心，黄河三角洲纺织服装研发与设计中心、新兴的装备制造业基地、山东省重要的食品加工基地	以高新技术为先导，膨胀发展纺织、食品加工和机械等优势骨干行业，依托骨干企业，建设纺织服装研究与设计中心，强化活塞、纺织印染、汽车及零部件生产三大产业特色，大力发展生物工程和信息产业，逐步形成具有竞争力的新型产业体系
	惠民县	中国绳网之都，山东省重要的纺织服装、地毯、农副产品加工等轻工业生产基地	发展壮大纺织、地毯、绳网、食品、机械加工等传统产业，积极培育新兴产业；依托龙头企业，发展壮大纺织产业，建成全国具有较强竞争力的气流纺、纯棉及混纺生产基地；以彩霞地毯集团为龙头，建成国内中高档地毯生产基地；加快发展绳网加工特色产业，以李庄、姜楼工业园为载体，建成国内最大的绳网生产加工基地和贸易大市场，打造"中国绳网之都"；延长绳网产业链，新上工业高强丝，引进设备，调整产品结构，扩大绳网加工及出口能力
	阳信县	山东省重要的家纺、家饰用品和农副产品加工基地	积极推进纺织、地毯、不锈钢、食品等支柱产业快速发展；提高家纺工业技术装备水平，发展的重点由纱、布向服装加工拓展；不锈钢制造业重点做好资源整合、结构调整、产品提档以及技术开发中心建设工作，全面打造不锈钢餐具城；发挥鸭梨、畜产品、优质小麦、精品蔬菜等资源优势，发展鸭梨饮料、面粉加工等食品产业
	无棣县	全国循环经济示范基地、生态电源基地、绿色化工基地、山东重要的海盐基地，滨州重要的船舶制造基地	重点发展电力、化工、盐业、纺织、农副产品加工、船舶制造等支柱产业；以鲁北国家生态工业示范园区和生态湿地特定工业园区为载体，大力推行清洁生产，加快放大循环产业链条，加快风力资源的利用和开发，建设全国最大的生态电源基地；依托鲁北企业集团等重点化工企业，以循环经济和生态工业理论为指导，实行盐化工、油化工、高分子化工"三化合一"，建设中国海盐基地；依托港口和船舶制造，带动航运及维修等相关产业的发展
	沾化县	山东省重要的电力工业和食品加工基地，黄河三角洲新兴的装备制造基地	重点做大做强电力、食品加工、高新技术、新型材料等产业集群，发展壮大经济开发区、临港工业园、小沙工业园、大高航空城"一区三园"，将沾化建设成黄河三角洲重要装备制造业基地；抓好大高航空城滨奥钻石飞机制造，坚持汽车零部件与整车同步发展，积极推动造船及配套项目引进和建设，开发船用发动机、电子设备、船用设施等相关产品
	博兴县	中国厨都，山东省重要的有色金属、厨房设备、帆布、家具、花卉生产基地	重点发展化工、粮油及食品、机械、纺织及服装、板材、厨具等主导产业；化工业主要以石油化工、农药工业、油脂化工为主；粮油及食品加工产业依托渤海油脂工业公司和香驰豆业集团公司，实现油品系列化，积极推进大豆深加工；积极发展厨具及新型材料特色产业，建设全国最大的不锈钢厨房设备生产基地
	邹平县	山东省重要的纺织服装、食品医药、冶金建材和造纸产业基地	重点发展纺织印染服装、食品医药、制造冶炼、造纸等支柱产业；依托重点企业，大力发展高档新闻纸、书写印刷纸、包装装潢和纸板；积极发展粮油深加工关键技术设备机械和造纸机械；依托魏桥创业等龙头企业，形成纺、织、染、整、制衣一条龙产业链生产方式，以发展高新功能性纺织服装业为方向，开发生态纺织服装产品

续表

城市		产业定位	产业发展方向
淄博	高青县	山东省重要的棉花和油脂加工基地、纺织服装产业基地、优质粮食酒生产基地	加快形成纺织服装、食品酿造、棉花及油脂加工、陶瓷建材等具有一定优势的主导产业；纺织服装产业扩大产业规模，拉长产业链，打造以牛仔布、牛仔服和针织服装为特色的纺织服装加工基地；以扳倒井集团为依托，扩大粮食酒生产规模，重点开发优质高档白酒和滋补酒等保健饮品，推进发展粮食精深加工和食品加工业；立足棉花资源优势和产业基础，高青县积极发展棉纺织特色产业，形成棉花种植、收购加工、纺纱、织布、印染、服装一条龙式的产业链
德州	乐陵市	国家汽车刹车片制造基地，全国最大的体育器材加工生产基地，全国最大的脱毒马铃薯原种快繁基地，中国富硒金丝小枣基地，新兴的热超导材料工业基地	重点发展汽车零部件、体育器材、五金工具、纺织服装、调味品加工、畜牧养殖六大产业；汽车零部件加工业重点发展汽车刹车片、制动总成、子午线轮胎、汽车五金件等汽车零配件产品；依托泰山集团、五环体育器材等企业，大力发展各类体育用品、器材以及人工草皮；发展枣制品、调味品、粮油食品、畜产品、木糖、木糖醇等产品；依托希森三和集团、鲁西牧业发展集团等企业，重点发展黄牛养殖、屠宰加工以及牛副产品加工等产业
	庆云县	北方商贸名城，山东省重要的小型电子、机械和轻工产业基地	着力培育农副产品深加工、化工、机械加工等主导产业；重点发展商贸流通特色产业；重点培育现代小商品批发市场，发展金融机具礼品、塑料杂品、宝艺服装等市场，培育一批在全国有较高知名度和影响力的特色市场；巩固副食、建材、蔬菜水果、机车等市场，形成辐射全国、适应现代化市场经济与国际接轨的商品交易体系

3. 产业基地建设

（1）优质粮棉生产基地

黄河三角洲及滨海平原区，现有耕地面积 1215.6 万亩，其中中低产田面积 643 万亩，规划改造 600 万亩。此外，该区域位于黄河入海口，黄河尾闾摆动形成大量宜农荒地。现状主要制约因素：1）灌溉水源保证率低；2）地下水位较高，盐碱地较多，土壤养分含量低；3）旱、涝、碱等灾害较多，农业耕作粗放，生产水平较低。通过加强水利基础设施建设，修建一批中小型蓄水工程和排灌工程，实现黄河水"丰蓄枯用"、"冬蓄春用"。大力推广节水灌溉技术，较大型渠道采取衬砌或硬化，将泥沙输送到田间，减少清淤和渠道修复工作量。加大整地改土力度，通过挖沟抬田、上粮下渔、增施有机肥料、秸秆还田等措施改良盐碱地。大力发展农业机械，提高机械作业水平，推广适度规模经营，把资源优势转化为经济优势。本次规划全面贯彻落实科学发展观，以大力提高粮食综合生产能力和增加农民收入为目标，以市场需求为导向，以农业科技进步为动力，以政府投入为主导，进行中低产田改造和宜农荒地开发，建设黄河三角洲国家重要的粮食安全战略基地。

（2）农副产品生产基地

主要包括绿色蔬菜和特色果品基地、绿化畜牧生产基地、水产生产基地，以及绿色农产品出口加工生产基地。

1）绿色蔬菜和特色果品生产基地。打造蔬菜、冬枣和小枣良种引进—工厂化育苗—种植—加工—保鲜—销售（出口）产业链，建设优质粮棉、绿色有机蔬菜、特色果品生产基地，饲草、桑蚕、芦苇、速生林等经济林草基地。

2）绿化畜牧业基地。规划建设一批无规定动物疫病区，打造饲草种植—饲料加工—畜禽养殖—奶业—屠宰加工—冷藏—销售产业链，建设一批特色健康养殖基地。

3）水产养殖加工基地。培育和引进高产、优质、高抗逆的海淡水养殖新品种，建设良种场及区域育种中心，打造珍稀水产品养殖—加工—冷藏—销售产业链，形成生态健康养殖基地。

（3）现代加工制造业基地

1）生态产业基地

按照资源节约、环境友好的要求，加快高新技术产业化，积极开发和引进先进实用技术，大力推行清洁生产，改造提升传统产业，统筹规划石油生产、加工和储备，扩大石油化工规模；延伸海洋化工产业链条，形成生态工业集群。发展具有突出优势和生态适应性的高效优质农产品，形成生态农业产业链。突出黄河入海口、湿地等生态特色，发展休闲度假观光生态旅游。

2）新能源基地

充分发挥风能、生物质能、太阳能、地热等资源丰富的优势，实施新能源应用示范工程，积极推进产业化开发利用，搞好农村沼气推广工程。

3）循环经济示范基地

针对该区域重化工产业比重较大的实际，按照减量化、再利用、资源化的原则，放大国家循环经济试点企业的示范效应，推广低消耗、零排放、可循环的生产模式，加快构筑循环经济体系。

（4）旅游业及生态旅游区

1）黄河三角洲旅游目的地建设

打造东营"黄河水城"和滨州"四环五海"旅游目的地品牌，加快旅游集散中心、旅游咨询服务中心体系建设，完善提升市内高速公路服务区、城区各机场、车站、码头等城市窗口的游客咨询服务功能；完善城市旅游公共信息和指引标识，城市基础设施建设应统筹考虑旅游功能的需要，充分挖掘旅游观光价值。利用黄河入海口特有的景观，加快航空旅游、汽车房车露营地、汽车旅馆等旅游设施和旅游大项目的建设。

2）黄河入海口旅游区。突出黄河入海奇观和原始湿地自然风光，以观海栈桥、天鹅湖温泉度假和滨海旅游区为重点，开发黄河口观日出、漂流、狩猎、骑马等观光与探险旅游项目，打造"新、奇、野、美、特"休闲度假观光生态旅游区。

3）潍坊生态旅游区。以潍坊国际风筝会为龙头，完善寒亭杨家埠民俗旅游产品，深度开发具有齐鲁文化特色的民俗旅游区。①生态农业旅游。发挥农业与旅游的叠加效应，发展"上粮棉下渔、上林草下渔"立体生态农业和乐陵万亩枣园等农业观光旅游，完善提升寿光生态农业旅游。②生态工业旅游。按照国家工业旅游标准，开发鲁北化工、海化、铁雄集团等循环经济试点企业和生态工业园旅游。③生态观光旅游。依托黄河百里绿色生态长廊和艾里湖等，开发湿地生态观光和黄河生态文化观光旅游；开发东营、滨州城市生态旅游；潍坊北部滨海生态旅游发展区。

（5）物流基地与物流中心

规划建设黄河三角洲东营、滨州两大综合物流基地和潍坊北部沿海、莱州港物流中心以及寿光蔬菜、广饶、庆云小商品等专业物流中心。

1）东营综合物流基地。依托新建的铁路东营站、东营机场和东营港等，建设物流园区、综合及专业物流中心、专业配送中心，为东营市及周边地区企业、临港工业及经济开发区、胜利油田海上生产提供物流服务，为铁路、东营港提供集疏运服务。东营临港物流园区依托东营港，建设以原油、成品油、液体化工产品、集装箱、散杂货等为主的综合型园区；环渤海物流园区，依托黄东大铁路东营编组站和东青高速公路，建设以煤炭、钢材、石化产品等为主的园区；南物流园区，依托广饶和大王开发区，建设以加工贸易为主的园区；依托广利港，建设建材、生活日用品、零散集装箱运输集散地；依托中心渔港和水产批发市场，加快建设环渤海地区最大的渔业集散基地。

2）滨州综合物流基地。依托新建的铁路滨州站、滨州港和滨州大高通用机场，建设物流园区、综合及专业物流中心、专业配送中心，为滨州市及周边地区企业、临港工业及北海新城提供物流服务，为铁路、滨州港提供集疏运服务。滨州临港物流园区依托滨博高速公路和开发区，建设纺织、机械企业原料及产成品存储、中转、配送和海关等配套的综合型西城物流园区；依托火车站货运中心，建设以钢材、煤炭、石油、化工产品、建材为主的东城物流园区；依托滨州港，建设以煤炭、石油、原盐、化工产品、建材、水产品为主的临港物流园区。

3）潍坊海港物流中心。依托潍坊港和滨海项目区，建设以海洋化工和散杂货物集散、中转、配送等为主的临港物流基地；依托潍坊港，建设服务潍坊北部的海港物流中心，重点发展港口及与港口相关的物流仓储及加工配送，为潍坊市及周边地区提供物流服务。

4）莱州港物流中心。依托莱州港，建设辐射山东省中西部的区域性液体化工物流中心、区域性粮食物流中心和中国北方建材物流中心。

5）寿光蔬菜物流中心。依托寿光蔬菜生产基地，建设集蔬菜收购、配送、交易批发、电子商务为一体的蔬菜物流中心。建设集蔬菜交易、农产品加工配送、生产资料交易、农作物种子交易于一体的寿光农副产品物流园。

6）广饶大王镇国际物流中心。依托大王镇工业园区及广饶县外向型工业园、稻庄工业园等，建设华泰国际物流中心。

7）庆云县小商品物流中心。依托庆云县地处两省、三市、五县交界处，北依京津，南接济南的区位优势，建设小商品批发市场，成为冀鲁交界地区最大的小商品物流中心和商品集散地。

（四）产业空间布局

以产业联系为基础，划分三角洲产业发展相对集中的集聚区，确定区域产业发展的空间构架，明确各城市在整个三角洲产业发展中的定位，通过打造产业集群提高三角洲产业发展的整体竞争力，进而促进形成一个联系紧密、分工合作且对外开放的产业创新网络。利用黄河三角洲未开发的土地资源，开拓新的建设空间，培育新的增长极。以"三类园区"为节点，加快打造"三大基地"，构筑北部沿海产业空间。

根据区位、资源、产业特色和发展潜力等条件，重点规划发展经济技术开发区、特色工业园区和高效生态农业示范区。（1）经济开发园区。主要指市县所属省级经济开发区，重点发展高新技术、高附加值产业和现代服务业，不断提升产业层次和产品档次，成为带动全区加快发展的主体园区。（2）特色工业园区。以省级工业园区为主体，依托优势产业和骨干企业，强化产业分工和配套协作，形成一批重化工业、高新技术、装备制造、纺织服装、农产品加工等各具特色的工业园区。（3）高效生态农业示范园区。以集约化、规模化、机械化、标准化为方向，因地制宜，突出特色，大力发展优质商品粮棉、蔬菜、花卉、桑蚕生产、冬枣种植、农区饲养和农产品加工业，形成一批优质农产品品牌，建成集生态、观光、安全于一体的综合性高效生态示范区。

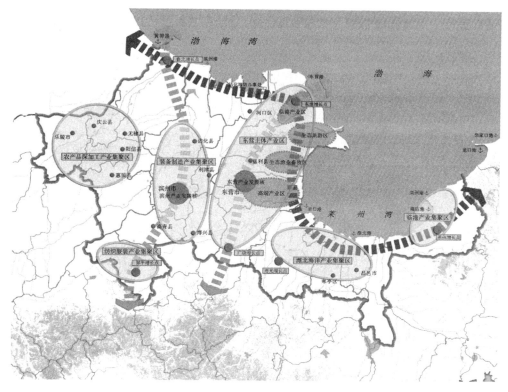

图 3-11 黄河三角洲产业空间布局规划

　　总结本章结论，区域经济增长的主要动力在于高效合理的区域产业体系，而这一动力的作用成效主要取决于区域系统的自身结构特点。区域开发最终将作用于区域系统的结构，其目的在于建立这样一种理想结构，一方面要能有利于外部区域经济增长要素的引入又要能尽量避免不利因素的冲击；另一方面这种结构还应有利于区域自身优势的发挥和区域内部经济活力的激发。欲达到这样双重目的，需要在产业结构及时转换的同时对地域结构进行适时调整，对前者而言，需要改变区域在更大区域系统中的地位，即接下来第四章所探讨的区域竞争力的提升；对后者而言，则要形成区域内部优化开发的地域类型和总体发展的增长体系。上述二者的结合点则是有效竞争空间——本书理论模式的逻辑起点。

第四章　区域竞争力提升路径

根据传统区域发展观，资源禀赋决定了区域的发展潜力，区域对资源的加工能力和主导产业的生产规模决定了区域的经济发展水平。进入后工业时代，这种资源决定论受到了质疑和挑战，区域的人力资本、信息化水平、投资环境等成为新的优势来源，综合竞争优势取代了单一的资源禀赋优势。当前区域发展不再依赖于"所有"，而更依赖于"所能"，这种"所能"就是所谓的"区域竞争力"。

"竞争力"一词最早来源于微观经济学，尽管 Krugman（1996）[71]认为竞争力的概念只适用于企业或产业层面，将其应用于区域层面是没有意义的，但许多学者对此持有不同的观点，他们认为一个企业的许多竞争优势不是由企业内部决定的，而是来源于企业之外，即来源于企业所在的环境（Porter，1990）[72]。这意味着企业的竞争力取决于它们所处的区域的竞争力（Philip Cooke & Gred Schienstock，2000）[73]。Roberto Camagni（2002）[74]还专门论证了区域竞争力概念的合理性。区域竞争力的提法已经为人们广为接受，并形成了大量关于区域竞争力的研究文献。

从广义上讲，根据被评价对象主体范围的不同，区域竞争力实际上包括跨国家的区域竞争力、国家竞争力、次国家的区域竞争力和城市竞争力。总体上，目前研究主要集中在对区域竞争力概念的界定、内涵的解释、来源的分析和评价指标体系的探讨以及对区域竞争力提升对策的研究等方面，本章主要从以下七个方面探讨这一主题：一是区域竞争力研究的起源；二是对区域竞争力概念的界定，三是区域竞争力的理论基础研究；四是区域竞争力评价方法；五是区域竞争力的理论模型；六是区域竞争力的实证研究；七是区域竞争力的提升措施。

第一节　区域竞争力研究的起源

区域竞争力的研究起源于国际竞争力的研究，而对国际竞争力这一概念的探讨最初主要集中于军事力量方面，后来由于 18 世纪发达国家工业化的出现，其经济发展速度明显加快，经济因素在国际竞争力中的地位日益重要。古典经济学家亚当·斯密和大卫·李嘉图曾从比较利益出发研究了国家间、地区间的分工问题，可认为是对国家竞争优势理论的初始研究。第二次世界大战后，尤其是 20 世纪六七十年代以来，由于科学技术的进步和不发达国家工业化进程的加速，一方面各国、各经济体之间的经济联系日益紧密，经济活动跨越国界，世界经济出现一体化的趋势；另一方面，为捍卫各自的利益，拥有更大的发展空间，它们之间的竞争也日益激烈。为了协调它们之间的关系，各国和国际组织纷纷成立专门的研究机构对各国状况进行研究，不仅形成了一批统计指标与分析工具，而且形成一批理论文献，使国际竞争力的研究大大深化。

　　自国际竞争力提出后，国际竞争力理论与应用研究发展较快，在应用研究层面，竞争力研究一直是国家发展战略研究的重要关注点。美国早在 20 世纪 70 年代就开始了对国际竞争力的研究，当时美国的钢铁业、电视机制造业和汽车工业遭到了来自日本同行业企业的强烈挑战，从而导致了这些行业的衰退，在此背景下，1978 年，美国技术评估局（OTA）根据白宫和参议院的要求，组织有关学术机构、商业机构和政府部门，开始研究美国的国际竞争能力。1983 年，美国总统建立了一个由 30 名专家组成的"关于工业竞争力的总统委员会"，开始专门研究竞争力问题[75]。日本从 20 世纪 80 年代开始也对日本的产业竞争力进行了研究；西方的许多国家像英国、德国等从 20 世纪 80 年代开始也都建立相应的研究机构，专门对竞争力形成和发展进行研究；韩国产业研究院 1994 年开始从竞争力创造因素比较、出口结构比较、企业竞争力和政府竞争力等四个方面对韩国的国际竞争力进行评价。

　　1980 年欧洲管理论坛（世界经济论坛 World Economic Forum，即 WEF 前身）对国际竞争力这一概念产生极大兴趣，开始将其作为一个重要课题进行研究。1986 年起，世界经济论坛（WEF）与瑞士洛桑的国际管理发展学院（International Institute for Management Development，IMD，下文简称洛桑管理学院）开始携手合作共同进行国际竞争力的研究，每年一次发表的研究成果《全球竞争力报告》和《世界竞争力年鉴》用 300 多项定量与定性指标对经济合作与发展组织（OECD）的 24 个国家与 10 个新兴工业化国家和地区的国际竞争能力进行评估和分析，成为衡量各国竞争力水平的重要参考，两家机构的通力合作极大地推进了国际竞争力研究的进展，不仅丰富了研究的构思与内容，而且拓展了研究的视野。1995 年底，WEF 与 IMD 因研究方法的歧见而无法弥合，终于分道扬镳，各自使用各自理解的概念和方法独立地进行研究。WEF 将形成国家竞争力的因素归为开放程度、政府、金融、技术、管理、基础设施、劳动、法规制度八项，它们构成其竞争力评价指标体系的准则结构，现行的《全球竞争力报告》与以往相比有了较大变化，报告着重对国家创新能力、政府治理、外商直接投资和贸易绩效等进行讨论；IMD 早期的国家竞争力评价指标体系包括国内经济、国际化程度、政府政策及运行、基础设施、金融环境、科学技术、企业管理和国民素质八个准则，而现行的《世界竞争力年鉴》将指标体系的准则调整为经济表现、政府效率、商务效率和基础设施四个方面。1995 年，我国正式参加世界国际竞争力评价体系，发表《中国国际竞争力研究报告》。

　　而在理论研究层面，系统而完整地将竞争作为专门研究的代表人物是美国著名经济学家迈克尔·波特（Michael E. Porter），他通过对世界上许多国家 100 多个产业或产业群体的产生和发展分析对比，建立了"国家竞争优势"理论，创造性提出了一系列竞争分析的综合方法和技巧，为以国家为单元的区域竞争力理论建设奠定了基石。波特对国家竞争力下的定义是"该国产业创新和升级的能力，即该国获得生产力高水平及持续提高生产力的能力"。他认为一个国家的竞争力不一定在于整个国民经济，而主要看该国有无一些独特的产业或产业群体；也就是说，国家优势通常寓于某些独特的产业部门，如德国的豪华汽车与化工、日本的电子工业、瑞士的银行业与制药、意大利的制鞋与纺织、美国的商用飞机与动画片等等。他对这些独特产业定义是"与世界上最强的竞争对手相比具有竞争优势"，其衡量标准是"大量持续地向多国出口商品、技能和设备"。波特提出国家竞争优势的四个基本要素，它们构成一个"菱形构架"，因此波特的国家竞争优势理论又称

"菱形构架理论（Diamond Theory）"，如图 4 – 1 所示。

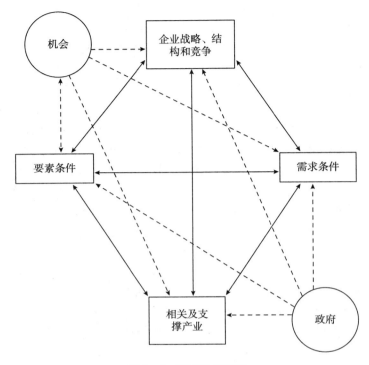

图 4 – 1　菱形构架理论

（1）要素条件。要创造最重要的生产要素——劳动力的技能或科学基础，包括建立专门的科研机构、投入专门风险资金等，刺激大量创新，并将创新迅速转化为应用。

（2）需求条件。国内市场的特点可以使厂商察觉到国际需求的变化并迅速作出反应。国内有经验的、挑剔的购买者反映了先进消费者的需求，迫使公司创新升级。

（3）相关及支撑产业。指某种产业在本国的相关及支撑产业很发达并具有国际支撑能力，包括加工机械、原料和零件的生产等。例如瑞士在制药业上的成功出自它先前在染料工业上的成就，日本在电子琴工业的国家竞争优势来源于乐器和消费类电子产品技术的进步。

（4）公司战略、结构和竞争。这里主要指适合本国特点的国家对企业、公司的管理体制和企业的组织方式。意大利成功的竞争行业多是私营中小企业，在鞋类、家具、毛织品等方面获得了竞争优势。德国在光学、化学、复杂机械等技术密集型企业很成功，与它实行严格的等级制，对各类人员有极严格的纪律性要求分不开。国家要有意识地培养国内竞争者，那种以为一国内只需保留一两个"国家冠军"，政府保证它得到充足的原材料、资金和技术供应就可以获得国家竞争优势的想法是不正确的。为了在全球竞争中获胜，一个公司在国内需要有强硬的竞争对手。日本有 112 家机床公司、34 家半导体公司、15 家照相机公司就是很好的例子。地方竞争者在地理上的集中可使竞争激烈程度加大，愈能刺激公司的创新和升级。

国家竞争优势的上述四点决定因素相互促进，也可能相互制约。国内竞争的活跃及竞争者的地理集中是使四点决定因素构成一个"菱形构架"系统的重要驱动力。活跃的国内竞争会促进其他各因素的发展和相关支撑产业的迅速形成。"菱形构架"系统的一个重要效应是，它所制造的环境促使竞争产业成组地产生。这些产业往往集中成组布局在某些地理区域，相互促进。因此，通常国家很少是单种竞争产业的发源地。例如，日本消费电子学的实力导致半导体工业的成功和存储器芯片、集成电路的应用。一旦产业组群形成，其各个产业通过前向、后向及旁侧联系相互支持。在组群内，一个产业内部的竞争蔓延到另一个产业的内部；一个产业的研究开发、引进新战略和新技术等努力均会促进另一个产业的升级。

在"菱形构架理论"提出之后，波特还对在创造使公司得到国家竞争优势的环境方面、政府的作用、公司的努力以及领导者的作用等问题作了阐述。他指出，政府应通过影响"菱形构架"的因素来提高生产力——增加对教育培训和技术基础结构的投资，鼓励研究开发活动，提倡外向型经济活动，增加创新能力。随后国内外很多学者在此基础上，进一步拓展和完善了区域竞争力的概念，从国家竞争力理论和应用拓展到不同级别的区域竞争力理论和应用研究。

第二节 区域竞争力的概念内涵

区域竞争力是一个既具有广泛含义，又十分抽象且难以把握的概念。纵览国内外的研究文献，目前还没有一个可以被学术界广泛接受的表述。学者们都是借用已有的"竞争力"概念，以广泛意义上的区域（包括跨国家的地区、国家、次国家的区域和城市）为对象，从多方面、多角度以"竞争力＋区域"的模式来界定区域竞争力。

一、国外对于区域竞争力的定义

到目前为止，国外有关区域竞争力的解释可归纳为以下几种观点。

（一）经济增长能力

即区域竞争力被定义为区域创造财富的能力。瑞士洛桑国际管理发展学院的定义[76]是：一国或一个企业在世界市场上较其竞争对手获得更多财富的能力。并将区域竞争力分解为八个方面，包括企业管理、经济实力、科学技术、国民素质、国际化程度、政府作用、基础设施和金融环境，其核心是企业竞争力，关键是可持续性。世界经济论坛（WEF）的定义是：一国能获得经济（以人均 GDP 衡量）持续高速增长的能力。世界经济论坛（WEF）和瑞士洛桑国际管理发展学院《关于竞争力的报告》（1985）将"国际竞争力"定义为"企业现在和未来在各自的环境中，以比它们国内和国外的竞争者更有吸引力的价格和质量来进行设计、生产并销售货物以及提供服务的活动和机会。"而在1994 年的《全球竞争力报告》中又对"竞争力"重新定义为"一国或一个企业在全球市场上均衡地生产出比竞争对手更多财富的能力。"

（二） 产业创新和升级能力

波特认为[77]国家经济竞争力是指该国产业创新和升级能力，即该国获得生产力高水平及持续提高生产力的能力，后来波特又进一步指出：在国家层面上，竞争力的唯一意义就是国家生产力。三力体系研究认为，国家竞争力 = 核心竞争力 + 基础竞争力 + 环境竞争力。核心竞争力是指生产增值的竞争力；基础竞争力是指支持核心竞争力的基础设施和国民素质竞争力的基础；环境竞争力也是国家竞争力的重要组成部分，包括市场竞争环境与政府提供的社会组织和结构环境；竞争力是整体竞争水平的系统提高。

（三） 产品提供论

即区域竞争力被定义为区域向其所在的大区域提供产品与服务的能力。美国总统竞争力委员会《关于产业竞争力的报告》认为，国际竞争力是在自由的、良好的市场条件下，能够在国际市场上提供好的产品、好的服务，同时又能提高本国人民生活水平的能力（President's Commission on Competitiveness，1984）[78]。布鲁斯·斯科特在《美国竞争力和世界经济》一书中的定义以及经济合作与发展组织（OECD）的定义均与此类似（OECD，1992）[79]。这一类区域竞争力定义比较狭隘，它把注意力局限在产品或服务的市场竞争上，忽略了区域之间对区域经济发展所需的各种战略性资源的竞争。

（四） 生活水平提高论

即区域竞争力被定义为提高其居民生活水平的能力。最开始从狭义的角度对区域竞争力进行界定的欧盟在其《关于区域的第六期报告》中指出，"区域竞争力是指一个区域在参与外部竞争的过程中，能为其居民带来相对较高的收入和就业水平的能力"（European Commission，1999）[80]。此两类定义突出了区域经济的产出层面，其最大特点是直接用经济的产出来衡量区域竞争力的强弱。

（五） 要素观点

Porter 认为一国的竞争力集中体现在其产业在国际市场中的竞争表现，而一国的产业能否在国际竞争中取胜，取决于四个因素：生产要素，需求状况，相关产业和支持产业的表现，企业战略、结构与竞争程度。此外，政府的作用以及机遇因素也具有相当大的影响力。这六大要素相互作用，形成了国家竞争力（Porter，1990）[81]。

WEF 在其《全球竞争力报告 2004~2005》中把国家竞争力界定为决定一国生产率水平因而决定一国经济能够达到的繁荣程度的因素、政策和制度的集合（WEF，2005）[82]。"因素观"认为，各因素的质量水平决定了区域竞争力的强弱，因而强调的是因素的优化。

国外的专家学者对于竞争力的研究大多着重于国家和产业层面，但对于区域竞争力的研究也起到了指导和借鉴作用。

二、国内对于区域竞争力的定义

从国内研究来看，国内对区域竞争力内涵的讨论主要有以下几个方面。

（一）经济观点

国家统计局严于龙认为，区域经济实力是一个区域（省、区、直辖市）国民经济在国内竞争中表现出来的综合实力的强弱程度。

费洪平认为区域竞争力主要强调一区域在国内外贸易、金融、投资中的地位，强调一区域所提供的基础设施，所达到的科技水平、社会发展水平和经济发展状况，以及政府行为和对策干预等因素，为国际资本流动创造条件。主要强调区域培育比较优势和竞争优势的能力。

王国辉和赵修卫则从核心竞争力的角度来研究区域竞争力。王国辉认为区域竞争力是指"区域在内部软、硬环境等方面具有明显优于且不易被其他区域模仿的，能够给区内企业提供良好的发展条件，并形成区域经济特色，不断促进区域经济快速、协调、健康发展的独特综合能力"。赵修卫教授认为区域核心竞争力是区域经济实力的优势表现，是指区域所特有的，在资源利用、产品开发、生产、市场开拓及服务中，与其他区域相比具有较大的竞争优势，且不易被其他区域所模仿或学习的综合能力与素质。

《中国国际竞争力报告》课题组认为，国际竞争力是在一定经济体制下的国民经济在国际竞争中表现出来的综合国力的强弱程度，实际上也就是企业或企业家们在各种环境中成功地从事经营活动的能力。在《中国国际竞争力报告》中，该课题组把"国家竞争力"修改为"一个国家在世界经济的大环境下，与各国的竞争力相比较，其创造增加值和国民财富持续增长的能力。"

河北经贸大学李宝新认为，区域竞争力是一个区域在政治、经济、社会基础建设、环境、科技等各个领域所能达到的先进程度的综合反映。

（二）产品竞争优势观点

国内学者樊纲认为，狭义的竞争力[83]是一个国家的商品在国际市场上所处的地位。商品在市场上是否具有竞争力，来源于同样质量的产品具有较便宜的价格，或者说同样质量的产品具有较低的成本，竞争力包含制度（包括管理等软性技术）进步、技术进步、要素成本和比较优势等三个环节。

国际竞争力是指在国际的自由贸易条件下或排除了贸易因素的假设条件下，一国某特定产业的产出品所具有的开拓市场、占据市场并以此获取利润的能力。简单地说，即一国特定产业通过在国际市场上销售其产品反映出的生产力（金碚，1997）。我国有的学者对这个定义的内涵进一步深化指出：一方面反映了一个国家或区域目前的经济实力；另一方面，比较准确地勾画出该国家或区域经济发展的趋势和水平（费洪平，1998）。

阳国新[84]认为，区域竞争力是指各经济区域所提供的商品在某一特定区域市场中占领的市场份额，主要强调地区培育比较优势和竞争优势。

（三）发展观点

一国的竞争力是在国际市场上战胜对手的能力，更是谋求持续发展的实力（邹薇，2002）。

竞争力是一个国家在国际社会中与他国竞争所具有的相对优势，它实质上反映了综合国力发展的速度（任海平等，1998）。

竞争力泛指在自由竞争条件下，一个个体或社会实体致使竞争制胜的能力（包昌火等，2002）。

国际竞争力是一国对该国企业创造价值所提供的环境支持能力和企业均衡地生产出比其他竞争对手更多财富的能力，是一国或一企业成功地将现有资产运用于转换过程而创造更多价值的能力。它包括一国或一企业发展的整体现状与水平、拥有的实力和增长的潜力（王与君，2000）。

（四）资源配置论

即区域竞争力被定义为区域吸引、争夺、拥有、控制和配置资源的能力。

王秉安（2003）认为，区域竞争力[85]是指一个区域（省、市、县或其他）在大区域中与同一类区域争夺市场和资源的能力，或者在大区域中相对于其他同类区域的优化配置能力，主要强调资源配置能力。

《中国县域经济实力评价》认为，县域经济实力是县域单位进行资源配置来获取竞争优势的能力。

南京大学长江三角洲经济社会发展研究中心对经济综合竞争力的定义是：一个区域整个市场加强分工协作，以创造实现区域社会可持续发展的能力。它的本质特征是对区域内全社会生产要素的整合与利用，实现产业的合理分工与协作，创造区域经济发展的最佳环境。

朱铁臻（2001）[86]则从比较优势出发，认为城市竞争力"是一种比较优势，也可以说是城市的凝聚力和吸引力"。这一类定义力求将概念立足于经济学的基本原理——经济的本质是资源的优化配置；但如何通过选择衡量资源优化程度的指标来分析区域竞争力的强弱，相对来说比较困难。

（五）综合论

另有学者将以上各种提法结合起来，对区域竞争力进行界定，试图对区域竞争力做更全面的定义。如倪鹏飞等（2003）[87]认为，城市竞争力是一个城市在竞争和发展过程中与其他城市相比较所具有的吸引、争夺、拥有、控制和转化资源，争夺、占领和控制市场，以创造价值，为其居民提供福利的能力。连玉明等（2003）[88]从竞争优势出发，认为城市竞争力是一个国家的城市在全球经济一体化背景下，与其他城市比较，在要素流动过程中抗衡甚至超越现实的和潜在的竞争对手，以实现城市价值所具有的各种竞争优势的系统合力。国家统计局严于龙[89]认为，地区经济竞争力是一个地区国民经济在国内竞争中表现出来的综合实力的强度，国内外贸易、金融、投资的地位；强调一个地区提供基础设施所达到的科技水平、社会发展水平和经济发展状况，主要强调地区综合经济实力。

三、小结

可以看出，以上定义对区域竞争力的解释都有一定的片面性，即试图从某一方面把区域竞争力的内涵界定出来。能力观点主要从产出的角度来对区域竞争力进行界定，将其定义落脚在"能力"、"潜力"上；而因素观点则是从投入的角度解释了区域竞争力形成的原因。同时，两者都是将适用于企业层面的"竞争力"概念直接套用于区域层面，并没有以区域作为竞争的主体，而仅仅通过对企业主体的借贷来完成这种转换关系，因此集中于区域竞争力的外在表现形式，没能真正地把握和界定区域竞争力的内涵和本质。这不仅影响区域竞争力形成机理的判定，进而影响到区域竞争力评价指标体系的构建和评价方法的选择，而且对区域竞争力的提升也起不到应有的指导作用。

第三节 理论基础竞争理论

一、竞争理论

如果单从竞争理论来看，迈克尔·波特的《国际竞争优势》可谓经典之作，对后来的国家或者区域竞争力的研究启发最大[90]。"国家为什么能够成为产业在国际竞争中成功的基础？""为什么经常发生的是某些产业的许多领先者都出现在同一国家？"为此，他从产业角度出发，选择了十个有代表性的国家，对它们主要产业的发展史进行了历时四年的研究，抽出每个国家共有的四大要素：生产要素，需求条件，相关产业和支持产业的表现，企业的战略、结构、竞争对手；还有两个辅助因素——机会和政府，波特认为机会是可遇而不可求的，政府的角色是干预与放任的平衡。波特把这些内容构筑为竞争力的菱形模型，这一模型甚至完全主导了一定时期内对于竞争力研究的指标设计工作。

二、国际贸易理论

国际贸易理论研究和解释国与国之间展开贸易的原因和规律，但其中所包含的对竞争优势的认识，也可以被用来作为区域竞争力研究的参考。这一部分的内容非常庞杂，它本身就是国际贸易这一学科中的主要内容，简单来讲，我们认为对竞争力研究有主要参考作用的理论，包括了绝对优势理论、比较优势理论、要素禀赋理论、产业内贸易理论等[91]。

亚当·斯密认为，形成国际分工和国际贸易的根本依据是绝对优势，即使一个国家能够生产自己所需的全部产品，也没有必要全部生产，而应该专门从事某种具有绝对优势的生产活动，这样，各国在对外贸易中都可受益。因而斯密主张自由贸易，自由地进行对外贸易，可以扩大商品市场，使每个行业的分工日臻完善，促进生产力提高。大卫·李嘉图认为，国际贸易的基础是各国存在着相对比较优势，即使一国在所有商品上都具有绝对优势，而另一国没有任何绝对优势，但是，两利相衡取其重，两害相权取其轻，也能找到相对比较优势，也可进行国际贸易。通过专业于具有相对优势的产品，并通过国际贸易交换相对劣势的产品，各国都可以节约社会劳动，并能消费和享受更多的产品。

而之后的赫克歇尔、俄林的基本思想是生产要素的丰歉决定商品相对价格和贸易格局。俄林假定各国需求情况相似，且生产要素的生产效率相同，各国商品价格的差异决定贸易格局。而商品价格不同是由于各国生产要素禀赋不同，不同商品需要的不同生产要素搭配比例不同。每个国家密集出口使用本国丰裕而价廉的生产要素的商品，密集进口使用本国稀缺而价昂的生产要素的商品，贸易就获得比较利益。但后来在以此理论对美国的情况进行验证时，却出现了著名的"里昂惕夫之谜"。按照该理论，美国应当专业化地生产和出口资本密集型产品，同时进口劳动密集型产品，但美国实际出口的是劳动密集型商品，进口的是资本密集型商品。为了解释这个"谜"，里昂惕夫引入了人力资本这一重要概念。他的解释是：要素的生产效率相同是要素禀赋理论成立的假设前提之一，但这个前提在现实贸易中显然是很脆弱的，美国劳动力所受的教育和培训是当时世界各国中最多的。因此，在比较美国和世界上其他国家资本和劳动力的相对数量时，美国应该是其他国家劳动力的倍增，则美国每"等量劳动力"的资本供给较其他国家就相对小一些，从这个意义上讲，美国就是"劳动密集型"国家。经教育和培训的投入后，高素质劳动力对产量和质量提高的贡献是在长时期内持续发挥出来的，这种劳动力被定义为人力资本。

按要素禀赋理论，国际贸易应该发生在要素禀赋、经济结构不同的国家之间，即在资本密集的发达国家与劳动力、土地密集的发展中国家之间进行，而且贸易格局主要应为工业品与初级产品的交易。然而第二次世界大战后，约有四分之三以上的国际贸易额发生在经济发展水平接近、生产要素比例相似的发达国家之间。也就是说，要素禀赋论只能解释不足四分之一的国际贸易量。瑞典经济学家林达尔提出了需求相似说，他认为，要素禀赋论重视供给方面，可以对初级产品的贸易做出较满意的解释，但对工业品的贸易格局不易做出满意的解释，因为在发达国家间的相互贸易中起主要作用的是需求因素，即工业品的去向主要是那些具有国内需求结构相似的国家。保罗·克鲁格曼则用规模经济、外部性等理论从供给方面对产业内贸易做了解释。他认为各国参与国际贸易的基本动因有两个，这两个原因都有助于各国从贸易中获益。一是进行贸易的各个国家之间存在千差万别。国家就像个人一样，当他们各自从事自己擅长的事情时，就能取长补短，从这种千差万别中获益。二是国家之间通过贸易能达到生产的规模经济，即如果每一个国家只生产一种或少数几种产品，能进行大规模生产，就能达到规模经济。

回顾这些国际贸易的经典理论，我们可以看到一个区域的要素禀赋、生产规模是决定其竞争力强弱的基础，在区域竞争力的指标架构中必须有所反映。在目前的研究中，这一部分理论所支撑的基本指标是比较成熟和系统的，而对用什么样的指标来反映比较优势则存有争议[92]，我们现在经常谈的"特色经济"，可以被理解为是一个区域相对的比较优势，但"特色经济"之间如何比较仍然缺乏具有说服力的指标设计。有学者甚至认为，既然是"特色经济"，就不存在可比性，自然也就谈不上"特色经济"对竞争力贡献的大小。

三、区域经济理论

这一部分的理论研究主要包括了区位理论、均衡与非均衡发展理论、产业集群理论等[93]。这些理论研究的目的是揭示一个地区经济增长的原因，以及发达和落后地区之间差距产生的原因等。

早期的区域经济学家都是研究单个厂商的最优区位决策问题。如德国经济学家杜能从区域地租出发，探讨了因地价不同而引起的农业分工现象，创立了农业区位论，奠定了区域经济理论的学科基础。20世纪初，德国经济学家韦伯提出了工业区位论。20世纪30年代初，德国地理学家克里斯塔勒根据村落和市场区位，提出中心地理论。稍后，另一德国经济学家勒什把中心地理论发展成为产业的市场区位论。相对于农业区位论和工业区位论立足于单个厂商的最优区位选择，中心地理论和市场区位论则是立足于一定的区域或市场，着眼于市场的扩大和优化。这些区位论都采用新古典经济学的静态局部均衡分析方法[94]，以完全竞争市场结构下的价格理论为基础来研究微观经济主体的区位决策问题，因而又叫古典区位论。随着网络和扩散理论、系统论及运筹学思想与方法的应用，区位理论得到迅速发展，促使了地域空间结构理论、现代区位论的逐渐形成。现代区位论一方面使区位研究从单个厂商的区位决策发展到区域总体经济结构及其模型的研究，从抽象的纯理论模型推导，发展为建立接近区域实际的、具有应用性的区域模型；另一方面，现代区位论的区位决策目标不仅包括生产者利润最大化，而且包括消费者的效用最大化。

在第二次世界大战后资本主义经济迅速发展的时期，人们普遍认为，只要经济快速发展、普遍繁荣，通过市场机制的作用就可以实现地区之间的均衡发展。索罗斯旺模型在生产要素自由流动与开放区域经济的假设下，认为随着区域经济增长，各国或一国国内不同区域之间的差距会缩小，区域经济增长在地域空间上趋同，呈收敛之势。不平衡增长是短期的，平衡增长是长期的。美国经济学家威廉姆森在要素具有完全流动性的假设下，提出区域收入水平随着经济的增长最终可以趋同的假说。而随后西方发达国家区域问题却开始逐步暴露出来，资本、劳动力都流向了经济发达、基础设施完善、技术条件好的地区，促进了发达地区的经济增长，但没有给欠发达地区带来什么好处，甚至与发达地区的差距越来越大。针对这一现实经济问题，缪尔达尔提出循环积累因果理论，即富是富的原因，穷是穷的结果。赫希曼提出了核心－边缘理论，他认为要缩小区域差距，必须加强政府干预。弗里德曼则提出了空间极化发展理论，对赫希曼的核心－边缘理论进行补充，这些理论被统称为区域经济非均衡发展理论。

产业集群是指有相互关联的企业在地理空间上的"扎堆"现象。马歇尔认为，形成集聚经济有三个潜在来源：当地有效的劳动力市场；专业化的供应商和流通渠道；同产业内厂商之间的信息溢出。克鲁格曼采用迪克斯特与斯蒂格利茨的垄断竞争假设，建立了一个不完全竞争市场结构下的规模报酬递增模型。模型分析结果表明，一个经济规模较大的区域，由于前向和后向联系，会出现一种自我持续的制造业集中现象，即产业集群，并且经济规模越大，集中越明显。运输成本越低，制造业在经济中所占的份额越大，在厂商水平上的规模经济越明显，越有利于集聚。产业集群内部相互强化的作用可以导致经济的创新和国际竞争能力的增强，而且，产业集群一旦形成并巩固下来，很难被复制。因此，产业集群是地区竞争的独特优势和源泉。

20世纪90年代前后，以罗默、卢卡斯、贝克尔为代表的新经济增长理论[95]把人力资本积累引入经济增长模型中，强调了知识、人力资本在提高劳动生产率、促进经济增长方面的重要意义。

按照这些理论和相关线索，我们可以发现，一个区域的竞争力强弱，和它的地理位置、交通条件、产业集中程度、本身所处的经济发展阶段、知识聚集程度、人力资本状况都是相关的，那么指标的设计应该反映该地区在以上这些方面的基本情况。

四、技术创新与制度创新理论

熊彼得认为，创新就是"建立一种新的生产函数"，把一种从来没有过的关于生产要素和生产条件的"新组合"引入生产体系。在熊彼得看来，"创新"是一个"内在的因素"，所谓"经济发展"也就是"来自内部自身创造性的关于经济生活的一种变动"，即不断实现这种"新组合"的结果。熊彼得对创新过程的认识经历了两个阶段。早期，熊彼得强调企业家对创新的推动作用，在后来的创新模型中熊彼得转向强调大企业在创新中的巨大作用。

在熊彼得之后，创新理论发展为两个分支：即以技术变革和技术推广为对象的技术创新分支和以制度变革为对象的制度创新分支。技术创新研究的重点为：技术创新与市场和企业的关系，企业组织及行为对技术创新的影响。制度有利于扩大资本积累，而且会导致工资率上升、市场规模扩大、劳动分工进一步深化，因此制度对于经济增长特别重要。在此之后的旧制度学派认为，社会发展过程中经济制度必然会同新的社会生活条件发生冲突。制度是以往过程的产物，同过去的环境相适应，而同现在的要求不完全一致，社会只有在"制度结构"和现存条件相适应的时候才能正常发展。新制度经济学派认为，有效的制度安排能够降低交易费用、增加产出、促进经济增长。诺斯关于"制度选择"的思想具有更加重要的现实意义。他认为任何制度的运行都是有成本的，应选择运行成本较少、绩效较好的制度，以此来提高资源配置效率，促进经济发展。制度理论揭示了新旧制度之间的矛盾及制度的演变特征，对竞争力研究具有重要意义。即为了改善竞争力，一定要随着经济的发展及时调整那些已不再适用的制度，通过改变制度结构与生产力的发展创造更大的空间，从而提高竞争力。

在创新理论方面，英国学者弗里曼还提出了激励持续创新的"国家创新系统"概念。随后，许多学者进一步阐述和规范了这一概念。帕维蒂则把国家创新系统定义为"决定一个国家内技术学习的方向和速度的国家制度、激励结构和竞争力"。英国卡迪夫大学的库克教授在国家创新系统的基础上提出了"区域创新系统"概念，并进行了较全面的理论及实证研究。库克认为区域创新系统主要是由在地理上相互分工与关联的生产企业、研究机构和高等教育机构等构成的区域性组织体系，而这种体系支持并产生创新。

很显然，在竞争日益加剧的今天，一个区域在技术与制度方面的创新能力强弱，决定了该区域是否能够更多地吸引和更充分地利用各种各样提升经济实力的资源。反映创新能力的指标是在研究区域竞争力过程中不可或缺的。尤其需要指出的是，在以往的研究中，往往出于方便提取的考虑突出了反映科研技术创新能力的指标，比如科研经费、研究人员数量等；而忽视了反映制度创新能力的软指标的提取，这将严重影响到我们对一个区域创新能力的全面评价。

归纳上述理论，我们可以梳理得到：区域的竞争力来自于经济的增长、顺畅的国际贸易与交流、合理的产业政策、科学技术的进步、优良的市场竞争环境和充裕的人力资本以及有效的体制创新等方面。

第四节　区域竞争力评价模型

目前国内外建立的评价方法大体上可以分为两类，主要区别在确定权重上，即一类是主观赋权，一类是客观赋权。主观评价指标所采用的方法是专家从不同的角度对研究对象打分，但难以避免主观因素对评价结果的影响，如主观权重法、层次分析法、模糊综合评判法等。客观评价指标所采用的方法避免了人为因素带来的偏差，但往往忽略指标本身的重要程度，有时确定的指标权重与预期不一致。客观评价指标方法主要有主成分分析法、因子分析法、灰色关联度法、熵值法等。

一、主观权重法

主观权重法是在考虑指标之间相关性强弱和各指标对综合竞争力影响程度的基础上，采用专家调查法确定各指标的权重，然后利用该权重进行加权综合评价排序。该方法的优点在于评价的规范性和可操作性强，但由于采用的权重是主观的，即使对指标的相关性加以考虑，也难准确地反映指标体系的内在结构。

二、层次分析法

层次分析法也是主观确定权重的一种评价方法。该方法首先将系统层次化，根据问题的性质将问题分解为不同的组成因素，并按照因素间的相互关联影响及隶属关系，将因素按不同层次聚集组合形成一个多层次的分析结构模型。经过数学计算及检验，获得系统分析指标层相对最高层的相对重要权值，最后进行评价分值的高低排序。这种方法比主观判断法客观、合理，而且由于它是逐层进行的，因而它既可以进行总值评价，也可以进行各组成部分的评价，有利于分析总值的内部构成水平[96,97]。

三、主成分分析法

主成分分析法也称主分量分析法，它是利用降维的思想，把多指标转化为少数几个综合指标的多元统计方法。由于在进行综合评价时所考虑的影响因素变量、指标较多，而且各因素之间不可避免有一定的相关性，会出现信息的重叠。当变量较多时，在高维空间中研究样本的分布规律比较麻烦。主成分分析法通过对原始变量相关矩阵内部结构关系进行研究，找出影响某一经济过程的几个综合指标，使综合指标为原来变量的线性组合，综合指标不仅保留了原始变量的主要信息，彼此之间又不相关，在分析时可以起到简化过程、明确重点的作用[98,99]。需要提及的是，主成分分析法应用条件是样本数要远远大于指标数，否则不能应用此法，但一些学者对此并不是很清楚。

四、因子分析法

因子分析法是主成分分析法的推广，它也是从研究相关矩阵内部的依赖关系出发，把一些具有错综复杂关系的变量归结为少数几个综合因子的一种多元变量统计方法。它的基本思想是根据相关大小把变量分组，使得同组内的变量之间相关性较高，但不同组的变量相关性较低，每组变量代表一个基本结构，这个基本结构称为公共因子。利用因子分析法可以从一些具有错综复杂关系的经济现象中找出少量几个因子，由于每个因子代表反映经济变量间相互依赖的一种经济作用，可以利用较少较重要的几个主要因子帮助我们对复杂的经济问题进行分析和解释[100]。

五、灰色关联法

灰色关联法是一种常用的灰色系统分析方法，所谓灰色系统，是指"部分信息明确、部分信息不明确的贫信息、不确定性系统"，对于灰色系统，可以利用小样本数据建模，依据信息覆盖，通过序列生成寻求系统本身存在的规律。灰色关联分析的基本思想就是根据序列曲线几何形状的相似程度来判断其联系是否紧密，曲线越接近，相应序列之间的关联度就越大；反之就越小。该方法既可以用于因素间关联度的分析，又可以用来对由多层次综合指标体系所描述的总体的优劣程度做出评判。灰色关联度分析在区域竞争力评价中的主要思路是分析比较评价对象各项指标与最优向量的关联程度，从而对不同对象在同一时间的区域竞争力进行多层次的综合评价[101]。

六、熵值法

熵值法是一种根据各项观测值所提供的信息量的大小来确定指标权重的方法。设需要评价 m 个区域的竞争力，评价指标体系有 n 项，形成原始指标数据矩阵 $X = \{x_{(ij)}\}_{m \times n}$。对于某项指标 z，指标值 z 的差距越大，则该指标在综合评价中的作用就愈大；如果某项指标的评价值全部相等，则该指标在综合评价中不起作用。某项指标的指标值变异程度越大，信息熵越小，该指标提供的信息量越大，该指标的权重也应越大；反之，某项指标的指标值变异程度越小，信息熵越大，该指标提供的信息量越小，该指标的权重也越小。所以，可以根据各项指标值的变异程度，利用信息熵这个工具，计算出区域竞争力各指标的权重[102]。

第五节　区域竞争力理论模型

经济学上常用各变量间相互关系的框图来描述经济现象，称为经济模型。这类概念模型与数学模型一样，因它能表达各变量间关系，比较清晰地揭示经济现象的内在联系，所以得到广泛应用。区域竞争力研究的不同学派，依据其对区域竞争力构成的不同理解，都构造了各自相应的研究模型。

一、国外区域竞争力模型

（一）IMD 区域竞争力模型

IMD 认为，区域竞争力就是一个国家或一个公司在世界市场上生产出比其竞争对手更多财富的能力。它将区域竞争力分解为八大方面，包括企业管理、经济实力、科学技术、国民素质、政府作用、国际化度、基础设施和金融环境，其核心是企业竞争力，其关键是可持续性发展。这几方面构成的区域竞争力优势是在本地化与全球化、吸引力与扩张力、资产与过程、和谐与冒险四种因素环境中所形成的，具体模型如图 4 - 2 所示[103]。

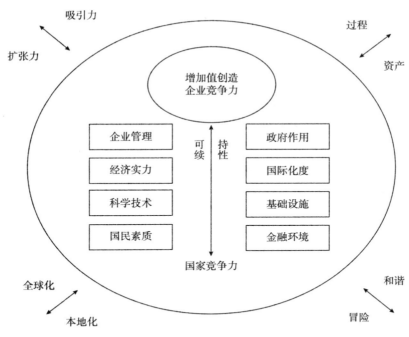

图 4 - 2 IMD 区域竞争力模型

IMD 区域竞争力模型，是从国家竞争力与企业的相互关系出发，认为国际竞争力的核心就在于国家内创造增加值的能力即企业竞争力；而企业是否具有竞争力，则是从其国家环境对于企业运营的有利和不利影响来加以分析。

因此，IMD 早期的评价模型由八大要素组成，分别是：经济实力、企业管理、科技水平、国民素质、政府管理、国际化度、基础设施和金融体系。并且还从四个角度对一个国家竞争力的特征进行分析：扩展型还是吸引型、全球型还是区域型、存量型还是增量型、和睦型还是风险型，相应的评价指标体系就由 8 个要素、47 个子要素、290 项指标所构成。从 2002 年开始，IMD 改变了评价体系，将八大要素简化归并为四大要素，分别是经济表现、政府效率、商务效率和基础设施，每个要素又各自包括了 5 个子要素，相应的评价指标体系也进行调整。如 2005 年 IMD 采用的指标共 314 项，其中硬指标 201 项，在总排序中占 2/3 的权重；软指标 113 项。

IMD 国家（区域）竞争力的评价要素与指标概况　　　　　表 4 - 1

要素	子要素	指标	内容
经济表现	经济实力、国际贸易、国际投资、就业、物价	77 个	国内经济的宏观绩效
政府效率	公共财政、财政政策、机构框架、商务法规、社会框架	73 个	政府政策对竞争力的影响程度
商务效率	生产力、劳务市场、金融、管理实践、态度与价值	69 个	公司在创新、盈利和社会责任方面的表现
基础设施	基础性基础设施、技术性基础设施、科学性基础设施、健康与环境、教育	95 个	基本设施、科技设施和人力资源满足商业发展的程度

（二）WEF 竞争力评价指标体系

WEF 自 1980 年以来就创立了一套评价国家（地区）经济增长与竞争力的理论和方法，其出版的《全球竞争力报告》已有 20 多年的历史，1985~1990 年，WEF 采用的指标共分为 381 项，其中 249 项为硬指标，132 项为软指标。自 1996 年以来，指标体系进行调整，主要是设计了三个国际竞争力指数：一是综合反映当前经济发展水平的国际竞争力综合指数；二是经济增长指数；三是反映在全球经济增长中份额的市场增长指数。1998 年根据波特竞争力理论，增加了微观经济竞争力指数。2000 年国家竞争力再次调整，分为四个方面指数，即增长竞争力指数、当前竞争力指数、创造力指数、环境管制体制指数。根据这些指数，WEF 也按八大要素分类来定量分析国家或地区竞争力，其中 1/4 来自统计数据，3/4 来自调查数据，然后对不同要素和不同指标赋予不同的权重[104]。

WEF 国家（地区）竞争力的构成要素与评价方法（2000 年）　　　　　　表 4 - 2

要素	内容	数据分类	权重
开放度	参与国际竞争与合作、引资和扩张能力	3∶1	1/6
政府	政府提升竞争力的政策供给和实践能力	3∶1	1/6
金融	资本市场和金融服务的结构、质量和数量	3∶1	1/6
技术	基础研究、应用研究与推广传播的能力	1∶3	1/9
管理	组织效率、持续盈利能力和应变能力	1∶1	1/18
基础设施	有利的自然、通信、技术、交通和电力资源	1∶3	1/9
劳动	及时的、充裕的、高质量的劳动供应	3∶1	1/6
法规制度	完善高效的法律、法规和制度框架	1∶1	1/18

（三）波特区域竞争力模型

美国哈佛大学教授波特（Michael Porter）是当今著名的竞争战略研究专家，他对全球竞争进行了全面研究和分析，在《竞争战略》和《竞争优势》中，提出了影响竞争力的五种作用力、三种基本竞争战略、价值链分析等一系列具有新意的观点。在 1990 年发表的《国家竞争优势》一书中，波特把他的国内竞争优势理论运用到国际竞争领域，波特认为，区域竞争力集中体现在一个区域的产业竞争力上，即其产业在大市场中的竞争表现。而一国的特定产业是否具有国际竞争力取决于六个因素，即要素状况，需求状况，相关产业与辅助产业，企业战略、结构与竞争，机遇作用以及政府作用；这六大因素就构成了著名的"钻石模型"，即波特区域竞争力模型。该模型对区域的经济绩效测度，主要从总体经济和创新产出两大部分着手，总体经济包括就业增长、失业、平均工资、生活费用、人均 GDP、人均出口值等；创新产出包括专利、机构创办、风险资本投资、初始公共投入、生产率增长、快速增长的公司等[105]。

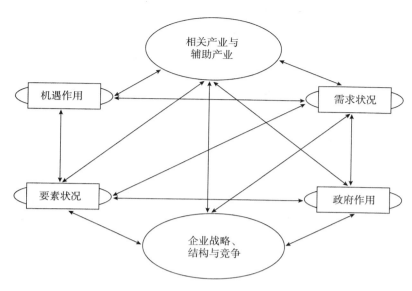

图 4-3 波特区域竞争力模型

（四）德国竞争力测评指标体系

德国 2005 年"区域发展报告"中对区域综合竞争力研究进行了新的尝试。在这份发展报告中，提出了城市密集化地区（即核心城市化区）功能和竞争力的指标体系，其由地区决策和控制功能、创新和竞争功能、门户功能（通道功能）三部分 24 项指标组成，具体表现为：（1）在城市或地区的决策和控制功能中，包含世界最强 1000 家企业在该地的职工人数、经营额，德国最大的 20 家银行总部在该地的银行总数，政府机构级别及数量等指标；（2）创新和竞争功能包括，在校学习的大学生数、留学生数，大学中拥有国家级研究领域的专业数等指标；（3）门户功能中主要包括，国际机场客、货运量，机场航线数，海港货运量，火车站国际特别快车、国际快车发车数等。最后，经三方面的总体评价，得到德国各地区的综合竞争力情况[106]。

二、国内区域竞争力模型

（一）三力说

这其中主要又有三种观点。张秀生、陈立兵（2005）[107]认为，区域竞争力模型应当由产业竞争力、基础竞争力和环境竞争力等共同构建。认为产业集群是提高区域竞争力的途径，区域竞争力集中体现在产业竞争力上。如果基础竞争力和环境竞争力不突出，区域竞争力也难以形成。基础竞争力给产业竞争力和环境竞争力提供持续发展的能力，环境竞争力给产业竞争力和基础竞争力提供市场秩序、法制及政策等环境保障，产业竞争力通过产业发展状况对基础竞争力和环境竞争力施加影响。区域竞争力是由三者共同组成的互相促进、协调发展的系统性整体。另有研究认为，国际竞争力＝核心竞争力＋基础竞争力＋环境竞争力。核心竞争力一是指生产增加值的竞争力，二是指产业结构的竞争力；基础竞争力是指支持核心竞争力的基础设施和国民素质竞争力的基础；环境竞争力也是国际竞争力的重要组成部分，包括市场竞争环境与政府提供的社会组织和结构的环境。在国际竞争力发展的构成要素中，不仅包括竞争力实力要素，而且包括竞争力潜在的要素；不仅包括竞争力的硬要素，而且包括推动竞争力成长的软要素；竞争力是一个整体竞争水平的系统性提高。洪银兴[108]、刘志彪（2003）通过三维模型将区域综合竞争力分为核心竞争力、基础竞争力和辅助竞争力，其中核心竞争力包括经济水平、科技水平和金融实力；基础竞争力包括基础条件、教育及居民素质；辅助竞争力包括政府作用和生活环境。

（二）成本说

朱铁臻（2002）[109]认为，城市竞争力 = 生产要素成本 + 交易成本。生产要素成本，即生产资料、工资、房租、利息等的价格。生产要素成本是由需求和供给决定的。交易成本，简单地说就是人际关系成本，也就是人们相互之间打交道的成本。交易成本是人为制造的成本，看不见，摸不着，却是实实在在存在的隐藏成本。也可以说是制度成本，归根结底是由人决定的。

（三）弓弦理论说

倪鹏飞（2002）[110]认为，城市竞争力 = F（硬竞争力、软竞争力），等于城市产业竞争力之和。硬分力为弓，软分力为弦，城市产业为箭，它们相互作用形成城市竞争力。硬分力 = 人才竞争力 + 资本竞争力 + 科技竞争力 + 结构竞争力 + 基础设施竞争力 + 区位竞争力 + 环境竞争力 + 聚集力，软分力 = 秩序竞争力 + 文化竞争力 + 制度竞争力 + 管理竞争力 + 开放竞争力。

（四）五维度说

张斌、梁山（2005）[111]认为，区域竞争力的维度是指影响区域竞争力并使其具有某种明显特征的原因。区域竞争力是多种因素综合作用的结果，是一个多维的综合体，不同维度的不同结合，使区域竞争力呈现出不同的特色。区域竞争力维度主要包括自然资源维度、人力资源维度、产业维度、社会条件维度和政策维度五个维度。

（五）长方体三维竞争力模型

张辉（2001）认为[112]，区域竞争力模型由区域网络、区域内部流和区域外部流三要素构成。三要素有机地统一于区域之中，密不可分。三者同处于一个长方体内，相互影响、相互作用，从而形成了不同的区域竞争力阶段。

（六）系统论

周群艳、田澎（2005）[113]认为，区域竞争力的定义需包含两方面的内容，一是区域是一个完整的系统，区域竞争力具有一种整体功能；二是区域竞争力来源于竞争优势，它具有"因素"、"结构"和"能力"三个属性。将区域内各城市的竞争力称为网点竞争力，将区域经济系统整体运作所产生的竞争力称为体系竞争力，由于这两者的相互作用，共同构成了区域的整体竞争力。

三、小结

还有其他一些学者也提出了自己对于区域竞争力的观点和看法。总的来说，区域竞争力的研究取得了很大的成就，也存在着诸多不足，区域竞争力仍没有一致的定义，研究的角度不同，也就导致了对其内涵的理解有所不同，当然指标体系的建立也不同。事实上，对竞争力内涵理解的分歧，只是由于不同的理论思想和研究视角所导致的，并不存在明显的优劣和对错之分，并且几种观点也不构成根本矛盾，完全可以共存。

第六节　区域竞争的提升路径

一、区域竞争力提升的不同视角

（一）通过经济活动的空间集聚增强区域竞争力（产业集群）

产业集群作为一种新的产业空间组织形式，是市场经济条件下工业化发展到一定阶段后的必然产物，它对一个地区竞争优势的形成有着重要作用。产业集群已成为一个国家或地区获得竞争优势、应对全球化挑战的重要战略工具。波特在其竞争优势理论中指出，国家竞争优势的获得，关键在于产业的竞争，而产业的发展往往是在国内几个区域内形成有竞争力的产业集群[114]。因此，区域竞争力的研究往往与产业集群相关联，成为提升区域竞争力的一个最主要方面。

美国经济学家克鲁格曼用新贸易理论对产业集群进行了研究，提出了"规模报酬递增"模型。他认为生产经营活动空间格局演化的结果一般都将在某特定区域集聚，他还从定性的角度分析了产业集群在共享劳动力市场和获得更低成本供应商的原因[115]。

Nicholas Craft 和 Anthony J. Venables 利用新经济地理学理论，探讨地理集聚对经济绩效、规模和区位的重要作用，从地理角度回顾欧洲的衰落和美国的兴起并展望未来亚洲的复兴。认为尽管缺乏高质量的制度是落后的重要原因，但是不能忽视地理集聚在经济发展方面的重要作用[116]。

在 Lynn Mytelka 和 Fulvia Farinelli 的研究中，把产业集群分为非正式群、有组织群和创新群，探讨了如何在传统产业中培育创新群，建立创新系统，从而使传统产业保持可持续的竞争优势[117]。

J. Vennon Henderson、Zmarak Shalizi 和 Anthony J. Venables 从经济发展和地理角度探讨了产业为什么会群集、新集群是如何形成的、脱离集群的后果等问题。为了解释以上问题，他们对国际和国内经济的地理特征进行了实证研究[118]。

Catherine Beaudry 和 Peter Swarn 对产业集群的强度影响产业集群内企业绩效的途径进行了研究。他们用雇员数量作为衡量产业集群强度的指标，对英国几十个产业进行了实证分析，得出在不同产业存在着产业集群正效应和负效应的结论[119]。

Mark Lorenzon 通过实证分析，研究了产业集群内企业信息成本特点，解释了不同信任在不同产业集群的存在原因，以及地理接近与信息成本的关系[120]。

王缉慈在《现代工业地理学》一书中介绍了新产业区的概念，并结合国内各区域发展的实际进行了实证分析与探讨。她总结了影响产业集群形成与发展的因素，还对产业集群和区域竞争力关系进行了研究，并结合区域发展和区域研究的现实比较分析国内外典型案例，认为培育区域特色产业、发展专业化产业区是提高区域产业竞争力的关键[121]。

张京祥（2005）将产业集群划为四种形态：（1）同质型产业区。大量相同的企业集聚在一起，享受共同配套设施、市场、信息的便利，并通过竞争形成创新的氛围。（2）配套型产业区。以某些巨型龙头企业为核心形成上游、下游配套企业的集聚。（3）新产业区。以高新产业为基础，依赖的关键要素是信息成本与可靠的高速运输网络。（4）创新区域。强调在促进创新过程中社会资本（社会人群、非正式的交流等）的重要性。张京祥认为在全球化的背景下，长三角区域参与国际分工，面对国际市场，不断被提起甚至成为"共识"的问题，"产业同构"只是一个数字上的表象，实际上正是全球经济体系在这个地区实现制造业规模化集聚的投影。真正的问题在于，目前长三角地区产业集群只是由于优越的区位和低廉的成本所形成的"产业群聚"，尚不能称为产业集群。如何形成、优化公共环境以促进产业集群的形成，是长三角区域应该考虑并采取行动的一个重要原因[122]。

另外，20 世纪 70 年代以来，属于典型知识密集型产业的生产性服务业（Producer Services）已成为发达国家服务业中发展最快的部分和外国投资的重点，扮演着越来越重要的角色，产生了极强的集聚和辐射效应，极大地提升了城市的综合服务功能，增强了城市在区域乃至全球的综合竞争力。在产业集群中关于生产性服务业的集群研究也成为关注的重点。

Jay Kandampully（2001）指出，当一个国家、地区或组织在寻求竞争优势时，服务业集聚可能是增强核心竞争力的重要途径[123]。

Senn（1993）认为生产性服务业在空间上集聚，一方面是因为位置上靠近，可以使服务企业之间便利地享受相互间的服务；另一方面是缘于经济环境的快速变化以及由此产生的不确定性。正是不确定性和降低风险的需求，促使生产性服务企业之间形成集聚经济[124]。

D. Keeble 和 L. Nacham（2001）认为生产性服务业是属于新经济的知识密集型行业，相对于制造业从需求和供应等角度来探寻集聚利益，生产性服务业更应该从集聚学习和创新环境等角度来探寻集聚利益。D. Keeble 和 L. Nacham 通过对伦敦生产性服务业集群中 122 家管理和工程咨询服务企业和英格兰南部非集群化布局的 178 家同类企业的对比，得出在集群中的生产性服务企业可以通过集聚学习机制来获得优势的结论。并且他们发现这种集聚学习机制主要通过以下三种途径来实现：一是通过非正式的社会关系网络获得新知识，二是通过集聚区中生产性服务企业之间正式的合作安排来促进集体学习机制，三是通过集聚区中技能劳动力的流动来促进知识的流动。另外，他们还发现生产性服务企业集聚也与这些企业需要获得进入全球网络的资格有关，因为许多生产性服务企业，特别是一些大型企业都需要进行全球化经营，这些企业一旦能够位于一个国际化都市（如伦敦）中的知识密集型服务业集聚区，就会获得发展全球化联系的额外优势[125]。

（二）通过创新环境的培育提升区域竞争力

约瑟夫·熊彼得（Joseph A. Schumpeter）在 1912 年所著的《经济发展理论》一书中

提出了"创新"的概念。并认为创新能够提高企业的竞争力，进而提高企业所在区域的国际竞争力[126]。由法国、意大利、瑞士区域科学家组成的 GREMI（区域创新环境研究小组）提出了创新环境理论。他们认为，环境是一种发展的基础或背景，它使得创新性的机构能够创新并能和其他创新机构相互协调；创新环境是由区域中制度、法规和实践等组成的系统。他们强调区域创新主体的集体效率、创新行为的协同作用和创新的社会根植性对提高区域国际竞争力的重要性[127]。Maillat（1998）认为，创新环境内容包括对生产和市场的共同理解、企业家精神、企业的行为模式和企业利用技术方式等，同时，也包括技术文化和劳动力市场等非物质的社会文化因子[128]。Maskell（2001），Gregersen & Johnson（2001）的实证研究表明，社会网络、信任、社会规范等正式、非正式制度构成了创新环境，创新环境促进相互交流、集体学习和共同解决问题，从而能够增强区域竞争优势和提高区域国际竞争力[129]。Saxenian（1991）指出美国硅谷地区的发展，归功于区域内由不同规模的企业、大学、研究机构、商业协会等构成的区域创新网络的发展[130]。

根据 Hall（1998）的观点，智力密集、风险资本、基础设施、信息服务等因素并不与创新过程发生必然联系，创新是很多行为主体通过相互协同作用而产生技术的过程，必须重视创新网络和社会文化等区域创新环境的构建（Innovative Milieu）。基于区域的核心竞争力往往表现在地方特色产业集群上，大量相关企业空间集聚所形成的地方化产业氛围是其他区域最难模仿的（王缉慈，2001）。为此，要培育良好的区域创新系统必须首先营造促进区域发展创新的整体环境。张京祥（2008）等将区域创新环境归纳为三个方面：区域创新的制度环境、区域创新的社会文化环境以及区域创新的基础设施环境[131]。

另外，余斌（2007）等以武汉城市圈为例，分析了区域创新体系空间优化的途径。文中指出，武汉城市圈的创新资源总量丰富、特色鲜明，但空间组织路径不畅、网络节点关联松散，致使区域创新能力空间失衡。区域创新体系空间优化的参考路径之一是构建基于市场联系的产业集群网络，通过武汉市的辐射带动，促进区域创新空间均衡发展，提升城市圈的创新能力和核心竞争力[132]。王孝斌（2007）等从知识流动和集体学习的视角，探讨了地理邻近在区域创新中的作用机理。认为太多或太少的地理邻近都不利于集体学习和区域创新，在区域创新管理实践中应当：（1）在构建地方网络的同时加强与全球网络的融合，既保证区域内知识流动的畅通和有效的集体学习，又能充分吸收外部的知识；（2）建立稳定而有弹性的制度、文化体系，既促进区内企业之间的合作与诚信，降低不确定性，又能确保新企业顺利进入；（3）加强区内外企业的产业联系，同时避免区域内企业高度的同质化，培育区域产业集群，使其同时具备适度的地理邻近、社会邻近和行业邻近[133]。

（三）通过区域管治提升区域竞争力（新区域主义）

在全球竞争时代，区域的角色与作用正在发生着巨大的变化。区域被看作是"后福特主义"时代经济社会的基本单元和动力过程及协调社会经济生活的一种最先进形式和竞争优势的重要来源（Stoper，1995，1997）。面对经济全球化的深化和挑战，发达资本主义国家普遍进行了政府重塑等角色转型并实施了将治理权力向区域转移的战略，这包括国家权力的下放和城市间通过联盟方式将某些权力的上交，以形成新的制度竞争优势，进一步突出了区域在全球经济竞争中的地位和作用[134]。这种以生产技术和组织变化为基础、以提高区域在全球经济中的竞争力为目标，而形成的区域发展理论、方法和政策导向，就是目前西方盛行的"新区域主义（New Regionalism）"[135]。

在新区域主义的研究中，区域管治（Regional Governance）是其中最重要的核心概念之一。当今时代的区域管治涉及中央元（AC）、地区元（LG）、非政府组织元（NGO）、社区元（CBO）等多组织元的权利协调建构，其中政府、跨国公司、非政府组织等的影响正在发生剧烈的重组变化。管治是涉及地方权力和私营利益共同试图提高集体目标的过程，因此，区域管治应该被看作是穿越公共与私人边界双向的、疏通压力的渠道和目的（方创琳等，2007）。

自大都市区的概念提出以来，西方国家（包括加拿大、美国、英国等）相继建立了不同形式、不同管理权限的大都市区政府，在不同程度上起到了协调大都市区发展的作用。研究的对象广泛，涉及伦敦、曼彻斯特、墨尔本、多伦多、纽约等典型大都市区区域管治和战略规划的研究。这些研究集中在如何重构大都市区区域管治，建立完善的大都市区区域管制制度性框架，制定大都市区战略规划以及如何实现大都市区区域管治在实践中的应用等，目的是为了提高大都市区的经济竞争力，促进区域整合[136]。

美国学者认为，大都市区是否增长或衰落，在经济发展、基础设施、环境保护和社会公平领域都面临着严重的战略问题，这些问题归根结底落实到区域管治上面。无论正式的或非正式的管治结构，对于保持大都市区始终充满竞争力都是相当重要的[137]。西蒙兹（R. Simmonds，2000）通过对 11 个全球城市地区的总结，根据这些区域内政府的五种管治手段（财权和事权、立法、激励或阻碍作用、改变土地或财产所有者的法定权利和特权、利用信息），区分了强政府体系和弱政府体系两种区域管理体系；认为对于一个特定的城市区域，采用强政府体系或弱政府体系的决定并不仅仅出于成本和效率的考虑，更是与该地区的法律和政治传统息息相关。

张京祥（2001）对西方国家城镇群体发展地区普遍实行的区域/城市管制制度进行了比较研究，并将城镇群体区域/城市管治概括为四种模式：松散、单一组织的管治模式，统一组织的管治模式，完全单层制管治模式，双层制管治模式[138]。另外，张京祥（2005）论述了竞争型区域管治的形成机制、特征与模式。通过对五种主要竞争型区域管治模式的总结，揭示了在渐进式改革过程中，竞争型区域管治的内容、方式、手段、模式也处于不断的演化与更新之中，并指出中国社会经济发展的总体走势将从根本上影响着区域管治的形式与进程[139]。

吴未在对南京都市圈的管治研究中构建了双层政府管理体制，这种体制的特征是上下级政府之间形成合理的分工，划分区域性职能和地方社会服务职能[140]。刘克华对福建省厦泉漳地区发展中存在的矛盾的分析，运用区域管治理念，提出组建厦泉漳城市联盟的概念模式，并从政策、交通、基础设施、生态环境以及旅游等方面，探讨厦泉漳城市联盟运作的战略构思[141]。王登嵘对现阶段粤港地区区域合作的现状特点及存在问题进行了分析，并提出一些推进粤港地区区域管治的策略措施[142]。邓宝善在分析目前大珠江三角洲地区城市发展主要问题的基础上，提出加强区域管治对于提升大珠江三角洲地区竞争力的重要性[143]。吴玉琴在对珠三角城市群多中心区域管治的研究中构建区域多中心管治的途径，在此途径的基础上，吴玉琴对珠三角地区的区域多中心管治进行了实证研究，在分析珠三角现行管治体制问题的基础上提出了区域多中心协调管治的方式[144]。

（四）通过区域规划提升区域竞争力

肇始于 20 世纪二三十年代的西方区域规划是政府干预主义经济思想的重要组成部分之一，并在第二次世界大战后得到快速发展；在 20 世纪 70 年代以后，受自由主义思潮的影响，西方区域规划工作陷入低谷和停滞阶段；1990 年以来，经济全球化成为一种无可遏制的力量，为应对全球竞争的挑战和呼应区域一体化发展的需要，世界范围内兴起了新一轮区域规划的高潮。武廷海（2000）、刘健（2002）、韦湘民（2003）等分析了纽约、巴黎、温哥华等大都市区的区域规划后认为，增强大都市区的竞争力是各规划的核心，日益强化的区域视野与人文倾向是新规划最突出的特点。

纽约第三次区域规划中指出，针对香港、东京、巴黎等城市的迅速发展，世界城市之间相互竞争的形势正变得十分严峻。1996 年，纽约区域规划协会 RPA 以《一个处在危险中的地区》（A Regional at Risk）为题，发表了第三次区域规划。RPA 的分析表明，随着千禧年的临近，纽约的国际金融中心地位正在下降，纽约—新泽西—康涅狄格三州大城市地区在经济发展、社会公平、环境保护等方面都处于危险之中。规划认为，纽约大都市地区是美国卓越的城市地区，同时也是全球性机会的象征，纽约大都市地区必须集聚所有力量，依托该市所在三个州综合安排区域的发展，保持并提高它的世界一流城市的地位，占取发展的制高点[145]。

巴黎在 1994 年编制完成《法兰西之岛地区发展指导纲要（1990～2015）》（简称 SDRIF 规划），制定了新世纪巴黎地区发展总体目标和战略。SDRIF 规划指出，当前世界城市的竞争日益激烈，城市综合规模成为制胜的关键。巴黎具有成为欧洲首都和世界城市的优势，但仅靠巴黎或者巴黎地区是远远不够的，必须以区域整体力量参与竞争，甚至要考虑到巴黎盆地乃至整个法国，否则巴黎极有可能丧失吸引力而被遗忘在欧洲发展带之外。因此，规划提出打破行政边界的隔阂，加强城市之间的联系。一方面，要重视国内不同地区之间的均衡发展，通过人员和产业在全国范围的合理分配，使巴黎地区可以更好地发挥各种非物质资源的优势；另一方面，在巴黎盆地和巴黎地区之间建立伙伴关系，通过发挥相互之间的互补性，实现合理、可行、可持续的区域发展，提高区域整体的吸引力和竞争力。规划中将多中心的空间概念从城市建成区延伸到整个巴黎地区，从而使区域的城市空间布局更具灵活性。这无疑是巴黎地区自觉适应当代世界城市竞争的明智选择[146]。

国内，2004 年编制完成了《珠江三角洲城镇群协调发展规划（2004～2020）》，并由广东省人大制定并颁布了《珠江三角洲城镇群协调发展规划条例》；在 2006 年和 2008 年，国家发改委编制的"京津冀都市圈区域综合规划"和建设部编制的"京津冀城镇群规划"相继完成；"长三角区域规划"也已进入报审阶段。纵观三大城市群区域规划的内容，不难发现增强区域的竞争力无疑是各规划的核心目标。

从规划制度入手，增加行业内的变通，通过规划制度的革新搭建有利于区域协调的平台，成为提升区域竞争力的又一主要方面。我国许多学者（崔功豪，2000；胡序威，2006）对传统意义上的区域规划问题作了分析，并针对区域规划实施体制的弊端提出了建议。另外一些学者则跳出了传统意义上的区域规划，吴唯佳（1999）从区域协调、合作发展的思想出发，提出了重视开展非正式规划的建议。非正式规划强调的是利用咨询、讨论、谈判、交流、参与等措施，在正式的规划途径之外，开辟一条不完全是官方的意见交流和协商行动的渠道，以寻求解决区域发展中各种利益团体冲突的方法和途径；具体包括区域发展管理、区域发展研讨会、行动计划、区域发展的服务机构以及城市和区域合作网等方面的内容[147]。张京祥等（2004）以城市发展战略规划为考察对象，指出由于缺乏区域性职能的政府和政策，中国地方政府只能从自己的局部利益来考虑发展战略，因此从更高层面（省、中央）的角度看，需要尽快制定更广域、更长远的"战略规划"，以协调地方政府之间的关系，并引导竞争型管治的合理发展。

国内外区域竞争力提升措施的研究可以归纳为如下两个层面：（1）"形而下"的层面，即区域内部各种利益群体作用的发挥和积极性的调动，进行区域物质环境的营造、能力的建设和运用；（2）"形而上"的层面，即区域政府从政策、制度、管治方面对区域制度环境的营造。"形而下"层面的措施研究主要集中于本土化学习，"形而上"层面则集中于区域合作、区域治理和区域政策等方面。

二、区域竞争力提升的不同途径

（一）本土化学习（Localized Learning）和区域竞争力

随着全球化进程的加快，区域之间在学习能力上的差距变得更为重要（Amin & Thrift，1994[148]；Maskell 等，1998；Garnsey，1998[149]；Amin & Wilkinson，1999[150]）。本土化学习的观点是由 Amin & Wilkinson（1999）[151]，Braczyk 等（1998）[152]，Cooke & Morgan（1998）[153,154]，Hudson（1999）[155]，Lawson & Lorenz（1999）[156]，Lorenzen（1999）[157]，Malecki & Oinas（1999）[158]，Maskell 等（1998）[159]，Maskell & Malmberg（1999）及 Storper（1997）[160]等提出来的，指技术发展（创新）和一系列社会制度的演化共同本土化和相互联系的过程，许多学者把这个过程看作是区域竞争力的基础。本土化产品和过程的创新被称为本土化技术学习，Hudson 等（1997）和 Maskell 等（1998）[161]对本土化技术学习促进区域经济增长的机理进行了分析。大量文献分别从社会经济学、制度经济学、地理经济学、资源观、新贸易和增长理论的角度以及通过丰富的区域实证分析研究了社会制度对技术学习和区域竞争力的重要性。比较典型的文献如：Eskelinen（1997）[162]通过对北欧地区的实证研究，试图形成本土化学习动力学的一般概念框架；Malmberg & Maskell（1999）[163]对本土化学习和区域经济发展的关系进行了研究；Glasmeier（1999）[164]通过案例研究探讨了在学习型经济中区域发展的政策和计划；Keeble & Wilkinson（1999）[165]，Capello（1999）[166]对集体学习的性质和特点进行了理论探讨；Lawson & Lorenz（1999）[167]则对集体学习和区域创新能力进行了理论研究；Maskell & Malmberg（1999）通过详细的案例研究对本土化学习的过程进行了详尽的阐述，并简短地提出了一些政策建议。Simmie's（1997）与 Malecki & Oinas（1999）[168]都分别从关联的角度对区域创新系统进行了研究，其中前者着重研究了本土化制度的作用。Mark Lorenzen（2001）[169]分析了制定本土化学习政策的基本原则，提出一些促进本土化学习的政策手段，并给出了设计和实施本土化学习政策的建议。孟庆民（2001）[170]对营建学习型区域的途径进行了探讨，指出营建学习型区域必须充分发挥区域的能动性以及利用区域的复杂网络效应。

（二）区域合作和区域竞争力

Allan Wallis. （1996）[171]指出区域竞争力需要区域具有一定的凝聚力，而区域凝聚力的建立受到政府分立和地方治理的阻碍。Hershberg Theodore（1996）[172]分析了经济全球化给区域经济带来的三大挑战，并提出区域内部各城市和郊县之间应该寻找合作的方式，共同开发人力资源、降低其产品和服务的成本以及高效地对稀缺资本进行投资，以提高区域竞争力；而这需要建立一个合理的激励体系以及联邦政府向州政府权力的下放。国内也有许多研究呼吁不同地方政府间加强协作和产业分工，但显得很苍白无力。蔡洋等（2002）[173]基于企业网络经济和区域发展理论探讨了京津冀区域合作的途径，并给出了相关的政策建议。卓勇良（2003）[174]从政府改革的角度探讨了区域合作机制的建立。王诗成等（2004）[175]探讨了加强渤海三角地区经济聚合与经济合作的思路。张稷峰（2004）[176]对构建泛珠三角区域合作机制的有利条件和不利条件进行了分析，并提出了构建泛珠三角区域合作机制的基本思路。

（三）区域管治（Regional Governance）和区域竞争力

Robert D. Putnam（1993）[177]对意大利的区域管治进行了介绍，并指出了政府（Government）和管治（Governance）的区别。管治是指社会所有成员进行集体选择以及根据这些选择进行行动的能力。它不仅仅是公有部门的行为，印刷、广播媒体以及重要的民间组织等非政府机构对管治也具有重要的影响。Gary R. Severson（1993）[178]指出区域普遍缺乏一个对稀缺的公共资本进行投资决策的管治机制，需要在整个经济体系中创造一个伙伴关系和相互合作的气氛。为保证区域竞争力的提高，必须建立新的管治机制使地方政府之间能够相互合作。Robert D. Putnam（1993）[179]指出仅仅通过增加正式的区域政府运作能力并不能提高竞争力，更重要的是管治能力，即由所有部门致力于建立一套共享价值观、制定一个共同的愿景并充分利用各种资源以实现此愿景的能力。Grell & Gappert（1993）通过对美国各区域应对全球竞争挑战的实证研究充分反映了公有、私有和非营利部门现有的组织力量。Allan Wallis.（1996）[180]提出为解决竞争力的需求和区域管治能力不匹配的问题，区域需要建立四种管治能力：机会识别能力、应对机会制定战略的能力、资源调动能力以及行为评估能力。并分析了美国几个主要区域在提高区域管治能力工作中的进展情况。王登嵘（2003）[181]在分析粤港地区区域合作发展历程的基础上，对现阶段粤港地区区域合作的现状特点及存在问题进行了分析。并提出了一些推进粤港地区区域管治的策略措施。杨毅等（2004）[182]分析了地区主义与区域管治的互动关系，介绍了欧盟的管治模式，并以此为基础，展望了未来区域管治的发展趋势。

（四）区域政策和区域竞争力

区域政策与区域管治不同，它的行为主体是区域政府。成功的政府干预，其基本取向都集中在基础设施、基础教育和推进专业化分工等方面。Iain Begg（1999）[183]认为政府应该创造良好的商务环境，促进创新和学习，保证社会凝聚力；Duffy（1995）[184]指出政府的角色应该是提供经济部门建立的基石，包括提供职业技能培训、改善商务环境、维护所有社会群体的和谐以及处理对外事务。Kresl（1995）也提倡政府应对基础设施和人力资本进行投资，促进小企业的发展，保证商务、金融服务提供者的充足供应、战略计划的清晰度、有效管理及支持性法规环境。Drake（1997）[185] 提出了知识经济背景下提升竞争力的四种战略方法：市场依赖、市场规制、市场实施和市场取代，他认为必须改变商务环境以适应信息时代的发展，这需要政府和越来越多反应迅速的私有部门合作。Duffy（1995）[186] 也认为有着不同制度安排的群体之间的协作是一个关键性问题，因此他提倡"民间合作"，政府应在这方面做些努力。另有很多学者试图综合以上各种观点，提出全方位的区域竞争力提升战略，详见文献王立成（2006）[187]，王金全（2006）[188] 等。

第七节　区域竞争力的实证研究

当前国际竞争是多层次的竞争，国家、企业、地区、城市、个人以及各种正式或非正式的组织，正以多种复杂方式进行着全球资源、市场、生存空间和发展机会的争夺和较量，这些竞争主体的优势大小、力量强弱决定了不同层次的竞争差异。因此，国内外关于区域竞争力的研究可以按照主体层次分为四个层次：国家竞争力、区域竞争力、企业竞争力和城市竞争力。

一、国外

（一）国家竞争力的研究

国外最有影响力的国家竞争力研究成果是瑞士洛桑管理学院（IMD）每年发布一次的《世界竞争力年鉴（WCYB）》、Porter 的《国家竞争优势》以及世界经济论坛（WEF）每年发布一次的《全球竞争力报告（GCR）》。其中 IMD 和 WEF 研究所依赖的数据主要来自于各国政府现有统计数据以及对高层管理者全球性大规模调查。

IMD 的《世界竞争力年鉴》。IMD 的《世界竞争力年鉴》强调竞争力是一国先天资源与后天生产活动配合下，所能创造国家财富的能力，并认为"竞争力需要在一国的经济责任和社会需求间取得平衡"。该研究将国家竞争力归结为一国为其企业持续创造价值提供竞争性环境的能力，这些环境包括教育、价值体系等，它集中于研究经济环境的竞争力而不是一国总体经济竞争力或经济绩效，并强调人均 GDP 和人民生活水平是整体竞争力的两个关键指标。《世界竞争力年鉴》把各国形成的环境归结为四对要素运行的结果，它们是国内经济与全球经济、引进吸收能力和输出扩张能力、国家资产和国家经济过程、个人风险和社会凝聚力，在此基础上构建了评价国际竞争力的评价指标体系，至 2002 年该指标体系包括八大要素共 314 个指标。其中 2/3 的指标为硬指标，其数据可以直接通过各种统计系统获得；另外 1/3 的指标为软指标，通过调查问卷获得数据。参与评价的国家和地区达到 49 个，邀请了世界各地 36 个学术机构及 3532 名专家参与合作。该年鉴通过以统一的方式对数据进行标准化和加权后计算各个要素的表现和国家经济的竞争力环境指数，据此对国家经济进行排名，同时还识别出对每个国家竞争性环境最重要的 20 个影响因素。《世界竞争力年鉴 2003》对以前的八大要素进行了调整，把它们归并为四个分项：经济表现、政府效率、商务效率、基础设施，每个分项又各自包括五个子要素。同时被评价对象还增加了一些经济表现非常突出的区域，包括中国的浙江；至 2005 年，参评的国家和地区达到 60 个。尽管 IMD 的国家竞争力测评指标体系很复杂，庞大的指标数量、指标权重的不合理性以及没有进行回归分析，都限制了该报告的分析价值。但是，它有助于识别一些和竞争力有关的经常性因素。

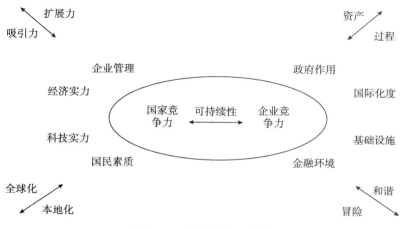

图 4 - 4　IMD 竞争力模型

　　Porter 的国家竞争力理论的中心思想是：一国的生产要素，需求条件，相关及辅助产业的表现，企业的战略、结构与竞争四个基本要素的特征决定了企业竞争环境；并促进或阻碍该国竞争优势的产生。除此之外，机遇和政府作用对于国家竞争优势的形成也十分重要。由此，Porter 构筑了他的国家竞争力模型，即"钻石体系"。Porter 根据对大量国家进行考察的经验证据，认为一个国家的全球竞争性产业总是趋向于表现出在某个特定区域的地理集聚（Porter，1990，1998，2000）[189]。集聚既促进了"钻石体系"各要素之间的相互作用，同时又是其相互作用的结果。国家竞争力取决于"钻石体系"各要素的发展以及它们之间相互作用的程度。但是该理论也存在一些问题（Martin & Sunley，2003）[190]，从根本上它是建立在竞争上的一个特定观点，即企业动态战略定位的基础上，Porter 假定它可以适用于产业、国家和区域层次。在 Porter 的框架中，对集群的界定很有弹性，对地理集聚边界的描述也很模糊，从内城区，到区域、国家层次，甚至是国际层次都包括在内，因此不同的学者以不同的方式来使用该理论。也许这正是该理论具有如此大的影响力的一个主要原因。但是该理论与其说是国家竞争力理论，不如说是产业竞争力理论，因为国家竞争力的影响因素，不仅包括促进企业竞争力的那些因素，而且还包括那些促进宏观经济竞争力的因素。

　　WEF 的《全球竞争力报告》。WEF 的《全球竞争力报告》目前有两套指标体系：（1）微观经济竞争力指数（2002 年之前为当前竞争力指数），它使用微观经济指标对维持当前较高繁荣水平的制度、市场结构和经济政策进行衡量；（2）经济增长竞争力指数，反映维持中期（未来 5 年）高增长率的制度和经济政策组合的全球竞争力。《全球竞争力报告》认为："稳定的环境和正确的宏观经济政策是必要的，但不足以保证经济的繁荣"，"国家在人均 GDP 之间的差别大部分原因是微观经济的差别"。它还认为"在大部分宏观经济政策正确的发达国家，微观改革是改变失业问题和把经济增长转化为不断提高的生活

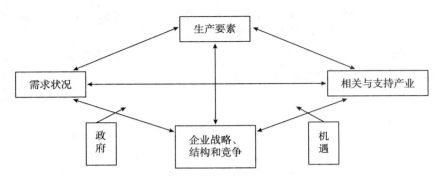

图 4 - 5　波特的国家竞争力模型

水平的关键"。微观竞争力指数使用一般的因子分析（而不是多元回归）为每个国家提供一个相对微观经济竞争力的综合图像。其中 3/4 的指标来自调查数据，1/4 的指标来自统计数据。如果微观经济环境的多个维度组合到一起，由于相对较小的样本数量而不能统计区分单个变量的影响，所有因素都被赋予权重。该报告的结果和微观经济条件决定人均 GDP 水平的假设一致。经济增长竞争力指数注重一国未来 5～10 年的经济成长潜力，较侧重动态评比。在具体的指标设计上，世界经济论坛依据国际竞争力为一国能够实现以人均 GDP 增长率表示的经济持续增长的能力，强调提高经济增长率。

此外，经济合作与发展组织（OECD）的《新经济报告》通过使用一整套指标对其成员国进行显著性比较分析和回归分析，识别出与经济竞争力有较强因果关系的因素，并把它们归为五类（OECD，2001）[191]。英国贸易与产业部（DTI）建立了一套由五大要素 38 个指标组成的指标体系，来对英国和其主要对手进行比较分析（DTI，1999）[192]。

（二）区域竞争力研究

国外研究机构和学者主要从以下两个角度对区域竞争力进行研究：把区域竞争力当作是多种因素综合作用的结果来进行研究；针对区域竞争力的某个特定影响因素进行研究。

（1）把区域竞争力当作多种因素综合作用结果的研究。这类研究一般都涉及基准标定工作，基准标定这种方法最初提出来时的目的是要确定一个关键业务流程，将它和自己的或其他组织中的一个相似流程进行比较，识别并实施改进方案，最后对结果进行评估。近年来这种方法被应用到区域层次，通过这种方法对有着相似结构或自然资源禀赋的区域进行比较以找出绩效不同的原因。

1）《关于经济和社会凝聚力的第二次报告》（European Commission，2001）[193]。欧盟委员会的《关于经济和社会凝聚力的第二次报告》虽然不对区域竞争力的影响因素进行评价，但是它简洁地探索了它认为对竞争力最具影响力的因素。报告指出区域根据其所处发展阶段和社会经济结构的不同可以分为几种类型，对于不同类型的区域，竞争力影响因素的相对重要性就不同，并总结了区域竞争力最主要的八类影响因素。

2）Barclays 银行 PLC/WDA/RDA 的《与世界竞争》（PLC，WDA & RDA，2002）。该报告由威尔士发展机构与 Barclays 银行 PLC 合作出版，报告根据区域的社会经济特征及其经济的竞争性确定了 15 个区域，其中 10 个区域在欧盟内部。通过对全球 15 个竞争性区域进行比较，以找出竞争力的一般影响因素。在经过两次研究后得出结论，在每个区域都出现的一般性成功因素只有很少的几个。

3) 英国贸易和产业部（DTI）的"区域竞争力指标"（DTI，2004）[194]。英国贸易和产业部（DTI）建立的一套五大类 14 个指标的区域竞争力指标体系，其中的许多因素并不决定区域竞争力而是反映了区域竞争力的结果。

4) 米德兰东西部基准。1997 年，英国政府办公室在米德兰东西部委任了 Ernst 和 Young 两人对米德兰东西部和欧洲其他区域共 12 个地区的竞争力进行比较和评价，以确定促进区域竞争力的措施，他们使用"区域竞争力多维基准标定模型"，考虑了对区域竞争力进行评价的大量投入和产出因素共 55 个竞争力指标，通过对其相对重要性打分来进行评价（Ronald L. Martin，2003）[195]。

5) 硅谷网络的"硅谷比较分析"（Saxenian，1994）[196]。硅谷网络利用其建立的一套含有六大因素的指标体系，对硅谷和美国其他 10 个高技术中心进行比较来对园区竞争力进行基准标定，该研究证明专利、研究机构支出、风险资金的可获得性、首次公开募股（IPO）以及高科技企业集群之间存在较强的相关性。

6) ECORYS – NEI 的"区域竞争力影响因素的研究"和"区域投资环境研究"（EC-ORYS – NEI，2001）[197]。ECORYS – NEI 提出了一个区域竞争力的概念模型，即"区域竞争力帽"，以囊括关于区域竞争力的各种理论和经验观点。该模型由从帽顶到帽沿共四个层次组成，分别是：区域结果（Regional Outcomes）、区域产出（Regional Outputs）、区域生产（Regional Throughputs）以及区域竞争力的决定因素。在另一项关于"区域投资环境研究"中，ECORYS – NEI 使用其建立的用来衡量区域投资环境质量的基准标定方法对西北欧 40 多个区域进行了基准标定，其数据来源于对区域企业家的调查。

（2）针对区域竞争力的某个特定影响因素的研究。这些因素主要包括：集群，人口、移民和场所，企业环境和网络，管治水平和制度，产业结构，创新/区域创新系统，外国直接投资等。

1) 集群对区域竞争力影响的研究。Porter 指出，地理上的集聚是经济地理的一个普遍特征。他在美国选取了 60 多个贸易型集群，这些集群提供了全美 32% 的就业岗位，劳动生产率是美国其他非贸易类集群（主要是城市群，提供全美 67% 的就业岗位）的两倍。但是，一些经验研究却得出相反的结论。例如，O'Malley & Egeraat（2000）[198] 在对产业专业化和出口水平进行分析的基础上研究了爱尔兰的竞争力，研究表明尽管缺乏 Porter 类型的本土集群，爱尔兰的本地产业在整个 20 世纪 90 年代的表现也很好。虽然 O'Malley & Egeraat 确实也认为企业间网络和积极性的竞争在爱尔兰也存在，并且降低了交易成本，但并没有处于国际竞争性行业中比较杰出的集群。爱尔兰也有大量在国际上具有竞争性的杰出的企业，但它们并不属于某个集群或本土价值链。其产业绩效的提高可能归因于与基础设施、劳动力和其他投入成本相关的经济整体竞争力的提高。

2) 人口、移民和场所对区域竞争力影响的研究。Florida（2000）[199] 在 Glaeser & Sheifer（1995）[200] 对人力资本增长研究的基础上对美国的大都市区域进行了回归分析，发现在"技术水平、人才和多样性"之间存在着"三角关系"。简而言之，人才被吸引到有着较多机会、进入壁垒低以及多样化的地区，高科技产业又被吸引到有着高层次人力资源水平的地区。Florida 通过类似的回归分析表明，在增长、人才的流动和收入变化之间存在明显的因果关系。但是 Florida 也指出"进一步的研究需要对这些因素之间关系的性质以及因果关系的方向进行分析"。Saperstein & Rouach（2001）[201]的案例研究也支持Florida 的结论，他们估计硅谷 29% 的高科技企业由中国和印度移民经营，35% 的硅谷高科技员工是外国人。

3）企业环境和网络对区域竞争力影响的研究。Ritsila（1999）[202]对芬兰企业环境和创新氛围的统计研究发现，在竞争力与企业网络结构和创新之间存在着明显的统计关系。该研究使用创新氛围的概念，该概念普遍适用于广泛意义上的经济环境，如：专业化、互动和合作氛围、模仿过程、集体学习过程和较强的本地身份感。使用的方法是对创新和合作指数进行描述性统计分析，创新衡量的是教育水平、人均拥有的企业数量和本地技术水平；合作指数衡量集群企业的数量、当地社区之间的合作强度以及通勤的程度。Johannis-son（1998）[203]对瑞典人际网络和知识性企业的分析也支持这个结论。知识型企业的企业家和传统企业相比较而言，要投入更多的时间在建立网络上并且建立更集中的网络。专家小组分析表明，知识型企业和传统企业之间在人际网络方面的区别随着时间的推移在慢慢减少。Sjoerd（2005）[204]对 54 个欧洲地区的研究表明，刺激区域经济增长的不仅是网络关系的存在，而且还有对这些网络关系的积极参与。

4）管治水平和制度对区域竞争力影响的研究。200 多年以前，Jean – Jacques Rous-seau（1762）就发现了管治水平和经济繁荣之间的关系。Moers（2002）[205]对中东欧国家的经验研究发现，"一旦宏观经济达到一定的稳定程度，制度环境就成为经济增长的最重要的决定因素"，这个结论也适用于发达国家的区域。Bradshaw & Blakely（1999）[206]，Cooke（1998）[207]，NEI（1999）[208]以及 Rondinelli（2002）对大西洋两边国家所作的研究和分析均表明，在区域竞争力和经济发展管治及区域能力之间存在明显的联系。

5）产业结构对区域竞争力影响的研究。研究产业结构对区域绩效重要性的文献比较多。其中比较典型的，如欧盟委员会第六期报告（European Commission，1999）[209]中指出"不合理的产业结构和缺乏创新能力是导致竞争力落后的最重要的因素"，该报告也指出竞争力指标之间存在潜在的相关性。关于经济和社会凝聚力的第二次报告（European Commission，2001）[210]通过把部门活动分成农业、工业（制造和建筑）、市场服务和非市场服务，指出在金融和商业服务部门生产率是最高的，农业部门的绩效相对较差。但是，英格兰银行 2001 年的一项研究指出，英格兰南部与英国北部相比较而言，其增长率的提高和移民、劳动力的增加以及服务部门在南部的集中同样有关。英格兰银行最后得出结论，认为英国南部和其他地区产业结构的不同"并不是 1996～1998 年间区域经济增长出现差别的主要原因"，即产业结构对增长率没有什么影响。

6）创新/区域创新系统对区域竞争力影响的研究。毋庸置疑，知识和创新在经济发展过程中扮演着一个很关键的角色；在区域层次更明显，因为地理上的分离更突出了发展的差异。Guerrero & Seró（1997）[211]以专利申请数代表创新活动的水平对西班牙创新的区域分布进行了研究。他们指出有着大量专利申请数的地区也是传统上更动态化的地区，而且支持创新活动的公众集资也集中在这些专利申请数集中的地区。创新是一个需要广泛的私有和公有区域行为主体之间互动的交互学习过程。OECD（1999）的研究表明，企业的创新和知识适应能力是由其环境决定的，包括它的合作伙伴、竞争对手、顾客、人力资本、区域知识基础设施、制度、法规、非交易的互倚性以及直接或间接影响创新的其他因素，Cooke（2002）[212]强调与全国及国际经济间的联系也同等重要，所有这些因素组合起来可被定义为区域创新系统。Braczyk（1998）对区域创新系统进行了分类，这种分类有利于确定区域创新和经济发展的成功因素，并针对各种类型的区域创新系统分析了企业、银行、商会、地方政府和中央政府的角色和作用。近几年，区域创新系统在北欧国家尤其是芬兰和瑞典广受关注（Cooke，2003）[213]。在芬兰和瑞典，为了节约成本，大型国际性企业的实验室规模已经降低，研究逐渐来源于公共设施。这需要一个新的管治机制使政府的科学政策、大学研究和产业创新更加紧密合作，这三方面的关系现在已嵌入到芬兰和瑞典的创新系统中，并且有来自高级政府官员的投入。Cooke（2002）指出，公有部门在建立区域创新系统中的作用是建立在区域经济内外部转移知识和创新的系统链接，即建立社会能力、网络、制度厚度（Institutional Thickness）同时辅助非交易的互倚性（Untraded Interdependencies）的运作。在这样一个系统中，公有部门既是鼓励者又是部分资助者。在建立区域创新系统中高等教育机构的作用也很重要，它们在区域知识基础设施中起着重要的作用。比如，通过企业和大学之间的联系来促进知识和人力资本的转换，这种有效联系（尤其是涉及技术型产业和企业）已被证明能促进区域经济发展（Dineen，1995[214]；Cooke，2003[215]）。政府有目的的和优先的研究项目可以进一步强化大学里的区域知识基础设施，而区域知识基础设施对跨国企业的区位选择很重要。在苏格兰和英格兰东部，科学知识基础设施的吸引力有助于解释非英国企业是怎样被吸引到这些地区的（Cantwell and Iammarino，2000）[216]。

7）外国直接投资对区域竞争力的影响。Cantwell & Iammarino（2000）[217]研究了对内投资对支持创新和强化区域创新系统的作用。他们建立了一个技术优势指数并发现，对内投资通过输入创新和技术能够产生区域竞争力。但是，这种形式的投资只有在这种优势已经存在的地方出现。在 Guerrero 和 Sero（1997）[218]的例子中，外国直接投资所产生的良性和恶性循环都存在。

（三）城市竞争力的研究

国外学者对城市竞争力的研究集中在三个方面：把城市竞争力当作是多种因素综合累积作用的结果来进行研究，针对城市竞争力的某个特定影响因素进行研究，城市竞争机制的研究。

（1）把城市竞争力当作是多种因素综合累积作用的结果的研究。从这方面进行研究的学者主要有美国巴克内尔大学的 Peter 教授、美国北卡罗来纳大学的丹尼斯教授及其同事们，以及英国的 Iain Begg 等学者。

1）Peter 关于城市竞争力的研究。美国的 Peter 教授（1995，1999）[219,220]认为城市竞争力没有直接被测量分析的性质，人们只能通过它投下的影子来评估它的质和量。Peter通过构造一套变量指标来表示城市竞争力，得到城市竞争力的分析框架。认为城市竞争力是由制造业增加值、商品零售额、商业服务收入体现出来的。此外，Peter 在假设城市发展和城市竞争力高度相关的前提下，参考了现代增长理论，选择了一套解释城市发展的变量，得到城市竞争力的解析框架。认为城市竞争力的影响因素有经济因素和战略因素，其中经济因素包括生产要素、基础设施、区位、经济结构和城市环境；战略因素包括政府效率、城市战略、公私部门合作和制度灵活性。Peter 采用多指标综合评价的判别式分析法，根据分析框架和城市综合数据，对美国 40 个大城市地区在 1977～1987 年及 1988～1992

年这两个时期的城市竞争力计算得分并排名。根据评价结果，Peter 使用城市竞争力的解释性框架建立了城市竞争力与解释性变量的回归方程，对城市竞争力高低及变化的原因进行了分析和比较。

2）Dennis 关于大都市地区竞争力的研究。Dennis 教授在吸收前人研究成果的基础上，提出了自己的概念框架：$C = F (U, N, T, F)$。C 代表大都市地区的国际竞争力；U 指支撑国际贸易和国际投资等商业活动的当地城市环境；N 指影响大都市地区国际竞争力的国家因素；T 是指对国际贸易条约的依附程度；F 是指当地企业和产业的国际竞争力。对以上方面分别设计指标体系加以表现，然后运用数学方法将其综合起来，将大都市地区样本的有关数据代入其数学模型，从而得出其竞争力得分和排名（Dennis A. R.，1997）[221]。

3）Iain 关于城市竞争力的研究。Iain Begg（1999）[222] 从三个层面分析了城市竞争优势的来源：一是直接影响企业运营成本的因素，包括价格因素和非价格因素；二是间接成本因素，主要是指当地的环境如企业集群、Porter 钻石模型的四要素、城市的历史和产业组合等；三是政府政策和治理因素。他通过提出一个复杂的"迷宫"来说明城市绩效的"投入"（自上而下的部门趋势和宏观影响、公司特性、贸易环境、创新和学习能力）和"产出"（就业率和生产所决定的具体生活水平）的关系，将城市竞争力的显性要素和决定要素的分析结合起来。类似的研究还有 Douglas Webster（2000）[223]、Sotarauta & Linnamaa（1998）等。

（2）对城市竞争力的特定影响因素的研究。Gordon & Cheshire（1998）[224] 指出，制度环境会影响一个城市里企业的生产率、创新和商业发展的动力。Putnam（1993）[225] 提出"社会资本"对于竞争力的影响。他认为，"社会资本"可以解释意大利北部地区经济成功和南部地区经济失败的原因。Porter（2000）[226] 提出"企业战略和竞争环境"概念，以此阐述制度环境的意义。被提为"社会资本"的主要有信任、伦理和社会关系网络等方面，这些社会因素通过方便合作而改进经济效率。Porter 在讨论地区间竞争优势时，强调某些规则、激励和伦理可以产生的经济效果，诸如鼓励投资、崇尚竞争和持续进取的精神资源。

一种观点认为城市竞争力源自地方区域的生产簇群，如波士顿的 128 公路，Baden - Wüurttemberg，Emilia - Romagna 和 Grenoble 等。该观点考虑了要素条件，企业战略、结构和竞争对手，需求条件以及相关和支持产业等之间的系统，地方、网络互动关系。另一种观点认为竞争力和经济增长是以区域的贸易和出口为基础的。按照这种观点，有竞争力的城市是那些全球经济体系中的"门户"或者"节点"城市。如伦敦、巴黎、纽约以及东京等。认为地方经济增长是由区域外的可贸易条件决定的（EU Enterprise DG 2000），而这日益以生产和过程的创新为基础，认为"簇群"只是竞争力结果的外在表现，而不是竞争力的源泉。

从不同角度，美国的（Kresl，1995）教授则将决定城市竞争力的要素分成两大类：经济部分和战略部分。因此，他归纳，城市竞争力 $= f$（经济决定因子，战略决定因子），其中，经济决定因子包括生产要素、基础设施、区位、经济结构、城市适宜度，而战略决定因子则包括政府效率、城市战略、公共私人部门合作和制度弹性等。战略决定因子的作用不是直接显露出来的，而是通过与当地大学、研究中心相关部门的积累表现出来。最近，文化活动和环境宜人程度对于城市竞争力的重要性日益得到广泛重视，并被作为影响城市竞争力的核心部分来看待。

Granovetter 等学者认为，城市竞争力由城市活动（如金融、旅游、计算机制造、非正式部门角色、科技、创新等）和场所两者共同决定。城市活动是城市在现实世界中竞争的表现、过程和结果；而场所具有不可交易性，其中的人力资源、区域禀赋、制度环境等都决定了城市活动的选址和定点、扩展或者压缩。

（3）城市竞争机制的研究。在全球化、信息化以及知识经济的背景下，城市竞争什么？城市如何竞争？怎样才是一个有竞争力的城市？城市竞争方式有哪些？城市竞争结果有哪些？（William and Turok，1999）

1）城市竞争什么？

2001 年在亚特兰大召开的城市竞争力会议上，众多学者认为权力的持续下放，全球市场的自由化以及城市化进程促使城市加快对如下对象的竞争：资本、技术和管理专家；电信和通信设施及其服务；新兴产业、服务业以及竞争产品和服务的价格和质量等等。Markusen（1996）[227] 认为，作为一种场所类型，一个城市竞争力的关键（标准，作者注）是这个城市能否在保留已有的人才和投资的同时吸引更多的投资和人才移民。另有学者认为，一个有国际竞争力的城市可以从以下几个方面考虑（条件，作者注）：①与其他城市的联系和交往程度；②较高教育素质的劳动力；③优越的交通和通信设施；④多样性的研究机构；⑤有吸引力的产业据点和办公空间；⑥高效率的政府；⑦公共和私人部门的交流联系；⑧大的跨国公司；⑨多样化的投资渠道等。

在全球化、信息技术的背景下，人才、知识、技术、信息、投资等生产要素成为城市竞争的主要对象。

2）怎样才是一个有竞争力的城市？

（Loleen Berdahl，2002）认为，一个有竞争力的城市必须具备：①高的生活质量；②有吸引力、安全、可持续的环境；③高质量的服务和基础设施；④有竞争力的税率和措施；⑤人力资本和知识中心；⑥个性/性格（Character/Personality）、文化、多样性等。（Kresl，1995）则认为，能代表一个有竞争力的城市经济有六个特质，包括数量和质量目标：①能创造高技术、高收入的工作；②能生产有利于环境的产品和服务；③生产集中于具有某些理想特性的产品和服务，如收入需求弹性高的产品；④经济增长率应该与充分就业相衔接，不产生市场过载的负面作用；⑤城市从事于能掌握其未来的事业，也就是说，选择可能的未来，而非被动接受其命运；⑥城市能加强其在城市等级体系中的地位。Kantor 教授认为，一个国际性城市应该是一个具有高度竞争力的城市，并且是围绕这 3C 而形成的：Concepts（观念），Competence（实力），Connection（联系网络）。（张庭伟，2000）对照哈佛大学 Kantor 教授和 Porter 教授指出的三个衡量城市竞争力的指标（领导素质）、信息技术及国家与民营的合作，世界银行城市发展部主任（Pellegrin）认为，缺乏竞争力的城市有如下的共同问题：①城市缺乏法规，或现有法规的质量低下，无法保证投资者的信心或说服投资者继续经营；②与全球或地区性的资本市场关系疏远，无法从这些市场筹措城市建设的资金；③政府没有足够的能力提供有水准的公共服务，又未能获得民营企业的协助，致使城市的吸引力下降。

3）城市竞争方式有哪些？

除了传统的区位因素（土地价格、空间可达性）外，软性的生活质量、环境、文化服务水平和对知识的获取等要素则成为新时期区位的主要因素。与此同时，"hi - tech, hi - touch"，新技术同时需要人们面对面的交流、接触。这其实分析了城市竞争的四个阶段：①城市的弱竞争阶段（城市化阶段）；②城市的城市或郊区竞争阶段，也就是城市的区域竞争阶段（城市的郊区化阶段）；③城市的广域竞争阶段（逆城市化阶段）；④信息时代城市全球化竞争阶段（信息时代的城市发展）。

二、国内

（一）国家竞争力研究

国内研究机构和学者对国家竞争力的研究，重点是引进和介绍 WEF、IMD 两个组织对于国家竞争力研究的理论和评价方法。1989 年，原国家体改委与 WEF、IMD 商定进行国家国际竞争力方面的合作研究，并于 1993 年将中国的部分数据纳入《全球竞争力报告》。1996 年原国家体改委经济体制改革研究院、深圳综合开发研究院及中国人民大学联合组成中国国际竞争力研究课题组，每年参照国家竞争力评价机构的做法，对中国国家竞争力进行一次评价，从总体上和若干个侧面对我国国际竞争力做出排序分析。但他们尚未通过建立数学模型，对国家竞争力进行定量分析。1991 年，狄昂照、吴明录等承担了国家科委的重大软课题"国际竞争力的研究"，该课题提出经济活力、工业效能、财政活力、人力资源、自然资源、对外经济活动活力、创新能力、国家干预八大方面的因素决定一个国家的竞争力（狄昂照，吴明录，1992）[228]，并设计出评价指标体系，对亚太地区 15 个国家或地区的竞争能力进行比较分析研究。张金昌（2002）[229] 在借鉴 IMD、WEF 和 Porter 的研究成果的基础上，提出了自己的国家竞争力决定要素模型。王与君（2000）[230] 在 IMD 和 WEF 的国际竞争力评价模型和指标体系的基础上，对国际竞争力的几个重要影响因素进行了研究，并从竞争力资产和竞争力过程的角度对我国经济的国际竞争力现状进行了分析。

（二）区域竞争力的研究

继国家竞争力的研究热潮，部分学者开始关注国内某些地区（省区、三角洲等）的区域竞争力的研究。

1998 年 4 月 2 日《经济日报》用整版篇幅，刊登了尹玉龙的文章《全国各省市区域经济实力谁执牛耳？》，该文章仍用八大指标体系，但指标体系减少到 16 项。它们分别是地区经济实力（5 项）、对外开放程度（2 项）、政府作用（2 项）、金融活动（2 项）、基础设施（2 项）、管理水平（1 项）、科学技术（1 项）及人力资源（1 项），虽然一级指标涉及较全面，但一级指标所包含的二级指标相当少，导致一级指标不能完全反映竞争力评价的准确性。

1998 年，深圳综合开发研究院华南经济研究中心推出了一个九大区域经济实力评价指标体系，这九大体系指标分别是：8 个一级指标和 32 个二级指标，资源（5 项）、经济实力（8 项）、经济开放性（4 项）、经济效率（4 项）、经济发展潜力（5 项）、政府控制力（3 项）和生活质量（3 项），并尝试用其对京九沿线各地区综合竞争力进行实际测算。该评价体系在指标体系的涵盖方面较尹玉龙的评价体系有明显改善，但其指标体系中反映经济的指标过多，对于反映产业、科技、金融、教育及基础设施的指标并未纳入指标体系之内，因此，该指标体系只能部分反映京九沿线各地区综合竞争力水平。

1999 年，福建行政学院王秉安教授为主的《建设海峡西岸繁荣带提升福建区域竞争力》[231]课题组分别从区域竞争力的理论及实证分析对区域竞争力进行研究，从理论角度来看，该课题组认为区域竞争力由直接竞争力（产业竞争力、企业竞争力和涉外竞争力）和支撑它们的四个间接区域竞争力（经济综合竞争力、基础设施竞争力、国民素质竞争力和科技竞争力）构成，该评价的指标体系共分为三个层次：第一层次为一级指标，即七大竞争力（上述的直接竞争力和间接竞争力）；第二层次为二级指标，即将第一层次指标分解为 24 项二级指标；第三层次为三级指标，对二级指标进一步分解，共计 69 项指标。从分析方法上讲，该课题组以七大竞争力分析结果为基础，采用 SWOT 法对福建的区域竞争力进行分析。在对上述指标进行定量测算时，王秉安教授及课题组对指标体系不设权重差异，即 69 项评价指标的重要程度相同，二级指标的数量多少决定一级指标的权重。这种指标权重的处理具有较强的主观判断，也决定了对区域竞争力排序评价计算时只能采取算术平均法，应该采用客观赋权法或主、客观赋权法相结合。

张辉（2001）[232]在对区域发展起决定作用的区域网络、区域内部流、区域外部流三要素进行深入分析的基础上，构建了区域竞争力三维模型，并由模型推导出区域静态和动态的最优竞争力均衡点，同时结合实例分析了区域提升竞争力的三条基本发展道路。

2001 年，武汉大学赵修卫教授对区域核心竞争力进行了研究，他认为区域核心竞争力由比较优势和竞争优势共同组成，比较优势赋予核心竞争力以独特性；基础竞争优势突出了区域经济的内生能力，是主导方面。发展核心竞争力应突出比较优势的经济市场价值，同时大力发展区域特色产业的创新力。他进一步指出了创新对核心竞争力发展的意义，并从要素、技术和产业三个基本层面进行简要讨论（赵修卫，2001）。

2002 年，肖红叶教授对我国区域国际竞争力进行研究，包括国际竞争力概念及主要特征、区域国际竞争力的构成要素及系统结构和区域国际竞争力研究方法（肖红叶，2002）。

甘健胜（2002）[233]采用多目标层次分析法研究区域竞争力的评估排序问题，提出区域竞争力评估的多目标层次分析法模型，为探讨区域竞争力评估排序提供了一种新的方法。

张为付（2002）[234]建立了一套由 3 个一级指标、7 个二级指标、19 个三级指标和 88 个子指标构成的区域竞争力测评指标体系，并对长三角、珠三角和京津塘地区进行了比较研究。

2003 年 3 月，福建师范大学经济学院谢立新博士从地区竞争的本质包括地区竞争的主体、地区竞争的内涵、地区竞争的方式及地区竞争力的本质和地区竞争力与国家竞争力、企业竞争力、产业竞争力进行了较为系统的研究（谢立新，2003）。

2003 年，南京大学长江三角洲经济社会发展研究中心对长江三角洲地区综合竞争力进行比较研究，具体内容包括区域竞争力的内涵、区域综合竞争力测度的理论模型，将综合竞争力划分为核心竞争力、基础竞争力和辅助竞争力等 3 个一级指标、7 个二级指标、

19 个三级指标和 88 个子指标。在确定区域竞争力方法时，该中心采用德尔菲赋权法对各指标进行赋权和加权处理，并对核心竞争力、基础竞争力和辅助竞争力以核心竞争力为基准进行标准化比较，最终找出各区域之间差距的原因。尽管这套指标体系涉及较全面，但缺点在于：一是，7 个二级指标中缺少产业竞争力；二是，采用的数学方法比较简单，没有考虑指标体系中指标之间的相关性问题，很有可能会造成指标重叠的现象发生，从而导致竞争力评价偏差。

倪鹏飞（2003）对长三角、珠三角和京津唐大都市圈进行竞争力简要分析，指出三大都市圈各有优势：京津唐大都市圈聚集竞争力最高，长三角区位竞争力最高，珠三角制度竞争力最高；并对提升三大都市圈竞争力提出相应对策。

此外，有部分学者对区域竞争力的某个特定影响因素进行了研究，如盖文启（2002）[235]指出区域内的产业在集聚过程中能否进行知识的快速创新、转移、扩散，影响着区域经济发展的优势获得。而区域创新网络一旦形成并发挥作用，区域内就会出现一个自我强化的循环系统，而这种良性的知识和信息的循环会不断促进区域发展。

除此之外，还有很多学者的研究并不针对特定区域，而着眼于区域竞争力的内涵和研究方法，如王秉安（2000）[236]应用微观经济学的原理进行宏观经济的研究，完善了区域竞争力的概念，将国家竞争力的理论和应用拓展到不同级别区域竞争力的理论与应用中。张辉（2001）[237]构建了区域竞争力三维模型，并推导出区域静态和动态的最优竞争力均衡点。赵修卫（2001，2003）[238,239]对发展区域核心竞争力进行探讨，提出了构建区域核心竞争力的四种基本途径，并分析了全球化背景下，外资对区域竞争力的影响。王辑慈（2001）[240]、盖文启（2001）[241]分别从不同角度分析了产业集群对提升区域竞争力的重要作用。陈秋月（2002）[242]也参照了波特的要素理论建立了区域（省）经济竞争力比较方法与模型。

（三）城市竞争力研究

国内学者[243]倪鹏飞（2001）借鉴 Porter 的研究模式和方法，提出了城市竞争力的显示性框架和解释性框架，解释性框架即弓弦箭模型；后来又提出第二种解释性框架，即飞轮模型（倪鹏飞，2003）[244]。基于城市弓弦箭模型，倪鹏飞设计了一套城市竞争力指标体系，并使用主成分分析法对我国有代表性的 24 个城市进行了评价和排名。北京国际城市发展研究院（IUD）（连玉明，2003）[245]依据 IMD 的"国际竞争力理论"和 Porter 教授的"国家竞争力理论"，并在其基础上建立了适合 WTO 背景下中国城市竞争力需要的"全球竞争力理论"，进而提出了中国城市竞争力的"城市价值链模型"。于涛方（2004）[246]将影响城市竞争力的影响因素分为外部环境因素、内部资源因素和内部能力因素，并结合实例对其进行了组合分析。另有许多学者如郝寿义（1998）[247]、宁越敏（2001）[248]，都是直接套用 IMD 的国家竞争力模型和指标体系，将之应用于城市，建立自己的城市竞争力评价指标体系，并进行实证研究。

一部分学者对城市竞争机制进行了研究，仇保兴（2001）[249]认为人才、知识和信息都是新时代城市竞争的主要资源。学者大都认为，城市之间的竞争不是零和游戏，尤其到了信息时代，城市与城市之间除了竞争，同时也存在很强的合作关系，表现为一种合作性的竞争关系（孙明洁，2001）[250]。石忆邵（2000）[251]指出，在现代市场经济中，竞争与合作会使双方都得益，为了合作的竞争显然要比为了竞争的竞争更高明。于涛方（2004）[252]根据城市发展的不同阶段分别研究了其竞争机制。

从以上分析可以看出，区域竞争力的理论研究并不多见，重点放在经验研究上。另外，无论是国际竞争力、区域竞争力还是城市竞争力，目前尚无一种统一的影响因素和测评指标体系。即便在国际上关于区域竞争力的研究也存在众多争论。而国内无论是借助Porter 的国家竞争力理论和竞争模型，还是 IMD 国际竞争模型和测度指标体系，以及自创体系研究区域竞争力问题，都很难说已有成熟的理论和研究方法。

第五章　区域竞合

竞争与合作是地区间横向联系最重要的两个维度。

竞争贯穿于不同利益主体之间相互关系的始末在，但当竞争关系发展到一定阶段，如不引入"将蛋糕做大"的合作机制，则会引致过度竞争的一系列弊端。"竞合"是竞争与合作并存的一种关系状态，随着现代竞争从对抗性竞争向合作性竞争蜕变，"竞合"正在成为区域内部以及区域之间最基本的联系模式，区域关系正在全面走入"竞合时代"。

依据竞合理论，合作是竞争的提升、深化和延续，在上一章对区域竞争力的相关讨论的基础上，本章将首先介绍区域竞合的理论框架，透视当前国内区域关系从竞争走向竞合的现状与困境。核心内容是竞合模式（双 C 模式）的构建，包括竞合发生的基础条件、竞合原则、主体层次、竞合类型、竞合内容与对策等；最后结合长三角、珠三角、环渤海区域的竞合发展过程审视这一模式在实践领域的应用情况。

第一节　区域竞合的理论架构

一、竞合理论

20 世纪 90 年代，美国哈佛大学教授亚当·布兰顿伯格（A. Brandenburger）和耶鲁大学教授巴里·内尔布夫（B. Nalebuff）[253]首次提出竞合理论，其中"竞合（Coopetition）"一词是"合作（Cooperation）"与"竞争（Competition）"的复合词。竞合理论使用博弈论的方法分析企业之间既合作又竞争的关系[254]，该理论认为合作与竞争是商业运作的两个方面，企业要获得长远的发展，就必须改变以个体利益最大化为唯一目标的单纯的竞争策略，转为从合作和竞争双重角度处理与其他企业的关系。竞合博弈策略强调"自利的参与人在竞争的环境中共同选择恰当的联合行动，形成具有稳定均衡解的联合体"[255]，这一策略不仅有利于实现企业优势要素的互补，而且有助于推进企业市场竞争地位的建立和巩固，增强竞争双方的实力。

在竞合理论的基础上，意大利 Catania 大学教授迪格里尼（Giovanni Dagnino）和 Bocconi 大学教授帕杜拉（Giovanna Padula）（2002）[256]提出了企业间共同创造价值的"竞合优势"概念。该理论认为，在竞合状态下各方博弈的性质是"正和但可变的博弈结构（Positive – but – variable Game Structure）"。不同于纯粹竞争状态下的零和博弈（Zero – sum Game），在利益不一致的两方之间，一方的损失是另一方的利益；也不同于纯粹合作状态下的正和博弈（Positive – sum Game），利益完全一致的两方，目标完全重合；竞合状态下的"正和但可变的博弈（Positive – but – variable Game）"出发点是博弈双方的利益及目标不完全一致，即它们之间既有利益一致的地方，又有矛盾的地方。

竞合理论和竞合优势都以企业和商业环境作为研究对象，在日益激烈的地域竞争现状下，理论的扩展催生了"城市竞合"和"区域竞合"的概念。熊彼特的创新理论认为创新方法、创新因素和创新组织都需要合作，同时认为作为合作产物的创新组织本身就是潜含着竞争的合作方式，这一理论可视作区域竞合研究的开端。我国关于城市与区域竞合的研究尚在起步阶段，殷杰、卢晓[257]（2006）在《经济学视角下的城市竞合》一文中从经济学角度论证城市竞争存在均衡解、城市竞争中存在趋同效应以及城市竞争中的合作问题，对城市竞合的内涵给出了较为全面的阐释；张宏书、张卓清[258]（2007）则认为，城市竞合是城市竞争的高级表现形式，是竞争基础上的合作、合作态势下的竞争，是竞争与合作相互融合的动态过程；刘静波、杨建文[259]（2007）提出，竞合是全方位的竞争，既要吸纳多种竞争方式之长处以促成合作，又要抛弃许多竞争方式所存在的缺陷；等等。

从一系列竞合理论可以看出，竞合是独立利益个体之间博弈关系发展的一个阶段，这一阶段中竞争与合作并存，传统的竞争分析方法和合作分析方法对于竞合分析都有欠缺之处，因此有必要建立一套独立的竞合分析方法。

二、三种博弈

博弈论（Game Theory）是竞合理论的基础分析工具，是用来分析双方在平等的对局中，通过预测对方可能采取的策略相应采取最优策略的决策模式。一个完整的博弈模型由局中人（Player）、策略集合（Strategy Sets）、支付函数（Payoff Function）组成。

（1）局中人（Player）即参与博弈的决策者，一般假设为以效用最大化为准则的理性决策者。在一场博弈中，每一个得失相关并根据权衡做出决策的参与者都是局中人，只有两个局中人的博弈称为"两人博弈"，而多于两个局中人的博弈称为"多人博弈"。

（2）策略集合（Strategy Sets）即局中人可能采取的所有行动方案的集合，策略集合必须有两个以上的元素，否则无法构成博弈。一个策略集合中的方案由博弈规则决定，有些是有限策略集合，如单次剪刀、石头、布游戏，局中人仅有有限的三个可选方案；有些是无限策略集合，如分蛋糕，可以选择0至1之间任意一个比例来瓜分蛋糕。

（3）支付函数（Payoff Function）也叫收益函数，研究一次博弈中每个局中人根据其选择的不同策略而获得的不同收益，往往与局中人的偏好、期望以及信息掌握程度相关。根据支付函数，局中人可以在策略集合中找到能够使其效用最大化的最优解，做出最优决策。最终若所有局中人对博弈结果满意，达到给定其他人的选择下不想单独改变自己决策的相对静止状态，则为博弈均衡。

以经典的囚徒困境为例，假设有两个小偷联合犯罪被警察抓住，警察将分别审讯他们，给出的政策是：只要有一个小偷坦白了罪行，则证据确凿，两人都被判有罪，此时如果另一个小偷也坦白，则两人各被判刑8年；如果另一个小偷抵赖，则以妨碍公务罪（因已有证据表明其有罪）再加刑2年，而坦白者有功被减刑8年，立即释放；如果两人都抵赖，则警方因证据不足仅以私入民宅罪将两人各判入狱1年。表5－1给出了这个博弈的支付矩阵。

囚徒困境支付矩阵 表5－1

	B 坦白	B 抵赖
A 坦白	－8，－8	0，－10
A 抵赖	－10，0	－1，－1

根据这一支付矩阵可以初步看出，合作博弈与非合作博弈所达到的均衡是不同的。在充分信任或提前约定的情形下，A、B可以选择串供，两人都抵赖可以达到总体效用最大化，但这一合作博弈均衡很容易被打破，因为A和B都有很大的激励选择坦白以破坏对方效用为代价增大自身效用，特别是在分别审讯、信息不对称的情形下。而非合作博弈可以用纳什均衡来分析：对于A来讲，若B坦白，则坦白获刑8年，抵赖获刑10年；若B抵赖，则坦白立即释放，抵赖获刑1年；因此不论B采取哪种策略，A的占优策略总是坦白，对于B也是如此。非合作博弈下均衡结果落在（坦白－8，坦白－8）的格子里，显然劣于合作博弈下（抵赖－1，抵赖－1）的均衡，这一双方不合意的结果称为"囚徒困境（Prisoner's Dilemma）"。

可见，参与者之间合作与竞争两种关系造就了不一而同的博弈格局，若考虑到信息不对称性、多次动态博弈等复杂情形，现实博弈往往比囚徒困境的简单情形更为扑朔难解。若根据利益主体的目标一致程度，可以将企业或地区间的博弈行为分为合作博弈、竞争博弈、竞合博弈三种方式。

（一）竞争：零和博弈

所谓零和博弈（Zero－sum Game），所考察的是参与者利益完全不一致的情形，双方互不考虑对方的任何利益，其中一方所得必然是另一方所失，最终所有局中人的收益和损失相加总和为零。

在不存在合作关系时，企业或地区之间的竞争带有零和博弈的性质，如争夺市场、吸引投资等，由于竞争对象是有限稀缺的资源，一方的得益必然意味着另一方的损失。这种情形下，双方有强烈的动机进行对抗性竞争，从对手方面夺取好处，彼此之间几乎没有合作的空间。但零和博弈，即纯粹的竞争关系，有时会造成双方都不合意的均衡。如单次囚徒博弈中的非合作性均衡，双方最希望达到的结果都是"我坦白了他抵赖了"，从而"我释放他坐牢"，但是这种零和博弈的思路最终的均衡结果是双方均坦白均坐牢。这便显示出零和博弈的弊端：并不是每次都能达到一方受损另一方获利的均衡，很多时候的均衡结果是双方都无利可获。

（二）合作：正和博弈

所谓正和博弈（Positive－sum Game）是指参与者之间利益一致，博弈结果令双方的利益均有所增加，或者一方利益增加而另一方利益至少不减少，最终所有参与者利益之和为正。

正和博弈中参与者双方关系表现为合作，合作的好处一来是可以带来双赢，即双方利益均增加或至少不会减少；二来创造额外价值，即双方利益之和一定为正。虽然正和博弈可以让双方的利益都增加，但增加的幅度往往是不同的，即合作带来的额外价值在博弈参与者之间并非平均分配，因此，额外价值的合理分配是建立长久信任的基础。正和博弈中，任何一方都有较大的动机去调整自己的策略，以求分得更多的额外价值，但是这种出于自利动机的单方面调整很有可能破坏合作博弈的互信基础。若要长期保持合作博弈，必须有有效的合约约束，事前界定额外价值的分配规则，充分考虑不同参与者的个体利益。

（三）竞合：竞合博弈

竞合状态下，博弈参与者之间利益不完全一致，一方的最高利益并不必然是另外一方的最高利益，他们之间能够通过合作能产生额外价值，但在额外价值的分配环节双方体现为明显的竞争关系。因此竞合博弈介于竞争博弈与合作博弈之间，是一种"正和、但可变的博弈（Positive – but – variable Game）"，双方的合作可以带来双赢，即收益总和为正；但是收益的分配是可变的，每一次的收益分配都将影响下次合作的深度与性质，进而影响下次的收益。所以竞合博弈不是一成不变的，更不是单次静态博弈，它时时刻刻都在发生改变，参与者最大的机会和最丰厚的利润不是参与博弈，而是通过改变利益分配格局，使博弈朝向对自己有利的方向变化[260]。

三、竞合路径

地域作为相互独立的利益主体，本身既有竞争的关系，又有合作的可能。地区关系发展的一般过程是从行政区竞争到区域竞合，最终达到区域一体化，这一过程具有阶段性，不同阶段有不同的表现和规律，大致可以划分为孤立阶段、竞争阶段、分工阶段、协作阶段和一体化阶段。

（一）孤立阶段

传统模式下，地区间关系以纵向的上下级关系为主宰，横向地区间联系极少，这一阶段的地区单元是一种孤立岛国的状态，并无跨行政区区域的概念。我国计划经济时期的地方关系，即为典型的孤立状态：以行政区为封闭的地域单位，各行政区从属于上一级行政区的指令和计划，同级行政区之间缺少良性互动。处于这一阶段中的地域，严密冗繁的纵向关系代替了灵活的横向关系，为了维持稳定的地方经济，必须付出高昂的管理成本。要走出孤立阶段，需打破上级地区对下级地区的过度控制，通过分权为地区横向联系提供空间。

（二）竞争阶段

竞争是同级地域之间最普遍的互动形式，在相对宽松自由的经济体制之下，地区发展到一定阶段便会自发建立横向竞争关系，由孤立阶段进入竞争阶段。我国在1988年实施财政包干体制，1994年又进行了分税制改革，财税分权的政策下，经济权力下放到地方政府，使地方政府成为具有较大主动性的利益主体，自此以后各地区之间以经济竞争领跑的竞争关系日益显性化。竞争阶段往往伴随着快速发展与经济起飞，伴随着竞争力的加速提升，但是竞争带来的增长是有限的增长，若不及时引入"将蛋糕做大"的合作机制，地区竞争将走向无序竞争和恶性竞争的死胡同。

（三）分工阶段

进入竞争阶段之后，比较优势效应逐渐明显，各地区为了在竞争中立于不败之地，势必根据其禀赋特征选择主导产业，随之而来的是竞争阶段的深化、延续与调整——地区分工阶段，分工是地区从竞争走向竞合的第一步。这一阶段存在两种维度的地区分工：其一是细分市场的水平分工，各地区选择优势产品进行规模化生产，通过商品市场的相互贸易发生初步合作；其二是细分工序的垂直分工，各地区根据比较优势，对某一产业价值链的特定片段进行专门化生产，通过中间产品的垂直交易发生初步合作。总体来看，水平分工是较低层次的分工，垂直分工更有利于推进区域分工、协作、一体化进程。

（四）协作阶段

当地区分工发展到一定阶段，地区之间将建立起对称互惠的协作关系。地区协作是广泛的、多方面的协调与合作，不仅包括生产过程的分工合作，还涵盖了资源的共享、信息的流通传递和管理的统一运筹。协作的优势是可以创造"1 + 1 > 2"的额外价值，使区域的发展有更广阔的空间。值得一提的是，地区间的协作并不意味着完全抹去竞争关系，而更多是一种竞争性合作，参与协作的地区有"将蛋糕做大"的共同目标，同时也将自身利益最大化作为不变的准则。

（五）一体化阶段

地区间分工协作需要有力的协调保障，以跨行政区协调机制的建立为标志，区域进入一体化阶段。这一阶段是区域竞合的高级阶段，此时区域内部各地域单元已建立起成熟的竞合关系，区域可以作为一个利益整体参与更高层次的竞争、分工与协作。所谓"区域一体化"并非僵硬的合并，而是有机的竞合共生，其内部各地区单元之间依然存在动态的竞合关系，竞争与合作并存的一体化区域在资源调配和市场竞争中存在巨大的潜力。

第二节　国内区域竞合现状问题

自改革开放以来，随着市场化进程的不断推进，区域以及区域内部各地域单元成为愈发独立的经济利益主体，由地方政府为身份代表的地域竞争愈演愈烈，在市场经济的大环境下为各自独立的利益追求角逐。可以说，地域竞争造就了改革开放30年经济起飞不可忽视的动力，然而进入21世纪以来，竞争过度、合作不足的地域关系愈发成为长远发展的掣肘，引入合作机制、调整竞合路径的蜕变呼之欲出。"十一五"和"十二五"相继出台一系列区域规划政策，正式开启了我国地域关系从竞争走向竞合的蜕变之路，从竞争向竞合转轨是当前我国区域关系的主旋律。透视我国当前区域竞合的现状，过度竞争的不良效应依然明显，建立良性合作机制存在一定阻力，而制约区域竞合的内在原因应当从体制中寻找，并通过体制改良解决。

一、过度竞争效应

如前所述，竞争关系下的零和博弈意味着一方的亏损是另一方的盈利，故而双方难以协调达成合作，这种以零和博弈为特征的地域竞争发展到一定阶段便会面临过度竞争的困境。改革开放30年来，我国区域发展政策一直以鼓励竞争为主，虽然带来了经济增长的飞跃，但也埋下了过度竞争的隐患。总结起来，当前我国地方竞争中主要呈现出以下三方面问题。

（一）地方保护主义与市场分割

市场经济的两大优势来源，一是自由竞争机制，二是要素自由流动。

然而，在国内市场经济体制尚不完善的情形下，地域竞争体现为政府竞争，政府有干预经济的力量。政府干预在一定程度上限制了市场竞争的自由程度，进而限制了生产要素按照市场规则自由流动，地方保护主义便是最典型的表现。

所谓地方保护主义，即地方政府出于辖地的利益，通过行政管制行为，限制外地生产要素流入本地市场或者本地生产要素流向外地。地方保护主义的主要手段是设置显性或隐性的贸易壁垒，前者如设置商品贸易税率、贸易定额、技术壁垒、质检关卡等；后者如地方政府对特定企业的许可制度、优惠方案、政策倾斜等，其目的都是限制生产要素的自由流入或流出。如果将人力资本视为一种特殊的生产要素，那么户籍制度也可定义为一种广义的地方保护主义。以人力资本和户籍制度为例，发达地区边际生产率高，劳动力边际成本高，而不发达地区的劳动力市场供大于求；按照市场规律，要素会向边际生产率高的地区流动，直到整个市场达到均衡，各地要素价格和边际生产率相同；但是，户籍制度的存在限制了劳动力的自由流动，其结果是造成结构性失业和区域性失业。

地方保护主义在很大程度上提高了省区之间的交易成本，限制了生产要素的自由流动，使得市场不能对地区之间的资源禀赋和比较优势做出最优选择，其结果是形成一个个相互封锁、分割的封闭性小市场，使地区分工和专业化生产带来的增益无法最大化，图一时一地之利，长期下来却会演变为宏观经济发展的障碍。

（二）重复建设与经济结构同构化

在相互分割的市场上，生产要素的价格无法体现真实的市场供需关系，由此造成各地区真正的比较优势无从显现；加之各地方政府主持的经济建设工作大多只关注辖地的效益，而缺乏整体宏观考虑，形成各自为政的局面；经济与行政双重原因导致各地竞相发展同类产业，产业结构趋同和重复建设现象在所难免。

经济结构同构化是指各地区争相发展差异度小、层次较低的相似产业，形成"大而全"或"小而全"的产业体系，相互之间的竞争依靠简单的规模经济效应。这种现象违背了按照比较优势来进行产业布局和分工的基本原则，造成产业结构扭曲，一方面容易造成企业项目的小型化、分散化，使得企业竞争力降低，专业化和规模化生产效益无法发挥，各地区忽视自身比较优势，仅以逐利为目的投资上马新项目，造成过度分散投资；另一方面各地区相似的产业结构容易加剧市场竞争，在利益冲突之时可能加剧地方保护主义，陷入市场分割与经济结构同构化的恶性循环。

重复建设是指地方政府投资方向类似，公共服务政策和基础设施建设存在大幅重叠现象。重复建设往往与经济结构同构化相伴而生，容易给人经济发展势头良好、基础建设欣欣向荣的假象，但实际上不符合地区发展水平的重复建设是稀缺资源的错置与浪费，所谓的繁荣假象是短暂的，最终经济规律会重新洗牌，缺乏竞争力的产业和缺乏使用价值的建设都将衰落。

（三）恶性竞争与无序竞争

过度竞争困境最严重的后果是造成市场秩序的混乱，带来恶性竞争和无序竞争，更严重者可能会带来宏观经济秩序的动荡。

所谓无序竞争，是指地区之间盲目地展开竞争，着眼点不在提升核心竞争实力上，而在盲目跟风、片面追求经济效益、谋求短期利益等浮浅的目标之上。如20世纪80年代中期到20世纪90年代中期的"棉花大战"、"羊毛大战"、"烟叶大战"、"蚕茧大战"等地方无序竞争，以及长期以来不注重环境保护与资源的片面发展观。这些无序竞争行为以长远利益换取眼前利益，以全局损失换取一方获利，是极其不理性的消极竞争状态。

而恶性竞争主要是指故意压低价格，以低于行业平均价格甚至低于成本的价格销售产品，意图以让利多销手段占取市场份额的手段。如几年前为吸引外资而甚嚣尘上的倾销式土地价格大战，各地方政府形成一股风气，将吸引外资作为头等大事，纷纷压低土地价值，给予优惠倾斜政策，"门槛一降再降，成本一让再让"，为吸引更多外资几乎不择手段。片面追求外资规模的恶性竞争，结果是大量土地以低于成本价的价格折本出让，却对外资企业的经营管理水平、三废排放量、收益成本比等因素缺乏理性考量，这种一哄而上、为大而大的招商引资竞争不利于地方经济体实际效益的提升，反而会带来经济秩序和投资环境的混乱。

二、合作发生障碍

过度竞争之弊端早已为人所知，区域合作的必要性也被多方强调，但目前看来，虽有长三角、珠三角等区域一体化的范例成功在先，国内大部分区域仍然难以建立起有效的合作机制。究其原因，可以看到当前尚且存在以下三方面障碍阻碍区域合作的发生。

（一）区际利益冲突

我国当前地域概念以行政界限所界定的行政单元为主，缺少"经济区"尺度上的区域认识，因而各地方政府往往仅从自身辖地的利益出发，尽量使本行政单元的效益最大化，这就带来了同级行政区之间以及上下级行政区之间的利益冲突。

区际利益冲突是区域合作发生的首要障碍，其影响机制可以用集体行动逻辑理论来解释。奥尔森在《集体行动的逻辑》[261]一书中指出：在集体行动的过程中，个人作为理性人从利益最大化的角度出发，往往不会致力于集体利益的最大化，即个人理性不一定会促进集体利益。这一理论有悖于传统经济学的看法，认为社会中每个个体的利益最大化相加求和，势必带来集体利益最大化。越是规模大的集体，越容易观察到个人理性前提下的公共选择的集体不理性。因此，当作为区域合作主体的地方政府仅仅关注本辖地的利益时，便会陷入集体行动的困境，无法达成合作的最优解。

（二） 公地悲剧

仅仅考虑本辖地利益的政府一旦面临合作的需要，最难解决的问题往往出现在地区与地区之间的共享资源上。谁来为跨省公路买单，上游兴建水利大坝的成本与收益如何与下游分摊，跨地域公共事业谁来资助。在行为经济学中，公共域问题一直是合作领域中最长久的研究议题。

"公地悲剧"是区域合作的另一普遍障碍，这一术语由哈定[262]于1968年提出。这一理论揭示了公共财产被过分使用的现象：如果牧地是私人所有的，村民所放牧的牛的数量就会使得牛的边际产量等于一头牛的成本，但如果牧地是公共财产，那么所放牧的牛就会一直增加直到利润下降为零为止。

与公共牧地被过度放牧类似，"公地悲剧"在区域关系中体现为区域共享资源的过度利用，以及区域公共事业的建设荒废两个方面。前者可以举一条跨区域河流的排污为例，沿岸各地区都有生产和排污的需要，生产越多，排污越多，然而排污若超过一定限度会恶化河流生态，故各地区的排污总额存在一个最适区间，但出于自身利益最大化的考虑，各地区都有强烈的动机加大排污，因为增加生产的收益归自己所有，而排污带来的治理成本由其他区域共同分担，这样最终排污总额一定是超过集体最优解的。而后者可以用一条跨区域河流的污染治理为例，由于河流作为公共物品具有非排他性的特点，治理污染带来的正效用不可避免地由沿岸各地区分享，故每个地区都有强烈的"搭便车（Free Rider）"动机，既希望分享清洁河流的正效用，又出于个人理性不愿为公共利益采取行动，最终若无有效的协议，像治理污染这样有益的公共事业的供给量一定远远少于集体最优水平。

相比于私有资源，公共域资源受到的破坏更多、补充更少，这就造就了"公地悲剧"，且这一趋势越严重越会反过来抑制区域合作的发生，造成恶性循环。彻底杜绝"公地悲剧"几乎是不可能的事情，但是通过有效的合约限制，可以将公共域的外部性实现内生化，在一定程度上解决"公地悲剧"对区域合作的制约问题。

（三） 信息不对称

区域之间的合作具有多次重复博弈的性质，声誉效应在其中发挥至关重要的作用。所谓"声誉效应"是指在多次重复博弈中，参与者历次博弈做出的选择都将计入自身的信誉记录，在下一次博弈中影响其他参与者的判断。博弈中，合作解的发生是建立在相互信任基础上的，发生不良声誉记录的代价便是破坏合作的信任基础，除非当次违约的收益超过破坏以后所有合作机会的损失，否则参与者不会轻易选择违约。以囚徒困境为例，如果两个小偷是惯犯（即囚徒博弈会重复多次发生），那么他们很有可能达成双方都不坦白的合作解，若任意一方在某次背弃合作，那么以后将不再有合作的可能，且在信息完备的情况下，即便每次与不同的人一起参与博弈，不良的声誉记录仍然会阻止合作的发生。

声誉效应是一种"隐性契约"，但是必须在信息完备的情形下才能发挥作用，但现实中区域合作普遍面对信息不对称的困境，以致政府之间无法建立基于声誉信任的长期合作博弈。作为一方政府，在面临合作选择时，一则不了解合作对象是否值得信任，二则自身亦有动机利用信息不对称谋取自身利益最大化而不顾置对方于劣势，故此逆向选择现象难以避免。除非政府建立公开透明的信用记录，或者区域合作机制成熟到足以用政府公权作为信用担保，否则信息不对称效应将一直是区域合作的一大障碍。

三、困境发生机制

竞争过度、合作不足是当前区域关系所面临的显在困境，阻碍了区域关系从竞争向竞合的良性蜕变。这一困境的形成土壤是复杂的，是现有体制与经济规律综合作用的结果，总结起来，导致竞合困境的机制应当有以下几方面。

（一）行政区划分割

行政区划是根据地理、历史、经济、文化等综合因素，为界定各级政府行政管理的权责界限而进行的人为地理区划，是地方政府行使权利的地域性依据。

中国的行政区划沿革悠久，从秦置郡县始，经历郡治、州治、省治三阶段，演化至今省级—地级—县级—乡镇级的行政体系。中国行政区划的划分依据主要是从行政管理和军事防卫两方面考虑，有的凭山川形胜，以自然山水地标为界，形成"广谷大川异制，民生其间异俗"的独立文化区，如四川、山西、海南等；有的遵循犬牙交错原则，为防止地方政权割据，将山川天险消融在行政区范围内，如陕西、河北等。在漫长的农业社会中，行政区划很少考虑经济联系。然而，当这一人为切割的地方治理模式在商品经济时代继续沿用，便不可避免地在一定程度上造成市场和公共事务管理的分割。

地方行政区单元具有内向、封闭、独立的特征，虽有利于中央集权国家上下级政府之间的高效管理，但却为跨行政区界的地方政府合作埋下根本障碍。过分强调行政区单元各自的效益将使得合作协调机制难以自动生成，造成同级行政区之间各自为政的局面。若要淡化行政区划分割对区域竞合的阻力，可以通过建立跨行政区的组织协调机构来实现，真正将行政区作为一个行政单元而非经济单元。

（二）强政府及地方保护主义

强政府是指占据庞大的行政资源，掌握强大的行政权力，实行高效行政管理的政府机构，这类政府对社会方方面面的调控较为深入，因此在"强政府"之下，往往是由政府主导的"弱社会"。

中国传统上一直是一个家长式社会，"强政府、弱社会"的管理模式有利于政府集中力量办大事，但是也对市场与社会的自发调节效应造成一定约束。特别值得一提的是，强政府的一大特点即在经济领域具有行政干预权，如税收、贷款、限额、投资优惠政策等；而政府干预一旦行使不当，很容易扭曲市场竞争机制，造成地方保护主义、无序竞争等问题。强政府领导下，一个不利于竞争的秩序环境必然是不利于合作的，因为各政府所代表的地域单元是各自独立的利益团体，在有序的市场环境下可以沿着竞争、分工、协作的路径建立起竞合模式，但是一旦竞争秩序扭曲，分工与协作就无法自发形成，而是进入过度竞争的死胡同。

1994年分税制改革以来，我国有一定程度的"弱政府化"趋势，但是1998年亚洲金融危机爆发，强有力的政府调控保中国经济平稳无虞，同时也将行政模式重新拉回"强政府化"的道路上，至今而言，强政府已是中国模式的固有标签，这也决定了中国区域竞合一定会以政府主导的模式推进，能否顺利实现竞合，取决于各级政府能否清醒认识并充分尊重市场规律，进行合理的调控和引导。

（三）外部性与搭便车行为

地方政府或者地方企业的经济行为所带来的部分收益或成本由其他地方的政府或企业来承担，这种情况称为外部性。在人为划界形成的行政单元之间，外部性普遍存在，其直接后果是激励了搭便车行为，造成阻碍合作的"公地悲剧"。

外部性的影响在于，当地方政府做出提供公共品的决策时，本辖区所承担的成本小于社会总成本，所获得的收益也小于社会总收益，于是根据辖区利润（收益成本之差）最大化原则，一个地区提供的有利公共品一定少于区域最优额度，而对公共品的使用和消耗一定多于区域最优额度，造成公共事业破坏有余、补充不足的"公地悲剧"。"公地悲剧"效应阻碍合作的发生，但是合作却是解决外部性问题的最佳途径，因为只有地区与地区之间实现一体化，地区间的公共事业才真正实现成本与收益的内生化，外部性问题将不再显著。

排解这一竞合阻力可以通过地区之间有效的协作契约或者跨区域机构的协调组织来完成，使地区政府在决策时以整个区域的利益为重，建立全局视野。

（四）地方政府绩效评估及官员晋升标准不合理

关于我国政府绩效评估与官员晋升标准的讨论历来热烈，学界普遍认为当前评估体系与晋升规则有欠妥之处，更严重的是扭曲了对政府和官员行为的激励方向，带来一系列不利后果。

我国的政绩考核指标体系以经济建设为核心，地区年度 GDP 增长、财政税收增长、就业率增长、投资额度增长等是政绩考核最重要的几个指标，但对于资源环境保护、污染治理、基础设施建设、城市建设等惠及未来或惠及区域的事业少有关注。这套政绩考核体系下，地方政府受到的激励扭曲，一味追求本地区当前经济数字，对具有时间和空间正外部性的事业消极发展，甚至"以邻为壑"、"寅吃卯粮"，辖区内为谋求短期利益违背可持续发展原则，辖区之间通过阻碍人才、资金、资源的要素流动来制造地区合作壁垒，陷入无以为继的恶性发展与恶性竞争。

而官员晋升标准则很大程度上依赖于不完善的政绩考核，无论省市县乡哪一级，同级地方官员都置身于一场"政治锦标赛（political tournaments）"中，以竞争者的身份参与博弈。但正如周黎安（2004）[263] 所提出的见解，当前中国的晋升博弈是一场"零和博弈"，因为晋升职位很少，一地方政府官员的晋升意味着另一地方政府官员就失去这次机会。在这种激励之下，地方官员着眼于自身的晋升之路，对其他地区的同级官员采取竞争甚至倾轧立场，难以建立互惠双赢的合作机制。

（五）相关法规制度不完善

目前，我国地区间横向合作尚无制度化的机构和协议，关于区域合作的法律法规体系尚不完善，跨行政区各地方之间的地方法规也有不一致之处，因此地方合作仅仅依靠政府之间或企业之间签订的合作协议缔结，导致合作缺乏法律约束和有效监督。

若无相关法律法规制度提供完善的保障，地区之间合作很容易出现"争权诿责"的情形，增生很多问题，故建立区域竞合的新局面必须先完善立法，奠定坚实的法律基石，营造良好的制度环境。

第三节　竞合（C-C）模式

竞合模式（the Cooperation-competing Model）这一名词首先出现于旅游规划领域，很多学者对旅游竞合的动因、演化、条件、机制及模式等进行了实证分析和理论探讨，如保继刚（1991）对旅游地空间竞争的研究，张凌云（1989）对竞争弹性的探讨，吴泓、顾朝林（2004）对区域旅游竞合理想模式"对称互惠共生"的提出[264]。"竞合模式"这一概念最初是针对主导旅游资源相似的临近地域而提出的一种旅游发展模式，简称双C模式或C-C模式，而在区域规划与区域研究的视角下，这一概念亦可以用于分析区域之间产业、经济、社会的多维关系。

一、基础条件

区域竞合并非无根之水，其建立和发展必须建立在一定的基础条件之上。

（一）要素结构相似性和互补性

生态学认为，各种生物的生存依赖于多个环境因子的支持和限制，每个环境因子对该物种的生存有一定的适合度，所有环境因子适合度的阈值所限定的区域称为该物种在环境中的生态位，在这一范围内任何一点的环境组合状态都可以保证该物种正常生存繁衍。哈钦森把生态位看作一个生物元生存条件的总体集合，相似的生态位意味着物种间对于生存资源的竞争，而互补的生态位意味着物种可以共享生存空间，实现共生。曾有学者将生态位理论应用于区域竞合研究中，十分直观地阐明地域之间要素结构的相似性往往使得区域竞争趋向激烈，而要素结构的互补性则往往促成区域合作的发生，故要素结构相似性与互补性是区域竞合的首要前提[265]。

（二）联系便捷度

区域之间的联系是多维的，既有物质形态的生产要素、商品、人流的联系，也有无形的资金和信息联系，物质联系是无形联系的载体。区域联系的便捷程度可以从以下三个方面度量：（1）相邻的区位，物理距离的临近为区域之间的联系提供了空间上的依据，为区域竞争和合作提供空间上的便利；（2）交通条件，交通便捷程度决定了区域之间人员往来和物资交流的真实时间成本，现代交通对于空间压缩的程度是不均匀的，区域之间的交通距离往往与物理距离不尽相同，交通于是成为影响区域之间竞争合作态势的显著变量；（3）电信、金融、管理、咨询等行业发展水平，信息时代第三产业的发展为区域间信息、资金的交流提供了支撑条件，从而大大加深了现代区域竞合的灵活度。

（三）关联产业

区域竞争、分工、合作、一体化的一般进程可以看作一个从分散到粘合的过程，关联产业是这一过程中最重要的粘合剂。从旅游竞合相关理论来看，毗邻旅游区之间的竞合往往基于旅游产品的关联性、旅游衍生物的互补性以及旅游支持产业的共享性，对于其他产业亦然。区域主导产业的上下游联系能够促成产业链的空间分离，推进垂直分工协作和区域一体化进程，因此关联产业是区域竞合不可忽视的助推剂。

（四）相似的社会文化背景

相似的社会文化背景并非区域竞合发生的必要条件，但是这一优势有利于降低竞合成本，促进区域一体化的实现。个别情形下，文化距离甚至能够抵消空间距离，使得两个相距较远但具有文化同源性的区域更能够实现远距离协作。如中国香港、印度与英联邦国家的长期商贸合作，即源于殖民时代的文化同化。

（五）区域性组织和联盟

区域性组织与联盟同样也不是区域竞合发生的必要条件，但是却是区域竞合进入高级阶段的必要条件。国际上最成功的区域竞合典范当属欧盟，从自发的竞争与初级合作，到稳定的一体化关系的缔造，必须依赖于区域性权威组织的规范和引导，区域性组织与联盟必须公正且中立，能够综合考虑区域整体利益并协调各方损益，实现整体效益最大化。

（六）政策扶持

在中国语境下，区域竞合往往是政府行为，企业与市场在其中充当配角，这就更加要求有利的政策环境。政策扶持可以保障区域竞争的有序性，同时引导区域合作和区域一体化的发展方向，更重要的是调整效率与公平之间的砝码，令区域竞合向着缩小而非增大地域差距的方向发展。

二、竞合体系结构

学术界对于区域竞合模式的研究往往着眼于竞合主体的层次性，如米建华等（2007）通过对长三角各城市港口竞合研究提出的三种竞合模式[266]；朱传耿（2007）对江苏省与其毗邻省市空间竞合模式研究后发现，江苏与上海为强强依附型、江苏与浙江为强强竞争型、江苏与山东为次强强竞争型、江苏与安徽为强弱依附型，并对竞合路径作了优化；刘玉亭等（1999）将省际毗邻地区划分为弱弱、强弱、强强毗邻地区三种类型，并提出三种相应的开发模式：弱弱联合开发模式、强弱资源及资金技术互补合作模式、强强技术互补协作模式。

上述竞合模式，不管是强强竞争型、强弱依附型还是强强协作型，其分析视角都是从各自独立的竞合主体切入，倘若将各竞合主体以及它们之间的竞合关系视为一个体系，则会发现竞合主体的层次分异决定了竞合体系的结构。

一般来说，竞合体系由相互竞争或合作的地域单元组成，但各地域单元之间存在发展水平和规模的差异。一个成熟的竞合体系往往不是两个区域之间的双向竞争或合作关系，而是一系列区域之间网络状关系，按照各地域单元在竞合网络中的作用基本可以分为核心协作层、要素供应层和辅助层，其中核心协作层往往由少数几个首位度较大的城市组成，相互之间存在密切的竞争合作关系；而由核心城市所辐射到的范围内，有些地区发挥了为核心区提供生产要素的职能，如原材料、能源产地或劳动力输出地等，也有些地区发挥了辅助功能，如核心地之间交通线过境地带等；这样一个完整的竞合体系将覆盖一个空间区域，在这一区域中，竞合体系的层次结构决定了区际经济联系的作用方式和作用效果，进而决定了区域竞合的模式与路径。

三、竞合模式理论及应用

（一）核心－腹地模式

1. 理论渊源

核心－腹地理论导源于普洛夫（H. Prov）对 19 世纪世界经济空间组织格局的分析。他把 19 世纪中叶的美国分为中心区和腹地区两部分，前者是工业和市场的中心区，是大规模服务性产业的聚焦点；而后者则是专门从事资源型和中介产品生产，以满足中心区原材料需求的腹地区。1929 年后，德莱西（F. Delaisi）把欧洲分成由工业的中心区和农业的腹地区组成的中心－外围（Core－periphery）空间结构。A·普莱多赫认为 19 世纪初英国成为世界经济的唯一中心；以后，随着新工业核心区的发展，世界经济发展的单中心将变为多中心，从而构成整个世界经济发展的中心，其他地区则向中心区提供原料并成为中心区产品的销售市场。

核心－腹地模型被用于国家对外政策的，当推阿根廷的经济学家普雷维什（R. Prebisch）。他于 1950 年从拉美国家经济落后与欧洲北美的关系分析得出：作为中心的欧洲北美对外围原材料的廉价进口以及中心的产品对外围市场的冲击，使外围地区的初级产品在国际市场的贸易条件面临长期恶化的趋势，从而抑制了外围地区完善产业结构的形成，由此创造出进口替代型的战略模式。对这一理论的进一步发展即所谓依附论的出笼。其代表人物有普雷维什、阿明（S. Amir）、伊曼纽尔（A. Emmanuel）和弗兰克（A. G. Frank）等人。其要点是：发达国家与发展中国家由于其社会经济发展水平的不同，发展中国家对国际贸易支配能力的下降，原材料初级产品的贸易条件恶化；经济发展和工业化之路需要引进国外资本和技术，从而造成对发达资本主义国家的依附。

缪尔达尔（G. Myrdal）和弗里德曼（J. Friedmann）认为：核心－腹地论是可用于任何一个层次区域发展的理论。弗里德曼指出，大到全球，小到一个很小的区域，都存在核心－腹地结构。

2. 核心、腹地区域的划分

弗里德曼从区域经济特征及区际差异出发，将国家内部地域划分成以下不同类型的区域，以便分析区域增长的空间差异及开发的空间时序，并确定相应的区域发展政策。弗里德曼划分的区域类型包括以下几种。

（1）核心区域。与佩鲁的增长极（Pole de Croissance）概念相似，弗里德曼定义其为具有高潜力经济增长的大城市区域。在核心区的分类中，至少有四种类型可以被划分：国内大都市区，区域的首府，亚区的中心，地方服务中心。核心区是经济快速增长的地区，其经济的快速增长及其对腹地区域的正负影响使区域政策目标集中于防止核心区经济、人口的过度集聚而产生的一系列社会、环境问题，及通过政策调控加强核心区域对腹地区域的正效应。

（2）开发走廊。这是联系两个或多个核心区的一种向上过渡（Upward Transitional）地区。这种区域不断受到核心区域的影响，具有向内移民、资源集约使用和经济持续增长等特征，是潜在的核心区域。走廊的开发强度与核心区经济的产量成正比，与它们间的距离成反比。

（3）资源前沿区域（Resource Frontier Regions）。其社会经济特征归属于边缘区域的一部分。由于资源的发现及开发，经济出现了增长局面，与此同时有新聚落、新城市形成。资源前沿区域也有可能成为潜在的核心区域，因而是国家制定区域政策目标之一——空间均衡过程中，在腹地区选择的最有希望的未来核心区。

（4）向下过渡（Down Transitional）区域。其社会经济特征归属于边缘区域的一部分，区域经济处于停滞或衰落阶段。停滞或衰落阶段的原因是由于初级资源的消耗以及工业部门的老化，与核心区域的联系又不紧密。区域政策的目标是重建地方基础设施，以吸引投资和人口，尤其要培植区域创新型主导产业，以产业结构的调整重整区域经济。

（5）特殊问题区（Special Problem Regions）。如贫困区、生态恶化区等。

而核心-腹地模型中，核心区与腹地区的概念是相对的，某一层次的核心区相对其上一层次而言可能是腹地区。任何一个层次的核心区和腹地区之间都有着密切的联系。麦克什乌斯基（J. Marczewski）通过把制造业划分成"新产业"和"成熟产业"，以制造业的不同扩张率特征划分核心、腹地区域类型，选择的指标有：

R_w——高于整个产业平均增长率的产业部门（即"新"产业部门）；

R_s——低于整个产业平均增长率的产业部门（即"成熟"产业部门）；

R_t——区域间的联系强度。

则 $R_w/R_s > 1$ 的区域为核心区，$R_w/R_s < 1$ 的区域为腹地区。

3. 核心区的产业结构条件

核心-腹地模式下的竞合体系是由一个或多个中心城市及其腹地组成的地域复合体，核心区是拥有高技术水平、大量资本和熟练劳动力以及高增长速度的城市，是创新的源地，并通过等级序列扩散实现区域一体化。

根据弗里德曼和缪尔达尔对核心区概念的定义及其特征的解释，赫尔曼森（T. Hermansen）认为，推动核心区经济增长的产业结构条件是：

（1）核心区必须具有国内推进型创新产业；

（2）创新产业和地方产业间具有很强的联系；

（3）国内创新的冲力通过核心区的经济中心向腹地扩散。

汉森（N. Hansen）认为，核心区的产业结构应包括下列成分：

（1）联系和集聚性强的一组产业；

（2）国内的、区域的和地方的产业；

（3）创新和增长型的产业。

4. "核心-腹地"模式的作用过程

对"核心-腹地"演化过程进行系统探讨的主要有瑞典经济学家缪尔达尔，美国经济学家弗里德曼和威廉姆森（J. G Williamson）。威廉姆森从统计分析的角度，对欧洲一些发达资本主义国家的统计数据做出分析后得出结论：在其经济发展过程中，国家内部区域间人均收入的不平衡随国民经济发展水平呈倒U型规律。缪尔达尔和弗里德曼则从"核心-腹地"的形成过程划分区域类型。缪尔达尔从中心区的增长机制及区际联系效果将形成过程划分为三个阶段。弗里德曼则从核心区推动型主导产业的结构变动和区际联系将形成过程划分为四个阶段。其中，中间两个阶段与缪尔达尔的第二阶段相似。结合二者的特点，"核心-腹地"形成过程主要包括以下三个阶段。

（1）前工业化阶段

该阶段区域差异很小，尚未形成核心-腹地结构。结构特征：工业产值比重小于10%，社会生产力水平低下，劳动地域分工和商品生产不发达，整个区域结构以农业为主体。城镇体系由规模很小的彼此独立的中心构成，即便有一些具有明显区位优势的首位城市，其作为制造业中心的经济功能不强。但是，作为第二阶段的前提，核心区和腹地区形成的地域条件逐渐明朗，那就是资源的非均衡分布。由于资源分布和经济发展的不平衡性，地区差异也就随之产生。只有在生产力水平低下、人类主要依赖土地资源的前提下，人口才能在区域中相对均匀地分布。当工业革命开始以后，由于资源在地域空间的非均衡分布及地区差异的存在，在一些条件较好的初始优势区域加工制造业得到发展，从而使这些区域成为经济增长的核心区。因为，最初经济增长是由与出口相关的制造业增长部门所决定的，新型工业引起某些方面的技术革新。究竟是哪种新型工业将取决于该地的环境，因为每一增长型工业都有其特定的区位要求，核心地区发展的制造业部门构成了其经济起飞的条件，其他地区则处于提供原材料初级产品的腹地区。

（2）核心区的快速增长阶段

缪尔达尔认为，区域差异是经济发展的自然产物和市场作用的必然结果。一个地区的繁荣往往以牺牲另一个地区的繁荣为代价。经济增长最先出现在那些自然条件优越的初始优势区域，这些区域的经济地位一经确定，决定其经济不断繁荣的制造业得到发展，并且随着技术进步能不断吸引住一些新工业部门以补偿那些老部门的衰退。即该区域的经济发展便依累积因果模式运转，新工业区位可看作是该区工业化的诞生地。随着时间的延续，越来越多的工业将在此出现，以便共享该区已有的电力、交通、供水等工业基础设施。这样便使该区形成一个增长极。向心力把外围区的资金和劳动力吸引至此，从而使该地区进一步繁荣。同时，在增值效益的作用下，一些依赖于某些工业的工业部门以及交通运输业和社会服务业应运而生。这种连锁反应形成了核心区域自我累积的经济增长。

缪尔达尔把核心区与腹地区经济联系的效果划分并定义成"回波效应"和"扩散效应"。所谓"回波效应"即财富从腹地区域向核心区域的流动，包括资金、技术、人力资本、资源的流动。这种流动造成外围区经济的衰落。由于市场占先的效应，核心区以廉价的工业制成品充斥腹地市场，使腹地工业的发展受到抑制。在此阶段，核心区域的因果累积作用和增值效应达到最强，其经济发展远远快于其他地区，加之"回波效应"，财富的不平衡在此阶段达到最大。核心-腹地因其初始的区位优势差异而使核心-腹地的增长出现差异，从核心区的经济结构而论，该阶段是其工业化的形成和快速发展时期。在形成阶段，工业产值比重在10%~25%之间。到了快速工业化阶段，核心区工业产值的比重在25%~50%之间。与此同时，边缘区域内部相对优势的部分由于核心区的等级扩散作用出现了经济的快速增长。国家规模尺度上的或者说简单的核心-腹地结构逐步转变为多核结构。

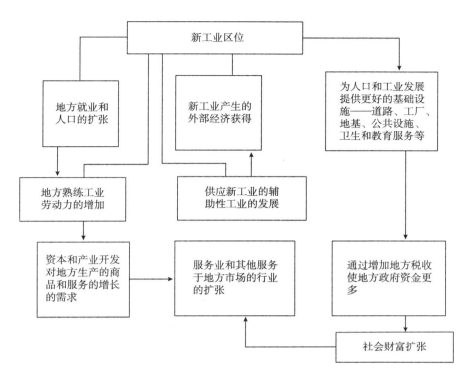

图5-1 缪尔达尔的循环累积因果原理

（3）空间相对均衡阶段

经过第二阶段核心区与腹地区的不均衡增长及核心区规模的迅速膨胀，核心区逐渐由集聚规模经济变成规模经济。此时，核心区域对腹地的"扩散效应"开始加强，表现在：核心区经济的扩散需要从腹地区获得更多的原材料和农产品，其经济扩展所产生的剩余资本也会投向新的发展区。此时，核心区先进的技术也将向更大的范围扩散。这样便出现了资金和技术从核心区向腹地区的流动。这种"扩散效应"的结果便是促进外围区的经济发展。在此阶段，核心区的工业产值比重开始下降，工业活动逐步由城市向外扩散。特大城市内部的边缘区域逐渐被特大城市的经济所同化。与核心区相对应的腹地区，也因此而使其内部相对优势的区位受到核心区"扩散效应"的辐射和腹地区内部其他地区对其"回波效应"的双重作用后迅速崛起，成为腹地区内部新的核心区。核心区在地域空间的不断拓展和腹地区的日益缩小，使地域空间不同区域间的经济发展日益均衡化。

（二）地域综合体模式

1. 理论渊源

和地域生产综合体有关的地域生产组织理论最早是由科洛索夫斯基[267]（H. H. Kolosovsky）提出的。他在总结20世纪30年代前苏联经济区划和区域规划实践的基础上，在1947年发表的一篇文章中定义："生产综合体是指在一个完整的区域内或在一个工业点的一种各企业间相互联系与制约的经济联合体。这种联合体是根据区域的自然条件、经济条件、交通运输和经济地理位置，通过恰当地（有计划地）配置企业，以获得特定的经济效果。"

地域生产综合体，按照科洛索夫斯基的分类方法，将其划分成"只局限于一个地理点或一个中心的初级地域生产综合体以及区域性地域生产综合体（即中观或宏观尺度的地域生产综合体）。"

第一类综合体所占的地域不大，在该地域内有时仅有一个大型工业联合企业，该联合企业把一系列不同的生产部门与其他几个同联合企业发生一定关系的企业有机联系起来。在一个地理中心，可能会集中几个或集中许多有一定生产联系的工业企业。在一些大的工业企业中心，除拥有许多企业外，还可能拥有不止一个联合企业。在某一具体地域上，布局这些企业是由于：（1）当地是原料基地；（2）当地是能源基地；（3）当地的劳动力资源；（4）地理区位的优越性；（5）市场占先的条件；（6）集聚经济的效益。

第二类地域生产综合体一般由经济区内具有区际意义的专业化主导部门及与之配套的辅助部门和地方服务性生产部门组成。按其结构，地域生产综合体包括以下几大类部门：

（1）专门化生产部门。即地域生产综合体的主导企业，是地域生产综合体的核心组成部分，它们指示地域生产综合体的经济发展方向并体现其经济特征。

（2）辅助性生产部门。即与专门化企业具有前后向及旁侧联系的企业。包括为专门化企业提供原料、设备，或为其半成品进行深加工的企业以及利用专门化企业的废料进行生产的部门和生产性基础设施。

（3）服务性部门。主要由公共福利和管理、文教、科研等社会性基础部门组成。

前苏联对地域生产综合体的结构组成主要集中于综合体各组成部分内部的生产循环基础上。科洛索夫斯基提出生产地域综合体是为了解决社会生产在地域上合理配置的问题。但是，由于其片面强调生产的重要地位而疏于社会、环境的效益，在社会经济高度发达的今天，当地理环境对人类社会经济发展的影响和反作用愈益强烈，全球性的人口、资源、环境、生态、国土、经济、社会关系严重失调，人地关系处于剧烈对抗的时候，片面强调生产的合理配置难以解决社会经济地域系统中出现的一系列矛盾。在前苏联，偏重强调生产合理配置的地域综合体有其思想渊源。前苏联在20世纪60年代以前把西方的人文地理学思想和人文地理学中的一些分支，如社会文化地理学、政治地理学等都视为资产阶级唯心主义学术思想和"伪科学"而加以批判；以经济地理学代替人文地理学，并把经济地理学与自然地理学截然割裂。到20世纪70年代，由于客观形势的变化，前苏联才在经济地理学中增添了人文地理学其他分支的一些科学内容，并改称为社会经济地理学，同时开始强调地理学综合研究的重要性，加强了人文地理和自然地理的联系。

社会经济地域综合体采用了地域生产综合体的思想方法，但将生产的合理的地域配置广延为综合考虑经济、社会、环境的地域综合体，即协调、调控和优化上述三者之间在地域空间上的关系。即将主要的经济（生产布局）与地理空间、地域自然环境之间的关系扩展为人地关系，并用系统分析方法对人地关系的复杂巨系统进行综合分析。因而，社会经济地域综合体应归之于20世纪70年代以来为解决全球性的资源、环境与社会经济协调发展问题而出现的地域组织新理论。毫无疑问，社会经济地域综合体的理论基础是人地关系地域系统论，它的理论渊源是人文地理学的人地关系论、马克思的劳动地域分工论以及横断科学中的系统论。

（1）人地关系论

泛指人类活动与地理环境之间的相互关系，为人文地理学的基础理论。19世纪后期，德国学者洪堡、李特尔把自然现象与人文现象结合起来，首创人地关系研究。之后，人地关系论得到进一步发展，出现了以德国拉采尔（F. Ratel）和美国辛普尔（E. C. Semple）为代表的环境决定论，以德国佩舍尔（O. Peschel）为代表的"二元论"，以法国维达尔·白兰士（Paul Vidal de la Blache）和白吕纳（J. Brunhes）为代表的"或然论"（或称可能论），以英国罗士培（P. M. Roxby）为代表的"适应论"（调整论），以美国巴罗斯（H. H. Barrows）为代表的人类生态论，及索尔（C. O. Sauer）为代表的文化景观论等。人类社会的发展，尤其是经济工业化和社会城市化的发展，社会生产力的发展和现代科学技术的进步，使人类和自然界的关系不断向广度和深度发展。有关人地关系地域体系发展的种种问题，如人口、资源、环境、生态等危机，使得人地关系的矛盾日益尖锐。因而，如何协调人地关系，使人类社会和地理环境得以和谐发展便成为人地关系研究的中心内容[268]。

人地关系地域系统，即是人类活动与地理环境之间相互作用形成的系统在地域上的表现形式。人地关系地域系统是以地球表层一定地域为基础的人地关系系统，也就是人与其在特定的地域中相互联系、相互作用而形成的一种动态结构。

人地系统是由地理环境和人类活动两个子系统交错构成的复杂的开放的巨系统，内部具有一定的结构和功能机制。在这个巨系统中，人类社会和地理环境两个子系统之间的物质循环和能量转化相结合，形成了人地系统发展变化的机制。

（2）马克思主义的劳动地域分工理论

马克思在研究生产力和生产关系地域化的历史发展规律时，提出了劳动地域分工的思想。他把劳动地域分工看作是社会劳动分工的空间表现，劳动地域分工就随着科学技术进步和社会劳动生产的发展而发展。地域分工与部门分工一起组成社会分工共同的形式，两者既有联系又有区别，表现在：部门分工总是和一定的地区相联系；地域分工往往是通过各地区部门的结构差异表现出来。

自然地理条件的差异构成了生产地域分工的自然基础；社会劳动生产率的发展水平决定了人类对自然条件的利用程度，也是引起生产地域分工的重要因素；产品销售地区的价格大于生产地的价格与运输费用之和，这是实现生产地域分工的经济前提；方便的交通运输条件是生产地域分工发展的物质保障。

马克思主义劳动地域分工论的基本内容包括：

1）客观存在的区域差异和社会生产力的发展，是劳动地域分工的首要基础。

2）商品经济的发展和区域利益的要求，是社会生产劳动地域分工的必然结果。

3）劳动地域分工的前提条件是区域经济利益与全局整体利益相协调，即是说，一方面，某个区域的经济发展必须充分发挥本区域的地区优势；另一方面，这种优势的发挥也必须是在全国经济和区域经济协调发展的基础之上，才能发挥这个区域在全国经济发展中的区域经济功能。

4）劳动地域分工的基本特征是地区生产的专门化与综合发展相结合。

（3）系统论

系统论由20世纪30年代的奥地利理论生物学家贝塔朗菲（K. L. v. Bertalanffy）创立。

他提出了著名的"整体大于各孤立部分的总和"的贝塔朗菲定律。

对系统概念的定义,贝塔朗菲认为:相互作用的诸要素的综合体。韦伯斯特(Webster)大辞典的定义为:"有组织的或被组织化的整体;结合着的整体所形成的各种概念和原理的综合,由有规则的相互作用、相互依存的形式组成的诸要素集合等等。"

日本工业标准(JIS)中,定义"系统"为许多组成要素保持着有机的秩序,向同一目的行动的东西。

F. E. 凯斯特和 J. E. 罗森威定义系统为:"所谓系统,乃是一项有组织的整体,由两个或两个以上的相关联的'个体',或'构成体',或'次构成体'所构成,存在于其外在的高级系统之内,具有明确的边界者。"

综上所述,完整的系统定义应为:系统是由若干相互联系、相互作用的要素所构成的具有特定的结构、功能的有机整体。

系统的整体功能是由其结构实现的。所谓结构,是指诸要素在该系统范围内的秩序,即诸要素相互联系、相互作用的内在方式。而功能则是指有目的地组织起来的系统的活动,即表达系统与其外部环境相互作用的功能。系统各要素之间及其与外部环境之间是由物质、能量、信息的交换过程相联系的。

2. 社会经济地域综合体

与地域生产综合体相比,社会经济地域综合体在概念上的区别是,指在一个完整的地域内,根据地区自然条件的差异,在按地区专门化及综合发展安排生产布局及产业比例结构的同时,综合考虑社会、环境效益,以便在地区经济发展取得较好经济效果的同时,社会、经济、环境之间和谐协调发展。

上述定义决定了社会经济地域综合体具有以下几方面的特点。

(1)其内部社会、经济、环境之间,即人地关系之间应是和谐发展的。

(2)社会经济地域综合体的发展并非以最好的经济效果为目的,它是在与社会效益、环境效益同时发展的基础上,经济效果的优化,即以实现可持续发展为目标。

按照上述对社会经济地域综合体性质的阐述和特征的归纳,其分类可依其地域范围、发展水平、结构特征等三个方面。

(1)以地域范围为特征分类:大经济区范围的社会经济地域综合体,中等地区范围的社会经济地域综合体,小地区范围的社会经济地域综合体。

(2)以发展水平为特征分类:远景期内预定形成的社会经济地域综合体,形成中的社会经济地域综合体,已基本形成的社会经济地域综合体,过度发展的社会经济地域综合体。

(3)以结构特征进行分类:生产效益倚重型的社会经济地域综合体,环境效益倚重型的社会经济地域综合体,社会效益倚重型的社会经济地域综合体,综合效益型的社会经济地域综合体。

3. 地域综合体模式的作用过程

社会经济地域综合体在注重经济发展的同时,亦注重社会效益和环境效益目标。地域综合体模式下的区域竞合不仅局限于经济层面,更着眼于区域尺度的环境问题、生态问题和资源开发问题。一个流域开发的典范是美国田纳西河流域综合体,其开发过程可以认为是社会经济地域综合体的形成和发展过程。

美国田纳西河流域的综合开发,始于 20 世纪 30 年代。开发前的田纳西河流域,具有以下特征:经济发展水平低下;由于滥垦乱伐导致的水土流失严重,土壤肥力下降;流域内的农业人口数量大,依靠耕地将不能养活已有的农业人口;流域内资源丰富但开发程度低;河流洪水年年泛滥成灾。据此,田纳西河流域管理局(TVA)提出了流域综合开发的几项主要目标:

(1)最大限度地防止洪水泛滥;

(2)疏浚河道,发展航运。

经过多年综合开发,田纳西河流域取得了以下几方面公认的成就。

(1)航运方面。开发前的年货运量仅 100 万吨左右,田纳西河流域只有地区性的航运价值。田纳西河自渠化开发以来,货运量逐年增加,到 1980 年货运量达到了 2930 万吨的创纪录水平。

(2)防洪方面。综合开发后的田纳西河流域共有大小水库 60 多座,有效库容量总计有 148 亿 m^3,为田纳西河年平均径流量的 58%。有效地将洪水泛滥的损失降到了最低限度。

(3)水力资源开发。田纳西河流域的水能资源量达 414 万 kW,现已开发了 363.76 万 kW,利用率已达 87.86%。

(4)流域森林的恢复和水土流失的控制。从 1933 年开始,流域内采取了三项有意义的恢复森林的措施:TVA 建立了四座树苗基地,每年可提供 5000 万棵免费树苗;TVA 开展教育和示范,帮助私人所有者恢复他们受侵蚀的土地;联邦政府设置了 38 个民间保护团体(CCC)野营地。从 1942 年开始的 25 年内,流域内森林面积又扩大了 6072.8 km^2,20 世纪 80 年代初,每年的恢复面积在 215 km^2 以上。这些措施和成效,有效控制了流域内的水土流失,土壤肥力得以恢复,森林资源的经济效益得以发挥,也对野生动物生息和虫害控制有益。

(5)旅游资源的开发和旅游业的发展。由于廉价电力的开发及生态环境的改善,流域内工业化和城镇化得以快速发展。1993 年流域内以农业为主的经济结构(就业结构中以农业为主,约占总就业人数的 62%)发展到以商业服务业和制造业为重(1984 年就业结构中,从事农业的比重大幅度下降,仅为 5%)。人均收入水平从 1930 年是美国全国平均数的 42% 上升到 1978 年的 79%。

由此可看出社会经济地域综合体的形成过程,大致包括如下三个阶段:

(1)区域内调查研究和分析阶段;

(2)区域内社会经济地域综合体的发展目标制定阶段;

(3)区域内社会经济地域综合体的布局发展阶段。

(三)城乡一体化模式

1. 理论渊源

城市作为人类各种活动的集聚场所,通过物质流、信息流和能量流与其周围的区域发生联系。城市通过对周围地区的吸引和辐射作用使其成为某个区域的中心,区域则成为城市发展的依托。从 19 世纪初,德国古典经济学家杜能(J. H. Thünen)提出农业区位论开始,研究城市中心与区域关系的理论,经历了古典、近代和现代三个发展阶段。

（1）古典阶段。从 19 世纪初到 20 世纪初，以杜能的农业区位论为代表。杜能设想了一个围绕中心城市，与世隔绝的均质的"孤立国"。根据城市对区域各种农副产品的需要及每一种农副产品的特点与运费（与城市远近相关）的不同，反映在城市腹地的土地利用上，所有土地之间的差别仅在于地理位置的不同，即距离中心城市远近的差异，从而地租仅与土地距离中心城市远近的差异为区位。据此，杜能对其假定的以中心城市为核心的均质平原农业生产进行区域划分。根据其阐述的六种农作制度，提出了自由农作环、林业环、三个谷物轮作环和放牧环，即著名的"杜能环"。首次从理论上论述了城市与区域腹地之间的关系。

（2）近代阶段。从 20 世纪初到 20 世纪 40 年代，随着市场结构变化，杜能古典区位论中的成本最低并不一定意味着利润最大化，取而代之的是以市场最大化为目标的利润极大化，从而创立了服从最大限度利润的、以市场为中心的区位理论。这个时期代表性的城市中心理论是中心地理论以及各种城市与区域吸引范围的引力模型。如克利斯泰勒（W. Christaller）的中心地理论以及廖什（A. Lösch）的市场景观，城市对区域的引力模型以及费特尔（F. Fetter）的贸易区边界区位理论。

20 世纪 30 年代中叶，克利斯泰勒通过对德国南部城镇的研究，通过一系列的条件假设：无边界的均质平原；统一的交通系统；对同一规模所有城市的便捷性相同；交通费用与距离成正比；生产者和消费者都属于完全理性的经济人；生产者以谋取最大利润，掌握尽可能大的市场区为目标；消费者以寻求最小旅行费用为目标；按最近便原则，消费者到最近中心地购物和服务付出的价格等于货物的销售价格加来往交通费用。据此，得出了三角形聚落分布和六边形市场区最有效的市场网理论。由于门槛的限制，每个中心地不可能提供所有的货物和服务，由此形成了不同等级组成的中心地等级体系，每个等级的城镇对应着相应的市场区域。中心地等级体系还将分别根据市场、交通和行政最优原则形成不同的区域范围。德国经济学家廖什，从纯理论的角度，通过逻辑推理方法，从企业区位的理论出发，于 1940 年得出了一个与克利斯泰勒学说完全相同的区位模型——六边形市场区的经济景观。

从古典阶段到近代阶段的有关城市中心理论，都把城市中心与区域的联系建立在价格理论的空间维上，二者均属静态的微观经济学范畴。

（3）现代阶段。第二次世界大战以来，这个阶段城市中心理论的发展，从静态的空间结构分析演变到动态的城市区域分析，同时，由微观经济扩展到结构经济分析和宏观经济分析。其中代表性理论有佩洛的增长极理论，弗里德曼的增长中心理论以及我国的城市区域理论。

增长极理论认为：区域发展不是均匀地在各个地方同时发生，而是以不同强度在空间的一些区位约束点优先得到发展；是集聚于增长中心的围绕推动性主导产业部门而组织的有活力的高度联合的一组产业，不仅本身能迅速增长，而且通过乘数效应，带动整个区域发展。据理查德森（R. Richardson）认为，上述区位约束点是工业化前就形成的经济空间结构中节点（诸多由工业化前的城市或资源指向的工业集中形成的）的持久影响。在它们的初始力场消失后，对演化类型及随后的变形将保持很久。这些约束点是充当人口集聚焦点的固定区位，它们可分三种主要类型：1）不能流动的资源（如矿产资源储藏区，深水港）；2）长时间建立的城市（它的基础可以是基于现在的绝对区位优势上）；3）具有特别优势的特殊的点，这些特别优势是由于：①土地的异质性，②来源于将来的运输发展的潜在的节点区位。理查德森进一步认为，虽然1）和3）不直接引发城市的产业，但必定产生城市。唯一的例外是不流动资源的产出能够以很低的成本运输到市场（如石油）；并且在它的出处不需要较多劳动力，是因为高度资本密集的抽取方法。

弗里德曼的增长中心理论是为制定区域政策而提出的，即增长中心理论主张在落后地区或衰退地区建立规模大、增长快的推进型工业部门或充满活力的城市或增长中心来带动区域发展。

城市区域理论认为，任何一个城镇总是在一定区域内形成发展的，城市是区域范围内的经济、政治和文化中心。城市的中心作用总是与其影响所及的地域范围联系在一起的。1951年在国际现代建筑协会第八次大会上，许多学者认为：城市是构成一个地理的、经济的、社会的、文化的和政治的区域单位的一部分，城市即依赖这些单位而发展。

按照经济地理学的观点，任何一个城市都是区域的中心，都拥有特定的经济吸引地域范围。任何一个城市的发展，除自身具体条件（如城市地理位置、历史基础、建设条件以及城市和邻近地区的资源条件等）外，与其所在地区的区域经济基础紧密相关。城市与区域相互依存、相互促进、相互制约。每一个城市都有其相应的经济区域，全国各类城市与其相应的大小经济区域，构成一套完整的经济区网络。这也是经济区形成的理论基础。

2. 城市影响的地域范围

城市影响的区域范围，是指由于城市的辐射作用，导致其对周围地区经济、政治、社会、文化等方面产生强大的促进作用，带动影响区域的经济发展。各种职能辐射影响的范围也各不相同。各职能辐射范围的重叠部分可视为城市综合性影响区域。

城市吸引区的地域结构类型一般有三种：（1）与行政区域相一致的城市吸引区；（2）超出行政管辖范围的城市吸引区；（3）两个或两个以上毗邻的中心，其吸引范围部分重叠。

城市与区域相互依存。一定规模和等级的城市对应着一定的区域。这是因为：区域为城市的发展提供工业原料、食品、水源、劳务、市场和环境，城市影响的区域范围与城市的辐射能力及可达性程度成正比，城市以工业品、技术、信息、服务、商业、文化等辐射区域。

城市对其腹地区域的影响是多方面的，其种类与城市的职能相关。城市对腹地的经济影响，一方面，通过其与腹地区域生产上的联系，或部分产业的转移与扩散；另一方面，作为区域中心的城市，通过将资金、技术、信息、商品等向腹地区域输送与服务，促进其腹地区域经济发展。作为政治中心，执行中央和上级政府的政策及制定与组织实施区域发展的计划与政策；作为文化中心，通过输送科技知识、转让科技成果以及培养科技人才，促进其影响区域的经济发展。

城市的不同职能对其影响的区域范围是不同的。作为区域中心的城市的影响范围，主要是指具有经常性综合性社会经济联系的影响范围，核心是城市对其腹地区域的经济影响力大小。

城市对区域影响的范围大小，按照中心地理论和引力模型，主要受以下三方面因素的影响：

（1）城市的经济辐射力，辐射力的大小受制于"市场集聚规模、经济技术水平和对区域的投资输出"[269]三个方面；

（2）距离，城市的辐射力随距离增加而衰减；

（3）城市间的相互作用，城市影响的区域因其他城市的竞争而分割。在断裂点的两侧，竞争城市间的影响力强弱不同，从而形成各自的腹地区域。

对城市影响的腹地区域的划分，有断裂点理论公式；有根据统计资料，选择适当指标进行的统计分析方法，如按投资集聚能力、市场集聚规模和技术经济水平等因子，选择25个指标进行城市经济活动能力测评而组成的综合指标划分地域范围；还有按流量法及交通网络等级划分的腹地区域。

康维斯（P. D. Converse）通过赖利（W. J. Reilly）提出的"零售引力法则"提出划分城市对周围地区吸引力范围的断裂点理论（Breaking Point Theory）：

$$d_a = \frac{D_{ab}}{1 + P_b / P_a}$$

式中　　d——两个城市影响区域的分界点；

d_a——从断裂点到 A 城的距离；

D_{ab}——A、B 两城市间的距离；

P_a——A 城市的人口；

P_b——B 城市的人口。

即：一个城市对周围地区的吸引力，与它的规模成正比；与距它的距离平方成反比。

3. 城乡一体化模式的作用过程

城市的形成有其区域基础，从乡村对城市的给养到城市对乡村的反哺，是一个城乡相互作用的长期过程，可以划分为以下几个阶段。

（1）农业剩余与城市的形成

从城市形成的历史看，城市最初是由人类社会的第二次大分工，手工业从农业中分离出来后形成的。城市作为区域的中心，其形成和发展的前提条件不在城市的内部，而在于城市所在区域农业经济的发展水平，即区域经济发展水平及其产生的农业剩余是城市形成和发展的前提。

农业剩余是指农业实际所有超出其实际所需的差额或实际所得超过期望所得的差额。表现在三个方面：1）农产品剩余。对城市中心形成和发展的影响表现在：由于城市是非农业人口的集聚地，农产品剩余一方面作为最终产品供城市人口的生活消费；另一方面作为中间产品投入以农产品为原料的轻工业生产，促进城市工业化和城市人口进一步集聚。2）农业劳动力剩余。这些剩余劳动力需要从边际生产率低的农业部门向边际生产率高的非农产业部门转移。城市化的过程，亦是农业剩余劳动力不断向城市非农产业转化的过程。3）农业经济剩余，包括农产品消费者剩余和农业生产者剩余。农产品消费者剩余表现为由于农产品价格偏低而得的收益，即价值得益；农业生产者剩余就是农业级差收益，即农业地租。从发达国家的历史和当今的发展中国家工业化和城市化过程来看，工业化、城市化过程多数伴随着农村经济剩余向城市的转移而实现加速资本积累。区域农产品剩余过少，供给不足，往往造成城市工业化过程的迟缓，而阻碍城市的形成和发展。以农产品为原料的加工业，如食品、饮料、纺织业、造纸及文教用品工业等，在经济发展的初期阶段占有较大比重，随着经济的进一步发展和产业结构的升级，这些部门的重要性将趋下降。因而，在经济发展的初期阶段，农业剩余产品作为城市工业中间产品的功能作用很强。

农产品剩余作为最终消费品对城市中心的影响，虽然随着城市的发展，其相对比重会下降，但绝对比重依然是上升的，在城市形成的初期，这种作用的影响更大。

农业经济剩余对城市的作用表现在通过农产品消费者的剩余实现农业价值向城市工业的转移。其作用方式为：1）通过对农产品中最终消费品的价格压低使得消费者的生活费用降低，银行储蓄提高，从而实现向投资收益率（或用资金利税率）高的城市工业部门转移。城市工业职工的生活费用降低，有利于降低劳动力再生产成本，从而降低工人的工资水平，以便使城市工业部门具有更多的利润，更高的积累率，促进城市的发展。2）通过城市中作为中间产品投入的农产品价格压低，实现农业剩余向城市工业的转移。

农业生产者剩余对城市的影响一般是通过对农业直接征税、转移农业储蓄和改变农业剩余产品的贸易条件三种形式。我国在经济体制改革前一般采用第三种形式，即通过低价对农业剩余产品征购，以直接促使其价值转移。经济体制改革后一般采用第一和第二种形式。

诚然，农业剩余的产生需要农业劳动生产率的提高。而农业劳动生产率的提高除了生产关系要适应生产力的发展外，主要依赖城市第二、第三产业为其提供新技术、新工具、信息和大量产前、产后服务。农业生产力提高后，农村又可以提供更多的剩余粮食和剩余劳动力进城，这个往复过程不断叠加上升，城市也随之得到发展。

（2）区域禀赋与城市的发展

城市形成之后，首先决定其主导产业和功能定位的根本因素主要是地理区位和自然资源。

地理区位是指区域所在地与周围的自然和社会实体的空间相互关系的总和。与山地、平原、江河、海洋的空间关系，称自然地理区位；与交通线、农业区、进出口岸和已有大城市的空间关系，称为经济地理区位。在一定的历史条件下，地理区位对城市的形成和发展起决定性作用。其作用的方式表现在：1）影响城市联系区域的范围大小，2）确定城市的专业化市场和优势产业部门。

区域内自然资源的品种、数量和质量及开采条件是影响城市形成和发展的又一重要因素。区域内自然资源的大规模开采可导致城市，尤其是资源开采与加工型城市的兴起和发展。在我国如大庆、克拉玛依等石油工业城市，鞍山、攀枝花、本溪等钢铁工业城市以及唐山、大同、鸡西等煤炭工业城市和伊春、牙克石等森林工业城市。

区域的历史文化传统和劳动力素质等亦是影响城市形成和发展的重要因素。城市是由非农业人口在地域空间上集聚的结果，因而，形成集聚的区域劳动力素质及历史文化传统等成为城市形成和发展的重要因素。劳动力素质的高低直接影响到劳动力的劳动效率及适应不同产业的能力以及创新能力的不同和吸纳创新能力的不同。诺贝尔奖获得者，美国著名经济学家西奥多·W·舒尔茨（W. Schultz）认为：重视和加强人力资本投资，提高人口质量是经济发展的关键。西方经济发展的实践亦已证明，人力资本投资的收益率要高于物质资本投资的收益率。如果人的能力没有与物质资本保持齐头并进，就会变成经济增长的限制因素。在霍沃特的适度投资率公式中，就把知识和技术作为决定经济增长率的一个关键性投资变数。美国经济学家丹尼森（E. F. Denison）肯德里克（J. W. Kendrick）等人甚至提出一种分析工具，测出了劳动力因受教育不同产生的对经济增长的贡献差异。现代城市产业结构由传统产业部门和现代产业部门组成。现代产业部门是城市发展的主导部门，因而，城市的快速发展更需要高素质的劳动力。如我国苏南的苏州、无锡、常州，区域自然资源并不丰富，交通优势亦不突出，但 20 世纪 80 年代以来，城市快速发展，主要原因之一是该区域有较高素质的劳动力。区域的历史文化传统亦是影响城市发展的重要因素。如移民观念的传统束缚，轻视经商的文化心理等观念，对农村剩余劳动力向城市的转化形成了重重阻力。而 20 世纪 80 年代快速崛起的浙江温州，资源贫乏，交通不便，其乡镇工业的兴起和纽扣等批发市场的形成的重要依托便是温州人历史形成的外向文化传统观念与改革开放时机的重合。

区域内基础设施的支撑作用也是城市发展不可或缺的基础。它包括交通、通信、供电、给排水等工程网络系统的基础设施，以及商业、教育、文化、娱乐、医疗卫生等社会性服务设施的完善程度和地域分布，亦对城市的发展和布局产生很大影响。区域性的基础设施是城市和区域联系的纽带，区域性基础设施的好坏将直接影响城市吸纳农村剩余劳动力的能力以及区域的辐射能力和吸引力。

（3）要素扩散与城镇体系的成熟

城市发展到一定水平将产生扩散效应，辐射带动周边区域。城市对区域的影响随着距离的增加而逐渐减弱，并最终被附近其他城市的影响所取代，从而构成每一个城市的吸引区。不同规模等级和性质的城市吸引不同的区域，将不同等级的城市组合起来，就形成城市的等级体系。将不同等级城市的区域组合起来，则形成不同层次的区域。因而，对规模较大的区域来说，其内部地域空间存在着两种作用：城市与区域的作用及城市之间的相互作用。城市间通过物质、信息、能量和人员的不断交换而产生互补或互斥的作用。相互作用的过程影响每个城市的市场和腹地的变动。城市相互作用的形式分为三类："对流"，以物质和人的移动为特征；"传导"，指城市间进行的各种交换活动；"辐射"，指信息的流动和新思想、新技术的扩散等。城市相互作用产生的条件有：1）在城市职能差异基础上形成的互补性关系，这是构成相互作用的基础；2）中介机会，在两城市中引入第三个城市之后产生的影响；3）可运输性。

对城市相互作用影响的理论研究主要有：格林（H. L. Green）的实证研究，赖利的"零售引力法则"，康维斯的断裂点理论，哈里斯（C. D. Harris）、威尔逊（A. G. Wilson）的潜能模式和空间相互作用模式以及胡佛（D. L. Hoover）、拉什曼南（T. R. Lashmanan）、汉森（W. G. Hanson）的购物模式等。

4. 竞合（C－C）模式的实践范例

案例1　长江三角洲地区区域规划（推进产业升级与分工协作）

（1）发展基础

长三角地区是全国发展基础最好、制度环境最优、整体竞争力最强的地区之一，具有在高起点上加快发展的优势和机遇。

①优势条件

区位条件优越。长三角地区位于亚太经济区、太平洋西岸的中间地带，处于西太平洋航线要冲，具有成为亚太地区重要门户的优越条件。地处我国东部沿海地区与长江流域结合部，拥有面向国际、连接南北、辐射中西部的密集立体交通网络和现代化港口群，经济腹地广阔，对长江流域乃至全国发展具有重要的带动作用。

自然禀赋优良。位于我国东部亚热带湿润地区，四季分明，水系发达，淡水资源丰沛，地势平坦，土壤肥沃，港口岸线及沿海滩涂资源丰富。

经济基础雄厚。农业基础良好，制造业和高技术产业发达，服务业发展较快，经济发展水平全国领先，是中国综合实力最强的区域。

体制比较完善。较早建立起社会主义市场经济体制基本框架，是完善社会主义市场经济体制的主要试验地，已率先建立起开放型经济体系，形成了全方位、多层次、高水平的对外开放格局。

城镇体系完整。上海建设国际大都市目标明确，在长三角地区的核心地位突出，南京、苏州、无锡、杭州、宁波等特大城市在区域和全国占有重要地位，区域内城镇密集，核心区城镇化水平超过60%，具备了跻身世界级城市群的基础。

科教文化发达。区域内集中了大批高等院校和科研机构，拥有上海、南京、杭州等科教名城和南京、苏州、镇江、扬州、南通、徐州、淮安、杭州、宁波、绍兴、金华、衢州的国家历史文化名城，人力资源优势显著，文化底蕴深厚，具有率先建成创新型区域的坚实基础。

一体化发展基础较好。长三角各城镇地域相邻，文化相融，人员交流和经济往来密切，形成了多层次、宽领域的合作交流机制，具备了一体化发展的良好条件。

②机遇和挑战

新的历史条件下，长三角区域发展面临前所未有的机遇。经济全球化和区域经济一体化深入发展，国际产业向亚太地区转移方兴未艾，亚太区域合作与交流日益密切，工业化、信息化、城镇化、市场化、国际化不断深入，这些都为长三角地区发展提供了有利条件和广阔空间。

同时，区域内尚未解决的结构性矛盾由于国际金融危机的影响交织在一起，一些深层次矛盾和问题急需解决。例如，区域内各城市发展定位和分工不够合理，区域整体优势尚未充分发挥；交通、能源、通信等重大基础设施还没有形成有效的配套与衔接，促进要素合理流动的制度环境和市场体系有待完善；产业层次不高，现代服务业发展相对滞后，产业水平和服务功能有待提升；外贸依存度偏高，贸易结构还需优化，自主创新能力不够强，国际竞争力尚须提高；土地、能源匮乏，资源环境约束日益明显；社会事业发展不平衡，城乡公共服务水平还有较大差距等。这些都是长三角地区进一步发展的瓶颈。

（2）区域布局与协调发展

《长江三角洲地区区域发展规划（2010）》按照优化开发区域的总体要求，统筹区域发展空间布局，形成以上海为核心，沿沪宁和沪杭甬线、沿江、沿湾、沿海、沿宁湖杭线、沿湖、沿东陇海线、沿运河、沿温丽金衢线为发展带的"一核九带"空间格局，推动区域协调发展。

①以上海为发展核心。优化提升上海核心城市的功能，充分发挥国际经济、金融、贸易、航运中心作用，大力发展现代服务业和先进制造业，加快形成以服务业为主的产业结构，进一步增强创新能力，促进区域整体优势的发挥和国际竞争力的提升。

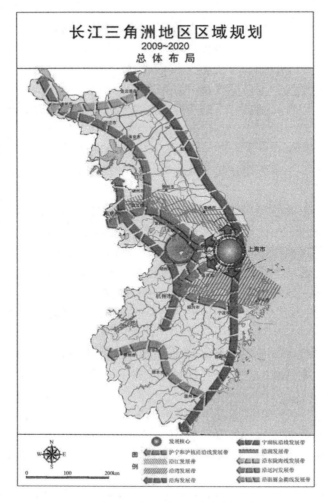

图 5 - 2   长江三角洲地区区域规划总体布局

②沪宁和沪杭甬沿线发展带。包括沪宁、沪杭甬交通沿线的市县，发展重点是优化城市功能，提升创新能力，严格控制环境污染重、资源消耗大的产业发展，保护开敞生态空间、改善环境质量，建成高新技术产业带和现代服务业密集带，形成国际化水平较高的城镇聚集带。

③沿江发展带。包括长江沿岸市县，发展重点是充分发挥黄金水道的优势及沿江交通通道的作用，合理推进岸线开发和港口建设，引导装备制造、化工、冶金、物流等产业适度集聚，加快城镇发展，注重水环境保护与生态建设，建成特色鲜明、布局合理、生态良好的基础产业发展带和城镇集聚带，成为长江产业带的核心组成部分，辐射长江中上游。

④沿湾发展带。包括环杭州湾的市县，发展重点是依托现有产业基础和港口条件，积极发展高技术、高附加值的制造业和重化工业，建设若干现代化新城区，注重区域环境综合治理，建成分工明确、布局合理、功能协调的先进制造业密集带和城镇集聚带，带动长三角南部地区发展

⑤沿海发展带。包括沿海市县，发展重点是依托临海港口，培育和发展临港经济，建

设港口物流、重化工和能源基地，带动城镇发展，合理保护和开发海洋资源，形成与生态保护相协调的新兴临港产业和海洋经济发展带，辐射带动苏北、浙西南等地区。

⑥宁湖杭沿线发展带。包括宁湖杭交通沿线的市县，在充分考虑资源环境容量和生态保护要求基础上，重点发展高技术、轻纺家电、旅游休闲、现代物流、生态农业等产业，积极培育城镇集聚区，形成生态产业集聚、城镇发展有序的新型发展带，扩展长三角地区向中西部地区辐射带动的范围。

⑦沿湖发展带。包括环太湖地区，这一地带要坚持生态优先原则，以保护太湖及其沿岸生态环境为前提，严格控制土地开发规模和强度，优化产业布局，适度发展旅游观光、休闲度假、会展、研发等服务业和特色生态农业，成为全国重要的旅游休闲带、区域会展中心和研发基地。

⑧沿东陇海线发展带，包括东陇海沿线的市县，重点发展劳动密集型产业，积极发展对外贸易，建设资源加工产业基地，成为振兴苏北、带动陇海兰新线沿线地区经济发展的龙头。

⑨沿运河发展带，包括运河沿岸市县，依托人文底蕴深厚、生态环境良好的优势，大力发展旅游休闲、文化创意等服务业，积极发展生态产业，改善人居环境，成为独具特色的运河文化生态产业走廊。

⑩沿温丽金衢线发展带，包括温州—丽水—金华—衢州高速公路沿线的市县，发挥毗邻海西经济区、生态环境良好、民营经济发达的优势，重点发展日用商品、汽车机电制造和商贸物流业，大力发展生态农业，建设浙中城市群，成为连接长三角和海西经济区的纽带。

（3）产业发展与布局

《长江三角洲地区区域发展规划（2010）》强调推进产业结构优化升级，加快发展现代服务业，推进信息化与工业化融合，培育一批具有国际竞争力的世界级企业和品牌，建设全球重要的现代服务业中心和先进制造业基地。

①优先发展现代服务业

面向生产的服务业：推进上海国际航运中心建设，依托区域综合交通运输网络，大力发展现代物流业。推进上海国际金融中心建设，进一步健全金融市场体系，加快金融产品、服务、管理和组织机构创新，促进金融业发展。扶持和培育工业设计、节能服务、战略咨询、成果转化等技术创新型服务企业，大力发展科技服务业。规范发展法律咨询、会计审计、工程咨询、认证认可、信用评估、广告会展等商务服务业。整合建立区域内综合性的软件和信息服务公共技术平台，培育创新型特色化的软件服务和信息服务企业，积极发展增值电信业务、软件服务、计算机信息系统集成和互联网产业，大力发展服务外包产业。

面向民生的服务业：立足历史人文、山水风情、江南风貌、江海风光、现代都市等特色旅游资源，大力发展旅游业，进一步拓展市场、整合资源，建设世界一流水平的旅游目的地。加快发展广播影视、新闻出版、邮政、电信、商贸、文化、体育和休闲娱乐等服务业。运用信息技术和现代经营方式改造提升传统商贸业，加快现代商贸业发展。积极扶持文化科技、音乐制作、艺术创作、动漫游戏等文化创意产业发展。

上海重点发展金融、航运等服务业，成为服务全国、面向国际的现代服务业中心。南京重点发展现代物流、科技、文化旅游等服务业，成为长三角地区北翼的现代服务业中心。杭州重点发展文化创意、旅游休闲、电子商务等服务业，成为长三角地区南翼的现代服务业中心。苏州重点发展现代物流、科技服务、商务会展、旅游休闲等服务业，无锡重点发展创意设计、服务外包等服务业，宁波重点发展现代物流、商务会展等服务业。苏北和浙西南地区主要城市在改造提升传统服务业的基础上，加快建设各具特色的现代服务业集聚区。

②做强做优先进制造业

电子信息产业：按照立足优势、加快研发、强化协作、促进集群的原则，加快建设世界级电子信息产业基地。以上海、南京、杭州为中心，沿沪宁、沪杭甬线集中布局。沿沪宁线重点发展具有自主知识产权的通信、软件、计算机、微电子、光电子类产品制造，形成以上海、南京、苏州、无锡为主的研发设计与生产中心，以常州、镇江等为主要生产基地的电子信息产业带；沿沪杭甬线以上海、杭州、宁波为研发设计与生产中心，整合嘉兴、湖州、绍兴、台州等地的相关产业，构建国内重要的软件、通信、微电子、新型电子元器件、家电产业生产基地。扬州、泰州、南通、温州、金华、衢州等在巩固发展电子材料、电子元器件产业的基础上，以产业协作配套为重点，开拓计算机网络和外部设备等新产品领域，加快信息产业发展。

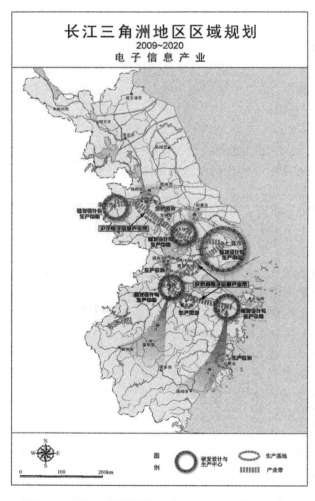

图5-3　长江三角洲地区区域规划电子信息产业布局

　　装备制造业：按照提升水平、重点突破、整合资源、加强配套的原则，加快建设具有世界影响的装备制造业基地。以上海为龙头，沿沪宁、沪杭甬线及沿江、沿湾和沿海集聚发展。以上海、南京、杭州为先导，苏州、无锡、宁波、徐州、台州等为骨干，提升机械装备制造业水平和核心竞争力。上海、南京、杭州、宁波、台州和盐城积极发展轿车产业，形成区域性轿车研发生产基地。以苏州、常州、扬州和金华为重点，加快形成国内重要的客车生产基地。鼓励开展新能源汽车研发和生产。以上海、南京、常州为重点，加快形成轨道交通产业基地。围绕汽车整车制造，鼓励沿海、沿江等地区发展汽车零部件生产，形成汽车零部件产业带。以上海、南通、舟山等为重点，建设大型修造船及海洋工程装备基地。结合上海地区船舶工业结构调整和黄浦江内部船厂搬迁，重点建设长兴岛造船基地。

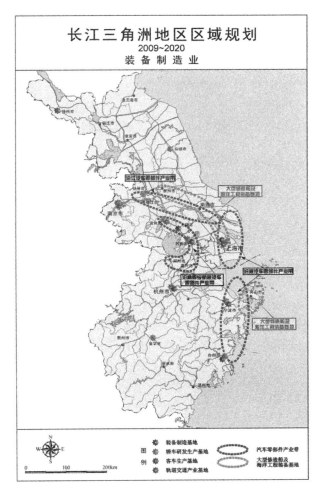

图5-4　长江三角洲地区区域规划装备制造产业布局规划

　　钢铁产业：按照提高产业集中度、提升国际竞争力、构建循环经济产业链的原则，推动钢铁产业集约式发展。依托区域现有大型钢铁企业，大力发展和运用节能、节水、环保等技术，构建钢铁循环经济产业链。依托上海、江苏的大型钢铁企业，积极发展精品钢材。推进钢铁产业结构调整，充分利用海港的有利条件，在不增加现有产能的前提下，结合大型钢铁企业搬迁和淘汰落后生产能力，在连云港等沿海具备条件的地方建设新型钢铁基地。

石化产业：按照立足优势、突破创新、促进集聚、清洁生产的原则，加快建设具有国际竞争力的石化产业基地。在充分考虑资源环境承载能力的基础上，依托现有大型石化企业加快建设具有国际水平的上海化工区、南京化学工业园区和宁波—舟山化工区，发挥沿海地区深水岸线和管道运输优势建设利用境外资源合作加工的大型石化基地，进一步壮大炼油、乙烯生产规模，建设大型基础石化产业密集区。发挥泰州、盐城、宁波、嘉兴、温州等滨海或临江区位优势，集中布局，优化发展精细化工。充分利用淮安岩盐和盐城矿盐资源，发展盐化工。

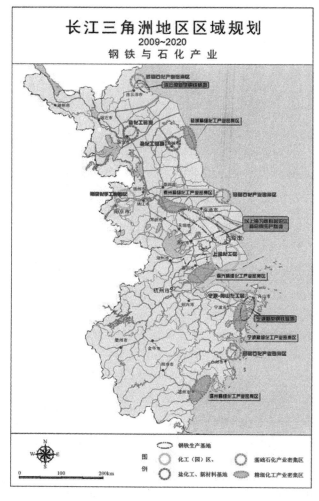

图5-5 长江三角洲地区区域规划钢铁石化产业布局规划

③加快发展新兴产业

生物医药产业：充分利用区域医药生产门类齐全的优势，以生物基因工程和现代中药为重点，打造集研发、生产、销售及信息服务为一体的产业链，形成自主创新能力较强、具备一定国际竞争力的生物医药产业密集区。建成上海生物及新型医药研发与生产中心，加快建设上海、泰州、杭州国家生物产业基地，进一步做强无锡"太湖药谷"等品牌，建设南京、苏州、连云港、杭州、湖州、金华等中医药、化学原料药和生物医药研发生产基地，加快以上海临港新城、盐城、宁波、舟山等为重点的海洋生物产业发展。

新材料产业：依托区域内雄厚的科研实力及产业基础，与电子信息、冶金、汽车、建筑、化工等产业配套衔接，大力发展信息新材料、金属和非金属新材料、纤维新材料、纳米材料、半导体照明用材料、新型建筑材料以及特种工程材料等产业。以上海为核心，沿江、沿湾为重点区域，发展各类新材料产业。加快建设上海、苏州、杭州、宁波新材料研发中心和宁波、连云港国家新材料高技术产业基地，无锡、常州、镇江、泰州、南通、徐州、湖州、嘉兴、绍兴、台州、金华、衢州等城市积极建设新材料研发转化生产基地。

新能源产业：充分利用技术优势和发展基础，加大新能源技术研发和生产投入，鼓励发展可再生能源和清洁能源，开发利用风能、太阳能、地热能、海洋能、生物质能等可再生能源、发展燃气蒸汽联合循环发电等。在沪宁、沪杭甬等沿线大城市，加快新能源技术研发基地建设。在南通、盐城、舟山、台州、温州等沿海地区以及杭州湾地区，大力发展风能发电。鼓励发展以风电、核电和光伏为主的新能源装备制造，提高零部件研发设计和生产加工能力。优化发展太阳能光伏电池及原材料制造业。

民用航空航天产业：充分依托上海民用航空航天产业研发、制造和综合集成能力较强的优势，利用已有的支线飞机和大型客机的研制基础和国际合作经验，积极推动民用飞机制造业、航空运输业和航空服务业协同发展。全面推进国家民用航天产业基地建设，大力发展卫星导航、卫星通信、卫星遥感和相关设备制造业与服务业，加快航天技术向新材料与新能源、节能技术、信息技术、特种制造、特种装备等领域延伸拓展。

④巩固提升传统产业。

农业：加快转变农业发展方式，推进农业科技进步与创新，发挥国有农场的示范作用，大力发展高产、优质、高效、生态、安全的现代农业，率先实现农业现代化。

纺织服装业：以提升档次、打造品牌为重点，建成集研发、制造、展销、贸易等多功能于一体的国际纺织及服装设计制造中心。上海重点发展服装设计和贸易，苏州、无锡、南通、常州、杭州、宁波、湖州、温州重点发展服装及面料生产、研发、展销等，鼓励扬州、泰州、盐城、湖州、嘉兴、绍兴、金华等地发展现代纺织业，积极提升产业层次和产品档次，促进传统纺织业向周边地区转移。

旅游产业：加强旅游合作，联手推动形成"一核五城七带"的旅游业发展空间格局。以上海为核心，发展上海都市旅游，打造长三角地区旅游集散枢纽。以南京、苏州、无锡、杭州、宁波五城市为节点，培育和开发都市工业旅游、农业旅游、休闲旅游、文化旅游、会展旅游、水上旅游等新型品牌。积极开发以连云港—盐城—南通—上海—嘉兴—宁波—舟山—台州—温州为主的滨海海韵渔情旅游带，以苏州—无锡—常州—湖州为主的环太湖水乡风情旅游带，以上海—嘉兴—杭州—绍兴—宁波为主的杭州湾历史文化旅游带，以南京—镇江—扬州—泰州—南通—上海为主的长江风光旅游带，以杭州—嘉兴—苏州—无锡—常州—镇江—扬州—淮安—宿迁—徐州为主的古运河风情文化旅游带，以杭州—千岛湖—黄山为主的名山名水旅游带，以温州—丽水—金华—衢州为主的山水休闲旅游带。

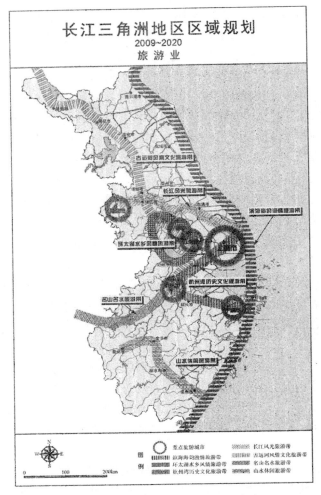

图 5-6　长江三角洲地区区域规划旅游空间布局规划

案例 2　长株潭城市群区域规划（建设"两型"社会）

长株潭城市群地处我国中南部，以长沙、株洲、湘潭三市所辖行政区域为主体，国土面积 2.8 万平方公里，2007 年末总人口 1325.6 万人，2007 年 12 月被批准为全国资源节约型和环境友好型社会建设综合配套改革试验区。《长株潭城市群区域规划（2008—2020年)》立足资源节约型和环境友好型社会（以下简称"两型"社会）建设、中部崛起、长株潭城市群一体化发展等战略，为有效配置城市群资源、促进城市群一体化建设、推进"两型"社会建设、带动区域跨越发展提供指南。

（1）发展基础

长株潭城市群位于京广经济带、泛珠三角经济区、长江经济带的结合部，兼具东部发达地区和中西部地区的发展特征，内部结构紧凑，区位条件优越，自然资源丰富，生态环境良好，历史文化特色鲜明，是国家不可多得的城市群资源，具备建设区域性中心城市群、影响和辐射四方的区位优势。

　　长株潭经济社会综合实力领先湖南，区域内大中小城市与各级城镇协调发展，区域性重要交通枢纽作用日益增强，科教文化资源全国突出，先进制造业、高新技术产业和农业综合生产力在全国拥有一定优势。国家"十一五"规划把城市群作为推进城镇化的主体形态、国家实施中部崛起战略、长株潭城市群获批全国"两型"社会建设综合配套改革试验区，是长株潭城市群经济社会又好又快发展的重要政策条件。

　　但是，长株潭城市群总体实力还不强，经济结构性矛盾仍然突出，缺乏强大带动力的产业集群和中心城市，资源节约压力较大，湘江生态环境亟待改善，城市群协调发展的体制机制需要进一步完善。加快长株潭城市群发展，既关系到湖南自身发展，也是落实国家中部崛起战略的需要，是促进东中西区域协调发展的重要实践。

　　（2）发展原则

　　①坚持以人为本、改革创新。以改革为动力，通过体制机制和观念创新，形成促进又好又快发展、增进人民福祉的制度优势，带动全省科学跨越发展。

　　②坚持全面统筹、协调发展。实施优势优先，兼顾周边地区，辐射带动全省，实现城乡统筹、优势互补、资源共享、互利共赢。

　　③坚持因地制宜、体现特色。加快推进新型工业化、新型城市化，构建优势突出、特色鲜明的产业体系，布局合理、集约发展的城镇体系。创新流域治理、生态网络建设、有序开发机制，展现湖南山水、生态、经济、文化特色。

　　④坚持政府引导、市场推动。加强省级统筹协调，充分发挥各市在改革建设中的主体作用。强化规划、政策等的科学引导，发挥市场配置资源的基础性作用，促进生产要素自由流动。

　　（3）城市群发展战略目标

　　长株潭城市群的战略定位是：全国"两型"社会建设的示范区，中部崛起的重要增长极，全省新型城市化、新型工业化和新农村建设的引领区，具有国际品质的现代化生态型城市群。

　　长株潭城市群总体发展战略为：建设"两型"社会、实现科学跨越。战略重点是：

　　①坚持核心带动，促进跨越发展。加强城市群核心区的规划建设，作为建设"两型"社会的基础平台、区域发展重点和一体化建设的空间载体，大力推进综合配套改革方案的实施，实现优势地区率先发展，带动长株潭城市群和全省跨越式发展。

　　②加快产业"两型化"，推进新型工业化。发挥科技创新的先导示范作用，依靠产业结构调整、自主创新和信息化，加快新型工业化进程，重点发展先进制造业、高新技术产业和现代服务业，提升基础工业，发展现代农业。

　　③强化生态格局和湘江治理，塑造高品质生态环境。以"南治水为主、北治气为主"为原则，突出湘江综合治理。以"强化生态特色，彰显湖湘魅力"为原则，合理利用三市结合部的空间开放式绿心、湘江生态带等生态区域，打造人与自然和谐相处、布局合理、生态良好、环境优美、适宜人居的生态环境。

　　④发展社会事业，推动城乡和谐。促进社会就业更加充分，构建更加合理的收入分配和社会保障体系，大力推进教育、文化、卫生、体育等社会事业发展。建立以工促农、以城带乡的长效机制，改善乡村地区生活环境，推进乡村产业发展和劳动力转移，建设社会主义新农村。

⑤坚持集约发展，促进能源资源节约利用。构建城镇紧凑发展的空间结构，推动土地、水、能源等资源集约节约利用，加快开发利用太阳能、风能、生物质能等新能源。

⑥建设综合交通体系，提高城乡运行效率。以一体化交通网络和公共交通体系建设为重点，将城市交通体系向乡村地区延伸，协调城乡空间资源开发。

⑦提升存量空间、创新增量空间，推进空间高效利用。整合现有工业园区，建立产业退出机制，淘汰"两高"、"五小"企业。加快旧城和城中村改造，整合乡村居民点。探索土地、能源、水资源节约和生态建设、环境保护、城乡统筹发展的新模式，形成符合"两型"社会要求的新型城乡空间形态。

（4）核心区战略和空间规划

长株潭城市群核心区空间范围涵盖长沙、株洲、湘潭市区，望城县全境，浏阳市、醴陵市、韶山市、湘乡市、宁乡县、长沙县、株洲县、湘潭县、赫山区、云溪区、湘阴县、汨罗市、屈原管理区的一部分，总面积8448.18平方公里。

《长株潭城市群区域规划（2008—2020年）》提出以下核心区发展战略：

①东优西进，增强区域核心竞争力。优化湘江以东的长沙、株洲、湘潭城区，依托机场、高铁等开放性基础设施，重点布局现代服务业，依托现有制造业基础，大力发展高端制造业。在湘江西岸整合科技创新资源，构筑长株潭城市群科技创新中心。

②提北强南，促进区域整体发展。综合提升北部长沙的综合性区域职能：建设全国领先的新兴产业园区、科技创新园区和服务区域的中央商务区，发展空港—高铁新区，与岳阳临港经济和循环经济联动发展。增强南部株洲、湘潭的经济地位和专业性区域职能：推动株洲产业转型升级，完善工业型城市职能，建设面向全国的综合物流中心；增强湘潭面向城乡腹地的经济社会服务职能，建设面向湖南城乡腹地的综合服务中心。

③连城带乡，加强城乡一体化建设。加强城际道路连接，促进相向发展。加强长沙与株洲、长沙与湘潭间的南北干道，整合提升株洲与湘潭的东西连接道路，打通连接三市的内环路，增加连接三市的外环路。城市道路向乡村延伸，改善小城镇的通外道路，加强城乡经济联系，促进城乡互动发展。

④治江保绿，提高生态安全保障。治理湘江流域污染，突出株洲清水塘、湘潭下摄司和竹埠港地区的污染治理和产业提升；加强岳麓山、韶山、法华山、金霞山等滨江区的山水景观建设，打造风光秀美的湘江风光带；保护好生态环境，建设维护绕城生态带、生态廊道、绿楔、绿心、公共绿地等生态系统，防止土地空间过度开发、城镇空间过度连绵，提高生态安全保障。

《规划》还将核心区划分为禁止开发地区、限制开发地区、优化开发地区、重点开发地区四类功能区，通过土地投资强度分级分类控制等手段进行空间管治，科学安排生产、生活、生态空间。在集约化、生态型和开放式开发手段下，形成"一心双轴双带"的空间结构：

一心，即三市结合部的绿心地区，是"两型"社会建设的窗口。充分利用绿心地区的良好生态，在保护好生态基底、发挥生态屏障功能的前提下，创新城乡建设模式，科学提升绿心价值，构筑面向区域的高附加值公共服务平台，将绿心地区从三市"边缘"地带，建设成为城市群的重要功能区、联结三市的功能纽带。

双轴，包括长株东线重点发展轴、长潭沿湘江重点提升轴，是城市和产业一体化建设的综合廊道。前者连接长沙东部新城和株洲市区及长沙县和株洲县等外围片区，依托空港、高铁和高速公路等对外交通设施，重点发展中央商务、先进制造业、空港物流等高端产业。后者连接长沙和湘潭两市区及北部的霞凝港、湘阴县城、汨罗市和南部的湘潭县城等外围片区，依托沿湘江分布的高校、科研机构和高新技术产业区，建设具有生态绿谷、景观项链和经济走廊三大功能的纵向主发展轴。

双带，包括北部东西综合发展带、南部东西优化发展带，是城镇和产业聚集发展的复合走廊。前者连接长沙市区和空港 – 高铁新城及益阳沧水铺镇和浏阳市等，综合发展先进制造、高新技术和现代服务等产业，成为长株潭向湘西北辐射、拓展发展腹地的重要轴线。后者连接株洲和湘潭及其周边城镇，向东延至醴陵，向西延至湘乡，加强基础产业优化和先进制造业发展，成为长株潭向湘中辐射的重要轴线，使长株潭未来发展有更大范围的协作区域

《规划》并将长株潭核心区划分为五类政策区，实施不同的政策引导：

①振兴扶持地区。主要包括株潭南部农业地区、湘潭西部地区和鹤岭地区。通过政策倾斜和基础设施建设扶持，在项目、投资和基础设施建设方面给予一定的区域优先权，尽快提高社会经济发展水平。

②发展提升地区。主要包括长沙经开区、麓谷高新技术产业区，株洲栗雨工业园、田心高科园、航空城，湘潭九华工业园、双马工业园等高新技术产业基地。通过产业集聚与城市综合服务功能提升，尽快成为区域经济发展的重要极核与节点。

③发展转型地区。主要包括株洲清水塘工业区、湘潭竹埠港、下摄司、汨罗新市和湘乡花亭等循环经济园区。探索城市群循环经济新模式，通过循环经济示范，尽快实现发展转型。

④战略储备地区。主要包括具有潜在高端功能的东部空港和高铁车站地区和西北综合生态农业特色产业发展空间。充分识别其战略价值，加强省市两级协作控制，防止破坏性开发。

⑤特色保护和新兴功能发展地区。指具有重大自然和文化价值，需要强化特色保护与以新兴功能发展的地区。如三市结合部的绿心地区。

案例3 京津冀城镇群协调发展规划（强化产业空间关联）

回顾30年来中国发展历程，珠江三角洲推动华南地区的飞速崛起，长江三角洲引领长江流域的持续发展，从中可以看出沿海地区作为国家对外交往的门户带动内陆腹地发展的轨迹。作为大国首都所在的京畿地区，京津冀地区在历史中扮演着政治中心的角色，而在国家工业化和对外开放过程中远未发挥一个沿海地区应该起到的作用。伴随着北京进入第三次产业转型，以滨海新区、曹妃甸工业区为核心的环渤海内湾地区将以领军者姿态带领制造业进入新的发展阶段，京津冀地区因其北方出海口的战略区位，肩负着启动中国北方经济社会发展引擎的历史使命。

（1）区域发展现状与问题

与长三角、珠三角相比，京津冀地区的城镇虽然地域接近，但空间联系和产业分工联系少，究其原因，主要在于发展水平差距过大和城镇职能协同不足两大瓶颈：

①由于相对封闭的区域环境和相对稳定的政策导向，京津冀内部存在京津双核过度积聚和河北普遍乏力的矛盾。"集聚大于扩散"是京津冀城镇群发展与长三角和珠三角城市群的巨大差别，这一趋势致使北京、天津、河北三地发展巨大差距的形成，使区域型产业分工和职能协作网络无法形成，这一点是京津冀地区区域发展的主要障碍。

②相对于长三角和珠三角的城镇职能，农业生产和农业型地区在京津冀地区比重较高，大部分城镇尚未脱离农业中心地特征，城镇职能以行政管理和消费职能为主。与长三角和珠三角不同，京津冀地区面对的不是区域职能体系的完善和提升，而是彻底消除根植于深处的京畿烙印，实现城镇职能体系的重构。

京津冀地区的发展若要突破上述瓶颈，处理好国际和国内、沿海和内陆两大界面资源的关系以及集聚和扩散、极化和均衡两对区域发展基本矛盾至关重要，从而构建区域性生产协作网络，为提高城镇群整体竞争力和综合承载力供给持续的动力。

（2）规划重点和目标

《京津冀城镇群协调发展规划（2008－2020）》的规划重点是以功能协同取代分工，强调合作共赢，弱化竞争，实现的政策框架是以分区管制的思路代替分级管制思路。在《京津冀城镇群协调发展规划（2008－2020）》的引导下，京津冀地区将实现产业组织从分散经营到区域分工、城市职能从服务中心到服务网络、对外交往从相对封闭到双向开放的区域性转变。

①产业组织：从分散经营到区域分工

与长三角和珠三角相比，京津冀地区主导产业规模不足，作为国家发展第三极的整体实力尚弱，其主要原因是内部独立分散的区域工业组织模式。

要突破传统路径造成的内在约束，京津冀必须为引领北方崛起寻找新的经济增长空间，实现从分散经营的传统模式到区域分工协作的多元化产业体系的转变。一方面，依托良好水深条件和跨国资本联盟的涌入，沿海港口将成为京津冀未来发展中化工业的最优选择，成为国有重工业企业与世界对接的重要窗口；另一方面，伴随着核心企业的入驻，长期协作的供应商、服务部门和研发部门也会追随而来，形成具有巨大知识溢出效应、产业关联效应、对外窗口效应的跨国资本集群，使得已具有产业基础的内陆城市成为京津冀辐射国内广大腹地的核心增长点。

以海陆联动的大分工格局代替分散独立的生产模式，来构建区域发展的综合竞争力是未来京津冀实现发展的必然趋势。

②城市职能：从服务中心到服务网络

长三角、珠三角皆具备结构合理的城镇职能体系，处于各个层级的城镇具有相对完备的生产生活服务职能，相互之间的紧密联系形成了完备的区域性服务网络。相比之下，京津冀的城镇职能结构以行政管理为核心，生产和生活服务职能高度集聚于北京，在京津冀地区未能形成区域性生产和生活服务网络。

对城市职能做聚类分析，可以发现长三角和京津冀城市完全分化为两个主导职能不同的城市簇群，区域网络的组织逻辑完全不同：长三角城市的主导职能是体现城市物资流通和资本流通能力的交通运输、批发零售和金融业，各城市在该项因子上得分均为正数；京津冀地区城市的主导职能则是体现城市行政管理能力的社会组织和公共设施管理业，同时区域内经济发展水平较高的城市具备一定以基础教育和卫生保障为主的基本公共服务能力。京津冀地区要实现城镇职能体系的变革，需要具有核心区位和战略资源的城市迅速发展起来，成为整合服务网络、重建发展秩序的关键性节点。

北京市第三次产业升级和转型引发的首都职能区域重构将成为京津冀构筑服务网络的核心动力。一方面，推动北京实现层级跃迁的核心职能将得到强化和提升，另一方面，边缘职能将在更广泛的区域内重新分布，给其他城市产业的迅速提升带来机遇，实现对周边地区的辐射带动作用。区域性服务网络将取代区域服务中心，为提高城镇区域整体竞争力和综合承载力提供持续的动力。

③对外交往：从相对封闭到双向开放

作为大国首都地区，京津冀城镇群在国家政治和文化领域的对外交往频率很高，但在经济生产领域的国际参与程度却非常低。长期以来京津冀的对外交往模式显示出相对局限的特征，对外交往整体的深度、广度以及规模都无法与长三角、珠三角相比，且国际交往活动高度集中于北京，参与主体的单一化反映在空间地域上则表现为单极集聚的态势。

运用 USAP 对经济及城镇层级结构进行分析，按照腹地范围划分全国性城市、区域型城市和市域城市，可以发现，和长三角稳定的区域结构相比，京津冀城市具有两极分化的杠铃构架，长三角有五个区域性中心城市而京津冀仅天津一个，长三角的省会城市南京和杭州两个内陆省会城市的区域中心城市辐射指数均在 2 左右，而京津冀地区的省会城市石家庄甚至小于 1。

沿海和陆路城市未能发挥门户作用是造成封闭格局的重要原因。长期形成的区域交通网络使位于地理中心的北京成为区域对外联系的绝对核心，单中心放射状路网不断强化北京的枢纽地位，而弱化沿海和内陆门户地区的节点作用。许多城市居于门户区位却没有门户的组织力，这一局限使得京津冀难以发挥对接国际和辐射国内的双向开放职能。然而，京津冀地区的开放化，不意味着北京作用的弱化，而是将传统对外枢纽已形成的优势和新兴门户地区的潜在优势结合起来，发挥北京对于沿海和内陆门户的整合提升作用。

（3）城镇群发展战略

《京津冀城镇群协调发展规划（2008－2020）》的核心战略思想是提升城镇职能、调整区域格局，城镇职能从行政管理走向生产组织，构建区域性服务网络，区域格局从过度失衡走向相对均衡，构建海陆双向开放格局。

这一战略的实施要点有以下四方面：京津协作、河北提升、沿海带动、生产保护。

①京津协作

北京天津是京津冀地区的两个中心城市，在各自独特优势的基础上两城对接的趋势已然显现。北京市总体规划确定重点向东面和东南面发展，培育京津城镇发展走廊，天津市空间主轴由滨海新区通过主城区指向北部和西部，与北京发展方向对接。与此同时，京津空港、海港和陆路交通枢纽的组合优势将对京津协作的必然性和可行性形成至关重要的支撑。京津协作形成合力，将构筑城镇群乃至更大范围的区域中心，大幅度提升京津冀核心地区的辐射带动作用和综合竞争力。

②河北提升

京津冀地区区域统筹的关键在于河北经济社会发展水平的全面提升，缩小与京津的发展差距。因此河北要在建设沿海强省的战略指引下，充分发挥区位优势，借助区域整体转型的发展机遇，落实河北省城市体系规划中提出的"产业兴市、经济带动、城乡统筹、区域协调"的原则，促进石家庄、唐山、沧州等中心城市的快速发展，带动省内各级城镇积极参与京津冀区域协作和城镇分工。

③沿海带动

京津冀沿海地区具有发展外向经济和海洋经济的独特条件，是未来我国乃至东北亚重要的航运中心、工业和现代服务业中心，加快沿海地区的协同发展对于京津冀的深远影响将是全方位的，不仅对提升区域整体实力有强大推动作用，也将在很大程度上改变固有的区域发展格局，推动区域整体的协调发展。

④生态保护

京津冀地区缺水严重，生态环境与经济发展的矛盾迫在眉睫，因此要强调资源的节约利用，根据资源环境承载能力，规划和调整区域经济结构和产业布局，构建多层次网络化的区域整体生态功能结构，协调城镇发展与生态保护的关系。

（4）区域功能构建

在《京津冀城镇群协调发展规划（2008－2020）》中，对京津冀区域功能构建做出了战略性引导，以实现区域功能协同的目标：

①保护性功能组织

生态保护和农业生产是京津冀区域发展的本底，京津冀地区是东北亚内陆和环西太平洋鸟类迁徙重要的中转站、越冬基地和繁殖地，还是北方重要的生态交错带植被演替区，是三北防护林带的关键点之一，因此必须对保护型地区严格控制。同时，京津冀地区还是国家重要的粮食产地，其农业生产保障对区域可持续发展和国家粮食安全意义重大，因此必须协调好城镇用地扩张和保护基本农田之间的关系。

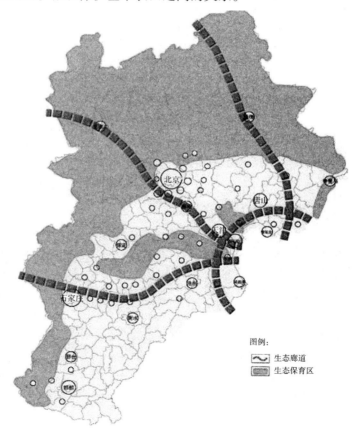

图5－7　京津冀地区区域生态格局规划图

②生产功能组织

原料生产和装备制造是京津冀的传统优势，中间品生产和消费品制造是完善地区产业结构的核心环节，四者共同构成区域生产的核心功能，《京津冀城镇群协调发展规划（2008－2020）》对以上功能进行整体空间布局与组织。通过对城市原有基础、资源禀赋条件、潜在区位优势以及产业链的完善与提升等因素的判断，判定区域产业空间布局，形成曹妃甸—唐山，黄骅—邯郸钢铁产业链，黄骅—沧州—石家庄石化产业链，天津—廊坊—北京综合产业链等区域主要产业关系。

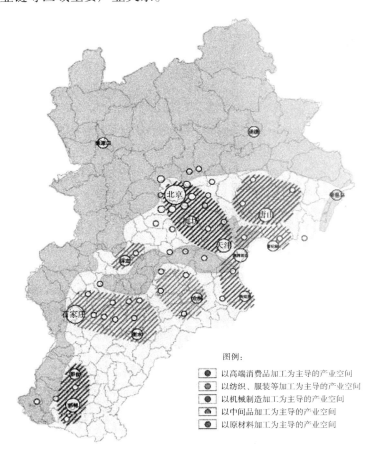

图例：
以高端消费品加工为主导的产业空间
以纺织、服装等加工为主导的产业空间
以机械制造加工为主导的产业空间
以中间品加工为主导的产业空间
以原材料加工为主导的产业空间

图5－8 京津冀地区区域产业布局引导规划图

③服务功能组织

为实现地区生产职能的跨越式发展，必须构建合理的服务体系进行支撑，尤其是生产服务体系。京津冀地区恰处于南北物资转运的重要节点，区域物流体系将对南北物资的大流通起到重要支撑作用；为了以高级生产要素推动京津冀发展模式的转变，自主创新将成为区域发展资本和技术密集型产业的核心竞争力，构建合理的区域创新体系将成为完善京津冀核心支撑体系的重要手段；同时，为了缓解京津冀劳动力供需结构性矛盾，必须构建区域教育培训体系，这一体系还可以从社会公平的角度为区域提供均等的教育机会。

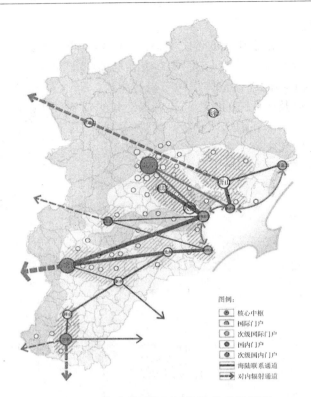

图 5-9　京津冀地区区域物流体系规划图

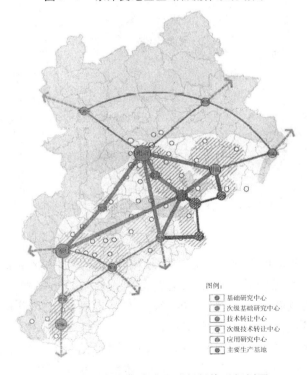

图 5-10　京津冀地区区域创新体系规划图

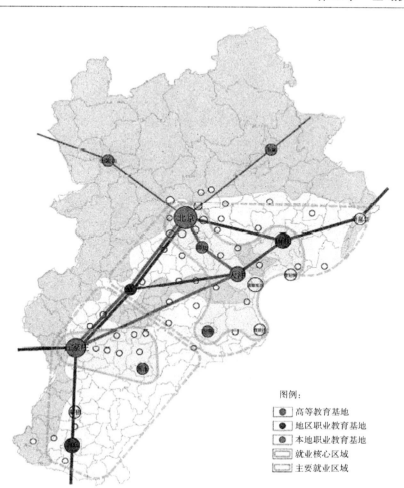

图例：
- ● 高等教育基地
- ● 地区职业教育基地
- ● 本地职业教育基地
- ▭ 就业核心区域
- ▭ 主要就业区域

图 5 – 11　京津冀地区区域教育培训体系规划图

④功能协同区

为实现以上核心功能布局，本次规划以三大功能协同区来实现功能空间组织。空间位置的毗邻造成资源禀赋的相似，经济水平的接近导致发展目标的一致，进而导致了功能协同区内部总体职能的一致性：a. 北部及西部功能协同区，主要职能是生态保育和水资源涵养，另外这一区域具有形成国际旅游黄金线的潜质，应与内蒙古地区结成紧密的旅游协作关系，同时作为区域创新体系的组成部分，各城市加强与智力中心北京的联系，进行生态旅游和文化创意城等项目建设。b. 中部功能协同区，是我国北方与国际接轨的前沿地区，具有国际门户地位，应承担区域中心职能，增强对京津冀及三北地区的辐射带动。c. 南部功能协同区，是京津冀辐射国内的门户，也是沿海港口获得腹地支撑的关键节点，应发展劳动密集产业并承担区域农业生产职能，面向区内强化石家庄的组织中心作用，发挥邯郸联系中原地区物流门户的作用，其余各地级市承担次级中心城市职能，形成树状服务体系，面向区外加强与山东、河南、陕西等省的协调发展。区际之间通过功能融合实现联动协同，如北部和西部地区与中部地区的生态保育与补偿援助、中部与南部的产业协作及公共设施廊道协调等。

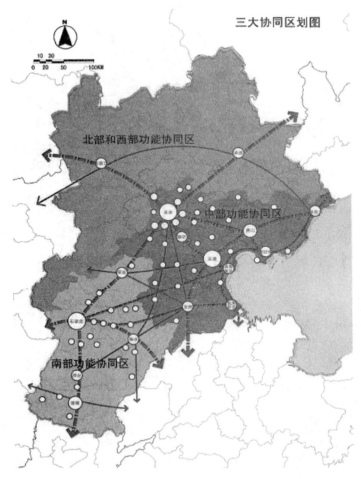

图 5 – 12　京津冀地区区域三大协同区规划图

案例 4　海峡西岸城市群协调发展规划（加强区域协作）

狭义的海峡西岸经济区即指福建省，现有 9 个地级市：福州、厦门、泉州、漳州、莆田、三明、南平、龙岩和宁德，其中厦门市为国务院批准设立的经济特区，省会为福州市；广义的海峡西岸经济区是以福建为主体，面对台湾，邻近港澳，北承长江三角洲，南接珠江三角洲，西连内陆，涵盖周边，具有自身特点、独特优势、辐射集聚、客观存在的经济区域。

（1）产业经济现状

福建省是海峡西岸经济区的主体。福建地处祖国东南部、东海之滨，东隔台湾海峡与台湾省相望，东北毗邻浙江省，西北横贯武夷山脉与江西省交界，西南与广东省相连。福建居于中国东海与南海的交通要冲，是中国距东南亚、西亚、东非和大洋洲最近的省份之一。总体上，福建省以厦福泉三地占据核心经济地位，基本呈现出沿海城市经济实力强于内陆城市的经济格局。

地区	地区生产总值（亿元）	第一产业（亿元）	第二产业（亿元）	工业（亿元）	建筑业（亿元）	第三产业（亿元）	人均（元）
福州	1476.31	174.78	693.93	593.18	100.75	607.61	22301
厦门	1006.58	20.96	552.29	501.67	50.62	433.33	44737
莆田	359.91	51.42	192.00	168.56	23.44	116.49	12854
三明	392.84	97.90	150.32	125.75	24.57	144.62	14909
泉州	1626.30	97.88	939.48	870.05	69.43	588.94	21427
漳州	628.53	154.85	255.22	224.58	30.65	218.46	13402
南平	348.00	93.17	120.25	99.69	20.56	134.57	12083
龙岩	385.63	81.93	172.36	150.45	21.91	131.34	14105
宁德	343.60	83.90	119.03	96.61	22.42	140.67	11266
福建	6568.93	831.08	3200.26	2842.43	257.83	2537.59	18646

图 5-13 2005 年福建各地级市三次产业产值

（来源：《海峡西岸城镇群协调发展规划》，《海峡西岸经济区产业经济专题规划》）

从上图可以明确福建省各地级市的产业经济现状具有如下特点：1）从总量上看，泉州、福州、厦门占据了地区生产总值的前三甲位置；2）从人均水平上看，福州、厦门、泉州三市的人均 GDP 高于全省人均水平，其中厦门市的人均 GDP 几乎是全省人均水平的 2.5 倍。其他 6 市的人均 GDP 皆低于全省平均水平；3）从量上看，福州、漳州的第一产业产值最高，最低的是厦门市，不到福州第一产业产值的 1/8；4）泉州的第二产业产值在 9 个城市中占有绝对优势，福州、厦门次之，第二产业产值最低的是宁德，仅为泉州的 1/5；5）福州、泉州、厦门位居第三产业产值的前三位，与第二产业的位次类似，因为第三产业的发展必定是以第二产业的发展为基础。第三产业产值最低的是龙岩，约为第一名福州的 1/5。

而从三次产业结构来看，如下图所示：

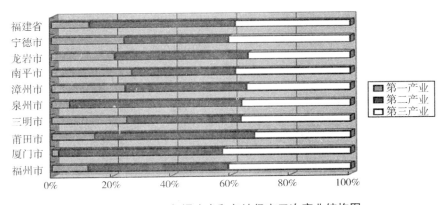

图 5-14 2005 年福建省和各地级市三次产业结构图

（来源：《海峡西岸城镇群协调发展规划》，《海峡西岸经济区产业经济专题规划》）

首先，南平的第一产业产值占地区生产总值比重最大，为 26.8%，其次是三明、漳州、宁德，龙岩，而厦门的第一产业在经济中比重最小，仅为 2.1%。第二，泉州的第二产业产值占地区生产总值比重最大，为 57.8%，紧随其后是厦门的 54.9% 和莆田的 53.3%。比重最小的南平和宁德，均为 34.6%。第三，厦门的第三产业产值占地区生产总值比重最大，为43%，其次是福州 41.2%、宁德 40.9%，比重最小的是莆田，只有 32.4%。

从总体上，福建省第一产业的省内差异最大，第一产业"靠天吃饭"的成分较大，"八山一水"的不均衡地形分布势必影响农林牧畜渔的不均衡发展；第三产业的省内差异最小并且和各地第二产业的发展水平息息相关。

（2）海西经济区与周边的产业联系

1）与台湾地区联系

产业转移。台湾产业转移趋势及阶段分为 5 个阶段：①1987~1991 年。东盟四国劳工便宜，经济繁荣，政局稳定，吸引成效显著，台资主要流向东盟四国，包括泰国、马来西亚、菲律宾和印尼。②1992~1993 年。大陆市场经济方向的确立和进一步的改革开放，加之劳动力便宜，台资主要流向中国大陆。③1994~1996 年。1994 年"新一轮南向政策"和 1996 年实施阻止台商前往大陆投资的"戒严用忍"政策，导致两岸关系紧张，台资部分流回东南亚，尤其是越南。④1997~2003 年。金融危机导致东南亚经济衰退，政局不稳，台资再次流向中国大陆。⑤2004 年后，大陆对台政策逐步宽松、闽赣地区经济与台湾经济互补性增强，两岸产业互补与经贸关系发展顺利。

投资联系。改革开放以来，台资一直是福建最主要外资来源。目前，台湾是福建的第二大投资来源地。福建台资有以下特点：①台商投资企业的产业集聚的植根性较弱。目前，福建台资主要投向服装、鞋帽、食品加工等劳动密集型产业，对电子、机械、信息等资本密集型和技术密集型产业投资较少。产业集聚的植根性较弱，技术"溢出效应"低，对区域创新能力的带动作用有待增强。②地区投资范围不断延伸。台商投资由厦漳泉开始，再渐由东南沿海地带逐步向西部、北部延伸。③对台招商引资形式不断拓展。④开放之初，福建凭借得天独厚的地理优势吸引了大量台资，近五年来利用台资的数额则持续下滑。

贸易联系。2002 年起，中国大陆成为台湾第一大出口伙伴，次年，台湾与大陆的贸易总量（17.1%）超过美国（15.8%）跃居榜首。福建市场广阔、资源丰富，与台湾文化传统一脉相承，两地间是重要贸易对象，台湾已成为福建第一大进口来源地。

2）与周边省份的经济及产业联系

与江西的经济及产业联系。江西的支柱产业包括汽车航空及精密制造、特色冶金和金属制品、电子信息和现代家电、中成药和生物医药、食品、精细化工及新型建材。总体上，江西资源丰富，劳动力和土地成本低，但存在经济总量小、技术水平低、产业层次低等问题。闽赣虽地理临近，但武夷山脉横亘整个边界线，直接穿越两省的铁路线较少，与到长三角的交通线路相比，江西往福建方向的交通相对不便。闽赣接邻地区中除鹰潭外，其他三个地级市工业基础薄弱。因此，毗邻地区产业梯度级差不明显，转移难度较大。但闽赣经济间存在互补性，具有产业经济联系的现实性和可能性。江西经济以资源密集型和资金密集型的重工业为主，福建传统优势产业是轻工业。福建在资金、技术、管理水平上有相对优势，江西能为福建提供人力资本和较低成本的产业发展环境。

与浙江及长江三角洲的经济及产业联系。福建与温州相邻。温州地处长三角和珠三角两大经济区的交汇处,是浙江三大中心城市之一。温州以劳动密集型轻工民营企业发达著称,"温州模式"具有百姓化、精细化、分散型、轻工业等特点,是一种市场力量主导的发展模式。尽管温州企业"逐成本而迁",要素瓶颈也迫使企业有外迁动力,但是,温州对福建辐射有限。这是由于温州经济发展不均衡,其先进地区转移产业时会先考虑本地落后地区。温州与福建接壤的泰顺、苍南两县皆属欠发达地区,难以对福建产生经济辐射。且由于福建与长三角地区之间的运输通道落后,铁路交通仍然不发达,当前难以与长三角在同一平台进行经济对接。

与广东及珠江三角洲的经济及产业联系。珠三角拥有大规模廉价劳动力、生产加工能力强,而且形成了独具特色的产业集群和与国际市场接轨的产品销售网络。珠三角提出"适度重型化,轻型高级化"的产业发展思路,将逐步转移轻工类制造业和部分丧失优势的重化工业。福建具有良好的劳动力和资源优势,可以承接珠三角产业梯度转移;而且福建与珠三角产业结构具有同构性、互补性,有利于垂直、水平分工合作。福建还可以利用劳动力成本优势和土地开发成本优势,有选择地吸纳和承接珠三角因产业结构调整而转移的资源型和劳动密集型产业。福建与广东省经济联系的主要路径可以通过提高闽西南城市化程度,发展产业集群,实现与广东汕头经济特区城市的对接,以及接受珠三角城市群和港澳经济辐射效应。

(3)海西产业发展总体战略指向

1)扬弃传统比较优势,围绕产业高度化目标对现存价值链分工进行调整,针对三次产业现状构建基础竞争优势,缔造区域竞争力,培育国际竞争力。今后,福建省应本着构建新竞争优势的目标,着力调整三次产业的发展方向:第一产业以"引台"和"外销"为重点,将海峡两岸农业合作试验区的功能由单纯的引种、试验、筛选、推广拓展到构建两岸农业产业一体化的高度;第二产业是福建产业复兴的关键,改造传统产业加快新型工业化进程和发展临港重化工产业项目提升产业集聚强度是两大核心战略;第三产业的保障功能是福建第一、二产业发展战略的基础,重点在于,加快中心城市生产者服务产业的培育,为沿海产业项目布局提供服务。

2)福建省内应积极构建"山海产业协调衔接"的区域均衡分工体系,实现产业间梯度性转移分工布局,并通过政策保障措施加强地区间的经济联系。应注重做好以下三个方面:第一、大力投入交通网络、信息网络、物流网络等区域性公共产品的建设力度;第二、坚持市场主导政府辅助的工作思路,培育产业规模经济目标,引导在福建沿海形成电子通信设备业及机械、石油化工产业与纺织业和外向型加工业为核心的三大主导产业经济组团,使其成长为向内地产业转移的组织基础;第三,大力培育适宜非公有制经济发展的制度环境,出台实质性优惠措施进行扶持。

3)在省内各地区间构建功能互补的第三产业发展策略,形成基于核心城市服务产业增长极的福建省区域城市化进程。城市化水平低是福建省中心城市难以形成区域增长极与城市群空间组织结构不合理的重要原因。仅有在福、厦中心城市增长极确立后,民营经济发达、农业人口比重偏大的泉州市的城市化进程才能从根本上得到解决。"三点一线"式的福建区域城市化的沿海核心主轴才能最终确立。这是构建福建中心城市、中小城市和小城镇和谐城市群空间组织结构的重要前提。

4）围绕"五类重大项目"，以园区开发为载体，构建优势产业链，全面增强产业集聚，形成分工合理的区域产业布局体系。综合"十一五"期间福建省的发展思路与现状条件，近期应以资金技术密集型为主的产业重大项目、以电子信息与软件生产为代表的劳动知识密集型的重大项目、以基于自主知识产权的高新技术产业重大项目、以体现循环经济的绿色经济产业的重大项目等"四类重大项目"为着力点。

5）在县域层面推进产业横向联合，构建县城—乡镇—乡村的产业空间组织网络，实现城乡统筹、山海衔接。福建县域产业发展应遵循"农业主导，多产协调、壮大企业、竞争名牌、地区联动"的基本方针。

6）以"制度激励、保障诱导"为指向，围绕福建省产业发展中的问题、战略与趋向，制定缜密系统的制度性和工具性保障系统，全面推动产业健康发展。

（4）海西经济区主导产业发展战略

1）石油化工产业

目前，福建省石化产业集群发展较快，基础设施建设加快，石油炼化能力及炼油乙烯一体化进程加快。但是，目前亟待克服石化工业总体规模不大，多以中下游产品为主，石化产业龙头效应不足的劣势。未来的发展目标是，充分发挥港口、区位和产业基础三大优势，建设闽东南千亿元产值规模的石化产业集群。

在空间布局方面，首先，坚持于湄洲湾石化基地和厦门海沧石化后加工基地两大基地领跑战略；第二，实行园区带动产业集聚战略，湄洲湾石化工业基地包括泉港石化工业区、惠安泉惠石化工业区和莆田东吴化工区三个园区，以发展炼油、乙烯及下游产品的石油化工产业链为主，厦门海沧石化工业基地重点发展芳烃、合成纤维、塑料加工、感光材料、精细化工等系列产品；第三，多点开发协同发展战略，南平精细化工基地和福州市江阴化工区等新型石化工业区域的发展具有重要的补充作用。

2）电子信息产业

当前，福建电子信息产业包括提升产业区域协同发展能力和促进产业专业化集聚两大战略目标。首先应构建跨区的产业链网络，充分发挥集群效应，积极承接发达国家和地区跨国公司的产业转移；在此基础上，以华映光电、冠捷显示器、戴尔计算机等进行品牌产品的产业群和产业链的整合，促进闽东南福厦沿线地区国家电子信息产业基地的建设，将福建省建设成为继长三角、珠三角和环渤海之后的我国第四个电子信息产业主要聚集区。

在空间布局方面，实行福州、厦门南北并重的空间布局战略和投资类电子产品、消费类电子产品和基础元器件电子产品等三大门类平行发展的产品集群战略。

3）机械制造业发展战略

福建省是我国规模最大、专业化协作程度最高、工艺设备先进、物流体系完善的工程机械制造基地。目前，福建机械制造业的发展重点及其空间布局包括：①福州、厦门汽车及零部件产业集群。②厦门工程机械产业集群。③龙岩运输及环保等专用设备制造产业集群。④闽东电机电器产业集群。

（5）海西经济区产业布局规划

在中国城市规划设计研究院与福建省城乡规划设计研究院共同编制的《海峡西岸城市群协调发展规划》（2008－2020年）中，对海西经济区的产业空间布局做出如下图所示的战略规划：依托重点中心城市、枢纽海港和枢纽空港构建八个沿海产业集聚区、两个服务业增长核心区，根据要素禀赋打造一个连续的沿海产业密集带，和多个分散的山区产业集中区，并在区域一体化思想指导下形成四个省级产业协调区。

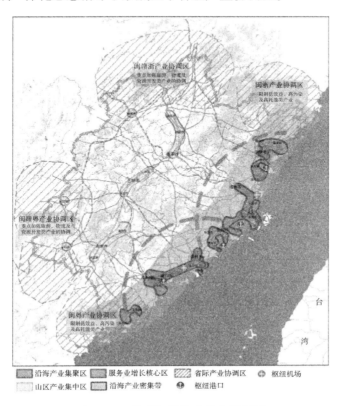

图 5 – 15　海西经济区产业布局规划

第六章　区域空间组织

区域有大小之分，它们之间依据一定的经济、社会、行政和空间关系而构成等级层次体系。显然，一个区域的发展除了需要搞好内部的组织与协调外，还要与相关的其他区域（也就是有着各方面联系的区域）发生相互作用。从这个角度考察，一个区域的发展在很大程度上就是其内部变化及与相关区域相互作用的共同结果。因此，研究一个区域的发展除了分析内部的结构、组织、增长之外，还要分析相关区域对它的影响。就国家的经济发展而言，国民经济的发展分解在空间上主要就是各个区域的经济发展问题。实现国家经济的整体发展，必须协调好各区域的经济发展，充分发挥每个区域的作用。所以，需要开展对区域之间发展关系的研究。经济地理学对区域之间发展问题的探讨，集中在揭示区域之间的空间组织方面。

第一节　空间组织概念

空间组织（Spatial Organization）是地理学家常用的词汇之一，阿伯勒等（R. Abler et al., 1971）认为它是地理学家思考世界的途径。汉森（S. Hanson, 1997）则把空间组织视为改变世界的十大地理学思想之一。彭震伟（1998）[270]认为区域发展的空间组织方式，是一切区域理论或区域研究无法回避的政策归属。

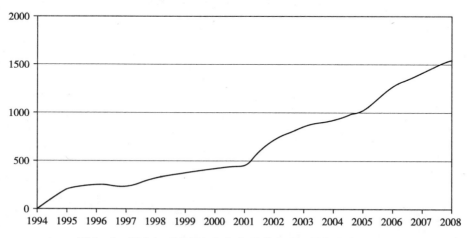

图 6 - 1　国内与"空间组织"相关的文献总量年度变化规律

（图片来源：**http://define.cnki.net**）

对于空间组织的概念，金凤君（2007）指出，空间组织是指人类为实现自身的发展目标而实施的一系列空间建构（Constituted）行动及其所产生的空间关联关系；并认为空间结构是空间组织的结果，空间效率是衡量空间秩序与结构优劣的尺子[271]。

塔菲（E. J. Taaffe，1997）指出，空间组织是网络分析的同义词，其分析的对象就是由中心区、腹地、层级、彼此间的相互联系和流量构成的复杂网络。

石崧（2005）在回顾了几十年前空间组织概念的基础上，认为：（1）空间组织强调功能区域间的相互联系，是一个动态而非静态的地理概念；（2）空间组织同时发生在当地、区域、国家和全球尺度上，所以它和劳动空间分工一样是一种多尺度的分析模式；（3）反映在空间组织中的地理学视角并不仅仅局限在自然环境方面，而是和经济、社会、政治的相互关系交织在一起；（4）大量对于空间组织的研究落实在大都市区层面（M. Yeates and B. Garner，1976），大都市区层级体系日益清晰，反映的是城市的集聚、扩散及其相互联系构成城市体系的过程。

在具体的工作过程中，空间组织往往同时指代了有着循环因果关系的空间结构和空间过程：人们为了满足他们的需求而产生了空间过程（空间相互作用以及空间格局随着时间而演化的过程），这些过程所产生的空间结构反过来又可以影响下一轮空间过程（R. Abler et al.，1971；Bunge，1962）[273]。

第二节　空间结构研究

一、空间结构研究的内容

社会经济的空间结构是指社会经济客体在空间中的相互作用和相互关系，以及反映这种关系的客体和现象的空间集聚规模和集聚形态。

空间结构研究始于 20 世纪 30~40 年代的德国。自 20 世纪 50 年代以来，这项研究在美国、瑞典、前联邦德国获得了进一步发展。空间结构理论是在区位论基础上产生的，并且基本上沿用了区位论学者考察问题的方法，即区域基础状况的假设—几何图解及简单的公式数学推导—模型的归纳—模型的检验及与实际情况相对照，作有效性分析。但是，空间结构研究的目标及着眼点都不同于区位论。空间结构研究要把处于一定范围的各有关事物看成具有一定功能的有机体，并且从时间变化上加以考察。从这个角度，也可将空间结构理论视为动态的总体的区位理论。

空间结构理论既然是综合的整体性的区位理论，它所考察的对象包括产业部门、服务部门、城镇居民点、基础设施的区位、空间关系，人员和产品、财政、信息的区间流动等方面，因此，它的基本问题与古典区位论就有密切的关系，同时又体现出它"综合"和"整体"的特点。由于客体的综合性和整体性难于数量化，在进行理论推导时，有较高的抽象性。但同时，由于空间结构理论是在区位论基础上向实践应用方向发展的产物，所以，其理论模型能够更好地刻画客体运动、分布的实际状态，对区域发展和区域规划有直接的参考意义。从一些西方学者的著作看，空间结构理论的内涵涉及面较广，学者们的看法各异。有的学者甚至认为区位理论和区域经济学（有人译为"空间经济学"）也属空间结构理论的范畴。作者虽不同意这个看法，但有些区域科学和区域分析中的一些理论与方法，确可认为是空间结构理论的一部分。

一般认为，空间结构理论的基本内容包含以下五个方面：

（1）以城镇型居民点（市场）为中心的土地利用空间结构。这是对杜能理论模型和位置级差地租理论的发展。它利用生产和消费函数的概念，推导出郊区农业每一种经营方式的纯收益函数，并由此得出经营地带的划分。

（2）最佳的企业规模、居民点规模、城市规模和中心地等级体系。理论推导的基础：一是农业区位论，二是集聚效果理论。将最佳企业规模的推导与城镇居民点合理规模的推导相结合，将城市视为企业一样，理解为一种生产过程。应用"门槛"理论，将中心地等级体系应用于区域规划的实际中。

（3）社会经济发展各阶段上的空间结构特点及其演变。通过一般作用机制分析，揭示空间结构变化动力及演变的一般趋势和类型。

（4）社会经济客体空间集中的合理程度。在实践中表现为如何处理过疏和过密问题，对区域开发整治和区域规划有实践意义。

（5）空间相互作用。包括地区间的货物流、人流、财政流，各级中心城市的吸引范围，创新、信息、技术知识的扩散过程等，这些方面是空间结构特征的重要反映。

二、空间结构研究的发展

空间结构研究是涉及农业、工业、第三产业、城镇居民点区位的综合区位，它的发展当然与区位论的发展分不开。它的基本内容在一定程度上可看作是全部古典区位理论的综合。

第二次世界大战后，对古典区位理论发展为空间结构理论作出重要贡献的有20世纪50年代美国学者达恩（E. S. Dunn）和原联邦德国学者奥托伦巴（E. Otremba），他们都分别提出过空间结构的概念。奥托伦巴认为经济形态和经营形态投影于地球表面，必然产生一定的农业经济结构的空间统一体。他并且指出，这种空间统一体，是地理学的研究对象。达恩将全部区位问题分为企业阶段、产业阶段以及社会经济总阶段。他试图探讨经济活动区位结构的一般理论，将静态的局部均衡理论向与现实相结合的方向发展。他将杜能圈的原理进一步深化，将地租概念引入到空间结构模型推导中，提出土地经营的纯收益是空间结构形成演变的主要动力。20世纪50年代末至20世纪60年代初，艾萨德与贝里是研究空间结构理论的主要代表。艾萨德主张从"空间经济学"的立场出发研究区位论，他大量引用计量经济学的方法进行产业区位的综合分析。当然他的许多研究已超出空间结构理论的范畴，成为区域的组织和动态。他所提的"空间系统"的范围极为广泛，包括农业与土地利用、工业区位、零售商业与服务性商业区、城市区位、运输网的布局等。

对空间结构作系统的理论分析和模型推导的是原联邦德国学者博芬特尔（E. v. Boventer）。他力图将韦伯、杜能、廖什的区位论综合起来，认为区位论要考察并尽可能深入阐明的不仅是生产和货物，而且还要包括居住地、就业场所、流动性生产因素的地理分布。他将区位论与发展理论相结合，分析论证了社会经济各个阶段空间结构的一般特征。他详细分析了决定空间结构及其差异的最主要因素：集聚、运费及经济对当地生产要素——土地的依赖性，认为运费是投入-产出关系特点与生产要素空间流动的决定性因素。土地对空间结构的影响，主要取决于作何利用，其中生产性用途包括农业、矿山、工业及基础设施用地；消费用途包括居住和休养地等。这些因素的相互作用决定了空间结构的特征。除了上述三个主要因素外，博芬特尔认为，空间中同类性质客体，如生产相同产品的工厂、提供同一种服务的第三产业行业、出售同样商品的市场等，它们之间总是存在着竞争关系。竞争的结果，便产生六角形顶点区位的景观结构模型，即理论上的最优排列。他还进一步推导了各个区位点的生产规模、消费规模如何取决于各种产品的生产和需求机制，特别是与生产的规模经济和部门间集聚优势的关系。博芬特尔对区位论和空间结构的发展还表现在：从最佳土地利用和合理集聚的角度，从理论上论证了工农业的企业规模、城镇规模及城镇规模结构。

三、空间结构演化理论

M. 耶茨（M. Yeates）将城镇群体空间结构的演化划分为五个阶段[273]。

（1）重商主义城市时期：在资本主义早期商业原则的作用下，城镇群体地域表现出沿海城市以港口为核心、内陆城市以农业或资源地为核心的紧凑状分布形态，城镇间交通联系较少。

（2）传统工业城市时期：工业成为区域城市社会经济组织的主导，并成为城镇群体空间演化的主要推动力量，出现了按生产要素接近原则形成的城镇组合，乡村地域成为生产要素净流出的边缘。

（3）大城市时期：城镇等级体系在工业大生产组织的作用下重新构建，大城市逐渐形成并占据了主导地位。大容量交通系统为城市由向心集中转向放射状向外扩展提供了可能，郊区有特殊经济地理意义的活动中心已有形成。

（4）郊区化成长时期：第二次世界大战以后经济与技术的迅速发展及城市人口规模的迅速增加，改变了城市与乡村地域的比较优势，郊区的生态价值以及经济价值被重新得以发现。居住与就业岗位的分散，对原先的城镇群体空间起到了加密、加紧一体化联系的作用。

（5）银河状大城市时期：20世纪80年代以后城镇群体空间在区域层面的大分散趋势继续成为主流，传统中心城市的作用被一种多中心的模式所取代，形成城乡交融、地域连绵的"星云状"大都市群体空间。

美国学者弗里德曼（Friendmann）从区域社会经济发展的角度把城市空间组织的发展划分为四个阶段[274]，在区域社会经济发展的不同阶段城市空间表现出特有的组织特征。

（1）工业化前分散的城市阶段。在这一阶段，社会生产力水平低，大部分地区过着自给自足的农业生活方式，对应的区域城市空间结构是少数孤立、小型的城镇分散在广大的农业地域之中，以为本地服务的商业、地方农产品加工和小型制造业为主，城市空间演变非常缓慢，具有明显的封闭性。

（2）工业化初期的城市集聚阶段。进入工业化初期，城市空间形态产生了明显变化。随着经济发展的需要与原始积累的限制，只能选择少数几个区位优势特别的城市进行开发，开始产生集聚经济的效应。因此就形成了单个相对强大的经济中心与落后的外围地区的组合，城市空间的原始均衡状态被打破，产生了一定的空间经济梯度。

（3）工业化成熟阶段。这一阶段形成了区域的多中心体系，每个经济中心都有大小不一的外围地区，这样的区域内部形成了若干规模不等的中心 – 外围结构，它们依据各自的中心在经济中心体系中的位置及关系相互组合在一起，构成了更趋复杂化和有序化的城市空间结构，点 – 轴空间模式开始形成。

（4）后工业化阶段。社会经济发展到了较高水平，区内与区际间联系日趋紧密，经济中心与外围腹地的发展差异在缩小，逐步形成功能上一体化的完善空间结构体系。

我国台湾学者唐富藏也对区域空间结构演变过程进行了研究。

（1）早期发展的集中阶段。这个阶段是产业革命前和进入产业革命后的区域空间结构变化情况。产业革命之前，少数地方由于区位条件优势成为区域内的集聚中心；产业革命之后，人口和产业活动不断集聚，中心城市产生，区域空间结构差异扩大。

（2）集中后分散阶段。中心城市的经济力量日益强大并将工业化、城市化的影响传递到其他空间点。受其影响，区域中的次级中心兴起，并不断刺激更低一级中心的兴起。

（3）分散后地方中心成长阶段。区域中次级中心的发展进入快速成长时期，有可能超过中心城市，中心城市出现了集聚不经济现象。这就迫使中心城市的部分要素和经济活动向外迁移，中心城市的成长速度逐步减缓，甚至低于次级中心的成长速度，这时，区域内空间发展的差异将缩小，并趋于空间均衡发展。

此外，斯科特根据美国大都市区地理、经济和社会空间结构的演化特点，将美国大都市区空间结构演进划分为单中心、多中心以及网络化三个阶段；戈特曼以美国东北海岸大城市连绵区为例，将大城市连绵区的发展过程划分为四个阶段：孤立分散阶段（1870 年以前）、区域性城市体系形成阶段（1870 ~ 1920 年）、大城市连绵区的雏形阶段（1920 ~ 1950 年）、大城市连绵区的成熟阶段（1950 年以后）。陆大道提出的农业占绝对优势阶段、过渡阶段、工业化和经济起飞阶段、技术工业和高消费阶段的区域空间结构四阶段演变过程的观点也颇有影响力[275]。

第三节　区域空间组织的理论源流

一、系统论思想

区域是一种开放的、复杂的巨系统，这种系统性主要表现在功能的系统性和结构的系统性两个方面。系统原理为区域空间组织研究提供了重要的指导作用。系统思想源远流长，"系统"一词，来源于古希腊语，而地理学中对于系统研究方法的关注和引入也很早就已经开始，早在 1925 年，索尔对于景观形态的研究中就存在系统论思想雏形，1962 年乔莱将系统研究理论引入地理学中[276]。作为一门科学的系统论，人们公认是美籍奥地利人、理论生物学家 L. 冯·贝塔朗菲创立的。他的系统论思想萌芽于 20 世纪 20 ~ 30 年代，确立于 1968 年，即专著《一般系统理论——基础、发展和应用》的发表。系统论首先在自然科学、工程技术和经营管理中应用，然后扩展到社会科学领域。系统方法强调认识系统时，先整体后部分，从整体去认识部分。注意部分与整体、部分与部分之间的相互联系和综合，克服了传统思维把分析与综合、部分与整体割裂开来的局限性。

随着系统论引入我国，城市与区域规划领域也逐渐应用系统论思想进行分析和研究。

彭震伟[277]认为区域研究中，系统思想提供的方法论原则：整体性原则、目的性原则、综合性原则、相关性原则、历史性原则。系统方法是结构方法、功能方法和历史方法的统一。结构方法是内向的研究方法，功能方法是外向的研究方法，历史方法是基于时间单向性原理基础上的研究方法。系统方法有助于在城市区域发展研究与规划中，就不同部分之间建立有机的联系。从而可以得到研究程序：问题的提出—目标的形成（社会目标、经济目标、生态目标）—资源分析—基本问题的分析—基本方向的形成—结构功能分析—抉择方案的形成—方案评估。

二、协同发展理论

协同发展理论是研究开放系统通过内部子系统间的协同作用形成有序结构的机理和规律的学科[278]，其理论核心是自组织理论，这种自组织理论是伴随"协同作用"而进行的。邹珊刚[279]认为，所谓"协同作用"实际上就是系统内部各要素或各子系统相互作用和有机整合的现象，通过子系统的相互作用，整个系统将称成一个整体效应或者一种新型结构。喻传赞、彭匡鼎和张一方[280]指出，协同理论强调从统一的观点处理一个系统各部分之间的相互作用，导致宏观水平上的结构和功能的协作。当系统子系统间相互关联而引起的"协同作用"占优势地位时，就以为系统内部已经自发地组织起来了，这时系统便处于自组织状态，其宏观及整体上便具有一定的结构及其对应的功能，各要素逐步从无序转化为有序，分散甚至相互抵触转化为整体合力。

三、共生理论

20世纪五六十年代生物学的共生概念和方法理论逐步引入诸多领域。日本建筑和城市规划学者黑川纪章[281]曾从后工业社会生产和信息的共生出发，探讨了诸多领域的共生问题，并认为全球已进入一个共生时代。袁纯清[282]认为共生组织模式可分为点共生、间歇共生、连续共生、一体化共生（稳定的共生体）四种共生模式类型，对于城镇之间的联系和相互作用，识别共生单元的模式，不仅可以识别共生关系的合理性，而且促进共生单元之间达到最佳共生状态。刘荣增[283]认为共生理论是城镇协作整合的基础，并认为合作是共生现象的本质特征之一，共生过程是共生单元的共同进化过程，也是特定时空条件下的必然进化。共同激活、共同适应、共同发展是共生的深刻本质。共生进化过程中，共生单元具有充分的独立性和自主性，有利于促进区域经济创新、技术创新和制度创新。共生关系存在的实质是共生单元之间物质、信息和能量的交换。进化是共生系统发展的总趋势和总方向。

四、区域分工理论

自然要素在空间上的分布是具有差异性的，而自然要素分布的空间差异性优势是导致经济和人文要素空间差异的一个重要原因。由于各种要素差异的存在，从古典经济学开始，对差异基础上的区域分工就开始了广泛的研究。亚当·斯密（Adam Smith）首先对区域分工理论进行阐述，创立绝对优势理论。大卫·李嘉图进一步发展出了比较优势理论，意味着各区域都可以找到自己具有相对优势的地方，相互之间进行区域分工和经济合作。其后，埃里·赫克歇尔和贝蒂尔·俄林创立了资源赋予理论，认为生产要素禀赋的差异是分工产生的第一个重要条件和最根本原因。马克思认为地域分工的直接原因是资源禀赋、发展基础、经济结构、生产效率等方面的差异和比较优势的存在，地域分工和合作是相辅相成的，分工是合作的前提，其根本目的是实现优势互补，获得最佳的整体效益和个体效益。第二次世界大战后，区域分工理论有了更为深入的发展，由此产生了协议性分工理论、供给可能性理论、产品生命周期理论、基于价值链理论的分工理论以及基于不完全竞争、规模效应和政府干预政策的新区域分工理论等种种新理论。这些理论指出区域分工和比较优势的发挥不仅可以源于区域要素禀赋，而且还源于技术、规模经济、创新、企业策略和政府的政策力度以及历史惯性等等。

第四节　区域空间组织思想的形成

一、霍华德的田园城市理论

区域空间组织的思想萌芽可以追溯到 19 世纪末期，现代城市规划学创始人 E. 霍华德（E. Howard）[284] 于 1898 年发表的名著《明日的田园城市》中，他的田园城市理想模型是以铁路连接并控制在一定规模下的城镇所组成的体系，"城镇群中的每一个城镇的设计都是彼此不同的，然而这些城镇都是一个精心考虑的大规划方案的组成部分"，当田园城市增长到人口达到 32000 人后，"它将靠在其'乡村'地带以外不远的地方……建设另一座城市来发展"，"在行政管理上是两座城市，但是，由于有专设的快速交通，一座城市的居民可以在很短的时间内到达到另一座城市"。按照这种方式，逐渐形成一种适度规模、协调共生的城镇群体。

1922 年，在霍华德的思想影响下，其助手恩温（Unwin）提出"卫星城理论"。1944年，阿伯克隆比主持的大伦敦规划中，试图通过外围设置与中心城规模悬殊、承担局部功能的新城推进城市与区域的进一步发展。

二、盖迪斯的区域协同理论

盖迪斯（Patrick Geddes）作为西方近代系统区域规划思想的奠基人，首创了区域规划的综合研究，指出区域中的城市从来就不是孤立的、封闭的，而是和外部环境（包括和其他城市）相互依存的。认为"人们不能再以孤立的眼光来对待每一个城市，必须认真进行区域调查，以统一的眼光来对待它们"[285]。在工作方法上成为西方城市科学从分散和互不相关走向综合的第一人。

三、克里斯泰勒的中心地理论

1933 年，克里斯泰勒（W. Christaller）提出了著名的中心地理论，第一次把区域内的城镇系统化，提出了城镇体系的组织结构模式，并提出了在交通、市场和行政原则基础上的三种不同中心地系统模型，被后人公认为城镇群体研究的基础理论。

四、区域经济理论

法国经济学家 F. Perrour 在 20 世纪 50 年代初最早提出"增长极"的概念,认为在抽象的经济空间上是不平衡的,存在于极化过程之中。他提出受力场的经济空间中存在着若干中心(或极),产生类似"磁极"作用的各种向心力和离心力,每一个中心的吸引力和排斥力都产生一定范围的"场",受力场的中心确定为所谓的增长极。同期瑞典经济学家缪尔达尔提出了循环因果累积理论,他认为发达地区(城市或增长极)产生两种效应,一是发达地区对周围地区产生阻碍作用和不利影响的回流效应,即极化效应;另一种是发达地区对周围地区经济发展产生推动作用或有利影响的扩散效应。美国经济学家 A. Hirshman 提出了与缪尔达尔相似的极化 – 涓滴效应学说,Hirshman 认为如果一个国家的经济增长率先在某个区域发生,那么就会对其他区域产生作用。他把相对发达区域的经济增长对欠发达区将产生不利和有利作用的现象,分别称之为极化效应和涓滴效应;涓滴效应最终会大于极化效应而占据优势,因为发达区域的发展从长期看将带动欠发达区域的经济增长。美国经济学家 J. Friedmann 的核心 – 边缘理论认为,在若干区域之间会因多种原因个别区域率先发展起来而成为"中心",其他区域则因发展缓慢而成为"外围"。中心与外围之间存在着不平等的发展关系,并认为总体上,中心居于统治地位,而外围则在发展上依赖于中心。

五、都市圈、城市群、都市带研究相关理论

随着区域经济对资源、要素流动、产业集聚、产业增长的区域传递等研究的不断深入,其成果对于城市群、城市区的空间组织和空间整合逐渐产生影响。第二次世界大战后,随着社会经济的飞速发展,由于多学科交叉作用及新学科方法和技术手段的应用,国外都市圈、城市群、都市带等研究在理论和实践方面都获得突破与丰富。在维宁、邓肯、戈德曼[286]、佩鲁、霍尔[287]、乌尔曼[288]等人的相关研究中,对区域空间组织都有所涉及。

六、城市区域与都市区区域主义

由于全球化的快速发展,信息技术在社会经济生活中的广泛应用,全球化下城市经济竞争力的提升愈来愈依托于区域的合作、城市的协同发展,城市区域作为这些发展的前台[289],也被看作是创新的门户[290]。20 世纪 80 年代后期以来,城市和区域的结构重组成为一个重要的研究领域[291],在这一背景下,学术研究已经转向了城市区域竞争力、创新、制度建设方面。

全球化有利于那些处于优越区位的较大城市区域。都市区区域主义是指在一个城市集聚区内部社会经济联系密切的临近地区在地理层面上建立机构、政策和管治机制的战略。都市区区域主义包含广泛的制度形式、调解战略和管治计划[292]。

第五节　区域空间组织理论、模式与应用

　　针对我国空间地域发展呈现多种模式的情况，苗长虹总结出发展阶段理论、均衡增长理论、不均衡增长理论、区域增长的一般理论模式和新马克思主义理论，概述了 20 世纪 70 年代以来区域发展理论研究的新进展[293]。张莉在我国区域发展战略演变的基础上，提出"中心城市带动、多轴开发、东西联合、全方位开放"的区域经济发展方案[294]。陆大道从理论和实践的结合上论证了社会经济空间组织的客观过程和"点－轴系统"的形成，对十多年来我国区域发展实践效果进行分析，指出"T"形结构战略对我国发展起到了巨大作用[295]。

一、增长极（Growth Pole）理论

（一）增长极的提出

　　增长极理论首先由法国经济学家佩鲁（F. Perroiix）于 1950 年提出，后经赫希曼、鲍得维尔（J. Bouderville）、汉森（M. Hansen）等学者进一步发展。佩鲁指出现实世界中经济要素的作用完全是非均衡条件下发生的，"增长并非同时出现在所有地方，它以不同的强度首先出现于一些增长点或增长极上，然后通过不同的渠道向外扩散，并对整个经济产生不同的最终影响。"

　　1966 年鲍德维尔把增长极定义为位于都市内的正在不断扩大的一组产业，它通过自身对周边的影响而诱导区域经济活动进一步发展；经济发展并非均衡地发生在地理空间上，而是以不同的强度在空间上分布，并按各种传播途径，对整个区域经济发展产生不同的影响，这些点就是具有成长以及空间集聚意义的增长极。

　　增长极是否存在决定于有无发动型的工业。所以一个地区的发展取决于是否具有发动型的核心区域。该地区通过极化（Polarization）和扩散（Spread）过程形成增长极，以获得最高的经济效益和快速的经济发展。这种核心区域的发展应该是特别得快，与其他地区的关系特别密切，具有高度的空间集中倾向[296]。

（二）增长极理论在国内的应用

　　国内学者结合各个地区的发展状况，提出了各地的发展战略。曹光杰[297]、代合治[298]对山东区域开发提出了采取据点开发、轴线开发、区域城镇网络开发和以东带西、"双中心"带动的开发模式。李吉霞[299]在鲁南经济发展现状研究的基础上，构建了鲁南"双心"型的一级增长极结构和"十"字形的一级产业带格局。张世英[300]根据新亚欧大陆桥开通后开放产业带形成的可能性和其对河南经济发展与布局的重大影响，确定了河南不同产业上桥的顺序。宫新荷[301]等以新疆为例，分析了我国周边地区贸易的优势、劣势及互补性，提出了口岸增长极系统开发以加强边境贸易的具体建议。戴颂华[302]运用非均衡性区域协调发展观，并且将其与城市群体（区域）空间系统发展的空间模式及其整体发展联系起来。代学珍[303]运用主成分分析的方法计算了北京、天津以及河北省 25 个城

市的综合实力，并依此建立了等级层次，最后结合定性分析确定了河北省区域开发的经济增长极。李善祥等[304]认为河北省推进生产力布局的关键问题是选择轴线空间结构模式和实施点－轴地域开发方式。陈修颖等[305]运用点－轴理论，分析湖南省国土综合开发的地域结构及其演化趋势，提出在湘江中下游和洞庭湖区域实施网络式开发与点－轴式开发相结合的开发模式，在湘中和湘南地区实施点－轴开发模式，在湘西地区实施据点式开发模式。王军等[306]运用变差系数、标准差和综合差异指标，提出保定市区域经济发展战略。

增长极理论不仅运用于区域发展中，而且运用于旅游资源的开发。贾铁飞[307]从分析鄂尔多斯旅游资源的特点入手，分析了该区域旅游资源配置的优势，选择一个文化景观核和一个增长极，还讨论了旅游发展增长极的培育问题。陈俊伟[308]认为广西旅游落后的原因是只重视桂林旅游发展而缺乏新的增长极，建议培养旅游增长极，并论述了培养增长极的四个战略。

二、点－轴理论

（一）点－轴理论的提出

区域规划中采用据点与轴线相结合的模式，最初是波兰的萨伦巴和马利士提出来的。波兰在 20 世纪 70 年代初期开展的国家规划中，把点－轴开发模式作为区域发展的主要模式之一。陆大道院士等人在深入研究宏观区域发展的基础上，吸收了据点开发和轴线开发的理论，对生产力地域组织的空间过程作了阐述，提出了点－轴渐进式扩散的理论模式，把点－轴开发模式提到新的高度，同时构造了中国沿海与长江流域相交的"T"形空间发展战略[309]。从理论源流看，点－轴系统理论以中心地学说等为理论基础，在分析空间集聚和空间扩散导致点－轴系统空间结构形成机理的基础上，阐述了点－轴系统理论与增长极理论及网络开发模式之间的关系。点－轴系统理论是中国人文地理学界贡献给社会的一个具有较大影响的理论成果。以此为契机，通过空间结构研究的不断深化，应当能够构建起具有中国特色的空间学派[310]。

（二）点－轴理论在国内的应用

代学珍等[311]通过对河北国土开发整治现状的分析，提出了点－轴的开发系统。武伟等[312]根据当地的现状介绍了经济点及点域的概念及特征，讨论了点域开发的模式。黄朝永等[313]认为河北完整的空间开发模式应是省内外联合开发，分四个步骤，即分区培育增长极、点－轴梯度推进、京津冀联合开发、环渤海大联合开发。

增长极就是点－轴理论中的点，主要的发展轴线是以交通经济带为依托，交通经济带是以交通干线或运输通道为发展轴逐步形成的产业和城市高度发达的经济集聚地带。交通经济带是点－轴开发理论的重要体现形式，产业的集聚与扩散是交通经济带形成的基本动力。张文尝[314]根据工业集聚－扩散的波浪式运动首次提出了工业波的概念，新技术及生产方式首先在最有利的地点逐步成长为增长极，然后沿着交通线逐步向外扩散，在有利的地点形成新的增长点。增长极与新增长点相互之间在资金、技术、人员、商品营销、原料供应等方面保持着密切的联系。交通轴线是工业波在空间扩散的主要依托基础。轻纺工业、原材料工业等不同工业部门的交通需求有别，分别沿着不同的交通线路扩散。陈修颖等[315]提出了湖南在湘江中下游和洞庭湖区域实施网络式开发与点－轴式开发相结合的开发模式，在湘中和湘南地区实施点轴开发模式。廖良才等[316]根据湖南省区域开发条件和现状研究了点轴网面区域经济发展与开发模式。石培基等[317]认为点－轴理论同样可以适用于区域旅游资源的开发。在国内研究点－轴理论的高潮时，刘继生等[318]对点－轴系统空间结构的分形演化及其复杂性规律进行了初步探讨，论证点－轴系统的数理本质乃是空间复杂性中"唯一巨型组件（UGC）"，并讨论了系统的空间复杂性特征及其现实意义。点－轴系统理论作为区域开发的基础性理论，对西北地区旅游开发具有非常重要的理论价值和现实指导意义。

（三）双核结构模式

在点－轴结构理论中有一种特殊的发展模式——双核结构模式，是指在某一区域中，由区域中心城市和港口城市及其连线所组成的一种空间结构现象。这是分布于我国临海沿江地区较为普遍的空间结构现象，如沈阳—大连、济南—青岛、杭州—宁波、广州—深圳等，对其深入解剖有助于使发展轴的确定更趋严谨化和科学化。区域内双核形成的增长极、轴，从机理上考察，它源于港口城市与区域中心城市的空间组合，由于兼顾了区域中心城市的居中性和港口城市的边缘性，从而可以实现区位和功能上的互补。从形成类型看，可以分为内源型和外生型两种类型的双核心结构，中国和美国分别是其代表。关于这方面的研究以南京师范大学的陆玉麒教授为代表[319－325]。

三、核心－边缘理论

（一）核心—边缘理论的提出

美国区域发展与区域规划专家弗里德曼（Friedmann）于1966年在委内瑞拉区域发展演变特征研究的基础上，以及根据 K. G. 缪尔达尔（K. G. Myrdal）、A. O. 赫希曼（Hischman）等人有关区域经济增长和相互传递的理论，提出了核心与外围（或核心与边缘）发展模式。该理论试图解释一个区域如何由互不关联、孤立发展演变成彼此联系、发展不平衡，又由极不平衡发展变为相互关联、平衡发展的区域系统[326]。一种核心区域（Core Region），而每一核心区域均有一影响区（Zone of Influence）为边缘区（Perip Heral Region）。核心与边缘作为基本的结构要素，核心区是社会地域组织的一个次系统，能产生和吸引大量的革新；边缘区是另一个次系统，与核心区相互依存，其发展方向主要取决于核心区。核心区与边缘区共同组成一个完整的空间系统[327]。

弗兰克（A. G. Frank）和阿明（Samir Amin）指出外围国家对中心国家存在着严重的商业依附、金融依附和技术依附，并且形成了弗兰克所指出的"宗主国"和"卫星城"之间的依附链条。"宗主国"的经济发展其实也是依赖于外围国家的，就像外围国家依赖它们一样。阿根廷经济学家劳尔·普雷维什（Raul Prebisch）提出中心－外围（核心－边陲）的世界经济体系论。核心（西方发达国家）和边陲（非西方不发达国家）之间的经济关系是不平等的，核心国通过不平等的贸易条件剥削边陲国，给不发达国家带来贫困。用中心和边缘分别表示出口制成品和出口农矿产品的国家，认为在国际市场上后者的贸易条件有不断恶化的趋势。沃勒斯坦认为，欧洲范围内的劳动分工将资本主义世界体系在地理空间上划分为三个地带，即核心区、边缘区和半边缘区。极化效应随着核心的发展，边缘区要素向核心区流动，从而削弱了边缘区的经济发展能力，导致其经济发展恶化。核心区的劳动力收入水平高于南方，这样，就导致边缘区的劳动力在就业机会和高收入的诱导下向核心区迁移。结果，北方因劳动力和人口的流入而促进经济的增长，边缘区则因劳动力外流特别是技术人员和富于进取心的年轻人的外流，经济增长的劳动力贡献减小；再就是资金的流动，核心区的投资机会多，投资的收益率高于边缘区，边缘区有限的资金也流入核心区，而且资金与劳动力的流动还会相互强化，从而使边缘区的经济发展能力被削弱。在贸易中，核心区由于经济水平相对高，在市场竞争中处于有利地位。涓滴效应体现在，核心区吸收边缘区的劳动力，在一定程度上可以缓解边缘区的就业压力，有利于边缘区解决就业问题。

核心区与边缘区的关系是一种控制与依赖的关系。初期是核心区的主要机构对边缘区的组织有实质性控制，是有组织的依赖；然后是依赖的强化，核心区通过控制效应以及生产效应等强化对边缘区的控制；最后是边缘区获得效果的阶段，创新由核心区传播到边缘区，核心区与边缘区间交易、咨询、知识等交流的增加，促进边缘区的发展。随着扩散作用的加强，边缘区进一步发展，可能形成较高层次的核心区，甚至可能取代核心区。

核心区与边缘区间有前向联系和后向联系，前者主要是核心区向更高层次核心区的联系和从边缘区得到原料等；后者是核心区向边缘区提供商品、信息、技术等。通过两种联系，发展核心区，带动边缘区[328]。

（二）核心—边缘理论在国内的应用

核心—边缘理论最初是应用于区域经济的发展，而国内地理学界大多是应用与之有密切关系的中心地理论。尤其依附理论和世界体系论从经济学或者社会学角度的文章比较多，地理学角度的较少，仅有的几篇是与旅游资源的开发联系在一块的，涉及地理学其他三级学科领域的较少。汪宇明[329]针对旅游欠发达、资源类似、竞争优势不突出的地区，提出区域旅游联动开发，要求一定地域范围内的各旅游地打破行政区划界限，进行区域间的联合与协作，以区域旅游整体的力量参与竞争，进而实现各旅游地共同发展的开发过程。邱继勤等[330]在核心－边缘理论和产业集聚理论的基础上，以川黔渝三角旅游区为研究对象，提出一种区域旅游合作开发理论，指出只有通过区域旅游联动开发才能实现区域内各景区的持续发展。严春艳等[331]认为广东旅游发展存在着明显的核心—边缘结构特征：珠三角作为旅游核心区的地位和作用形成已久；相对而言，粤东西两翼与粤北山区就成了旅游边缘区。推进全省旅游全面深入发展，应协同好珠三角与两翼、山区之间的战略关系。运用这种空间结构模型，在进行旅游资源的区域整合、景区土地利用及功能配置与都会城市旅游圈层构造，以及促进区域旅游联动发展方面可取得满意的实践成果。发展核心区，带动边缘区，是区域旅游发展的重要战略举措。发展中，地区要注意培育旅游核心区，形成旅游创新活动基地，带动边缘区域发展，壮大整个区域的旅游竞争力。刘筱等[332]认为广东省在极化作用持续加强、区域差异不断扩大的同时，在不平衡发展中出现了平衡的趋势，使核心—边缘结构进入新的阶段。白国强[333]认为广东已经经历了核心区与边缘区的分化与整合过程。

从经济发展的角度看，依附发展理论是探讨不发达国家经济发展问题的理论派别。发展中国家经济依附发展在具备必要条件后，便产生独特的后发优势：有利于发展中国家利用外资和资本外投，可以实现产业调整和升级，有助于解决发展中国家面临的诸多问题等。但依附发展理论又存在着内在缺陷，迫使发展中国家寻求避免不利因素的途径[334]。

四、梯度推移学说

（一）梯度推移学说的提出

区域经济发展中的梯度推移说是建立在产品周期理论基础之上的。所谓梯度是指区域之间经济总体水平的差异。梯度推移说的基本观点是：一个区域的经济兴衰取决于它的产业结构，进而取决于它的主导部门的先进程度。与产品周期相对应，可以把经济部门分为三类：产品处于创新到成长阶段的是兴旺部门，产品处于成长到成熟阶段的是停滞部门，产品处于成熟到衰退阶段的是衰退部门。因此，如果一个区域的主导部门是兴旺部门，则被认为是高梯度区域；反之，如果主导部门是衰退部门，则属于低梯度区域。推动经济发展的创新活动（包括新产品、新技术、新产业、新制度和管理方法等）主要发生在高梯度区域，依据产品周期循环的顺序由高梯度区域向低梯度区域推移。梯度推移主要是通过城市系统来进行的。因为创新往往集中在城市，从环境条件和经济能力看比其他地方更适于接受创新成果。具体的梯度推移有两种方式：一种是创新从发源地向周围相邻的城市推移；另一种是从发源地向距离较远的第二级城市推移，再向第三级城市推移，依次类推，创新就从发源地推移到所有的区域[335]。

（二）梯度推移学说在我国的应用

在我国，梯度推移说于20世纪70年代末引入区域经济研究中，主要探讨国家经济发展的区域重点转移问题。区域经济发展是不平衡的，区域之间存在着经济技术的梯度。经济布局重点的选择应该根据区域之间的经济梯度来决定。首先要重点发展高梯度区域，在高梯度区域实行对外开放政策，国家给予重点扶持，通过引进先进技术，消化、吸收，然后依次向低梯度的区域推移。随着高梯度区域的经济发展加速，推移的速度将加快，从而带动低梯度区域的经济发展，逐步达到区域之间的相对均衡。邓小平的"两个大局"思想和东部沿海开放以及西部大开发战略都是梯度推移理论在我国的具体应用。

王新霞[336]等提出了广义梯度理论在区域开发中的实践能力和普适性。广义梯度推移战略是自然资源梯度系统、经济-社会-文化梯度系统、生态环境梯度系统三层次梯度的耦合协调推移战略，是空间上的点、线、面系统共生的全方位开放式多元化战略[337]。

五、空间集聚理论

（一）空间集聚理论的提出

1. 古典经济学

亚当·斯密在《国富论》中曾谈到分工和市场范围的关系、行业发展与市场竞争环境都包含着与地区专业化及产业集聚的经济学思想，关于贸易发生的绝对比较优势也隐含着产业集聚的原因。

最早对产业集聚问题进行直接研究的是马歇尔。马歇尔认为"我们把任何产品的生产规模的扩大所产生的经济效应划分为两类——第一类是产业发展的规模，这和产业的地区性集中有很大关系（外部规模经济），第二类取决于从事工业的单个企业的资源、它们的组织以及管理的效率。前者称为外部规模经济，后者称为内部经济。"他从集聚带来的外部经济入手考察集聚的成因，并把外部效应的成因分为三种，即专业化供应商的形成、完善的劳动力市场和知识外溢（协同创新的环境）。相对于古典经济学的国际视角，新古典经济学更多地从国内视角分析工业空间集聚问题，更加注重工业生产本身的特点对于工业化空间集聚的影响。

2. 区位论

韦伯最早在其《工业区位论》一书中提出了集聚经济的概念。集聚分为两个阶段：第一阶段是简单地通过企业扩张使工业集中化，这是集聚的低级阶段；第二阶段是各个企业通过相互联系的组织而实现地方工业化，这是集聚的高级阶段。在他看来一个工厂规模的扩大能给工厂带来利益节约成本，而若干个工厂集聚在同一个地点能给各个工厂带来更多的收益或节约更多的成本，所以工厂有集聚的愿望。

从微观企业的区位选择角度，阐明企业是否相互靠近和集聚一地取决于生产成本是否最低。韦伯的工业区位论认为，集聚的产生是自下而上形成的，是企业为追求集聚的利益而自发实现的。

3. 发展经济学

在新古典时期，佩鲁提出了增长极理论。佩鲁（Perroux，1955）发现，产业集聚是发展中国家工业化的必然规律，产业集聚成长是区域经济增长极产生的重要条件，并最终带动整个区域的工业化和经济发展。

缪尔达尔（Myrdal，1957）分析了产业集聚过程中生产要素的流动，发现生产要素流动遵循"循环累积"因果关系规律，产业集聚存在自我强化的趋势。

4. 新经济地理学

目前关于制造业集聚的最新理论也就是克鲁格曼的新经济地理学。克鲁格曼将空间引入主流经济学的范畴，产生了新经济地理学。新经济地理学对工业集聚原因的解释超越了简单的经济地理因素，牢牢抓住了导致工业集聚最为本质的经济力量——收益递增，其核心思想是，即使两个地区在自然条件方面非常接近，也可能由于一些偶然的因素（例如历史事件）导致产业开始在其中一个地方集聚，由于经济力量的收益递增作用，在地区间交易成本没有大到足以分割市场的条件下，就可能导致工业的集聚，并且这种集聚还会自我强化。新经济地理学的产生并没有否定一些传统的经济地理因素的影响，事实上，一些地理因素的影响在新经济地理学的理论中变成了间接影响，甚至我们可以把两个地区间的经济地理差异也看作一种偶然因素，这种纯经济地理因素可以导致初始的工业集聚，然后再通过新经济地理因素的收益递增影响对工业集聚产生作用。

新经济地理模型认为，需求联系和成本联系引导产业地理集中。需求联系激励最终产品或中间产品厂商接近采购商，而成本联系引导最终产品或中间产品采购商接近供应商。P. Krugman 和 A. J. Venbales（1995）应用 Hcrimhna（1958）提出的"前向联系"和"后向联系"思想，建立了一个纵向产业之间的区域化模型。该模型在注重产品需求因素对于厂商区位选择的重要性的同时，分析了厂商之间直接的投入－产出联系，对于促进厂商在空间上的接近也起着重要作用。由于厂商之间直接的投入－产出联系客观存在，"前向联系"效应使得下游企业选择上游企业集中的区域。这样，下游企业能够通过减少中间产品的运输成本投入而减少生产成本，中间产品的替代和上游企业之间的竞争同样可以减少下游企业的生产投入。同样，"后向联系"使得上游厂商也将选择下游厂商集中的区域进行生产，减少生产投入，获得"货币性外部效应"。

5. 空间集聚研究的新趋势

迈克尔·波特（1990）提出了"集群"（Cluster）概念，"集群即指在某一特定区域下的一个特别领域，存在着一群相互关联的公司、供应商，关联产业和专门化的制度和协会。"

产业集群是提高区域产业竞争力的基本因素。首先，集群内有效的竞争压力推动了集群内竞争的升级；其次，由于产业的区域相对集聚，形成高效的专业化分工，从而使集群内企业获得明显的外部经济效应和成本优势；最后，集群能够改善创新的条件，加速生产率的成长，也更有利于新产业和新企业的形成。同时，从组织制度视角对工业集聚的研究也得到重视。

J. Humphrye 和 H. sehmitz（2001）从中观的角度研究"群体效率"（Collective Efficiency），提出了"治理结构"（Governance Structure）的概念，"治理结构"是指经济主体不通过市场关系而进行的协调。"治理结构"的有效性取决于集聚区域对于产业的组织能力和该区域的"规制体制"（Regulatory Regime）。集聚区域的合理扩大将加强企业与政府谈判的能力，促使有利于区域内企业发展壮大的政策出台。与此同时，在区域集聚的过程中，区域管理部门将不断累积对工业集聚区进行管理的能力。

（二）空间集聚的实证研究

1. 国外实证研究

为了评估各制造业在地理上的集中程度，国外经济学家通常计算各制造业在不同区域分布的基尼（Gini）系数。计算基尼系数可以用行业就业数据和行业产出数据。例如，Krugman（1991）计算美国三位数行业的区位基尼系数是用行业就业数据来计算的。结果显示美国基尼系数最高的行业是再生橡胶，最低的行业是杂项塑料制品。

Amlti 还发现欧盟国家的工业地理集中现象表现出两个特点：集中的产业都是规模递增的产业，也都是使用高比例中间投入品的产业。

但是基尼系数由于没有考虑到企业规模和区域差异，有时得出的结论会与现实中的真实情况失之偏颇。Glenn Ellison 和 Edward L. Glaeser（1997）提出了计算产业集中度的新方法，即产业地理集中指数，使得地理集中度跨国家、跨区域、跨时间比较成为可能。有学者对澳大利亚 1994～1997 年期间的制造业集聚问题进行了相关研究，采用了 Ellison and Glaeser（1997）和 Maurel and Sédillot（1999）的方法，结果发现尽管 1997 年澳大利亚的制造业集聚程度是 1994 年的两倍，但是与美国、英国、法国、爱尔兰等其他发达国家相比集聚程度还是较低。接受较高国家补贴的企业集聚程度更高，且企业的进出口模式与集聚度也存在明显的相关性。

2. 国内实证研究

魏后凯（2002）采用前四位前八位集中率指标、赫芬达尔系数和熵指数，均表明我国制造业的行业集中度比较低，甚至低于发达国家 20 世纪 60 年代水平。

梁琦（2004）以产出值计算了 1994 年、1996 年和 2000 年 24 个两位数行业的基尼系数及各年的平均值和中位数，无论是平均值还是中位数均逐年增大。这说明我国产业分布集中程度在提高，集聚和地方化呈增长趋势。

这些实证研究集中在对我国的产业集聚现象进行刻画和测度，但缺乏对造成产业集聚因素的剖析和实证分析。

现有实证研究的发展趋势表现为模型的日益复杂化，制造业产业内分类的细分，从之前的两位数局部拓展到三位数四位数。

（1）模型的复杂体现在对制造业集中的分析不再围绕单纯的一个因素，而是引入多个变量来考察影响制造业集中度的因素。金煜、陈钊和陆铭（2006）使用新经济地理学的分析框架讨论了经济地理和经济政策等因素对工业集聚的影响，并证明了经济政策也是导致工业集聚的重要因素。

（2）指标的多元化，如产业地理集中指数、分省份面板数据。很多文章在衡量集中度时已不再局限在一种指标，往往采用多种方法相结合，以相互补充。

（3）采用不同地理尺度和产业细分代码计算将对产业集聚的结果产生影响。贺灿飞等（2007）通过计算不同地理尺度下的制造业产业分布基尼系数和 Moran's I 系数，发现制造业高度集中在珠三角、长三角以及环渤海地区，空间尺度越小，产业划分越细，制造业在空间上越集中，省市县尺度的产业地理集中程度显著相关。

（三）空间集聚理论在国内的应用

有不少学者关注集聚理论在实际应用中的一些问题，如：魏后凯（2002）认为由于制造业门类较多，各行业特点具有很大差异，因此，对于当前中国制造业集中度过低或者过度分散化的问题，不能简单划一地加以指出，一棍子打死，而应加以区别对待。对于那些规模经济效益不显著的行业，过分强调提高市场集中度也许意义不大。这类产业的分散化和小型化问题，主要是一个非专业化的问题。而对于那些规模经济效益显著的行业，提高市场集中度才真正具有意义和必要性。也就是说，当前在提高制造业集中度的过程中，对制造业行业进行分类，按照分类指导、区别对待的原则，实行分类调控和引导，是十分必要的。

第六节　有效竞争空间的概念与构筑

一、区位优势分析

分析区域的区位优势，目的是确定区域的专业化市场和优势产业部门，为认识区域在更大尺度地域空间中的角色和发展方向奠定基础，为有效竞争空间的构筑提供依据，为高效的区域开发提供保证。

杨吾扬在1987年给出区位优势的概念："所谓区位优势是指在一定地域范围内发展某种生产或产业，从事某种经济活动所具有的优越条件。"并从地域分工角度将区位优势分为有形与无形、绝对与相对、局部与全局、实践与空间四对相对概念。本书采用的区位优势概念，与杨吾扬提出的区位优势含义大致相同，并借鉴杨吾扬先生的二分分析法，从有效竞争角度将区位优势分解为以下四对相对概念。

（一）绝对优势和相对优势

绝对优势，就是一个国家（或区域）与其他国家（或区域）相比，在从事某种商品生产时具有绝对低的成本。如中东的石油生产、澳大利亚的羊毛生产在世界同类产品生产中具有绝对优势，我国内蒙古的畜牧业、山西的煤炭业在国内同类商品生产中具有绝对优势，等等。

相对优势，描述的不是绝对劳动生产率关系，而是相对劳动生产率关系。即使某国家（或区域）各生产部门的劳动生产率均低于其他国家和区域，但相对生产率却不一定。假设，A地生产1单位食品要3个劳动力，生产1单位衣服要4个劳动力，B地生产1单位食品要6个劳动力，生产1单位衣服要5个劳动力；则虽然B地在食物和衣服生产中的绝对劳动生产率均低于A国，但B国生产1单位食物的生产力可以生产1.2单位衣服，而A国生产1单位食物的生产力只能生产0.75单位衣服，故B国在生产衣服上的相对生产率较高，具有相对优势；若A地专门生产食物，B地专门生产衣服，两地贸易可令双方均获益。

根据绝对优势，可以将产业在不同区域之间实现最高效率的布局，根据相对优势，可以在区域内选择性培育相对生产率高的产业部门，实现资源的最优配置，促进区域间贸易和协作。

（二）空间优势和时间优势

空间优势，是指区域从事某种产业或某项经济活动，在地域空间的不同层次上所具有的优势。空间区位优势是决定区域的比较优势并选择专业化生产方向的基础，不同层次的空间区位优势对应着不同层次的产业部门和优势产品。空间区位优势的衡量指标有三个：区位商[①]、专门化系数[②]以及产品市场占有率[③]。

时间优势，是从动态的角度考虑区域产业或经济活动选择的区位优势。时间区位优势是区域的动态比较优势，从产业结构的演替规律、技术进步的速度、消费结构演替的模式等方面比较不同区域间的时序发展，决定了区域的发展方向。时间优势的衡量指标可用需求收入弹性[④]、技术进步速度、结构消耗产出率系数以及净产值率表示。

---

　　① 区位商是指一个地区特定部门的产值在地区工业总产值中所占的比重与全国该部门产值在全国工业总产值中所占比重之间的比值；区位商大于1，可以认为该产业是地区的专业化部门；区位商越大，专业化水平越高；如果区位商小于或等于1，则认为该产业是自给性部门。

　　② 地区某产业专业化系数 = 1 − 1/区位商。

　　③ 产品市场占有率指区域内生产的某类产品的销售量（或销售额）在市场同类产品中所占的比重。

　　④ 需求收入弹性表示消费者对某种商品需求量的变动对收入变动的反应程度，以 Q 代表需求量，ΔQ 代表需求量的变动量，I 代表收入，ΔI 代表收入的变动量，则需求收入弹性系数的一般表达式为：$E_E = (\Delta Q/Q) / (\Delta I/I)$。

（三）局部优势和全局优势

局部优势是指区域在某种产业上，或产品生产在一定的地域空间上，所具有的优势。局部优势的作用在于确定某一区域的优势产业或产品，以及确定某一产品生产的优势地域和专业化市场范围。局部区位优势的综合指标可以用区位商、专业化市场和专业化出口商品的贸易乘数①等指标表示。

全局优势则是区域内的专业化部门或者某种产品的生产在较高层次地域空间内所具有的优势。全局优势亦是相对的优势，即相对于一定的地域空间和一定的时间阶段而言，超越时空的绝对优势是没有的。如云南边境开放带在目前阶段，在滇西乃至周边国家邻接我国云南边境的部分市场，在一些加工工业方面具有优势，如玉石加工、橡胶加工、小型机械、食品工业、造纸工业、建材等。

（四）客观优势和创造性优势

所谓客观优势是在地域分工前就已客观存在的优势，如前面提到的绝对优势和相对优势。创造性优势指原本并不存在某种区域优势，由于人为因素的干预而形成的某种区域优势，可以分为两类：（1）通过区域分工形成产品差异化和规模经济而得到的优势，如部门内贸易；（2）政策和政府投资的区域倾斜，如经济特区。

二、有效竞争空间的概念与特征

（一）有效竞争空间的概念

按照一般定义方法，先在这里给有效竞争空间下一定义：所谓有效竞争空间，就是能够形成有效的社会经济组织，使区域调控的作用达到产业结构的升迁和层次的拓展，以及富有效率的地域过程所需要的有效激励和市场完善所需要的信息成本的极小化所具有的一定尺度的地域空间。

对有效竞争空间的经济学解释可以通过一个模型来阐述。

规模经济的市场容量和生产要素的结构与数量（自然资源的分布、数量、质量和地域组合等）需要相应的社会经济组织、信息成本和政策激励的支持，这些因素的成本收益是区域的空间规模的函数；而产业的规模经济、多适性产业层次、中高层次技术和区域产业的突破能力也是区域空间尺度的函数。因此，从理论上分析，开发区域效益极大化对应着一个最适空间规模，即有效竞争空间。

$$B = f(i,s,a,t,e,m,l,u) \qquad (6-1)$$

式中　B——开发区域总体效益；

　　　i——信息成本；

　　　s——产业规模经济效益；

　　　a——产业集聚经济效益；

---

① 在开放条件下，对外贸易的增长可以带动国民经济成倍增加，这种贸易促进增长的倍数关系即为贸易乘数。

    t——生产要素集聚和产品市场扩散的运输成本；

    e——社会经济组织效率；

    m——对外贸易收益和乘数；

    l——区域内技术层次结构；

    u——其他影响因子。

假设每个因素都是独立的，即因素间不存在相互影响，则 i, s, a, t, e, m, l, u 都是时间 t' 和空间 s' 的函数。因此，式（6-1）可替代成：

$$B = f(t', s') \qquad\qquad (6-2)$$

对 s' 求偏导，即得静态的总体效益极大化的有效竞争空间；对 t', s' 求全导，则得动态的有效竞争空间。

有效竞争空间的范围可以突破行政界限，一旦落实在空间版图之上，则是一个更高层级的区域实体。这类空间单元可以作为一个具有自组织能力和自发展能力的整体，在内部结构成长和外部联系发展的双重进程中，培育竞争优势，参与全球竞争。小至当前学界热议的"城市群"、"城市密集区"、"大都市区"等区域概念，大至国际上欧洲联盟、亚太经济合作组织、北美自由贸易区等国家联盟，都是有效竞争空间在具体地点上的落实与体现。

（二）有效竞争空间的特征

（1）选择性。在区域与外界联系的过程中，要素流动、信息交流、技术扩散、商品贸易等对区域的作用是多样的，需要对这些作用效果加以选择，尽量增大区域间联系的正效应，减少负效应。

（2）开放性。开放是促成区域开发更高效率的主要条件之一。只有通过区域的开放，才能充分发挥区域的比较优势，在劳动地域分工的基础上形成区域间协作。但开放也具有有限性和选择性。

（3）动态性。有效竞争空间的动态性包括结构的动态性和地域空间范围的动态性。区域开发是一个动态的过程，期间产业结构、地域结构、区域组织管理和产业组织政策都要经历一个动态的发展过程，所以，以确保实现上述各项内容为条件的有效竞争空间亦应具有动态性。

（4）地域性。不言而喻，有效竞争空间正是根据发展目标实现所需要的最小地域空间范围来划定的，所以必然具有地域性。

三、有效竞争空间的功能

有效竞争空间的功能可以从宏观、中观、微观三个层次进行剖析，这三个层次的功能之间存在有机联系。

（一）宏观层次

（1）有效竞争空间能够使区域在对外联系中实现技术、信息、资本、人才的选择性吸收。有效竞争空间作为具有一定地域空间的在经济行为上相对独立的实体，可以对来自不同层次区域的上述要素进行有选择地吸收，一则可以避免对某些区域集团的过分依赖；

二则可以用较少的成本获得其所需的资源；三则可以剔除区际联系的负效应，如避免区域内短缺要素的流出。

（2）有效竞争空间能够对产业升迁时区域外的冲力产生屏蔽效应。按照传统的贸易理论，以静态相对比较优势建立的区际分工和区际交换，往往会遇到由于原材料初级产品的需求弹性不足而限制市场扩大的贸易条件恶化情况，用某些中高技术实施产业突破又往往会遇到诸如发达区域市场占先作用的影响。因此，建立有效竞争空间，利用一定的政策措施对区域外部的冲击产生屏蔽效应，可以促成开发区域产业的升迁。

（3）有效竞争空间能使区域选择多层次的区际市场，使其处于中心－外围模型中的半边缘地位，改变其仅与先进区域联系的局面。区域联系中正负效应共同作用，而作为后进区域与先进区域联系时，往往正效应小于负效应。有效竞争空间可以采取这样的政策措施：把中心－外围模型分解成不同等级多层次递减模型，从中分析不同层次的区位在对外联系中的地位和作用。对一个开发区域来说，要尽量避免边缘区净极化效果为负的地位，又能与先进区域建立在互利基础上的区际联系，则应是处于半边缘的地位——以传统技术和产品向边缘区扩散，谋求贸易的扩大和发展，为区域的进一步开发积累基础；以少数高技术产品寻求与中心区域的互利联系，谋求引进可以扩散的实用技术和少量高技术，使区域的产业结构能够突破和升迁，并能使开发区域在中高技术层次的产业内与先进区域进行部门内贸易，形成垂直分工与水平分工并存协调的局面。

（二）中观层次

从中观层次上看，有效竞争空间的功能有四。

（1）形成有效的社会经济组织，对区域内生产要素实行最优分配，促成产业结构向多适性方向转化，地域结构更富效率。根据管理学的理论，区域经济的组织管理者对区域内部经济的管理效率是其管理的对象及其内容的包容程度的函数。我国的经济体制结构是金字塔形结构，中央为了实现集中控制，在社会经济组织上形成了这种特殊的结构。这一结构分为若干等级，其中每一等级是其下级的控制者，又是其上级的控制对象，每一等级中的一个组织控制下一级中的若干组织。处于金字塔最顶层的，是中央政府的宏观调控机构；处于金字塔最底层的，是千千万万作为生产者的企业与作为消费者的家庭；处于金字塔中间的，是各级政府的职能部门。但是，金字塔式社会组织结构在实现集中、有效的控制上也有一定的限度。当社会经济系统十分巨大，且各系统差别较大时，会遇到信息传递与控制能力的困难。当金字塔的层数越多时，信息中转、处理的次数就越多，自上而下与自下而上的信息衰减和失真就越严重，信息传递的时滞也将越大。这对于处在金字塔顶层的政府职能部门来说，要获得正确的信息，做出正确的决策，以及决策及时传递与执行从而实现有效的控制，都是十分不利的。那么，如何决定其控制层次，基本原则就是效率原则和成本原则。有效竞争空间正是依据上述两个原则确定具有适当层次结构的社会经济组织的地域空间范围。

（2）有效竞争空间能使区域市场完善所需的信息成本降低。这与上述功能是一个问题的两个方面，不论是从建立有效社会经济组织的角度考虑有效竞争空间的功能，还是从区域市场的角度考虑有效竞争空间的功能，依据都是效率原则和成本原则。

（3）有效竞争空间能使区域具有足够的生产要素来形成"以传统技术求繁荣，以可扩散的技术求发展，以少量高级技术求突破"的多适性产业层次，这种产业层次结构能提高区域抵抗外部冲击力的能力。当对一个区域作时间截面分析时，可以看到，其生产要素量随地域范围的扩大而增加；当对一个区域作空间范围界定时，则可以看到，随着区域经济的发展，区域对生产要素的需求量会增加。那么，如何实现区域的多层次产业结构，即需要怎样的有效竞争空间方能满足区域建立多适性产业结构所需要的生产要素：一则需要技术进步的作用，因为技术进步能够改变生产要素的组成比例，也能提高生产要素的投入产出率；二则需要对区域的地位和作用做出分析，以确定区域的比较优势和发展方向，从而确定怎样的区域产业结构，然后应用技术经济的理论确定不同层次产业的规模经济，从而确定相应的生产要素需要；三则要对区域的地理条件和资源分布特点进行分析，进而确定生产要素的地理配置及增长极的地域构成，从而为生产力的布局奠定依据，并测算出由于集聚经济而引致的对生产要素的需求变化。

（4）有效竞争空间能使区域开发的地域过程更有成效地进行。区域开发的地域过程可以分为两个方面：一个是节点体系的形成和演变，另一个是开发区域类型的确定和选择。

1）一个区域的节点体系包括节点的规模等级体系、职能体系以及空间分布体系。理论上，区域的规模、职能及其节点的空间分布体系首先受制于区域农业生产力发展创造的农业剩余（农业产品的剩余、农业经济的剩余和农村劳动力的过剩和转移），但现代社会中上述约束已小得多，因为国内区域间经济联系的关税壁垒很小，农业剩余可以在国内区域间以低成本进行流动。从效率优先的角度考虑，在多数国家的国内区域间不存在关税壁垒和非关税壁垒，因为任何形式的壁垒都会影响国家总体效益的提高。尽管效率并非国家区域政策的唯一目标，区域间公平是效率的对峙体，但现代国家谋求区域公平的对策措施并不是构建区域间的经贸壁垒，而主要是通过投资、信贷、财政、税收实现的。故此，仍可以将国家内部区域间的联系看作生产要素自由流动，如果忽略运输成本，则要素价格均等化的赫（克歇尔）－俄（林）－萨（缪尔森）定理成立。所以，与其说区域节点体系主要受制于区域的农业剩余，倒不如说是区域在国家总体战略中的地位和作用、区域要素禀赋、吸引要素流入的条件和政策、区域的经济发展水平、农业剩余以及区域的有效空间共同作用的结果。

汕头、珠海、深圳等经济特区在短短十年经济迅速崛起是区域在国家总体战略中的地位和作用及国家对特区的特殊优惠政策共同作用的结果，其表现机制是通过特殊的区域优惠政策使得特区的资金利润率和职工工资率远高于国内其他区域，从而吸引了区外大量资金和人才（劳动力）的集聚，并使特区的资本积累率迅速增长，从而造成其（人口）规模、职能的迅速扩张。我国不同地区城市化水平和城市化速度则是区域的经济发展水平和农业剩余的函数，对于相对封闭的区域而言，情况更是如此。区域规模对于区域节点体系的影响可从 Christaller 和 Losch 的中心地理论中推出；区域规模越大，节点等级体系越完备，职能体系越齐全，空间分布越密集，对区域经济发展的作用越强。

2）一个区域类型区的选择与开发，有利于改进区域开发的总体效果。它可以改变区域内开发的地域结构和地域组合，从而使区域内部的生产要素在地域上形成有效的组合，以改变与先进区域不利的传统联系方式。其中重要的机制是对区域内部核心区的选择及开发。通过区域内核心区与边缘区的不均衡开发与累积循环，使得区域的总体经济效果提高，产业结构在核心区得到发展和突破，从而可以避免开发区域作为整体的边缘区与先进区域联系中循环累积的负效应，而形成一种与先进区域互惠互利的动态协调关系。

（三）微观层次

（1）对具有独立经济利益的微观经济主体实施有效的激励，使得它们追求自身利益的客观效果与社会目标一致，并使相应的信息成本最小化。

区域经济发展的主要动力是作为微观经济主体的企业的活力激发。但如何激发企业活力，使企业自身利益的追求与社会目标相一致，这需要政府部门对企业实施有效的激励。如前所述，我国经济政治体制是层层控制的金字塔式，政策的制定是由最高权力机构——中央政府的有关部门做出的，并通过层层下递落实到千万个企业。这些政策措施对企业的实施效果再通过信息反馈层层上递到中央政府的有关决策部门，并由这些部门对原有政策措施进行修正补充，再下达到地方企业。由此造成以下几方面的不足：1）通过层层下达和上递的政策制定与实行方式，当社会经济系统十分巨大且各个系统差别较大时，会遇到信息传递与控制能力的困难，从而增加大量的信息成本；2）当金字塔式层次越多时，信息中转、处理的次数就越多，自上而下与自下而上的信息衰减和失真就越加严重，信息传递的时滞也将越大；3）当金字塔层次很少时，则会面临下（基）层地方政府企业激励政策和自主权的不足，地方政府对激励政策的制定能力不足。

有效竞争空间构筑的微观功能之一就是要解决上述问题，就是在上述三者之间寻找均衡点。目前我国经济体制模式是中央放权，中央与地方职能分开的形式。其中较突出的是省级政府经济决策权的扩大，省级政府的经济行为对地方经济的作用越来越大。但我国省区间的经济发展水平、自然资源的开发程度、自然条件和历史基础、省区政府的组织管理水平和决策能力以及国土面积等存在很大的差异。从目前情况看，以省区作为协调上述三者之间的均衡点显然不尽合理，以区划形式出现的经济区①则因为目的不同，显然亦不能解决上述问题，所以需以跨越省区和经济区的有效竞争空间的构筑才能实现。

（2）能使区域内的企业生产扩大到规模经济最佳点，以便促使区域专业化市场扩大和市场份额提高。即使区域内的企业能有一个相对封闭的区域市场，按照林德尔（Linder）的偏好相似理论可推断：1）区域市场是区域内企业家更可靠的利润源泉，因为他们更熟悉区域内市场，因而更具竞争力；2）由于发达区域市场占先效应，先进区域与后进区域之间经济系统构造、资金积累、市场创新方面的差异，使得先进区域在产品开发和技术进步方面占据优势，并通过其自我保持维持与后进区域的梯度差，其产品很容易占领后进区域的市场；3）后进区域为了突破产业结构的落后状态，形成与先进区域在局部领域内的抗衡能力，同时也为了能够降低调整经济结构的成本，需要培育能使区域产业结构突破的从事新兴产业的企业，使这些企业形成和获得规模经济和集聚经济效益。这样的目标，需要通过有效竞争空间来完成。

（3）有效竞争空间能使区域形成具有竞争力的增长极或地域生产综合体，促使区域获得更多的集聚经济效益；同时能更有成效地促进区域内循环，更快地促使区域增长极或地域生产综合体的形成和发展；形成对先进区域负净极化效果的抵抗力，增强区域的自发展能力。

---

① 经济区是具有全国意义的专业化的地域生产统一体，是为了实现社会生产地域分工而划定的空间实体。

从某种意义上说，区域规模越大，区域内增长极或地域生产综合体的选择范围就越大，就越有可能形成不同等级的增长极或地域生产综合体，区域内循环、区域对先进区域的抗负能力以及区域的自发展能力都会得到进一步发展。但是，从另一方面看，区域规模不能过大，规模过大的种种不足在上面的三个层次分析中皆有所涉及。值得一提的是，区域规模过大还会使得区域内部差异拉大，区域内部不同地区间的公平问题就会突出出来，从而影响区域总体效率的提高。有效竞争空间的构筑目标之一，就是要在公平与效率的天平之间实现对最优区域规模的寻求。

四、有效竞争空间的时空演化模式与机制

（1）工业化以前的农业社会。区域经济可概括为一元化平面式的农业生产，基本上是自给自足的封闭式经济。区域内的地域结构表现为以农村集市形式出现的村镇点，此时几无所谓的有效竞争空间。

（2）工业化初期。随着区域间经济联系的逐渐发展，在国家为谋求社会公平而实施的区域政策作用下，区域间生产要素的流动日益增强。这一方面带来了极化效应与扩散效应的共同作用[①]；另一方面，国家对后进区域的优惠政策，如投资、财政、信贷、税收、价格、计划内生产要素的分配和地方产品的留成比例等，也为后进区域的开发提供了条件。

随着区域内自然条件和自然资源逐渐被调查探明，在国家与其他区域的双重外力作用下，区域的自然资源得到开发，生产要素（主要是劳动力）得到更好的利用。区域的工业化开始起步，由传统的农业社会向工业化社会转化。

在产业结构上，除去仍占主导地位的农业外，以资源开发为主、劳动密集型为辅[②]的产业结构逐渐形成。这些产业是以中低技术层次和处于成熟期的商品生产为特征，并以开发区域的廉价生产要素（资源、劳动力）和税收、基础设施改善等优惠政策为条件的。这些产业的商品市场牵引和生产要素供给的障碍较少，对企业的规模经济影响不大。

在地域结构上，则以资源导向和交通导向的区位选择为特征。在有关企业的主导下，地区增长极通过这些企业的前后向联系和旁侧联系形成地域生产综合体，以此获得集聚经济效益，并带动地区经济的发展。但由于此时的经济发展水平和技术层次还相当低，先进区域对其在经济发展水平和技术层次上的自我保持作用还很小，区域内部的增长极和节点体系还处于低水平阶段。

工业化起步后，对区域经济组织管理的要求和调控的信息成本亦要相应提高，自此对有效竞争空间的需要开始加强，构筑的雏形开始出现。

（3）快速工业化时期。随着区域经济实力的不断增强和工业化程度的日益提高，区域进入快速工业化时期。表现在：

---

① 净极化效果有利于先进区域而不利于后进区域；扩散效应在一定程度上有利于后进区域的开发，表现为先进区域对后进区域原材料的需求，先进区域由于其自身扩张过度而导致生产要素的溢出和技术、信息的扩散，由产品生命周期规律支配的对后进区域市场的开拓，处于成熟期的产品和技术的转移扩散等等。

② 因为后进区域缺乏合适的劳动力（格申克龙，1963），投资的资本规模还小，资本集约化对工资上升的反应极其敏感（威特，1965），劳动集约型产业一般来说利润率低（雷诺兹，1968）。

1）技术层次上，将由工业化起步时期的低中层次向低中高层次演替。

一般认为，科学技术的进步包括五个相互联系的阶段：基础研究、应用研究、技术开发、新成果利用、新成果推广。基础研究阶段，其成果作为科技进步的共同基础，为全人类所共有，人们一般把这个阶段归入精神生产的范围。一项新成果只有经过应用研究和技术开发，到了利用和推广阶段才进入具体产品的生产过程。根据产品生命周期理论，当新成果转化为新产品投放市场后，它将顺序经过四个阶段——导入期：新产品进入市场，需要量缓慢增加，生产规模不可能太大，研制费用有待回收，企业收益不多；成长期：市场需要量增长快，生产规模不断扩大，研制费用回收完毕，企业收益增加；成熟期：市场需要量基本稳定，产品销售量达到高峰，成本降低，企业收益最大；衰退期：出现用途相仿、参数更好的新产品，市场需要量急剧缩小，企业只得减少产量，降低售价，直至淘汰原有产品，生产新产品。上述两个周期（科技进步周期和产品生命周期）在某些阶段上是重合的：新成果利用期大体相当于产品生命周期中导入期的全部和成长期的一部分；新成果推广期大体相当于成长期的另一部分和成熟期的全部。依靠引进技术的后进区域，通常只能在新成果推广期加入该产品的生产行列。待引进区域掌握了技术，投入生产后，该产品一般已进入成熟期，并向衰退期逼近，由此造成了后进区域的"滞后效应"。先进区域通过技术开发优势和垄断的强制效应使得后进区域的这种"滞后效应"不断强化。因此，后进区域为了弱化这种"滞后效应"，在快速工业化时期，需要使区域的技术层次在某些高技术领域有所突破。

其相应的对策措施为：①用传统技术武装农业、手工业、采矿业等传统产业，谋求区域经济的繁荣，为可以扩散的新技术的引进打基础。因为可以被扩散的中层次新技术的引进，有赖于后进区域的对外支付能力。②以可以扩散的新技术装备后进区域的主导产业，谋求区域经济的发展。但新技术能否被迅速推广以及推广的成效，同引进区域的经济发展是否达到了采用该技术的规模"门槛值"关系很大，这得依赖于有效竞争空间的作用。③集中区域力量开发高技术产业产品系列潜在优势中的一个或几个子集，加入高层次的区际分工，这一点更依赖于区域的实力和有效竞争空间的构筑。

2）产业结构上，后进区域技术层次的产业结构需要有相应的区域空间作基础。如前所述，在中层次技术上，后进区域引进的来自于先进区域的可扩散的新技术能否在后进区域推广，取决于应用该技术的产业是否达到了规模"门槛值"。在高层次技术领域，后进区域能否突破，形成与先进区域的部门内贸易，更是要取决于规模经济，按格雷（Gray. P. H）和戴维斯（Davies. R.）的观点，后进区域与先进区域在高技术领域能一争高低、发生部门内贸易的条件是后进区域达到规模经济和与先进区域的产品差异化的相互作用。开发区域要在上述中高两个技术层次上获得发展，则其区域的经济规模应得到保证。折射到地域空间上，则应是有效竞争空间范围的演变和拓展，因为获得规模经济所需的市场容量大小是地域空间规模的函数。

3）地域空间上，中高技术层次产业的区位要求极为严格，一般需要市场导向、信息畅通、交通便捷、基础设施较好的大中型增长极。同时中高技术层次产业所需要的辅助产业及服务部门也要比中低技术层次产业多，即中高技术层次产业对其他产业的关联作用强，容易在增长极形成一定规模的地域生产综合体和大中型城市，其对区域的影响范围（市场、原材料供应等）亦要大得多。比之于工业化初期，其有效竞争空间的地域范围将进一步拓展。

4）社会经济组织上，随着工业化的推进，区域内生产企业对信息的需求量不断上升，区域社会经济组织的能力相应提高，使区域的信息传递与处理能力提高。由于区域内技术结构的演替，为了达到中高技术层次产业的规模经济"门槛值"，地域空间集聚所需要的有效竞争空间的拓展亦成为可能。

（4）后工业化时期。区域内经济增长的速度较之于快速工业化时期明显放慢，区内的结构变动进入迟缓过程，表现在：1）技术层次上，中低技术将逐步向后进区域扩散，区域内的技术结构将明显偏重于中高层次。2）产业结构上，由中高层次技术推动和装备的区域产业结构已偏重于第二、三产业，且第三产业比重明显上升，并逐渐超过第二产业，其中工业部门偏重于资本密集型和技术密集型的产业结构，高技术产业生产的规模经济的临界点更趋扩大。此时，区域的经济发展水平和产业结构的技术层次已赶上原已存在的先进区域，为了保持与后进区域经济技术水平的梯度差，开发区域将仿效其他先进区域曾经历过的发展之路，在转移和扩散传统技术和中层次技术的同时，需与其他先进区域形成部门内贸易，以不断强化先进区域与后进区域的经济技术梯度差。3）地域结构上，原来的大中城市由于产业结构的演进，传统产业部门和"夕阳产业"将外移，城市化的过程已经完成，区域内部的地区差异已大幅缩小，地域过程的调整基本完成。4）社会经济组织上，则以其管理组织水平的提高和高度信息化为特点。

影响这个阶段有效竞争空间的因子主要是高技术层次的部门内贸易所需的规模经济以及在经济技术水平上与后进区域的自我保持，有效竞争空间的形式亦由内聚式向外联式（与先进区域的联合，如欧盟）转变。

五、有效竞争空间的组成形式

有效竞争空间可以形成内聚式和外联式两种组织形式。

内聚式，指行政上具有同一性的区域，如巴西玛瑙斯自由贸易区。外联式，指通过经济联合建立纽带的区域，如欧洲联盟。前者有统一的行政首脑和共同的领导机构，是一种紧密联合的行为共同体；后者以经济协作和联盟形式形成松散的扭结，虽在共同行动力和宏观调控方面较为薄弱，但可以实现更大地域范围和行政主体的联合，容易培育出独领风骚的强竞争力。

六、有效竞争空间的划分原则

（1）动态比较优势。影响区域总体效益的因子随着区域经济发展，产业结构演进和技术层次提高是不断变化的。引起这些因素变化的因子之一，区域空间规模亦是相应变化的。故此，有效竞争空间亦应依照动态比较优势的原则确定。

（2）规模经济和集聚经济。如前所述，开发区域谋求在中高技术层次内产业结构突破的主要条件之一是获得规模经济和集聚经济效益。

（3）消费需求弹性和市场容量。消费需求弹性是选择区域主导产业和新兴产业的基准之一。市场容量则是消费需求弹性的函数，亦是区域主导产业和新兴产业能否达到规模经济和集聚经济的主要保证。有效竞争空间的功能之一正是为了确保区域的主导产业和新兴产业有相当的市场容量，使其达到规模经济和集聚经济。

（4）生产要素禀赋和地域组合。这是从生产的角度来确定有效竞争空间。区域内生产要素禀赋和地域组合在时间的横截面上是固定不变的，而它们的数量和质量却是地域规模的函数。开发区域为了使其主导产业和新兴产业的生产达到规模经济和集聚经济，就需相当数量的生产要素及其组合比例。除却贸易补偿短缺生产要素所需的成本和技术改变生产要素组合所需的成本外，即是需要通过构筑有效竞争空间以满足区域规模经济和集聚经济而获得。从生产角度构筑的有效竞争空间即是短缺生产要素中贸易补偿成本、技术使用成本和区域资源开发成本达到均衡时的地域规模。

（5）信息成本。从开发区域对微观企业实施有效激励以及区域市场的信息传输使其活力得到充分发挥所需的信息成本角度出发，即从区域社会经济组织的层次结构及其对企业有效调控能力随空间规模大小而引起信息成本变化的角度出发，寻求单位信息成本极小化的有效控制所需要的地域空间。

七、有效竞争空间的构筑形式

（1）形成区域性壁垒。如关税政策和非关税的保护性限制政策。适合于国家间的区域，因为这种构筑方式有损于区际总体效益的提高，如欧佩克石油输出国组织、加勒比经济共同体等。

（2）从区域性优惠政策投入人为地抬高区域经济势。如地区倾斜、产业倾斜及地区倾斜与产业倾斜的结合，适合于国家内部的区域，如我国的经济特区。

第七节　多视角下区域空间组织研究进展

一、经济协作导向下的区域空间组织研究

Mattli[338]将区域整合看作是"跨界外部性的内部化过程"。与欧洲经验相比，东亚及亚太地区的区域整合很大程度上发生在一个缺乏正式制度框架的基础上，更多的是市场驱动，是国际公司正在创造跨界联系以寻求盈利机会，通过贸易、FDI及技术合同等作用的结果。随着区域整合、贸易与投资自由化，亚太地区商业环境基本上被重新塑造。对应于区域主义概念与内涵的不断发展，Langenhove[339]则将区域整合划分为三个阶段，即集中于贸易和区域一体化的区域整合、新区域主义的区域整合以及强调区域作为全球行为者的第三代区域整合，表明区域整合正在跳出自身地域向世界拓展。

李仙[340]认为我国新一轮区域经济合作的特点：合作的动力由下而上，企业和地方政府成为主要推动力量，由下而上的区域合作意愿明显；跨国公司和国内跨地区企业成为区域合作的先锋；区域合作的领域广泛，不仅仅是物资串换和商品的自由流动，也不仅仅是相互投资和要素自由流动，而是全面领域的合作与相互开放，包括经济发展战略的相互协调、产业结构的整体安排与布局、企业区位和地址在更大范围内的选择、统一的对外贸易政策和行动、跨区域性的基础设施共同规划和建设乃至相互协调的地区经济社会政策等

等；区域合作的目标是双赢和多赢。

二、生态环境治理导向下的区域空间组织研究

生态环境治理导向下的城市协调发展，源自于对于流域等跨城市、跨区域资源的持续和公平利用和对跨界污染的治理等需求。

对于跨境环境污染和跨界合作治理的研究一直是环境和生态领域的一个重要研究课题。各种国际组织、各级政府组织和非政府组织通过谈判、协议、规划等方式推动着生态环境方面区域和国家的合作发展，也包含着对地区和城市层面的约束和治理。学术研究领域对此一直都相当关注，例如，1994 年以来，O. Holl[341]对欧洲环境合作政策进行了研究，L. Zarsky、P. Hays 和 K. Openshaw[342]以及 B. S. Min[343]等人对东北亚环境问题的国际合作进行了研究，1996 年 L. M. K. Henk. 和 M. V. Casper[344]对非跨界污染的国际环境合作效果进行了研究，2001 年 B. S. Min[345]对东亚跨边界的大气污染控制的区域合作进行了研究。我国学者对相关课题也开展了大量的工作。2000 年，赵晓兵[346]对跨境环境污染进行了经济分析，并认为国际合作是解决这类问题的有效途径。

关于流域利用与治理方面的区域合作研究较为完善，国外学者做了大量这方面的研究，我国环境、生态领域的学者对此也极为关注。比如周海炜、钟尉、唐震[347]对我国跨界水污染治理的体制矛盾及其协商解决的研究，陈西庆对跨国界河流、跨流域调水与我国南水北调的基本问题的研究，赵来军、李怀祖对流域跨界水污染纠纷对策的研究等等。

三、旅游合作与旅游资源的区域空间组织

旅游发展到一定阶段，必然出现区域激烈竞争的格局，竞争的结果就导致区域之间旅游要素的重组和结构的优化，逐步走上联合协作之路（陈本良，2000）。从 2003 年的《杭州宣言》到 2005 年的《无锡倡议》，长三角旅游城市合作组织成员从"15＋1"升格到"20＋4"；"粤桂合作"、"川琼协议"也分别拉开泛珠三角地区和川琼两省打造"无障碍旅游区"的序幕；东北"4＋1"城市（沈阳、长春、哈尔滨、大连＋鞍山）建设无障碍旅游区；西南六省（区）40 个城市签署《西南经济协作区加强旅游合作框架协议》，承诺共同打造大西南跨境无障碍旅游区。种种行动扩展和深化了我国的旅游合作之路，将中国区域旅游合作推向前所未有的高度。

国外学者很早就已经在旅游规划和决策制定中经常用到"协作"、"协调"或"合作"、"组织"等术语，但对于旅游合作的专门研究大多集中在对旅游区组织行为模式的研究，主要包括两方面内容，一方面是旅游区及其内部的旅游企业的组织结构及各部门之间的协调，另一个方面是旅游区与它的环境（即与其他行业、整个社会）之间的互动。1988 年，Alberto Sessa[348]从区域旅游角度用定性与定量相结合的方法分析衡量了旅游科学体系的相关因素，这对于建立旅游区协作体系具有理论依据和指导意义。1991 年，Selin 对旅游区内部组织之间合作的重要性进行阐述，并且从理论和实践两方面阐释了合作的行为、动机以及限制性因素。1993 年，Lue 和 Crompton[349]对多目的地旅游线路的研究成果表明，至少有五种不同的旅游区域空间类型：单一目的地型、中途型、基地型、区域游览、旅游链。后四种类型都涉及多个目的地之间的联合和协调发展问题。目的地联合起

来进行促销和开发，可以提高整体影响力。1995 年，Tazim B. Jamal、Donald Getz[350] 从旅游合作理论角度以及协调等方面对旅游合作的理论框架进行了阐述，并重点讨论了社区基础上的旅游规划，对旅游合作提供了一种持续的动态的解决规划问题和协调地方旅游业发展的机制，这可推广到更大范围内，即旅游区之间的合作与协调。此外，Lockin 对交通网络的发展与区域旅游开发活动的空间结构之间的影响关系进行了研究，提出随着交通网络的改进，区域旅游开发活动的空间影响相应加强，空间作用范围得以扩大。

随着我国经济发展，国内学者也在实践基础上对旅游合作进行了大量的理论研究。1989 年，许惠芳[351] 以西安为例，提出从旅游资源的实际出发，依靠方便的交通，把众多不同类型、各具特色的旅游点或旅游区联结起来，构成纵横交错、多层次和多系统的"旅游网络"是旅游业发展的必要条件。刘胜明（1997）认为旅游业联合的根本目的在于优势互补。张二勋（1999）认为，科学合理地建立不同层次的"旅游地域综合体"，是旅游业取得良好经济效益和实现平衡布局的关键。2001 年，吴必虎[352] 对区域旅游发展进行了系统性的整理和发展，提出了区域旅游规划发展的总体框架和方法，并对区域旅游产品组合战略进行了详细的阐述。同年，孙根年[353] 从旅游空间相互作用模式和区域协同原理出发，阐述了旅游业区域联合开发的重要意义。其他相关研究还包括，汪宇明、全伟、胡燕雯[354] 等借用区域经济一体化理论，以上海为例，对区域旅游合作问题的理论研究与阐释；严春燕、甘巧林[355] 对旅游核心区与边缘区协同发展的研究；李崇禧对以点－线－面结合的区域旅游板块开发模式的研究；张争胜、周永章[356] 对粤西旅游资源的整合与开发的研究；郑贵华、田定湘、郑自军[357] 对长株潭旅游资源整合的研究；赵明、郑喜珅对跨境旅游资源国际合作开发探讨的研究；潘宝明[358] 对扬州运河旅游资源的研究等等。

四、城镇体系视角下的区域空间组织

城镇体系是指在一定地域范围内，以中心城市为核心，由一系列不同等级规模、不同职能分工、相互密切联系的城镇组成的有机整体[359]。从城镇体系角度出发的空间组织研究最早可以追溯到1933 年德国地理学家克里斯泰勒（W. Christaller）提出的中心地理论，系统地提出城镇体系的组织结构模式。1939 年杰弗逊（M. Jefferson）及 1942 年哲夫（Zipf）等对城镇体系的规模分布进行了理论研究。

城镇体系的研究热潮兴起于 20 世纪 60 年代。1960 年邓肯（O. Duncan）在其著作《大都市和区域》中首先明确提出"城镇体系（Urban System）"一词，并阐明了城镇体系研究的实际意义。1964 年贝里（B. Berry）用系统化的观点研究了城市人口分布与服务中心等级体系的关系，把城市地理学研究与一般的系统论相结合，开创了城镇体系研究的新纪元。20 世纪 60 年代中后期一些学者还提出了新的城市区域概念，如弗里德曼（J. Friedmann）与米勒（J. Miller）的"城市场（Urban Field）"，福克斯（K. A. Fox）和库马（T. K. Kumar）的"功能经济区域（Functional Economic Area）"，拓宽了城镇体系的研究领域。

20 世纪70 年代西方学者认为城镇体系理论基本已经成熟，因此大多著书立说对之予以总结，最著名的有美国学者贝里（B. Berry）和豪顿（F. Horton）的《城镇体系的地理学透视》（1970），及加拿大学者鲍恩（L. Bourne）和西蒙斯（J. Simmons）的《城镇体系：结构发展与政策》（1978）。

西方国家虽在城镇体系的理论研究方面取得了丰硕成果，但在实践中却存在着较大的差异。有着区域规划传统和具备较强国家干预能力的欧洲国家，如英国、法国、德国、荷兰、波兰等，都开展了许多卓有成效的城镇体系规划实践工作。而在信奉自由主义的北美国家，尤其是美国，则几乎是停留在理论研究层次，包括城镇体系规划在内的区域规划工作都遭到了根本的否定。如历史上著名的田纳西河综合开发治理工作取得了极大的成功，美国政府却因为担心由此会导致社会主义的出现和中央权力的无限增加而削弱地方自治，从此再也没有效仿。

我国城镇体系的研究工作最早是在城市地理学界开展起来的（宋家泰，1978；许学强，1982；严重敏，1985；周一星，1986；崔功豪，1987；杨吾扬，1987 等）。

20 世纪 80 年代初结合对国外城镇体系发展研究的理解，以及对城镇体系本质特征的认识，南京大学在实际工作中提出了"三大结构"的思想，即城镇体系的"等级规模结构"、"职能组合结构"和"地域空间结构"，其后又提出了"网络系统结构"。相关的诸多工作使得城镇体系组织结构研究在理论上和方法上都有了很大进展。

杨吾扬[360]（1987）提出了新的城镇体系等级－规模－数量模式，揭示了城镇数量与等级的负相关及城镇人口规模与等级的正相关关系，认为城镇体系是一个等级序列。许学强[361]（1982）应用哲夫公式对我国 100 多个最大的城市进行回归分析，得出城市规模是呈大小序列分布，且序列与城市人口规模间的非线性相关结论。丁金宏[362]（1988）、顾朝林[363]（1990）等人先后应用这一模型对 2000 年我国城市的规模结构进行了预测。

顾朝林[364]综合探讨了城镇体系的组织结构模式，划分了集中、集中－分散、分散三种类型的城市地域空间结构，弱核体系、单核体系、单心多核体系、多核体系和强核体系五类等级规模结构，矿产资源型、农业型和加工工业型三类职能组合结构，以及城镇工业经济、城镇间运输网络、区域间商品流通网络及城镇网络等四类网络系统，并于 1992 年出版了《中国城镇体系——历史·现状·展望》一书。

宋家泰[365]（1988）等人将我国城镇职能体系划分为：政治中心体系、交通中心体系、工矿业城镇体系、旅游中心城镇体系等几种类型。张文奎[366]（1990）等人依据尼尔逊求标准差原理，并结合哈里斯定界线值方法，对全国城市进行了研究，将城市划分为九种类型。周一星[367]（1988）、田文祝[368]（1991）等人运用聚类分析和尼尔逊统计分析等多种方法，将中国城市按工业职能分为四个大类，18 个亚类和 43 个职能组。近年来亦有一些学者（宁越敏，1991；庞效民，1996；顾朝林，1997；黄富厢，1997 等）研究了世界城市体系对中国的影响，对新国际经济背景下的这些城市职能作了重新理解与界定，基本认为：香港、北京、上海、广州等将是中国介入世界城市体系的节点城市。

五、社会学视角下的空间组织

空间组织在过去被认为是地理学观察世界的视角（R. Abler et al.，1971）。当空间认识论发生转型之后，人文地理学家很快就开始思考空间组织是"体现于更宽泛结构如社会的各种生产关系里的一整套关系的表述"（D. Harvey，1973）。

法国马克思主义哲学家亨利·列斐伏尔最早把空间引入社会学的研究，他提出"空间中的生产"已转变为"空间的生产"，其区别在于前者指自然属性的空间，而后者指社会属性的空间[369]。

大卫·哈维受列斐伏尔的空间观的影响，认为自 1970 年以来，世界一直在经历一个时空压缩的紧张阶段，从而改变了我们对空间和时间的感受。

列斐伏尔的学生卡斯特认为空间不是社会的反映，而是社会的表现，空间就是社会的形式与过程，是由整体社会结构的动态所塑造，这其中包括了依据社会结构中的位置而享有其利益的社会行动者之间相互冲突的价值与策略所导致的矛盾趋势；再者，通过承继先前的社会－空间结构的营造环境，社会过程也影响了空间。他就此推导，既然社会正在经历一种结构性转化，作为社会表现的空间也应有新的空间形式与过程浮现。所以卡斯特提出流动空间的概念，即通过流动而运作的共享时间之社会实践的物质组织。而在全球化和信息经济时代，网络社会的空间形式与过程的基本张力在于处理流动空间与地方空间之对抗（卡斯特，2000）。

麦茜认为，生产过程里"空间性是整合且积极的条件"。在此基础上她提出"生产的空间结构"概念，主张应该基于生产的社会关系来界定地理概念。她认为由生产关系的空间组织所形塑成的地理形式是一种整体性的复杂关系，因为它涉及了所有权关系、技术、资金、生产分工乃至社会结构在不同区位的分布结构，往往造成地理空间的不均衡发展（D. Massey，1984）。

石崧（2005）通过对空间和组织两个子概念的考察，做出以下判断：（1）空间组织已经演进为社会－空间组织（Socio－spatial Organization），（2）空间组织应该着重强调各个高度专业化的子系统间的组织过程，（3）空间组织与劳动空间分工密不可分，（4）空间组织应是系统的自组织和他组织的叠加过程，（5）空间组织和空间结构是过程和格局的辩证关系。并在该基本判断的支撑下，给出了空间组织的定义：社会－空间系统经由自然以及社会过程的共同作用，其内部功能日趋分化的各组成要素间分工协作从而推动系统自发地有序演化，并在外力干扰下组织起来的方式。

第八节　近期区域空间组织发展研究趋向

一、旅游合作带动区域协同发展

Gunn 和 Var[370]认为各个目的地政府部门合作的目的地综合规划往往由于政治上的对立与漠然态度而受阻。而旅游打破了行政管辖区之间的界限，越来越多的官员发现，旅游发展有必要进行新的交流与合作讨论。在土地利用、融资、交通、健康和治安等问题上尤其需要各部门的合作。

2002 年，陶伟、戴光全[371]以苏南三个水乡古镇为例，对区域旅游发展的竞合模式进行了研究。以提高区域旅游发展的整体吸引力为目标，提出主导旅游资源相似的临近地域旅游发展的竞合模式（C－C 模式）。倡导以区域旅游的整体发展为背景，以相关地方的利益为基础，以市场交易为基本方式，以政府协作为补充，在塑造和发挥各相关地方及景区特色的基础上，建设富有吸引力的旅游目的地，推动和实现区域旅游一体化。

2003 ~ 2004 年，吕斌，陈睿，蒋丕彦等[372,373]在对三峡库区旅游发展规划的研究中，提出随着三峡工程的建设，重庆和宜昌便是以其强大的城市吸引力而成为库区"双核"。随着三峡大坝的落成，在宜昌产生了一处世界级旅游吸引物。重庆仍然依靠其作为西部中心特大城市的地位，以重庆都市区及其都市区周边环带为旅游地而形成库区西部另一极独立核心旅游区。并且随着"双核"的形成，由于都是具有独立旅客集散能力的综合性旅游区，极有可能导致库区腹地的衰落。为应对这种可能发生的变化，特别是可能出现旅游经济两极分化给移民经济带来的机遇丧失，需要对库区腹地传统的轴线模式进行空间重组。移民旅游经济发展的关键在于依托移民城镇发展旅游相关产业，因此，建立良好的库区腹地城镇体系，依托核心城镇开发腹地市场是可行的思路。

2005 年，胡军[374]对区域旅游系统整合优化进行了较为全面和系统的研究。研究中提出，在对区域旅游资源的整合中应强调优势互补原则，明确各地旅游资源在市场上最具竞争力的旅游资源，并通过整合，形成"核心优势"。优势互补，既是区域旅游资源整合的必要条件，又是区域旅游整合的重要内容。不具备优势互补条件的地方，即使空间相邻，也没有整合的必要。优势互补既可以在同质地方之间，也可以在异质地方之间。同质地方之间，可以利用共同的优势，提高旅游层次，分工丰富旅游内容，避免雷同；异质地方之间，可以取长补短，互通有无。优势互补既可以强强合作，也可以强弱合作或弱弱合作。这就要求整合过程各方都应在大区域中确定自己的位置，进而发挥自己独特的不可替代的作用。

二、城市功能的协调发展研究

孙克任、李好好[375]认为分工与专业化一直是技术进步和经济发展的强大推进器，提高区域间经济关联度，增进区域间的分工程度对于和谐发展有着尤为重要的现实意义。增进区域间的分工程度，提高区域间的经济关联度，能促进经济增长，这种增长主要体现为内涵式的经济增长。而区域空间组织的基础和目标之一是区域内部城市之间的优势互补，功能的协调发展是其中的重要基础。

进入 20 世纪 80 年代，受信息化、全球化进程的影响，传统的地域分工被新的国际分工所取代。传统的国际分工是美国、西欧、日本等国家或地区用制造品换取第三世界国家的原材料，新的国际分工体现为第三世界国家用制造品换取西方工业国家的资本品。概括而言，新劳动地域分工的变化主要体现在：国际分工从传统的以自然资源为基础逐步发展成为以现代工艺和科技为基础，从产业部门间的分工发展为产业部门内的分工，传统的初级产品与制成品之间的垂直型国际分工日益让位于制成品内部零部件、工艺流程的水平型国际分工[376]。这些分工纵横交错，形成了世界性的生产网络，进而强化了不同地域之间相互依赖、相互作用的网络联系。

随着劳动地域分工的发展，在全球尺度上劳动空间分工也势必需要一种新型组织结构。受 Frobel 新国际劳动分工的启发[377]，弗里德曼于 1986 年提出了世界城市假说，认为城市与世界经济相融合的形式与程度，以及新的地域劳动分工分配给城市的职能，将决定城市发生的所有空间结构。弗里德曼是根据企业总部和大银行的位置划分世界城市的，着重研究了世界城市的等级层次结构，并对世界城市进行了分类。

萨森（1991，2001）以生产性服务业（PS）为主要研究对象，提出了全球城市模型，强调全球性经济体系的"生产"，并认为这不仅仅是全球性协作的问题，而是全球性生产的控制能力问题[378]。

英国拉夫堡大学的学者泰勒、比沃斯托克等人在世界城市和全球城市静态分析城市特征的基础上，进一步讨论城市之间的关系和网络特征，他们提出"世界城市网络"的概念，这是个由枢纽层、节点层、次节点层相互联结且相互锁定的网络结构。他们选取若干个城市的若干项生产服务业进行分析，勾勒出世界城市网络格局。泰勒在研究全球城市体系时采用的方法是，首先建立服务值矩阵，先识别全球性服务公司，描绘它们在全球的办事处网络，然后给每个城市的办事处赋予服务值。最后得出的结果显示：在城市的全球联结性方面，伦敦和纽约在城市体系中的位置遥遥领先，位于其后的城市，其联结性有一个突降，联结性达到伦敦的 50% 的城市只有 17 个[379]。

三、区域发展的空间优化整合研究

我国目前快速城市化进程中伴生的大量空间问题，引发了很多学者从各种视角，对区域空间的优化整合进行整体性系统性的研究。对于城市形态的研究比较有代表性的包括20 世纪 90 年代武进[380]、胡俊[381]等对中城市形态和发展模式的综合研究，20 世纪 90 年代末以来，段进[382]对区域空间发展演进和结构优化进行了研究，提出了"集中型间隙式山水化空间发展模式"；胡序威、周一星、顾朝林[383,384]、朱喜钢[385]等对我国的快速城市化时期城市空间集聚和扩散的机制与趋势进行了研究，朱喜钢提出了南京市"有机集中"的发展模型，张京祥[386]、周一星、杨焕彩[387]等对中国的城市群发展进行了研究，认为城市群的发展应以空间集聚、培育都市连绵区和可持续发展为导向，黄亚平[388]通过对城市空间的成长与演变分析，提出中国当代城市功能空间的分析和优化框架。上述研究中虽然不是完全针对城市协同发展，但其中都涉及城市协同发展的内容与内涵，其基本原理对城市的发展具有借鉴和启示作用。

当前形势下，信息技术的惊人进步正在深刻地改变着社会和经济生活方式，进而对区域的空间组织形式也产生了重大的影响。在新的信息技术下，"离心力"和"向心力"是共存的，导致经济活动的集聚化趋势和分散趋势同时发生[389]。对于需要面对面接触、具有高度"前台（Front Office）"功能的生产性服务业保持了中心集聚的趋势；属于传统"后台（Back Office）"功能的生产性服务业和加工制造业则不再需要采用面对面的接触方式，可以远离大城市的中心商务区，转而出现在大城市的周边地区，享受较低的生产成本[390]。产业布局在区域内的重构促使城市区域也需要随之调整空间组织方式，从而在全球竞争中谋求最大化的分工经济收益，由此产生了新的城市区域现象。

特大城市地区（Mega - City Region，简称 MCR）：霍尔（Peter Hall，1999）提出特大城市地区（Mega - City Region，简称 MCR）的概念，在随后的研究中，POLYNET 研究小组将特大城市地区的核心城镇定义为"功能性城市地区（Functional Urban Region，FUR）"，将这些城镇作为分散在区域中的功能节点，而高级生产性服务企业的业务往来则使城镇之间产生密集的实体流和信息流，将整个特大城市地区紧密联系起来，形成了功能上的多中心空间格局（Peter Hall、Kathy Pain，2006）。

网络城市：功能上的多中心催化了各种流（人流、物流、资金流、信息流、技术流等）在城市间的高速运行，经由高效的基础设施走廊，一些邻近的城市得益于相互作用、知识交流和创造力等所形成的综合动力，并在快速交通和通信网络支撑下，形成网络城市（David F. Batten，1995）。网络城市比较突出的特点在于：（1）强调水平联系和互补性（Complementarity），即城市间经济作用和城市功能的异质性，对一个多核心区域而言，不是需要某一个城市提供一整套城市服务，而是整个区域系统构建一个完整的城市功能；（2）注重科研、教育、创新技术等知识型活动，每一个城市从它与其他城市交互式增长的协调中获利，而这些交互式增长是通过互惠合作、知识交换和未预期的创新性活动产生的；（3）城市增长潜力并不受制于城市规模，而是弹性相关，网络城市的增长率明显快于中心地城市[391]。

边缘城市（Edge Cities）：一方面，全球产业的重构与转移，促进了传统城市制造业的转移，这也标志了工业化城市时代的终结，城市的生产性功能不断弱化，消费性功能逐步强化，城市的吸引力也就不断地衰退；另一方面，由于大城市环状与放射状高速公路的发展，在高速公路的交叉互通口，新一代新城逐渐发展起来。在美国，表现为低密度、低控制，伴随绿色空间的"边缘城市（Edge Cities）"或"新兴商业区（New Downtowns）"，依靠私人小汽车的发展形势；在欧洲，表现为中等密度、由绿带和其他约束性因素控制、以中等规模商贸城镇和规划的新城为中心的发展形势（Garreau，1991；Scott，2001）；在中国，在城市高新技术产业开发区基础上发展起来的城市新区，从某种意义上来说，具有边缘城的基本特征，即：边缘城市与老城区传统的卫星城不同，是扩散的新城市，具备就业场所、购物、娱乐等城市的必备功能[392]。

无边界城市（Edgeless Cities）：R. E. Lang 于 2003 年提出了无边界城市来定义空间上更分散的就业中心。他指出，与 15~20 年前位于高速公路交叉口、空间模式呈放射状的相对紧凑的边缘城市相比，郊区已呈现出一种更加发散的无边际形态，即"无边界城市"[393]。

四、跨界城市发展研究

随着经济全球化和区域经济一体化加速发展，跨越法定边界，包括各级行政区边界甚至国界的城市之间的联系也愈加密切，常常彼此依赖和利益争夺现象同时存在，对跨界城市的协调，包括环境污染问题、重复建设问题、规划协调问题等等的协调，由于牵涉到政府的管理和各种利益集团的直接利益，也更为复杂和困难。

在跨界城市的协同发展中，地方、区域甚至国家具有具体的空间管理范围，这样的空间被社会性地构建，并根据领土这样一个具体的社会关系来组织。因而政府一方面管治行为具有严格的空间界限，另一方面其管治的目标和服务的利益群体是趋向于本空间层级的。因而在跨界城市的协同发展中，在共同利益基础上政府间的合作和协调是其中的重要力量，同时，私有和公共部门的合作常常发挥着关键性作用[394]。

欧盟 15 国从 1993 年起就开始了"欧洲空间展望"的跨国空间规划工作。1999 年，R. Masunaga[395]研究了全球化经济环境下亚洲城市跨界合作的前景。2006 年，B. I. Tjandradewi，P. J. Marcotullio 和 T. Kidokoro[396]研究了跨界城市合作效果的评价方法。并以Penang 和横滨的跨界合作为例，认为这种合作正在很大程度上影响城市的发展和政府的决策，并认为城市之间的合作能够推动城市的发展进程。

而我国行政区和经济区之间的复杂关系，使得行政管理的矛盾直接影响城市的发展[397]。近些年来城市发展中的相关现实问题，使部分学者开始关注行政区经济[398]以及城市发展和行政区关系，也引出对跨界城市协同发展途径和方式的研究。

陶希东[399]对跨省都市圈的整合机制进行了研究。认为跨省都市圈发展中的主要问题表现在新一轮的重复建设、新的产业同构、引资政策恶性竞争、生态分割与跨界污染等，并提出产业培育是都市圈经济整合的重要基础和前提，区域协调是都市圈经济整合的关键，区域协调可以通过行政组织、都市圈协调委员会等松散组织、都市圈联盟等联合组织、行业协会、智囊团和发展论坛等中间组织协调。

谷人旭、李广斌[400]认为协调多元主体的利益冲突，维护公共利益是解决归属不同行政区的城市、政府的恶性竞争、重复建设等问题，创建有序和理性的发展途径的根本途径。主张应制定多方共同遵守的"游戏规则"。

一部分学者关注区域发展的制度创新研究。卓越、邵任薇[401]认为当代区域空间组织中，跨越行政辖区界限的公共管理，需要通过行政联合的途径解决，以协调城市间的利益冲突。行政联合可以通过组建综合性的城市联合政府、建立城市之间的合作组织、设置非政府性质的城市协调机构、建立承担专门职能的地方政府等途径实现。童宗煌[402]认为良好规划的实施，必须依赖行政体制的支持，否则实践层面将大打折扣，并针对温州市行政区划现状提出基于制度创新的三方案调整对策。谢涤湘、文吉等[403]认为解决问题的关键是从法制层面上创新，改革我国城市的设置方法，形成新的管治模式，建立城市协调发展机制。

当行政区划限制城市进一步发展时，部分城市通过自上而下的行政区划调整，完成管理主体上的统一，多个城市在名义上称为一个城市下的多个城区组团，但其城市发展实体并没有改变，其相互间的关系更为复杂，形成一种特殊的协同发展状态。

由于佛山的五市合并对于珠江三角洲空间结构的发展影响重大，从2004年开始很多学者对其合并与发展进行了关注和研究。李凡[404]认为佛山城市空间结构的组织和演化过程始终伴随着不断的极化－反极化、调整－再极化作用的驱动，并认为佛山五市合并发展是适应空间发展规律要求的，将有助于形成协调发展的城市空间系统。而周新年、郭新尧[405]着重从产业空间与城镇发展的互动关系探讨佛山五市合并后的发展与整合问题，认为合并后以行政经济为特征的城镇之间"摩擦成本"的降低，改善了各区之间的联系，有利于"园镇互动"建立"伙伴城镇"，构建组团式大城市。余丽敏、许学强等[406]则比较全面地分析了佛山五市合并的特点和利弊，归纳了佛山整合发展所亟待解决的问题，认为"诸侯"的存在阻碍了大佛山的整合步伐，并针对问题提出了佛山整合发展的五点对策。

而从2002年以来，长三角的行政区划合并也引发了学者从各个视角对这一地区的城市合并发展进行研究和探讨。徐雷、张晓晓[407,408]对浙江省兼并型城市的城市形态问题进行了研究和思考，认为城市兼并造成了由若干"马赛克"状的区块拼贴而成的城市形态。兼并型城市的理想城市形态应当是"多核组团式山水化"布局。朱波[409]则具体对杭州城市空间进行研究，认为杭州、萧山、余杭合并为城市形态的重构、产业结构的重组和生态环境的重整提供了难得的机遇，必须从协调城市职能与空间结构关系的高度出发，将三城的发展进行整合，努力寻求可持续发展的空间结构形态。陈眉舞、张京祥、赵伟[410]研究了杭州、萧山、余杭合并后的积极效果和现存问题，主要从观念转变和系统创新角度探讨了杭州城市区的协调整合。王宁[411]对椒江、黄岩、路桥合并的新台州城市的发展方向进行了分析，认为三者组合成为一个新城市为整体优化提供了有利条件，应培育和强化某些新的生长点，并分析了新台州城市的用地发展方向。孙志涛、黄蕾等[412]则就淮阴市区、淮安市、淮阴县"三淮合一"后，原有的城市发展策略、功能区划分、空间构成都面临重新调整的种种问题，从城市规划角度，就淮安城市功能区的空间调整进行了分析与研究，并提出观念转变、行政管理等方面调整与整合的重要性。

此外，一些学者认为通过旅游合作可以规避行政区划对城市协同发展和经济一体发展的某些不利影响，是协调我国旅游经济转型时期区域利益、解决特定时期政区管理与旅游经济一体化之间的矛盾、促进区域旅游从比较优势到竞争优势转化的有效手段。涂建华、张立明、胡道华[413]从行政区与旅游区关系的角度，研究了跨行政区旅游资源整合开发与管理观念创新。薛滢[414]研究了旅游区域与行政区域的关系。胡丽芳、周玲[415]探讨了行政区旅游资源争议的协调策略。

五、区域空间组织的多中心化趋势

多中心城市区域（Polycentric Urban Region，PUR）最早是在1995年由Anas等新主流经济学家在对城市区域进行定量和实证研究的基础上提出的，他们认为"经济活动呈簇状在区域的中心结点之间流动成为现代城市的显著特征"。这种城市区域的主体形态是一个地区存在着多个中心，并且这种城市景观已经成为当今世界经济发达地区城市与区域的主要特征。

在随后的地理研究、城市与区域研究中对这一概念做出了拓展，使多中心城市区域跳出了最初的经济学框架，成为一种广为接受的规划和研究工具。根据Kloosterman和Lambregts对多中心城市区域的界定，多中心城市区域是由空间上相互独立，隶属于不同行政单元的多个同属于同一等级的城市组成。多中心城市区域具有以下特征：（1）由若干个具有相同历史文脉的城市组成；（2）缺乏明显的主导城市，多中心城市区域支配着区域的政治、经济、文化或其他方面（尽管不可避免其中一个城市的人口明显多于其他城市）；（3）由少量的大城市和大量的小城市组成，大城市在经济总量和区域的重要性上没有太大的区别；（4）通常在一个国家的特定地域存在，在空间形态上呈明显的临近性；（5）各城市隶属于不同的行政单元。Kloosterman和Lambregts等[416]人的早期研究奠定了对多中心城市区域研究的基础。

新近由彼得·霍尔（Peter Hall）和考蒂·佩因（Kathy Pain）开展的研究项目POLY-NET更加深化了对多中心城市区域的认识。基于对欧洲多个多中心城市区域的实证研究，彼得·霍尔和考蒂·佩因提出了多中心巨型城市区域（Polycentric Mega - city Region）的概念。巨型城市区域（MCR）是由形态上分离但功能上相互联系的10～50个城镇所组成的城镇群，它们集聚在一个或多个较大的中心城市周围，通过新的劳动分工显示出巨大的经济力量。从形成机制上看，MCR的出现是世界经济全球化和高端服务业经济发展的结果。彼得·霍尔和考蒂·佩因等[417]指出，美国的东北海岸城市带、欧洲的多个城市群、日本的东京—大阪城市带以及我国的长三角和珠三角城市群，均属于MCR的范畴。

我国对巨型城市区多中心结构的研究刚刚开始。石忆邵（1999）[418]在对中国卫星城发展模式进行反思的基础上，提出了中国特大城市地区应构建多中心城市的观点。张敏（2006）等认为在地方尺度上，出现了城市功能的空间分散，出现了大都市区、巨型城市区、多中心城市等基于便捷的区域联系网络，由碎化了的城市功能空间通过分散和再集中过程而形成的城市区。2006年，张晓明[419]借鉴国外多中心区域结构分析的方法，对长三角地区的多中心空间结构进行了经济分析，并指出多中心发展的全球化动力、产业集聚与扩散动力、交通体系建设动力，以及城市化和工业化交互推进动力。于涛方（2007）[420]等对比欧洲8个典型巨型城市区的多中心结构特征，以京津冀地区为例，从京津冀地区和京津复合产业走廊等不同的空间层面，通过就业结构、人口变化、功能格局和转型等角度探讨该地区的多中心结构特征、演变，以及与之对应的功能格局和变迁特征。

六、主体功能区发展研究

国内学术界对主体功能区规划的研究是在"国家十一五规划纲要"颁布之后开始的，目前该领域正逐步成为学术界的一个研究热点，而同期中央和省、直辖市、自治区两级政府也在推动主体功能区规划理论与实践研究。由于主体功能区规划涉及面广，是一个系统工程，且对其研究还处于起步阶段，因此国内现有研究成果尚不成熟，内容体系尚不完善；另外，由于主体功能区建设是一项创新性战略任务，同时国家主体功能区规划和省级主体功能区规划理论方法紧密相关，是一个有机关联体。因此，本小节对国内研究现状的综述不仅仅针对省级主体功能区规划，而是对"主体功能区"研究成果的全面概括，以期对"省级主体功能区规划"的研究现状和背景做出全面了解。当前，国内对主体功能区研究主要集中在对主体功能区的科学认识、主体功能区区划方法、主体功能区规划编制和主体功能区的分类政策等方面。

对主体功能区的内涵研究，都是在国家"十一五"规划纲要的初步界定基础上而不断深化的。但截至目前，对其定义和属性的认识仍不完全统一。主要观点有四种：其一，认为主体功能区是根据资源环境承载能力、现有开发密度和发展潜力，统筹谋划未来人口分布、经济布局、国土利用、城镇化格局以及生态功能，从空间开发适宜性的角度而划分的具有特定主体功能定位的不同空间单元，其实质上是具有综合功能的功能区[421]；其二，认为主体功能区属于类型区均质区范畴，不属于功能区范围，因为功能区重视的是内部组成部分的功能联系，而主体功能区侧重于内部均质性[422,423]；其三，认为主体功能区是为规范和优化空间开发秩序，按照一定指标划定的在全国或上级区域中承担特定主体功能定位的地域，其属于经济类型区和功能区的范畴[424]；其四，认为主体功能区是根据不同区域的资源环境承载能力和发展潜力，按区域分工和协调发展的原则划定的具有某种主体功能的规划区域[425]。显然，上述观点的争议主要集中在主体功能区是否属于功能区范畴。这种争议也直接影响着主体功能区区划方法的选择，如属于功能区范畴，则可选择空间相互作用分析的方法，否则不能选用该方法。因此，对此问题的认识还有待于进一步论证和深化。

虽然学术界对主体功能区的属性认识仍存在争议，但对其基本内涵和特征的认识却基本统一。普遍认为，主体功能区具有明确的开发导向性质，而开发主要是指进行大规模工业化和城镇化所需要的建设活动过程，主体功能区不同于一般功能区和特殊功能区，但又不排斥一般功能区和特殊功能区，主体功能区边界范围具有相对稳定性和长期动态变化的特征[426]。

主体功能区通常分为优化开发区域、重点开发区域、限制开发区域和禁止开发区域四大类型，他们具有主体功能区的共同特征，但也具有明显的内涵和发展导向上的差异。其中，优化开发区域是指国土开发密度已经较高、资源环境承载能力开始减弱的区域。今后要改变依靠大量占用土地、大量消耗资源和大量排放污染实现经济较快增长的模式，把提高经济增长质量和效益放在首位，提升参与全球或区域分工与竞争的层次，继续成为带动全国或全省经济社会发展的龙头，成为参与经济全球化或区域经济一体化的主体区域。重点开发区域是指资源环境承载能力较强、经济和人口集聚条件较好的区域。今后要充实基础设施，改善投资创业环境，促进产业集群发展，壮大经济规模，加快工业化和城镇化进程，承接优化开发区域的产业转移和限制开发区域与禁止开发区域的人口转移，逐步成为支撑全国或全省经济发展和人口集聚的重要载体。限制开发区域是指资源环境承载能力较弱或生态环境恶化问题严峻，或具有较高生态功能价值和食物安全意义，大规模集聚经济和人口条件不够好的区域。今后要坚持保护优先、适度开发、点状发展的基本方针，因地制宜发展资源环境可承载的特色产业，加强生态修复和环境保护，引导超载人口逐步有序转移。主要包括生态脆弱的区域，生态环境恶化问题严峻的区域、具有重要生态服务功能的区域、主要农作区和矿产资源衰竭或富集区[427]。禁止开发区域是指依法设立的各类自然保护区域。主要包括国家级、省级和部分市县级自然保护区、世界历史文化遗产、重点风景名胜区、森林公园、地质公园和重要水源地等。

"主体功能区"建设是针对我国空间开发无序和空间结构失衡的现实问题提出的，其现实意义非常明确。但主体功能区建设的科学依据是什么，这一命题对学术界来讲无疑是一个全新的社会需求，目前对该问题的研究还比较薄弱[428]。通常认为，传统的人地关系理论、空间管治理论、区域协调发展理论、政府干预理论和可持续发展等理论，在一定程度上都可视为主体功能区建设的科学基础。但是，这些理论对主体功能区建设来讲缺乏明显的针对性和说服力。为此，部分学者试图从不同视角探索主体功能区建设的科学理论基础，如樊杰研究员[429]提出的区域发展空间均衡模型，认为主体功能区有利于实现区域差距缩小；杜黎明学者[430]从区域可持续发展的角度提出了主体功能区区划模型。王振波（2007）[431]等认为，主体功能区是在对自然生态系统进行科学客观评价的基础上，尤其是对区域的自然环境承载能力的空间差异要素进行全面系统分析，更加注重自然生态系统本身固有的自然特征，同时在自然生态区划的基础上更加突出人类活动的空间性差异，使人与自然之间的关系更加协调、更加匹配，使特定功能类型区得以因地制宜地发展，构建出合理的地域发展空间格局。樊杰（2007）[432]指出，主体功能区区划的科学基础除了"因地制宜"的思想及其相关的理论方法外，另一个重要的科学基础就是"空间结构的有序法则"。主体功能区区划不仅要"因地制宜"，而且要有利于中国区域发展格局演变在空间结构的其他方面也是有序的。功能区形成应有利于实现空间均衡正向（差距缩小）演变过程，空间均衡的前提是资源要素在区域间的合理流动。另外，顾朝林等[433]以盐城市沿海区域为例，介绍了主体功能区划分的思路和步骤；冯德显等[434]以人地关系理论分析为基本切入点，对河南省主体功能区进行了研究，对河南省主体功能区划分的基本构思进行了介绍；陈敏[435]采用GIS方法，以云安县为例，综合考虑生态敏感性和社会经济综合发展力，划分了主体功能区，并分析了各区的发展方向、主要功能和管治措施。

第九节 我国区域空间组织实证研究

近些年来,中国经济快速增长,对世界经济格局的贡献与影响也越来越大。由于全球竞争环境的影响与地方碎片化的浮现,使得城市合作与协调发展成为一个逐渐引起学者关注的问题。

目前对于我国城市协同发展的研究主要集中于沿海发达地区,其中 2000 年胡序威、周一星、顾朝林等,2001 年陆军等都对我国沿海地区城市的协同发展进行了系统的实证研究。近些年来,这一领域的实证研究逐渐增多,其中,1996 年,中科院北京地理所对京津唐城市协同发展的空间结构进行了研究;同年,中山大学对珠江三角洲城市群体空间结构进行了研究;1997 年,房庆方、杨细平、蔡瀛[436]对珠江三角洲城市协调发展进行了研究;2000 年,高群[437]对长春—吉林的整合发展进行了研究;2003 年,周本顺[438,439]和陈才[440]分别对长沙、株洲、湘潭的协同发展进行了研究;2004 年,周一星、杨焕彩[441]对山东半岛城市群城市协同发展进行了研究;2006 年,甄峰、明立波、张敏[442]等对江苏沿江区域城市协同发展进行了研究。

一、京津协同发展研究

陆军在对京津协同发展的研究中指出,从历史演进和城市发展过程的角度考察,京津两个城市的连接和依存关系以及城市功能的演化都是历史的结果。京津两城市之间具有独特的地理条件,天津城市雏形的形成决定于北京特有的城市职能,两者息息相关。两个城市的产业结构具有较强的互补性。两个城市的协同发展可以实现两个城市的口岸一体化,同时实现城市区域都市型农业生产和发展的一体化。

二、山东半岛地区城市协同发展研究

周一星、杨焕彩在对山东半岛城市群的研究中提出,以提高整体竞争力为核心的经济协同战略。认为城市间职能定位缺乏协同,直接影响区域整体竞争力。济南和青岛作为山东半岛城市群发展的双中心,其协同发展关系是形成系统合力、提高整体竞争力的基础。并提出了构建未来区域经济空间格局、形成综合性与专业性有机结合的城市职能分工体系,促进区域空间结构优化和区域协同发展的总体战略。具体对策包括明确各个中心城市的职能定位、构造优势产业等。

三、苏锡常合作发展研究

2001 年完成的苏锡常都市圈规划[443]坚持"注重协调"的原则,在尊重苏锡常各方利益的基础上,以追求区域整体利益和长远利益最优为准则,通过跨区域基础设施、大型骨干工程的建设和对城乡空间开发与保护的引导,整合苏锡常都市圈的整体实力和竞争能力,促进苏锡常经济社会的快速健康发展。规划的重点是苏锡常三市之间的空间发展、城镇布局、交通网络、区域基础设施和社会公共设施、旅游空间组织、生态环境保护等重大问题的协调，优化提高综合竞争力。规划建议建立苏锡常都市圈常设协调机构，负责苏锡常都市圈跨市、县（市）边界的规划、建设、发展等重大问题的协调。

四、长株潭协同发展研究

周本顺[444]对长沙、株洲、湘潭的协同发展进行了研究。三城成"品"字形，相距很近，历史上就关系密切，多次有专家提出三市合并或建设统一经济区的想法。周本顺认为，三市应当连城发展，打造具有强辐射功能的核心增长极，带动全省发展。在陈才对长沙、株洲、湘潭协同发展的研究中，认为这三个城市地域邻近，交通、通讯联系方便，且已开始实施三市经济一体化的发展战略，因而提出长株潭城市整合模式应采取一体化综合发展模式。杨洪、罗秋君、李蔚[445]也通过研究提出了长株潭旅游一体化的规划设想。

五、长春—吉林整合发展研究

高群对长春—吉林的整合发展进行了研究，并认为长春、吉林的空间结构和北京、天津极为相似，但发展历史和经济地位及其对区域的影响有较大差距。两市在空间地带上已经开始融合，但由于各方面发展接近又面临共同的发展困境，协同发展愿望薄弱。高群认为两城市的协同发展能够发挥整体优势，使两市都从中受益；并提出，长春—吉林的整合发展应坚持可持续发展和经济增长效率、社会经济公平最大化原则，并建立整合发展的协作机构、实现生态环境和基础设施的共建共享，以及促进产业互动。

六、粤港合作研究

粤港两地近20年来形成互为资源地、市场区的格局，构成粤港经济合作的基本内容和主要表现形式。目前已在产业、贸易、教育、环保等方面建立了稳定的合作联系，并形成了两地政府的合作联席会议，成立了持续发展与环保合作小组。陈鸿宇[446]认为粤港的协同发展应以香港的辐射带动作用为核心，涉及互相衔接的经济政策，并主张五种政策的衔接：产业调整升级政策的衔接，发展高新科技产业政策的衔接，梯度推移和产业布局政策的衔接，大型基础设施、基础产业政策的衔接，培育金融、土地、房产、信息等要素市场政策的衔接。

沈建法[447]对粤港合作的研究认为，粤港的跨境城市管治可分为四个阶段。自2001年下半年以来，香港的商界和政府对加强和珠三角的合作转向积极，中央政府也积极介入协调跨境发展，包括对深港西部通道的建设、大陆游客自助游、边界缓冲区的利用等等的积极推进。

第十节　新因素对区域空间组织的影响

一、知识经济对区域发展的影响

知识经济最根本的特性是创新性。在知识经济时代，技术创新对区域经济发展具有重要的作用，它可以促进区域经济增长方式和生产方式的转变，促进区域经济增长极的形成。为了增加我国的技术创新，促进区域经济的发展，我国应该加强区域创新网络的建设和区域创新环境的培育[448]。

二、全球化对区域发展的影响

全球化进程扩大了区域与外部的交流和合作，扩大了区域创新网络的连接范围，提高创新能力。尤其是跨国公司进驻当地以后，能够植根于本地，扩大了本地劳动力就业机会，增加地方税收[449]。

三、信息化对区域发展的影响

信息化时代城市有两个显著的特征。其一是全球化，即城镇走向区域协作和联合发展的方向，城镇间的联系越来越紧密，分工越来越明确，城镇连绵发展及更多的区域性城市群或城镇联合体的出现，导致全球城市网络的形成；其二是专业化，不同类型、不同功能的城镇专业分工越来越细[450,451]。

四、其他新因素对区域发展的影响

传统的区域发展理论在新的发展背景下，也发生了变化，尤其是在人文因素和生态因素影响下也发生了变化。在区域投资环境、地缘、人缘等因素的优势下，传统的核心和边缘的关系也在发生变化。

第七章 区域规划技术支撑系统

区域规划就是在一定地域范围内对整个地域的国民经济建设进行总体的战略部署。它具有综合性高，区域性、战略性和政策性强的特点（彭震伟，1998），是同发展市场经济相适应的一种重要的政府调控手段（陈雯，2000）。科学的区域规划，通过对经济社会发展的空间结构、资源利用和环境保护进行宏观调控，协调各部门和各地区利益，整合经济、社会、人口、资源、环境的关系，能够充分发挥区域优势，促进区域可持续发展。

区域规划首先是综合性的规划。在规划设计时，针对区域自然、社会、经济、技术条件作综合分析，对资源的开发、利用、整治、保护作综合布置，对人口、资源、环境和经济社会发展作综合协调，谋求在生态保护、经济发展和社会和谐等方面取得综合效益。另外，区域规划具有显著的地域空间特性。这种特性首先表现为区域规划方案本身与特定地域相关联，其次表现为规划要素、规划措施应落实到具体空间位置上。区域规划的区域空间特性决定了规划的目标、内容、重点等会随着规划区的不同而发生变化，新时期的区域规划更是要求以资源、环境、社会、经济等的空间配置作为核心，规划成果需要以空间化、可视化形式展示（胡云锋，曾澜等，2010）。

区域规划是一个决策和控制过程，这个过程不仅要研究空间、资源配置等物质实体，还要研究其间的相互作用、影响因素和信息流通，同时做出一系列决策，空间信息技术等以其强大的空间信息获取与处理分析能力，为区域规划的开展提供了一个崭新的平台。

第一节 空间信息技术在区域规划中的应用

空间信息技术（Spatial Information Technology）是 20 世纪 60 年代兴起的一门新兴技术，20 世纪 70 年代中期以后在我国得到迅速发展。主要包括地理信息系统、遥感、卫星定位系统、虚拟现实与仿真等的理论与技术，同时结合计算机技术和通信技术，进行空间数据的采集、测量、分析、存储、管理、显示、传播和应用等。空间信息技术在广义上也被称为"地球空间信息科学"，在国外被称为 Geoinformatics。空间信息技术在区域规划中应用的方向主要包括：

（1）空间信息集成化。将海量的多源异构时空数据，包括遥感数据、基础地理数据、土地利用数据、社会经济统计数据等集成到统一的数据平台上并进行管理。

（2）信息提取与区域特征分析。从海量数据中提取规划关注的信息，进而对区域内的自然环境、资源禀赋、社会经济发展等方面的现状及存在的问题有科学的判断。

（3）空间分析与辅助决策。通过科学的分析方法对空间区划、区域内部与外部联系、公共设施布局等问题进行分析与辅助决策。

（4）方案模拟实验化。对多个规划方案进行模拟并进行比较、优化和选择。

（5）规划成果可视化。包括规范化的规划成果集成和图集、多媒体可视化系统。

（6）实施监测动态化。应用区域规划时空数据集成与模拟平台对规划方案实施过程中进行监控。

对于区域规划编制工作来说，信息提取与区域特征分析、空间分析与辅助决策是空间信息技术应用的两个主要方面，应用的空间信息技术主要是遥感和地理信息系统。

一、地理信息系统技术（GIS）

地理信息系统（Geographic Information System，简称 GIS）是关于地理信息存储、应用和管理的计算机技术系统。它最根本的特点是每个数据项都按地理坐标编码，即首先是定位，然后是定性（分类）、定量，以此为基础形成数据库，具备愈来愈完善的信息输入、存储、分析、管理功能。

GIS 除了具有海量数据的处理和管理功能外还具有强大的空间分析功能，区域规划编制的核心在于科学、合理地进行城市物质空间的规划决策，二者在"空间"上具有相互借鉴和吸收的契合点。虽然 GIS 本身不能完成规划和解决社会经济发展问题，但它的确是规划工作中非常有用和重要的工具（Edralin，1991）。GIS 有着十分强大的管理空间信息的功能，并且可以把社会、经济、人口等属性信息与地表空间位置相连，以组成完整的规划信息数据库，方便查询、管理、分析、调用和显示；同时 GIS 也提供了许多地理空间分析功能，如图层叠加、缓冲区、最佳路径、自动配准等。因此 GIS 在城市规划中不仅是数据库，而且还是功能强大的"工具箱"（Yeh，1991）。

GIS 在区域规划中的优势在于它将一种科学成分输入到规划的描述、预测和建议中。GIS 可应用于区域规划领域的各个方面：从设计到管理，从前期资料收集整理到成果出图，从综合性的总体规划到专业性的专项规划，从项目选址到可持续发展战略制定。建立在高速度、大容量的现代计算机基础之上的 GIS 空间分析统计功能和数字地图优势，能帮助规划人员更全面地了解区域的基本情况及其内部差异，做出更为科学的规划决策；能方便、精确地进行区域规划的多方案比较，使方案修改、方案评价和比较、方案与现状的比较、方案对环境的影响、规划实施过程中方案的调整等都可十分便捷。GIS 业已成为规划师和决策部门手中强有力的辅助决策工具。规划师利用 GIS 进行科学分析和规划决策，提供不同方案，并对各方案进行优选；决策部门在平衡各方面的利益关系，使区域整体利益最大化的同时，根据区域的实际情况选择合适方案，并在实施过程中根据形势的变化进行适当的调整。

GIS 在区域规划中的应用具体体现在以下几个方面。

（一）数据处理与管理

区域规划是建立在对规划区域自然地理环境、人文社会经济发展状况等诸多要素全面了解的基础之上的，相关数据的获取和有效管理是规划编制的前提和必要保障。区域规划编制涉及面广，空间数据量大，包括基础地形、遥感影像、土地利用、水文地质、工程地质、交通、电力等方方面面的基础空间数据，还包括各个阶段的规划成果数据。面对形式多样（文字、图表、地图、影像）、比例尺不等、格式不同的数据资料，需要强有力的数据管理工具，尤其是针对空间数据的管理工具。

利用 GIS 技术建立海量空间数据库，可以实现数据的存储、管理、网络发布、网络数据服务等多项功能。目前，国内多家城市规划编制单位已经开始建立面向城市规划的空间数据库与服务平台，为满足城市规划对空间数据应用、存储、管理与共享建立基础。

（二）空间分析与辅助决策

纷繁复杂的各种空间数据和属性数据构成区域的空间关系。面对如此海量且不断快速更新的数据，传统的区域规划设计由于缺乏大规模快速准确的数据分析工具，无法对所获取的数据进行科学有效的定量分析。而定性分析中长期使用的经验分析法也因数据分析中感性因素的过多介入而带有太多主观随意性，规划数据分析的落后成为制约规划学科发展的技术瓶颈，直接导致对区域未来发展方向预测失据。

GIS 软件平台的引入给规划设计领域带来了新的思维方式，GIS 可以管理和分析大容量的数据，具有数据更新快捷、空间分析实时直观等特性，促进规划实现从静态展示到动态模拟，从终极描述到全程辅助的转变。同时，GIS 技术还极大丰富了规划设计手段和成果，直观而理性的空间分析模块可以辅助规划师对规划方案进行模拟、选择和评估，从而优选优化设计，弥补了原来区域规划纯图形、纯文字、定量分析与定性分析脱节的缺陷。

（三）公众参与

在城市规划的公众参与过程中，让大多数没有经过训练或只受过有限正规教育的普通市民去理解专业性较强的规划是十分困难的，规划师必须掌握更有效的交流方法和工具以使得规划师和公众之间能够架起沟通的桥梁。GIS 作为可视化公众参与技术最大的特点和益处在于：提供给普通公众一个通向海量复杂空间数据的途径以及一个强大的分析工具。规划设计、管理都涉及大量复杂的城市空间地理信息和社会经济信息，往往只有专家才有能力获取、处理和分析这些信息，从而完成专业性较强的城市规划工作。而 GIS 技术提供了完善的数据库组织、形象的可视化语言（主要为地图）和强大的分析工具。这些都使得把握复杂的空间信息、更有效地参与到规划决策中，对于普通市民来说成为可能。

二、遥感技术（RS）在城市规划中的应用

遥感技术是应用探测仪器，不与探测目标直接接触，从远处把目标的电磁波特性记录下来，通过分析揭示出物体的特性性质及其变化的综合性探测及技术。该技术主要是通过传感器来接收和记录目标物的电磁波信息，如扫描仪、雷达、摄影机、摄像机和辐射计等。遥感技术具有探测范围大、现势性强、成图速度快、收集资料方便等特点，遥感图像具有信息量丰富、形象直观、覆盖面广、宏观全面、多波段、多时相及准确等特性，使其成为区域规划编制的重要信息源。

区域规划一般涉及范围较广、面积大，并且存在大量交通不便，难以到达区域；区域规划需要研究区域一段时间内的发展变化，总结规律发现问题，这就需要多期的历史数据加以参考。遥感影像覆盖面广、宏观全面、多时相的优点为解决上述难题提供了帮助，规划人员可以借助遥感影像了解区域整体概况及长时间序列中的发展演变过程。

伴随遥感数据源的不断增多，遥感信息提取技术也在不断发展。利用多波段遥感影像数据，可以针对规划内容提取需要的信息，包括城镇建设情况、植被分布与长势、重大基础设施分布、土地利用现状等等，为区域规划的分析与决策提供了科学、全面的数据支撑。

国内将遥感技术应用到空间规划领域始于 20 世纪 80 年代。以 1980～1983 年天津—渤海湾地区的环境遥感调查为起点，在短短的几十年时间里实现了跨越式发展（尤其是在一些发达城市），遥感在空间规划管理中的应用逐渐从定性转为定量，在规划管理中的应用范围和深度不断扩大，逐步形成了相对较为固化的技术体系和工作模式。

遥感技术尤其航天遥感技术在用地规模与用地结构判别、区域发展变化分析、区域综合现状调查与分析、交通及基础设施调查和社会经济要素的遥感调查与反演中得到广泛应用，为区域规划提供了准确、实时的现状数据，极大地提高了区域规划工作的科学性、准确性和工作效率。

三、虚拟现实和仿真技术（VR）在城市规划中的应用

虚拟现实（Virtual Reality）是一种可以创建和体验虚拟世界（Virtual World）的计算机系统。虚拟现实是多种技术的综合，是集先进的计算机技术、传感与测量技术、仿真技术、微电子技术等为一体的综合集成技术。在计算机技术中，虚拟现实技术依赖于人工智能、图形学、网络、面向对象、人机交互和高性能计算机技术。

虚拟现实技术（VR）为多种真实世界的规划项目创建了虚拟环境，仿真数据库在多方面极大地帮助了城市的改建、更新和开发过程。虚拟现实也是一种用户界面工具，用户不仅可以观察数据，而且可以与数据交互，虚拟现实是一种多技术、多学科相互渗透和集成的技术。

作为空间信息技术重要组成的 VR 技术，在城乡规划领域具有非常重要的地位和应用价值。当前应用 VR 技术的目的主要有两个方面：其一是在规划方案形成阶段，让规划师在交互式三维视景中考察、讨论和修改规划方案；其二是在规划方案形成之后，通过 VR 模型充分表现规划方案，以便向评审者或公众展示规划方案，而其中又以第二种方式为主。

由于采用虚拟现实技术，规划设计方案与成果的表现形式非常直观和形象，使公众能更好地理解规划师的意图，公众可以直观了解规划设计方案和参与规划审批，通过各种方式与规划师、管理人员和其他有关人员进行对话，使公众参与更加有效，促进决策过程的民主化。

第二节　空间信息提取

一、信息提取的内容与方法

进行区域规划编制的前提是要对规划区有科学、全面的认识和了解，通过认真的考察与资料收集获取对规划区基本情况的认知，找出规划区面临的问题与规划重点。然而，现有资料往往不能满足工作需要，无法提供规划编制对特定信息尤其是空间信息的需求。区域规划需要的空间信息涉及自然、生态、社会、经济等各个方面，需要各种类型的空间信息来支撑对区域现状的了解和空间布局的决策。随着以遥感技术为代表的信息获取技术的不断发展，在能够获得极其丰富的数据资源的同时，也面临着如何利用有效的信息提取技术将这些数据转换为各个应用领域急需信息的挑战。

以遥感处理技术为代表的空间信息提取技术为区域规划中信息的获取提供了强大的支撑，利用多源、海量的空间信息数据，运用遥感、GIS 等信息提取与数据挖掘的方法，可

以提取区域规划所需要的信息。这些信息涵盖区域城镇化发展现状、区域自然特征、生态环境特征、基础设施条件、社会经济发展特征等。信息提取的数据源包括遥感影像、其他矢量或栅格空间数据、统计数据、抽样调查数据等，从这些数据中可以应用多种信息提取方法，提取区域规划需要的专题信息。信息提取方法有很多种，按照区域规划对信息提取目标类型的需求，可以分为地物类别信息提取方法、定量环境信息提取方法以及变化信息提取方法。

二、地物类别信息的提取

狭义的信息提取就是指地物类别信息的提取。在遥感卫星的数据获取技术与不断扩大的应用需求共同推动下，遥感信息提取技术经历了从人工提取到计算机提取的发展阶段。人工信息提取技术的效率低，劳动强度大，而且依赖参与解译分析人员的经验，在很大程度上不具备重复性。利用计算机进行遥感信息的自动提取则具有效率高、速度快、精度高等优点。随着系列遥感系统和运行计划的不断形成，以及遥感的应用领域逐渐拓展，进一步促进遥感信息提取技术日新月异地发展。目前遥感信息提取技术正在不断汲取和集成人工智能领域的优秀研究成果，智能化成为遥感数据处理的时代特征。遥感信息提取过程中，通过采用能够提供自学习、自适应及自推理的高效率处理方法的人工智能技术，在应用于目标识别、土地利用分类、变化检测等遥感信息提取方面时，显示出了处理效率高、智能化等优点。下面简单介绍几种遥感地物信息提取方法。

（一）参数分类方法

该类方法假设遥感数据是正态分布，则可以根据先验概率和概率密度函数设计最优分类器，从而对影像数据进行类别划分。根据先验概率等信息是否已知可以分为监督分类和非监督分类。监督分类方法根据获取的样本信息事先确定判别函数，然后将未知类别样本的像元值依据确定的判别函数进行分类；非监督分类是一种自组织分类，它不依赖于样本，根据待识别对象在特征空间的分布来进行聚类，常用的处理方法有平行六面体分类、动态聚类分类等。监督分类和非监督分类方法简单，而且在早期遥感数据分辨率不高时，对于细节特征等形状信息难以清晰表达，影像数据主要提供的是光谱信息，这种参数分类方法得到了广泛的应用。

（二）神经网络分类

神经网络模拟人类大脑采用联通的神经元来处理接收到的信号的思维过程，是一种具有学习、联想、记忆和模式识别等智能信息处理功能的人工系统。与基于统计模型的影像分类方法相比，神经网络算法不要求数据成正态分布，自适应性强，具有模拟特定拓扑结构复杂模型的能力，对不规则分布的复杂数据具有很强的处理能力，从而得到了广泛的应用，而且有很多实例表明其分类结果优于基于统计模型的参数分类方法。但其神经网络提供的是一种隐式知识表达的方式，学习到的分类规则和解译规则都藏在隐含层的神经元的权重里，对用户来讲难以理解和进行调整，因此是个黑盒模型；此外随着问题复杂度的增加，神经网络方法的学习时间也会大大增加，如何适应信息提取的需要，与知识规则有效结合是该类方法发展中亟待解决的问题。

（三）模糊分类

模糊分类方法是基于现实世界不确定、异质的原则建立的，其理论基础是模糊集合论。模糊分类并不是将待分对象分到确定的类别中，而是通过 0 与 1 之间的模糊值（表示待分对象属于某一类的概率）来表示，即该对象属于某一特定类的隶属度。模糊分类方法有以下优点：特征值向模糊值的转化，实际上是特征标准化和知识转化的过程；提供了明确的和可调整的特征描述；通过模糊运算和层次类型描述语义知识，结合特征之间的组合，可以进行复杂地物的特征描述，因而对于地表空间信息提取具有较强的实用意义。

（四）基于专家知识的信息提取方法

专家知识库是随着智能化系统的发展而逐步兴起的。基于专家知识的方法依据某一领域的专家方法或经验，对地物的多种属性进行分析、判断，从而确定各地物的归属。专家系统方法一般需要建立利用计算机的规则和数据表示专家领域的知识库，但需要分类时，系统调用这些专家知识按某种可信度进行不确定性推理，进而确定类别。基于专家知识的信息提取方法相较其他分类方法，它对输入数据的分布没有任何假设，有能力处理高维数据，在知识规则完整的情况下分类精度较传统模型方法更高，而且知识规则易于被人们理解，因此成为目前研究的热点。

以编制《大兴安岭地区旅游城镇体系规划》为例，规划区面积 8.35 万 km^2，多数地区为交通不便的林区。由于缺少土地利用现状图，给了解规划区土地覆被与土地利用状况及后续的区域综合分析带来很大困难。在规划编制过程中应用 DEM 高程数据和 TM 多光谱影像，如图 7 - 1 所示，结合实地调查采样，对全区的土地利用类别进行了信息提取，提取结果如图 7 - 2 所示。

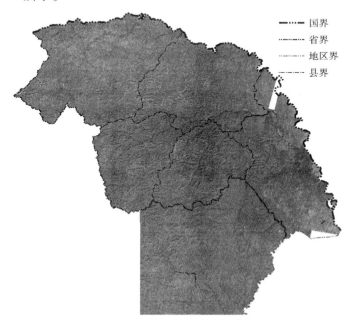

图 7 - 1 大兴安岭地区 TM 影像（2007 年）

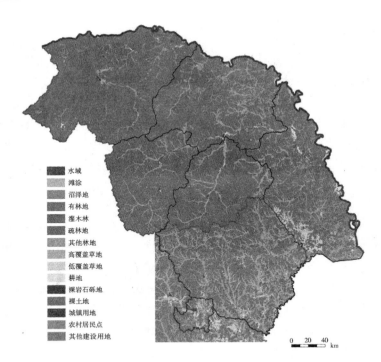

水域
滩涂
沼泽地
有林地
灌木林
疏林地
其他林地
高覆盖草地
低覆盖草地
耕地
裸岩石砾地
裸土地
城镇用地
农村居民点
其他建设用地

0 20 40 km

图 7 – 2　大兴安岭地区土地利用状况（2007 年）

三、定量信息提取

地物类别信息提取为规划人员了解大面积的区域概况提供了有效手段，但这些定性的信息并不能满足区域规划对信息的需求。为了能够更加科学、详实地了解区域现状，分析区域内各地方的差别，分析区域内部自然、生态、环境等方面专题信息的空间分异情况，需要对规划区进行定量的分析和研究。定量遥感技术是定量信息提取的主要技术手段。

定量遥感，主要指从对地观测电磁波信号中定量提取地表参数的技术和方法研究，区别于仅依靠经验判读的定性识别地物的方法。它有两重含义：遥感信息在电磁波的不同波段内给出地表物质定量的物理量和准确的空间位置；从这些定量的遥感信息中，通过实验的或物理的模型将遥感信息与地学参量联系起来，定量的反演或推算某些地学或生物学信息。

伴随定量遥感技术的发展及在自然、生态等领域的应用，发展了大量可以用来反演地表环境的模型与方法，运用这些模型与方法，可以从遥感影像及其他辅助数据中提取大量对区域规划有用的信息。下面以反映植被状况的植被指数、反映城镇化发展的不透水表面指数来说明定量反演模型在环境信息提取中的应用。

（一）植被指数

植被指数是遥感领域中用来表征地表植被覆盖、生长状况的一个简单、有效的度量参数（郭铌，2003）。随着遥感技术的发展，植被指数在环境、生态、农业等领域有了广泛的应用。植被指数的建立是基于植被在红色和近红外波段反差较大的光谱特征，本质上是在综合考虑各有关光谱信号的基础上，把多波段反射率做一定的数学变换，使其在增强植被信息的同时，使非植被信号最小化。植被指数是可以监测地表植被状况的定量指标。通过计算植被指数可以知道区域植被的空间分布状况、植被的长势以及不同时期上述两项指标的变化情况。表7-1列举了常用的几种植被指数模型。

植被指数计算模型
表7-1

指数名称	计算公式	指数特征	
比值植被指数（RVI）	$RVI = \dfrac{IR}{R}$	缺点是对大气影响敏感，而且当植被覆盖不够浓密时（小于50%），其分辨能力也很弱	IR 是像元在近红外区的反射值，R 是像元在红光区的反射值
差值植被指数（DVI）	$DVI = IR - R$	噪音较大，表现植被空间分布的效果较差	
归一化植被指数（NDVI）	$NDVI = \dfrac{(IR - R)}{(IR + R)}$	值域为 -1~1，正值的增加表示绿色植被的增加；负值表示无植被覆盖，如水体、冰雪等	

在《大兴安岭地区旅游城镇体系规划》编制过程中，应用 TM 多光谱影像计算了规划区的 NDVI 值，如图7-3所示。

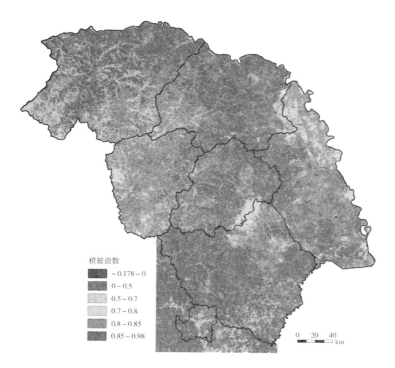

图7-3 大兴安岭地区 NDVI 计算结果

分析结果中，$NDVI < 0$ 为水体；$0 < NDVI < 0.5$ 为无植被覆盖土地，基本为城镇建设用地；$0.5 < NDVI < 0.7$ 为植被覆盖率低的区域，以低覆盖的荒草地和农村居民点为主；$0.7 < NDVI < 0.8$ 为植被覆盖率中等区域，植被以耕地和草地为主；$0.8 < NDVI < 0.85$ 的区域植被覆盖率较高，多为灌木林和疏林地；$NDVI > 0.85$ 的区域是植被高覆盖地区，以林地为主。

对于 NDVI 的计算结果，还可以结合实地调查进行更加详细的划分，找到覆盖度极高、长势好的林地，为生态环境保护规划和旅游规划提供参考。

（二）不透水表面指数

城市地区逐渐被认为是影响环境变化的热点区域，快速城市化影响下的不透水地表大面积增长，会增加地表径流，从而使城市地表污染物直接以径流的方式进入河流，进而加剧河流污染，降低水质，对流域地表水环境产生重要影响。城市面源污染成为流域地表水环境恶化的重要原因之一，当流域不透水地表面积大于 25% 时会导致地表水环境的严重退化与毁坏。不透水地表被认为是评价城市化带来的环境影响以及城市生态系统健康状况的重要内容，在城市生态环境以及气候变化效应评价方面具有重要意义。

匡文慧、刘纪远、陆灯盛（2011）运用 MODIS NDVI 与 DMSP – OLS 遥感信息建立的城乡建设用地不透水地表指数，嵌入人工数字化解译的城乡建设用地高精度空间信息，实现与中国土地利用/覆盖数据同期动态更新的城乡建设用地不透水地表信息提取。

根据 Lu 提出的提取不透水地表空间信息算法，具体公式如下：

$$ISA_{pri} = \frac{(1 + NDVI_{max}) + OLS_{nor}}{(1 - OLS_{nor}) + NDVI_{max} + OLS_{nor} \times NDVI_{max}}$$

式中　ISA_{pri}——初步计算的不透水地表指数；

$NDVI_{max}$——MODIS NDVI 年中 4～10 月份最大值；

OLS_{nor}——归一化灯光指数（0～1）。

在研究区内随机选择 203 个采样点，将初步计算的不透水地表指数与航空影像和 SPOT 影像人工数字化解译的样本提取的不透水地表真实值进行回归参数校正，公式如下：

$$ISA_{cal} = 0.657 + 0.241 \times \ln(ISA_{pri})$$

式中　ISA_{cal}——校正后的不透水地表指数。

城乡建设用地不透水地表指数遥感信息分析表明，八年间城乡建设用地不透水地表面积增长了 1160.22km^2，以每年 145.03km^2 的速度增长，城镇不透水地表面积占总增长面积的 55%，农村不透水地表面积占总增长面积的 22%，城乡工矿用地占总增长面积的 23%。研究区八年间城镇不透水地表面积从 1579.59km^2 增长到 2222.95km^2，总计增长了 643.36km^2，以每年 80.42km^2 的速度增长，如图 7 – 4 所示。总体上，京津唐城市群在 21

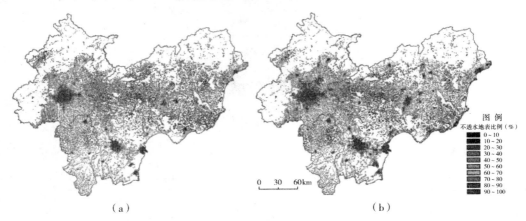

（a）　　　　　　　　　　　　　　　　（b）

图 7 – 4　2000 年（a）和 2008 年（b）京津唐不透水地表空间信息

（匡文慧，刘纪远，陆灯盛，2011）

世纪初八年受国家新一轮国土大开发的影响，作为中国三大城市群新的增长极，城乡建设用地大规模增长，城市呈现快速向外蔓延态势。

四、变化信息提取

区域规划除了关注规划区现状外，还要了解区域内的历史变化信息，包括自然环境的变化、社会经济发展的变化等等，通过对变化信息的提取和分析，掌握区域发展的特点与趋势，分析这些变化的驱动力和驱动机制，从而为规划的编制提供依据。下面以基于遥感影像的变化检测技术为例，说明变化信息提取在区域规划中的应用。

由于遥感对地观测具有实时、快速、覆盖范围广、多光谱、周期性等特点，遥感技术已经成为变化检测最主要的技术手段，变化检测研究也是目前遥感应用方法研究中的热点之一。最近 20 年来，各国学者相继发展了许多基于遥感技术的变化检测方法，也出现了不同的划分方法，大致可以归纳为以下几种。按数据源将变化检测方法分为三类：基于新旧影像的变化检测、基于新期影像旧期非影像数据的变化检测、基于立体像对的三维变化检测，按处理的信息层次将变化检测划分为像元级、特征级与决策级三个层次，按是否经过分类将其分为直接比较法和分类后比较法两类，最近还有学者按照采用的数学方法将变化检测技术分成代数运算法、变换法、分类法、GIS 法、高级模型法等七种（张晓东，2005）。随着土地覆盖变化的复杂性以及遥感数据多样性的增加，新的变化检测方法以及新的图像处理算法不断涌现，例如，利用变化向量分析法、马尔科夫随机模型进行变化检测，利用概率统计学理论进行基于图斑的变化检测法，利用支持向量机、面向对象技术进行分类等（孙晓霞等，2011）。

遥感影像变化检测是从不同时期的遥感数据中，定量地分析和确定地表变化的特征与过程。简单地说就是通过遥感手段，对同一地区不同时期的两个影像提供的信息进行分析、处理与比较，获取该时间段内的土地利用与覆盖变化信息。从技术流程上看，一般包括影像预处理、变化信息发现、变化区域提取与变化类型确定几个过程（张继贤，杨贵军，2005），其中关键环节是变化信息发现，变化检测方法分为直接比较法和分类后比较法两种类型。

（一）直接比较法

直接比较法是不经过分类而直接对同一区域不同时相遥感影像的光谱信息进行处理比较，进而确定变化的位置与范围，然后通过人工目视解译或分类确定变化的类型。目前常用的直接比较法主要有影像代数法、主成分分析法、影像回归法、假彩色合成法、光谱特征变异法、交叉相关分析法、变化矢量分析法等。

（二）分类后比较法

分类后比较法是一种较为简单明晰的变化发现方法。首先运用统一的分类体系对每一时相遥感影像单独进行分类，然后通过对分类结果的比较直接发现变化。该方法经单独分类后比较，可以直接获取变化的类型、数量和位置，对研究区的土地覆盖变化不需要有先验认识；而且能回避所用多时相数据因获取季节不同和传感器不同所带来的归一化问题；另外，因为它是单独分类，无时相数的限制，因此分类后比较法可以同时进行两个时相以上的遥感影像的变化检测分析。

在《温州市城市总体规划（2011~2030）》编制过程中，采用分类后比较，选取四个不同时期的遥感影像，对温州市及周边区域的城镇建设用地进行了信息提取及变化趋势分析。图7-5~图7-8分别是1979年、1987年、1999年、2009年的遥感影像及城市建设用地的提取结果（红色表示）。图7-9为四个时期城镇建设用地的变化情况。

图7-5　温州地区1979年建设用地分布

图7-6　温州地区1989年建设用地分布

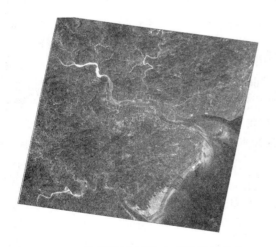

图7-7　温州地区1999年建设用地分布

图7-8　温州地区2009年建设用地分布

根据不同时期城镇建设用地的提取结果及对比，并结合相关历史资料，将温州市及周边地区的城市扩张特征概括为四个阶段。

1. 1980年前：据守古城、集聚发展

1960~1980年，城市工业区和大专院校先后跳出城市建成区，在东、南、西三个方向选址建设。城市空间开始出现向外延伸跨越的趋势。但总的来说，20世纪80年代初期以前的温州城市建设始终据守古城、集聚发展。1983年城市建成区面积仅11.6km²。

2. 1980～1990年：向东跨越、带状雏形

20世纪80年代中期至20世纪90年代初，国家沿海开放政策背景下的温州经开区的建设和温州机场的建设带来温州城市空间的结构性改变。城市建设用地以外扩增长为主，建成区形态由以往的"一点"演变为"两点一线"，兼具"沿江"和"面海"态势，奠定了延续至今的温州城市空间发展框架。1992年，城市建成区面积达47.77km²，10年间净增36km²，城市用地规模是1983年的4倍。

3. 1990～2000年：边缘增长、内部填充

20世纪90年代至21世纪初，温州城市空间的发展以自下而上的动力为主导，乡镇蓬勃发展，微小私营经济进一步繁荣，表现为增量土地高度混合使用且形态破碎。来自政府的空间推力仅限于温州经开区、扶贫开发区、瓯海经开区等局部片区的建设。旧城改造大力推进，拓宽改造18条道路，拆除200万m²旧建筑（危房），新建700m²新建筑，空地被"填平补齐"，土地使用强度迅速提高。2002年，城市建成区面积为157.62km²，10年间净增110km²，城市用地规模较1992年增加了2.3倍。

4. 2000年至今：面海联江、分片内聚

2000年以来，城市空间一方面向外寻找各种发展出路，如跨江、填海、利用山间谷地、沿江劣地等；另一方面继续向内要空间，表现为核心地区建设强度进一步提高。除自下而上的发展动力外，各区、镇重点关注所属工业园区建设，政府对城市公共与基础设施投入不足。城市内部可用空间基本填补殆尽，向外发展阻力加大。城市仅依赖原有配套设施内聚发展，各片之间难以形成合力，不足以支撑城市空间结构的进一步整合。面海发展

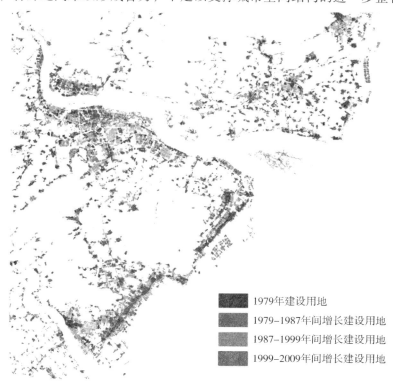

图7-9　温州地区城镇建设用地变化（1979～2009）

的沿江（跨江）带状城市结构仍停留在图面。2011 年，城市建成区面积为 $200.7km^2$，10 年间增长约 28%，净增 $43km^2$，以工业用地为主，增量与增速均有大幅下降。

第三节　空间分析与辅助决策

一、区域规划中的空间分析

空间分析是为了解决地理空间问题而进行的数据分析与数据挖掘，是从 GIS 目标之间的空间关系中获取派生的信息和新的知识，是从一个或多个空间数据图层中获取信息的过程。空间分析通过地理计算和空间表达挖掘潜在的空间信息；其本质包括探测空间数据中的模式，研究数据间的关系并建立空间数据模型，使得空间数据更为直观地表达出其潜在含义，改进地理空间事件的预测和控制能力。

空间分析主要通过空间数据和空间模型的联合分析来挖掘空间目标的潜在信息，而这些空间目标的基本信息，包括空间位置、分布、形态、距离、方位、拓扑关系等，其中距离、方位、拓扑关系组成了空间目标的空间关系，它是地理实体之间的空间特性，可以作为数据组织、查询、分析和推理的基础。

空间分析是 GIS 系统先进性的标志。早期的 GIS 强调的是简单的空间查询，空间分析功能很弱或根本没有，随着 GIS 的发展，用户需要更多更复杂的空间分析功能，这就促进了 GIS 空间分析技术的发展，也使得出现多种空间分析技术。根据分析的数据性质不同，可以分为：（1）基于空间图形数据的分析运算，（2）基于非空间属性的数据运算，（3）空间和非空间数据的联合运算。

在区域规划中，纷繁复杂的各种空间数据和属性数据构成区域内部的空间关系。面对如此海量且不断快速更新的数据，传统的城市规划设计由于缺乏大规模快速准确的数据分析工具，无法对所获取的数据进行科学有效的定量分析。而定性分析中长期使用的经验分析法也因数据分析中感性因素的过多介入而带有太多主观随意性，规划数据分析的落后成为制约规划学科发展的技术瓶颈，直接导致运行机制研究不足，对区域未来发展方向预测失据。

区域规划实质上是对各种（历史的、现状的、预测的）空间数据进行分析并进行决策的过程。GIS 区别于其他信息系统、辅助设计系统的关键在于其强大的空间分析功能。在区域规划过程中，GIS 方法可根据实际需要对数据进行逻辑性或空间性的分类和分层，进而应用各种分析功能产生多种新的信息或连接不同来源的信息，用以辅助决策。国内外的实践证明，在区域规划中，利用 GIS 把区域社会、经济统计数据和用地情况同空间分布联系起来，使复杂的空间分析能很快完成，避免了手工操作的费时、不精确和难以修正等缺点，为空间研究和规划制定提供依据。利用 GIS 的空间分析技术，能够高效、便捷地根据规划原则确定鼓励建设区域、限制建设区域和禁止建设区域，并提供详细的相关数据，为区域规划决策服务（侯丽，1996；宋晓东，1995）。

随着空间信息技术的发展和在区域规划中的实践应用，以 GIS 技术为主的空间分析与辅助决策已经在区域规划的各个阶段得到了广泛应用。在系统分析阶段协助分析区域内有关经济、社会和自然要素空间分布格局特点，总结区域系统的结构特征和关键功能，确立规划区的发展定位及总体目标；模拟预测阶段通过对重要经济社会要素的时空演化过程进行数学化、模型化和数值化的表达和建模，模拟和评价这些要素的时空演化过程，预测它们未来的发展趋势和空间分布格局；规划发展阶段依据总体目标，结合对区域经济、社会、资源和环境要素的模拟及预测成果，将有关要素的数量、结构和强度等指标落实到时空地域上。规划发展阶段协助完成各类专项规划的编制，例如交通规划中对现有区域交通网络的类型组成、空间布局、运输能力等进行分析，构建高效合理的交通网络空间布局和枢纽节点等；协调决策阶段辅助进行区域规划要素时空协调，对各项规划要素（即社会、经济、资源、环境等要素）及各个具体规划对象（即特定公路、铁路、工业园、生态保护区等）在时间进度、空间布置上进行协调性检查；跟踪调控阶段通过遥感动态监测、空间对比分析等方法和手段，将规划实施情况与规划目标展开对比，揭示区域规划方案落实的方向、进度以及执行中存在的问题。

空间分析模型是在空间数据基础上建立起来的空间模型，是分析型和辅助决策型 GIS 区别于管理型 GIS 的一个重要特征，是空间数据综合分析和应用的主要实现手段，是联系 GIS 应用系统与专业领域的纽带。空间分析模型与一般的空间模型既有区别又有联系。特征主要表现在：

（1）空间定位是空间分析模型特有的特征，构成空间分析模型的空间目标（点、线、面、网络、复杂地物等）的多样性决定了空间分析模型建立的复杂性；

（2）空间关系也是空间分析模型的一个重要特征，空间层次关系、相邻关系及空间目标的拓扑关系决定了空间分析模型的特殊性；

（3）包括笛卡尔坐标、高程、属性以及时序特征的空间数据极其庞大，大量数据构成的空间分析模型也具有了可视化的图形特征。

空间分析模型不是一个独立的模型实体，它与广义模型中的抽象模型的定义是交叉的。GIS 要求完全精确地表达地理环境间复杂的空间关系，因而常用数学模型。

空间分析的方法有很多，本书按照应用的方式分为简单空间分析和复杂空间分析模型进行介绍。

二、简单空间分析

简单分析方法包括普遍应用的，已经在 GIS 软件中实现的空间分析功能。例如缓冲区分析、空间叠加分析、网络分析、地形分析、视域分析、水文分析等。

（一）地形分析

应用等高线、高程点生成数字高程模型，在此基础上对区域的高程、坡度、坡向、起伏度的地形特征进行分析，帮助规划人员了解规划区的地形条件特征，同时分析结果可以作为生态敏感性、用地适宜性等专项评价因子。

以《迪庆生态文化保护实验区规划》为例，应用 1∶50000 等高线和高程点数据构建 DEM，并在此基础上对坡度、坡向等地形要素进行分析，为后续的水土流失风险评价和生态适宜性评价提供了数据源，如图 7-10～图 7-12 所示。

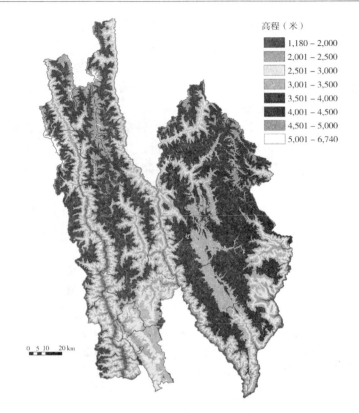

高程（米）
■ 1,180 – 2,000
■ 2,001 – 2,500
□ 2,501 – 3,000
□ 3,001 – 3,500
■ 3,501 – 4,000
■ 4,001 – 4,500
■ 4,501 – 5,000
□ 5,001 – 6,740

0 5 10   20 km

图 7 – 10   迪庆州 DEM

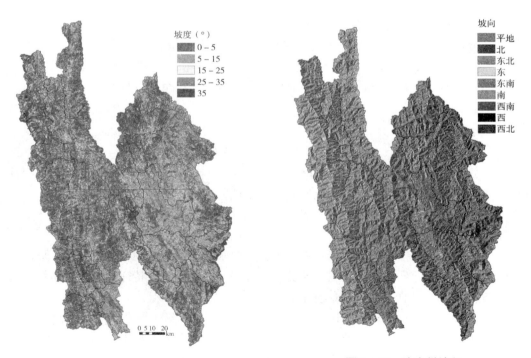

坡度（°）
■ 0 – 5
■ 5 – 15
□ 15 – 25
■ 25 – 35
■ 35

0 5 10   20
km

坡向
■ 平地
■ 北
■ 东北
□ 东
■ 东南
■ 南
■ 西南
■ 西
■ 西北

图 7 – 11   迪庆州坡度   图 7 – 12   迪庆州坡向

（二）水文分析

水文分析是 DEM 数据应用的一个重要方面。利用 DEM 生成的集水流域和水流网络，成为大多数地表水文分析模型的主要输入数据。表面水文分析模型应用于研究与地表水流有关的各种自然现象，如洪水水位及泛滥情况，或者划定受污染源影响的地区，以及预测当某一地区的地貌改变时对整个地区将造成的影响等，应用在城市和区域规划、农业及森林、交通道路等许多领域，对地球表面形状的理解也具有十分重要的意义。这些领域需要知道水流怎样流经某一地区，以及这个地区地貌的改变会以什么样的方式影响水流的流动。

基于 DEM 的地表水文分析的主要内容是利用水文分析工具提取地表水流径流模型的水流方向、汇流累积量、水流长度、河流网络（包括河流网络的分级等）以及对研究区的流域进行分割等。通过对这些基本水文因子的提取和基本水文分析，可以在 DEM 表面之上再现水流的流动过程，最终完成水文分析过程。

在青海黄南州《热贡文化生态保护实验区总体规划》中应用了水文分析模型。由于黄南地区在全国生态功能区划中属于水源涵养区，因此，保持流域整体性在区内生态功能区划中是主要因素。以小流域为单元，开展针对水土流失的综合治理，是解决区域生态环境问题的有效方法。利用地形数据，通过计算水流方向、累积水流量、提取水网和模拟集水区域四个步骤实现小流域范围的划分。划分结果如图 7 - 13 所示。规划中提出以小流域为单位，采取上中下游相协调的综合治理措施，防治水土流失。

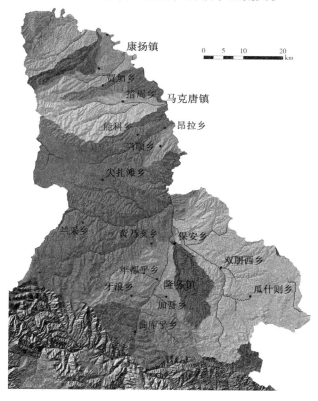

图 7 - 13　黄南州水土保持小流域划分

（三） 地统计

地统计学是以具有空间分布特点的区域化变量理论为基础，研究自然现象的空间变异与空间结构的一门学科。由于最先在地学领域应用，故称为地统计学。地统计学的主要理论是法国统计学家（G. Matheron）创立的，经过不断完善和改进，目前已成为具有坚实理论基础和实用价值的数学工具。地统计学的应用范围十分广泛，不仅可以研究空间分布数据的结构性和随机性、空间相关性和依赖性、空间格局与变异，还可以对空间数据进行最优无偏内插，以及模拟空间数据的离散性及波动性。地统计学由分析空间变异与结构的变异函数及其参数和空间局部估计的克里格（Kriging）插值法两个主要部分组成，目前已在地球物理、地质、生态、土壤等领域应用。

地统计分析的核心就是通过对采样数据的分析、对采样区地理特征的认识选择合适的空间内插方法创建表面。插值方法按其实现的数学原理可以分为两类：一类是确定性插值方法，另一类是地统计插值方法。确定性插值方法以研究区域内部的相似性（如反距离加权插值法），或者以平滑度为基础（如径向基函数插值法）由已知样点来创建表面；地统计插值方法利用的则是已知样点的统计特性。地统计插值方法不但能够量化已知点之间的空间自相关性，而且能够解释说明采样点在预测区域范围内的空间分布情况。

克里格插值法（Kriging）又称空间局部插值法，是目前应用最为广泛的地统计差值方法，是以变异函数理论和结构分析为基础，在有限区域内对区域化变量进行无偏最优估计的一种方法。克里格方法是根据未知样点有限邻域内的若干已知样本点数据，在考虑了样本点的形状、大小和空间方位，与未知样点的相互空间位置关系，以及变异函数提供的结构信息之后，对未知样点进行的一种线性无偏最优估计。

《大兴安岭地区旅游城镇体系规划》编制过程中应用克里格差值方法对区域内火灾的空间分布特征进行了分析。防火对于大兴安岭地区来说具有举足轻重的意义，规划编制中对于空间布局的研究要对森林防火区域进行充分认识。因此，首先要对火灾发生的空间特征进行分析。

图7-14为消防部门提供的1966~2009年火灾记录，根据经纬度坐标生成空间分布图，图7-15是对该分布数据进行克里格插值的结果。结果显示火灾高发区与人类活动的密集区（城镇周边、主要交通廊道）基本重合。分析火灾发生的原因可以发现，雷击火灾占火灾发生总量的32%，去掉原因不明的火灾记录，雷击火灾占查明原因火灾总量的50%左右。近年来随着防火工作的深入和人民防火意识的提高，人为原因的火灾数量明显减少，而由雷击引发的火灾频率没有明显变化。因此，分析雷击火灾的空间分布特征对区域规划中的空间分析与空间布局具有重要的指导意义。

图7-16是雷击火灾历史记录的空间分布图，图7-17是对该分布数据进行克里格插值的结果，该结果与用全部历史记录插值的结果具有明显差别，去除了人类活动的影响，为规划编制提供了参考信息。

在区域规划工作中，地统计学方法不仅可以对自然环境的定量特征进行分析，还可以对社会、经济等数据进行分析，从中提取定量的空间分布信息。例如可以制作人口密度图反映城市人口聚集情况，或根据污染源数据来分析城市污染的分布情况。

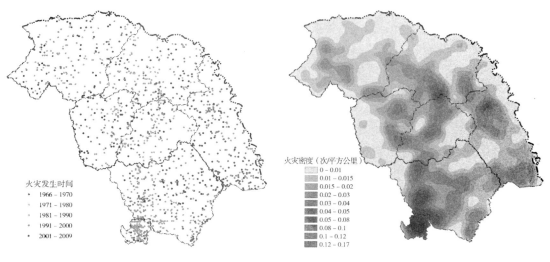

图 7 – 14 大兴安岭地区火灾历史分布

火灾密度（次/平方公里）
□ 0 – 0.01
□ 0.01 – 0.015
□ 0.015 – 0.02
□ 0.02 – 0.03
□ 0.03 – 0.04
□ 0.04 – 0.05
□ 0.05 – 0.08
□ 0.08 – 0.1
□ 0.1 – 0.12
■ 0.12 – 0.17

图 7 – 15 大兴安岭地区火灾密度

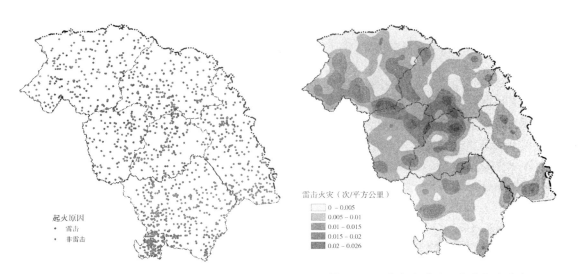

起火原因
• 雷击
• 非雷击

图 7 – 16 大兴安岭地区火灾历史分布

雷击火灾（次/平方公里）
□ 0 – 0.005
□ 0.005 – 0.01
□ 0.01 – 0.015
□ 0.015 – 0.02
■ 0.02 – 0.026

图 7 – 17 大兴安岭地区火灾历史分布

　　图 7 – 18 和图 7 – 19 是在《石家庄城市空间战略规划》编制过程中，应用地统计学方法对京津冀地区城市 GDP 进行空间分布模拟，并进行变化分析。从分析结果可以看出，2007 年京津冀地区的 GDP 地均密度不仅普遍比 2002 年有所提升，分布特征也从以直辖市、省会城市和地级市为中心的简单辐射状态向连片方向发展。

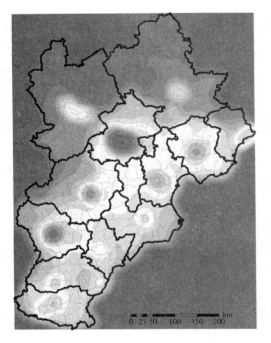

图 7－18　京津冀地区 2002 年地均 GDP 密度

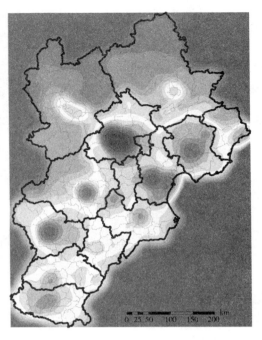

图 7－19　京津冀地区 2007 年地均 GDP 密度

三、复杂空间分析模型

近年来 GIS 结合其他专业模型及系统解决的规划问题越来越多。其思路为：GIS 仅是一种数据管理与空间分析工具，对具体规划问题的解决要运用专业知识，结合传统经典理论模型和新技术，有针对性地选择最优的系统模型，并配以 GIS 强大的空间数据库，提供空间及属性信息，同时运用 GIS 空间展示功能，形象直观地表现分析结果，以提高规划工作的效率和精度。

下面结合具体实例介绍复杂空间分析模型在区域规划中的应用。

（一）经济联系强度分析

区位所表现出的区位势差决定了要素流动的方向，进而产生了不同区域经济联系强度的差异。经济联系所产生的空间关系不仅反映空间经济的关联，还标志着空间经济活动中相互间的地位和依附关系。经济联系产生的空间关系可以归纳为：（1）互补互利的关系，即不同地域经济体系间相互补充，分工合作，互利共存发展；（2）依附关系，即某区域的发展必须依附于另一区域或一些区域的发展，多表现在落后地区与发达地区的关系之中；（3）互斥制约关系，多表现在市场容量有限的竞争状态中，经济上表现为此消彼长的关系。区域经济联系强度有绝对经济联系和相对经济联系之分，绝对经济联系强度是指某经济中心对某低级经济中心经济辐射能力或潜在的联系强度大小；相对联系是在绝对联系的基础上，结合低级经济中心本身的接收能力，并比较其在区域内所有同级经济中心中条件的相对优劣来确定的。在对绝对经济联系强度的测算中，引力模型是常用的方法，采用时间、距离修正引力模型，其表达式为：

$$R_{ij} = (\sqrt{P_i G_i} \times \sqrt{P_j G_j})/D_{ij}^2$$

式中　R_{ij}——i，j 地区间的经济联系强度；

　　　P_i，P_j——i，j 地区的人口数量；

　　　G_i，G_j——i，j 地区的国内生产总值；

　　　D_{ij}——i，j 两地区间基于道路网络最短路径的旅行时间。

　　在引力模型的基础上测算每个地区与其他所有地区的经济联系量之和，即为该地区的对外经济联系总量，表达式为：

$$R_i = \sum_{j=1}^{n} R_{ij}$$

式中　R_i——i 地区的对外经济联系总量，反映该地区对其他地区经济联系强弱的疏密程度。

　　应用引力模型对京津冀地区主要城市间经济联系强度进行分析，并对 2002 年和 2007 年两个年度的模拟结果进行了对比，如图 7 - 20、图 7 - 21 所示。

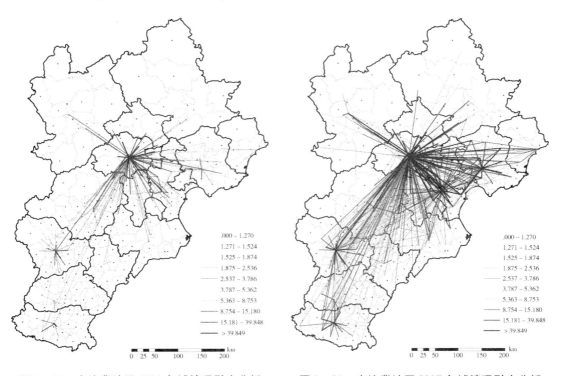

图 7 - 20　京津冀地区 2002 年城镇吸引力分析　　图 7 - 21　京津冀地区 2007 年城镇吸引力分析

　　从分析结果中，不仅体现各城市之间经济联系强度的大小，还可以看出区域内对周边城市具有明显吸引力的几个中心城市及其辐射范围。

　　在《大兴安岭旅游城镇体系规划》编制中，同样应用引力模型，在通过实际路网计算交通距离的基础上，采用各区县间以 GDP、人口规模作为综合质量来计算联系强度，并进行空间表达，进而支撑体系规划中经济区的划分以及对该地区城镇体系空间结构的认识，如图 7 - 22、图 7 - 23 所示。

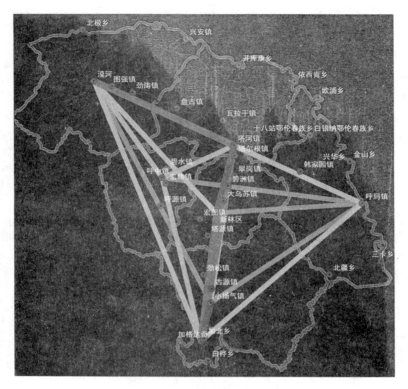

图 7-22 大兴安岭各区县经济联系强度

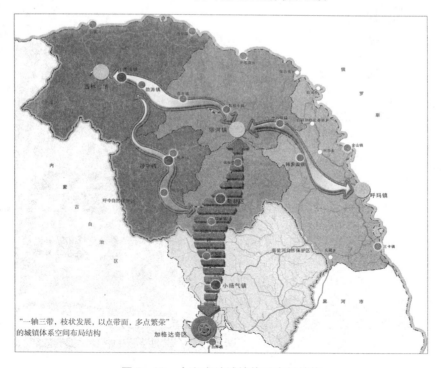

图 7-23 大兴安岭城镇体系空间结构

（二） 土地适宜性评价

长期以来，土地适宜性评价一直在区域规划利用中起着基础性作用。针对土地的各种用途，开展针对城市建设用地、旅游用地、农业用地等多方面的土地适宜性评价是区域发展方向和空间政策制定的基础。GIS 技术在土地适宜性评价中得到广泛的应用，这使得土地适宜性评价更为灵活、科学。

应用 GIS 技术进行土地适宜性评价的方法主要包括叠加制图方法、多指标评价方法和人工智能方法三个方面。

计算机辅助叠加制图方法是将参与土地适宜性评价各类要素通过独立分析（单要素分析）或简单叠加，分析区域内的土地适宜性。在评价因素较少，且相互之间关系较为简单时，可采用该方法进行评价。

多指标决策方法又可以分为多目标决策法和多属性决策法（Malczewski J.，1999）。多目标决策法是根据一个决策模型定义了一系列决策结果，决策模型包括两个或更多的目标函数和一系列作用于决策变量的限制因素，根据决策变量，决策模型确定可选择的决策结果。这种方法计算的复杂性较高，需要制定数学规划运算法则和开发整合优化软件包（何英彬等，2009）。

相对于多目标决策法，多属性决策法在 GIS 环境下的操作就容易得多，尤其是操作栅格类数据。在过去十几年里，大量多属性决策评价模型在 GIS 环境中得以应用，包括加权叠加分析法（WLC）、层次分析法（AHP）、理想点方法和次序平均加权法等。在这些方法中，加权叠加分析方法被认为是最直接、最常用的方法，这种方法可以在栅格或矢量数据组织结构中应用，一些 GIS 软件系统有内嵌的加权叠加分析法程序模块。

人工智能方法是能够模拟、描述复杂系统，并为推理及决策服务的现代人工智能技术。与传统方法不同，人工智能方法能够容纳不确定性、模糊性和部分真实。近年来出现很多将人工智能和 GIS 相结合的土地适宜性评价方法，如 GIS 与模糊逻辑技术相结合、GIS 与人工神经网络技术相结合、GIS 与遗传算法相结合及 GIS 与元胞自动机技术相结合等方法。

在《大兴安岭旅游城镇体系规划》编制过程中，应用层次分析法对区域内的土地建设适宜性进行了评价。构建二级评价指标体系，包括地形条件、自然资源、生态环境等三个一级指标和高程、坡度、土地利用类型、植被指数等二级指标。在 GIS 软件平台上进行多因子的加权计算，再对计算结果进行分类，叠加现状建设用地数据，将全区划分为不适宜建设区、较不适宜建设区、适宜建设区和已建设区，如图 7 - 24、图 7 - 25 所示。

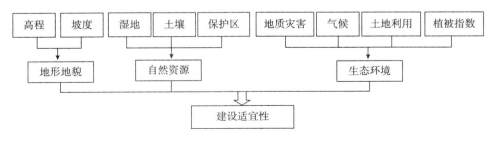

图 7 - 24 土地适宜性评价技术流程

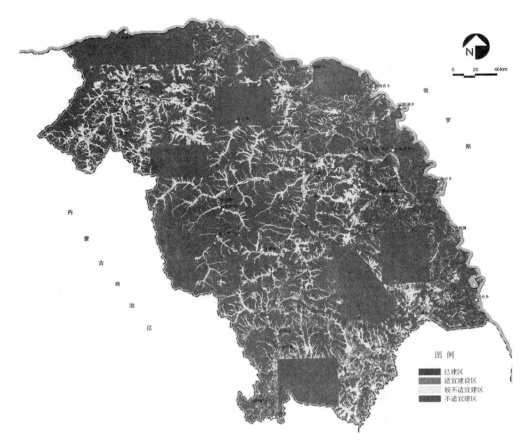

图7-25 大兴安岭地区土地建设适宜性评价结果

（三）城市增长时空动态模拟

对于城镇化发展趋势的预测，尤其是空间形态的模拟与预测，对区域规划的编制具有重要的参考意义。目前针对城市扩张动态模拟发展了CA模型、系统动力学模型和多主体模型（Multi-agent）等主流模型，对于城市发展演变的模拟产生了较好效果。

匡文慧、刘纪远等（2011）应用遥感与GIS技术，通过数据-模型-方法集成的研究思路集成神经网络模型（ANN）与元胞自动机模型（CA）发展了区域尺度城市空间增长动态模型（Reg-UGM），通过分析京津唐都市圈1979年以来城市空间增长时空特征以及人文政策驱动获取先验知识，模拟在基准模式、经济模式、政策模式、区域调整模式等不同情景模式下未来情景城市空间增长过程，模拟效果较好，模拟结果与实际情况具有较好的吻合程度。

城市增长过程即农村用地向城市用地的转化，受到自然条件限制、社会经济因素、交通道路等区位因素以及人文政策等多重因素综合作用的复杂过程。区域尺度城市土地利用扩张模型表达为：

$$'U_{x,y} = f('S_{x,y}, 'N_{x,y}, 'E_{x,y}, 'L_{x,y}, 'P_{x,y})$$

式中 $'U_{x,y}$——城市在 t 时段的增长过程；

$'S_{x,y}$——土地用途以及自身的邻域状态；

$'N_{x,y}$——自然影响因素，包括地形因子、水域控制等；

$'E_{x,y}$——社会经济因子，主要包括 GDP、国外投资、产业结构等因子对城市增长产生的影响；

$'L_{x,y}$——城市交通道路、环城公路、铁路等区位因素对城市空间增长的牵引作用；

$'P_{x,y}$——区域发展战略与土地利用政策对城市增长的影响。

根据模型的功能结构特征，模型分为区域城市增长动态格局分析模块、需求分析与情景模块、空间影响因素分析模块以及空间配置与预测模块四个模块。需求分析与情景模块由于研究区域城市增长在不同时段受到人文经济、国土政策与区域发展战略的影响，区域城市增长具有高度时空差异性与突变特征，所以预测不同情景模式下城市增长面积未使用简单的回归模型，在对过去城市增长与人口经济之间关系分析中，发现 GDP 变化、城市化水平与常住人口变化的用地指标是表达城市增长的有效指标，本研究发展如下不同情景城市面积增长预测模型：

$$\Delta U_s = \alpha \times \Delta Pop \times Index_s(\Delta Pop) + \beta \times \Delta GDP$$
$$\times Index_s(\Delta GDP) + \gamma \times \Delta Ur \times Index_s(\Delta Ur)$$

式中　　　　　ΔU_s——不同情景下城市增长面积；

α——城市常住人口；

β——GDP 与城市化水平对城市增长的贡献系数；

γ——主要通过过去时段数据回归分析获取参数；

ΔPop——城市常住人口；

ΔGDP——GDP 与城市化水平的变化数值；

ΔUr——参考区域规划设定不同增长速度计算；

$Index_s(\Delta Pop)$——不同情景模式下城市常住人口；

$Index_s(\Delta GDP)$——GDP 与城市化水平变化的城市用地指标；

$Index_s(\Delta Ur)$——依据过去不同时段城市增长模式计算用地指标。

依据京津唐都市圈 1979 年以来城市空间增长时空特征以及驱动机制分析可知，城市增长在不同阶段由于受到不同人文经济与政策因素的影响，呈现不同时空特征，主要表现为如下模式：（1）基准模式：尚未出现重大的国土开发政策，城市用地基本呈现平稳的增长过程，如 1979~1990 年；（2）经济模式：当国家进入高速经济增长模式，受到经济发展的带动，城市固定资产投资增加，城市增长速度明显加快，如 21 世纪初前五年；（3）政策模式：随着城市化进程的加快，城市快速增长与优质农田之间的矛盾突出，国家实施最为严格的耕地保护措施，限制城市的外延式增长，如 1995~2000 年；（4）区域调整模式：当整个区域城市演化到一定阶段，特大首位城市受到资源环境的约束，区域产业结构发生调整，周边中小城市成为新的城市增长点。

图 7-26、图 7-27 分别为在基准模式和经济模式下，京津唐都市圈城市增长的模拟结果，表 7-2、表 7-3 为对应的城镇化指标与用地需求。

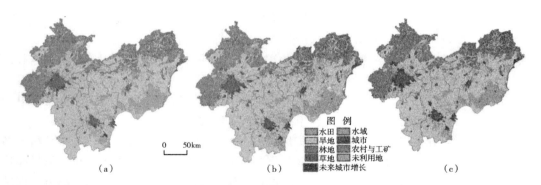

图7-26　京津唐都市圈基准模式城市增长模拟结果（匡文慧、刘纪远等，2011）

（a）—2010 年；（b）—2020 年；（c）—2030 年

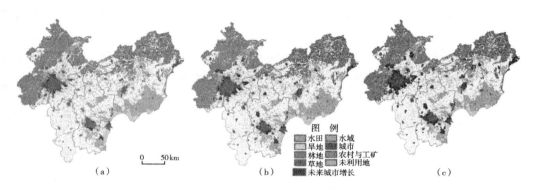

图7-27　京津唐都市圈经济模式城市增长模拟结果（匡文慧、刘纪远等，2011）

（a）—2010 年；（b）—2020 年；（c）—2030 年

基准模式下城市化指标与用地需求（匡文慧、刘纪远等，2011）　　　　　　表7-2

指标	2005 年现状	2010 年	2020 年	2030 年
城市常住人口/万人	2936.86	3086.67	3583.53	4595.63
GDP/万亿元	1.37	1.44	1.67	2.14
城市化水平/%	54.27	58.52	71.27	88
城市用地面积/km²	2918.25	3138.03	3625.33	4215.44
城市栅格数量	32425	34867	40281	46838

基准模式下城市化指标与用地需求（匡文慧、刘纪远等，2011）　　　　　　表7-3

指标	2005 年现状	2010 年	2020 年	2030 年
城市常住人口/万人	2936.86	3132.78	3802.53	5251.80
GDP/万亿元	1.37	1.46	1.77	2.45
城市化水平/%	54.27	59.52	75.27	88
城市用地面积/km²	2918.25	3345.87	4332.12	5505.24
城市栅格数量	32425	37176	48135	61169

第四节 小城镇旅游信息服务系统设计

小城镇旅游信息服务系统是以小城镇旅游资源开发管理为中心，辅助于小城镇旅游环境、旅游服务设施信息，并以地图、文字、图表、数字、影像等多源信息表达的多类型、多层次、多目标、多功能的旅游管理信息系统。

该系统以旅游资源及其相关内容的登录、分类、管理、查询、分析为主要目标，以旅游信息、附属设施、旅游环境管理为核心，利用现代信息科学（数据库、软件工程、系统工程和计算机技术）、地理学、旅游学、管理学、制图学等知识手段，对小城镇旅游资源及其相关信息进行收集、加工、处理、输入、储存、查询、检索、分析、管理、统计、制图和输出，从而能够全面反映和揭示区域内小城镇旅游相关资源的结构、地域分布特征、地域组合等，可为各级领导部门和旅游管理部门提供现代化的管理工具和决策依据，并为规划人员、研究人员、旅游企业及其他对旅游感兴趣的人员提供丰富的旅游信息。

小城镇旅游管理信息系统从管理对象上来说可分为两种，一种是小城镇内部旅游管理信息系统，一种是面向区域的小城镇旅游管理信息系统。前者主要是针对某一小城镇的旅游资源及其相关信息进行输入、存储、分析、管理、输出等操作；后者是在前者的基础上，对某区域内所有小城镇的旅游资源及其相关信息进行管理和分析。区域小城镇旅游管理信息系统更加适用于市级或更上层的政府部门对该区域内的小城镇旅游资源进行管理。为小城镇旅游管理和研究部门分析和掌握小城镇旅游资源开发、旅游业发展现状，及时制定长远规划等提供科学管理和决策分析工具。

一、小城镇旅游信息服务系统设计

（一）设计原则与目标

系统设计过程中遵循有针对性、开放性与规范性、实用性与可操作性及经济性与可延续性的原则。系统目标为：

（1）小城镇旅游资源及其相关信息进行输入、储存、查询、检索、分析、管理、统计、制图和输出；

（2）小城镇旅游资源管理系统采用地图、文字、图表、数字、影像等多媒体信息集成，多形式、多介质、多功能、全方位和动态地反映小城镇旅游资源开发基本现状；

（3）反映和揭示小城镇旅游资源的区域分布特征、结构、地域组合、资源品质、开发条件和发展前景；

（4）为小城镇旅游管理和研究部门分析和掌握小城镇旅游资源开发、旅游业发展现状，及时制定长远规划等提供科学管理和决策分析工具。

（二）系统框架设计

系统以 GIS 软件为核心，采用地图、文字、图表、数字、影像等多媒体信息集成。在旅游资源普查评价与旅游资源开发规划的基础上，完成旅游资源单体、旅游景区、旅游资源开发条件、旅游市场、旅游管理等多方面的空间分析、空间评价、空间管理。实现可视化的地理空间与各类旅游信息的有机链接，反映和揭示旅游资源及其相关信息的分布特征、结构、地域组合及旅游环境、服务设施等相关信息，如图 7 - 28 所示。

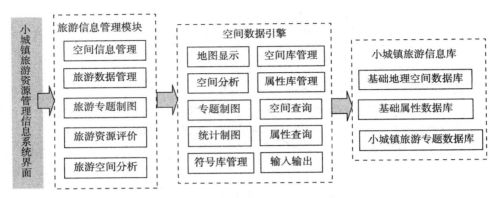

图 7 - 28　小城镇旅游信息管理系统的框架结构

该系统采用面向对象的设计原理，是从底层开发，并具有自主版权的旅游资源管理系统。在设计上，采用了相关国家标准，如国家旅游资源分类标准、国家信息系统设计标准、国家基础地理信息标准等。

（三）系统界面设计

系统界面采用简略流行的风格设计，如图 7 - 29 所示。

图 7 - 29　小城镇旅游信息管理系统主界面

二、小城镇旅游信息服务系统数据库内容

数据库是系统的基础，小城镇旅游信息管理系统数据库由基础地理空间数据库、基础属性数据库和旅游专题数据库三大部分组成，数据库结构如图 7-30 所示。

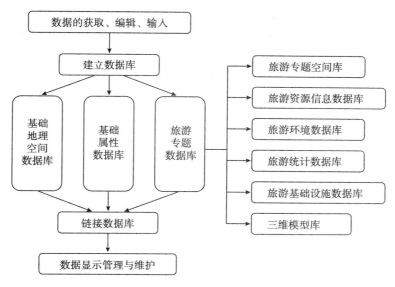

图 7-30 系统的数据库结构

（一）基础地理空间数据库

空间数据库包括小城镇的地理区位、行政区划、地形地貌、水系、植被、土地利用、卫星影像、数字地面模型等基础地理空间数据。

（二）基础属性数据库

小城镇旅游信息管理系统的基础属性数据是指该地区的社会经济信息数据库和自然环境信息数据库。社会经济信息数据库主要反映该地区各个行政单元的人口数量、科技教育水平、卫生医疗条件、国民生产总值、国民收入、经济结构、交通运输业、邮电通讯及其他与旅游业相关的内容，为旅游规划、旅游资源管理提供基本的社会经济信息；自然环境信息数据库主要反映该地区旅游环境的自然要素，如地质地貌、气象气候、水文、动植物、自然灾害等信息，为旅游规划、旅游业发展提供基本的自然环境信息。

（三）旅游专题数据库

小城镇旅游专题数据包括旅游专题地图库、旅游资源数据库、旅游环境数据库、旅游统计数据库、旅游基础设施数据库。

旅游专题数据库描述的是旅游专题的空间分布和关系特征，是旅游专题信息可视化的基础数据。例如旅游资源分布图，旅游服务设施分布图等。把旅游专题数据库和基础地理

空间数据库有机结合起来，就可以揭示旅游专题信息的分布规律、发展特征以及与其他旅游专题之间的关系。

旅游资源信息数据库包括旅游单体资源数据库和旅游景区数据库。旅游资源单体是指可作为独立观赏或利用的旅游资源基本类型的单独个体，该数据库内容主要为旅游资源单体的名称、单体代号、地市名称、县名称、地理位置、主类名称、亚类名称、基本类型、所述景区、景点级别、景点照片等信息。

小城镇旅游环境数据库，小城镇旅游环境包括小旅游环境和大旅游环境。小旅游环境指的是小城镇内部的自然环境污染保护情况、人文环境等，主要内容是环境污染状况、污水排放量、垃圾场位置、垃圾量等；大旅游环境指的是小城镇周边相邻城镇和上一级行政区域的旅游环境，包括自然环境和人文环境，主要内容是周边地区的环境污染状况、环境保护区状况、周边地区到达小城镇的交通状况、周边地区的旅游景区分布、接待能力等。

旅游统计数据库，包括各项旅游统计指标数据，在旅游统计数据库基础上进行综合统计、按行政区划统计、按区域统计，如面积、游客数、区域内景点数、居民数、服务设施数量等。用户也可以新建、修改、导入新的统计指标。小城镇旅游统计数据库可分为三个层次，分地区的小城镇旅游统计数据、分县的小城镇旅游统计数据和分镇的旅游统计数据。例如记录每年该地区接待来自全国以及国际不同客源市场的旅游者人次及其旅游收入，该区域里各个小城镇的旅游统计资料等。

旅游基础设施数据库主要包括旅游交通、旅游接待与服务设施、旅游商品等设施的空间分布和属性信息，为旅游开发的决策者提供有利信息。

三、系统结构与主要功能

系统由输入模块、资源模块、旅游地图模块、旅游信息模块、管理模块、统计分析模块、空间分析模块和输出模块构成。系统考虑采用三级模块结构，即基本模块、子模块和次一级模块，通过弹出方式进行动态链接。

（一）输入输出模块

可读入和转换各种常用 GIS 空间数据（地图）格式，如 Arc/Info coverage、Arcview SHP、Mapinfo MIF、Autocad DXF 等矢量格式和 BMP、TIF、JPEG、GIF、PCX 等栅格数据格式，并可读入和转换成各类常用数据库格式，实现不同应用环境下数据的互操作，为今后网络数据共享奠定基础；可打印输出文档、图表和图形文件，生成通用的 GIS 空间数据格式和通用数据库格式，如图 7 - 31 所示。

（二）旅游资源及相关信息管理模块

主要包括旅游资源及其相关信息的登录、编辑、建库以及旅游资源及其相关信息的检索、查询、浏览与分析，系统提供全文检索、关键字检索和逻辑表达式。

在查询检索方面，用户可以输入旅游资源及其相关信息名称，系统可显示其相关信息并提示；输入旅游资源及其相关信息名称的任何一个字或音节，显示任何含有此字或音节的旅游内容及其属性信息；可满足多重表达式（" < "、" = "、" > "、" ≠ "、" ≤ "、

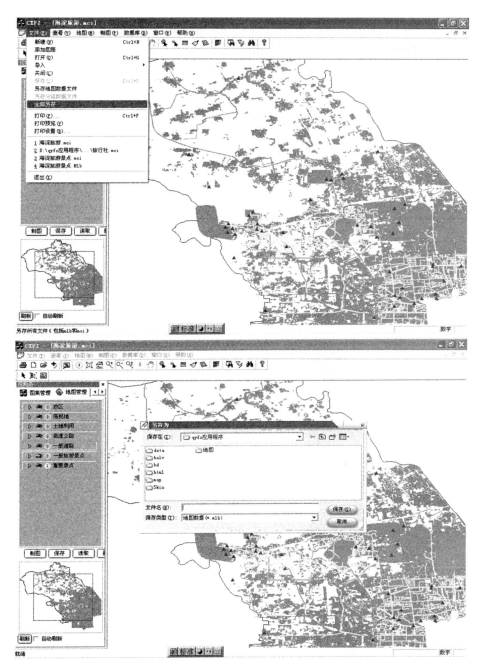

图 7 - 31　地图输入/保存地图界面

"≥"、"or"、"not"、"and"等简单或组合表达方式)的旅游及其相关信息查询;可按区域进行查询,如进行分县逐区查询等;可按类型进行查询,如进行建筑物查询或公园查询等。查询界面如图 7 - 32 ~ 图 7 - 34 所示,查询结果界面如图 7 - 35。

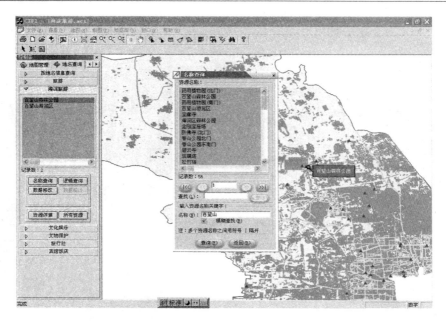

图 7-32 按地名查询旅游资源

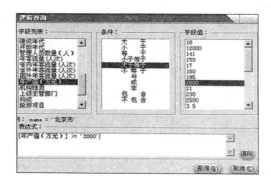

图 7-33 条件查询旅游资源

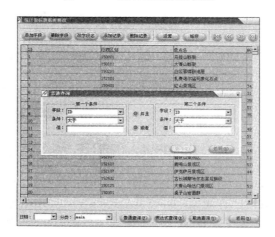

图 7-34 逻辑查询旅游资源

图 7 - 35　旅游资源详细信息界面

（三）小城镇旅游空间数据库管理模块

该模块功能包括地图阅读和查询检索与浏览。

1. 地图阅读

采用图层管理模式，可提供放大缩小、漫游等常规功能，同时，地图注记（点、线、面状地物注记，线状可实现流动注记）、单图与多图显示、地图综合放大或缩小地图时，详细或简略显示图形内容与目录导航，如图 7 - 36 所示。

图 7 - 36　小城镇旅游资源管理系统中地图的智能分级缩放

2. 查询检索浏览

鼠标接触当前图层内任何一旅游热点或其环境服务设施等（点、线、面），选中对象闪烁或变色提示并实时弹出相关名称及其信息，若单击鼠标，可获取其详细的多媒体信息（超链接技术）；无需激活当前图层的条件下，可检索非激活图层旅游信息；分区旅游信息查询，可按区域线路进行查询检索；旅游资源信息及相关信息的空间位置查询，包括空间位置（点状对象）和空间分布（线状和面状，如景区、城市街区等）；逻辑表达式查询可实现满足条件的旅游信息的空间定位，如图 7 - 37 所示。

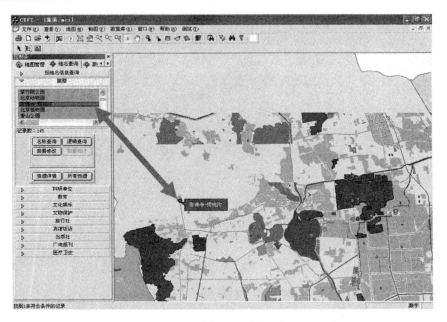

图 7 − 37   小城镇旅游资源管理系统中地图与地名的双向检索

（四）旅游统计数据库管理模块

系统的统计数据库管理模块的功能包括关系型数据库管理模型与树状旅游统计指标管理、数据库建立、编辑与树状旅游统计指标管理。通过这些功能，可以实现对于旅游统计数据的匹配查询、模糊查询、逻辑表达式查询、空间与属性数据库的双向查询等多类查询，以及各类统计和分析结果的图形表达，如图 7 − 38 ~ 图 7 − 40 所示。

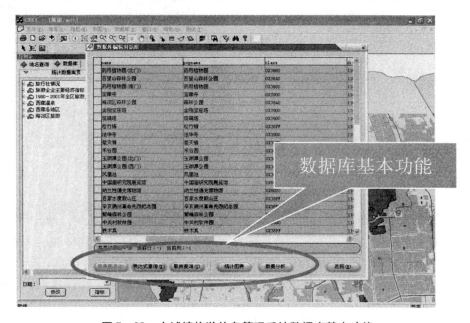

图 7 − 38   小城镇旅游信息管理系统数据库基本功能

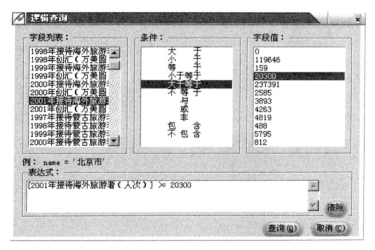

图7-39 小城镇旅游资源管理系统数据库查询功能

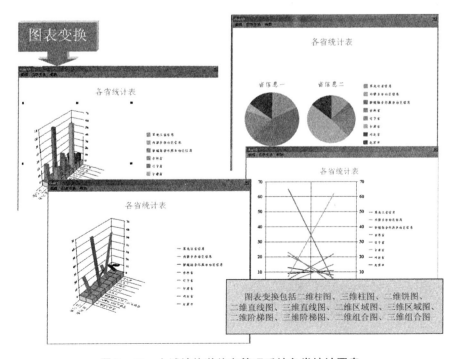

图7-40 小城镇旅游信息管理系统各类统计图表

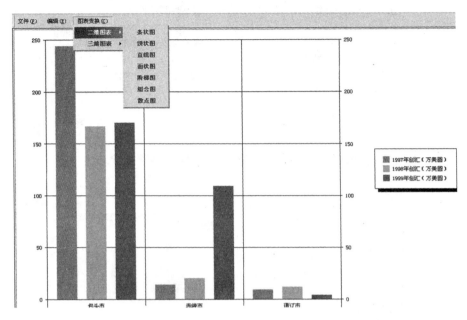

图7-41 小城镇旅游资源管理系统旅游市场统计图表

（五）旅游空间分析与专题制图模块

分类分级统计图，主要是使用点状、线状、面状符号库中的符号类型、大小、颜色来区分不同类型数据，如图7-42、图7-43所示。

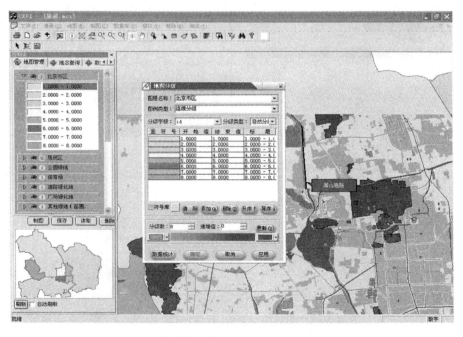

图7-42 小城镇旅游资源管理系统分类分级制图

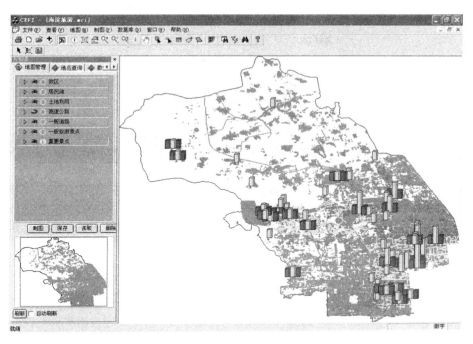

图 7 – 43　旅游信息管理系统分类专题统计制图

以下都是结构化的专题统计图，使用结构化的统计符号来表达。

（1）柱状与条状统计图，此类是用不同柱状和条状符号，符号的高度有数值度量意义；

（2）饼状与环状统计图，使用饼状与环状统计符号，各种指标使用饼或环分瓣显示；

（3）百分比结构图，使用百分比矩形统计符号；

（4）金字塔形结构图，使用金字塔符号；

（5）组合地图，包括散点图等。

参考文献

[1] Losch A. The Economics of Location [M]. New Haven: Yale University Press, 1954.

[2] 汪应洛，马亚男，李泊溪. 几个竞争力概念的内涵及相互关系综述 [J]. 预测，2003，22 (1): 25-27.

[3] (美) 保罗·克鲁格曼. 国际经济学 [M]. 北京: 中国人民大学出版社，1998.

[4] 联合研究组，中国国际竞争力报告. 北京: 中国人民大学出版社，2002.

[5] (美) 迈克尔·波特. 国家竞争优势 [M]. 北京: 华夏出版社，2002.

[6] 埃比尼泽·霍华德. 明日的田园城市 [M]. 金经元，译. 北京: 商务印书馆，2000.

[7] (美) 保罗·克鲁格曼. 国际经济学 [M]. 北京: 中国人民大学出版社，1998: 82-83

[8] GEDDES P. Citis in evolution: an introduction to the town planning movement and the study of civics [M] Michigan: Vmiersity of Michigan Library, 1915.

[9] 崔功豪，魏清泉，陈宗兴. 区域分析与规划 [M]. 北京: 高等教育出版社，2001.

[10] 陆大道. 关于"点-轴"空间结构系统的形成机理分析 [J]. 地理科学，2002，22 (1): 1-6.

[11] 许学强，周一星，宁越敏. 城市地理学 [M]. 北京: 高等教育出版社，1997.

[12] 周雷，徐瑾. 关于经济全球化中依附发展理论的思考 [J]. 济南大学学报: 社会科学版，2001，11 (1): 86-89.

[13] Hall P. Planning: millennial retrospect and prospect [J]. Progress in Planning, 2002, 57 (3-4): 263-284.

[14] Ambrose P. Whatever Happened to Planning? [M]. London: Methuen, 1986.

[15] 黄玮. 中心·走廊·绿色空间: 大芝加哥都市区 2040 区域框架规划 [J]. 国外城市规划，2006，21 (4): 46-52.

[16] 胡序威. 我国区域规划的发展态势与面临问题 [J]. 城市规划，2002，26 (2): 23-26.

[17] 刘卫东，陆大道. 新时期我国区域空间规划的方法论探讨: 以"西部开发重点区域规划前期研究"为例 [J]. 地理学报，2005，60 (6): 894-902.

[18] 胡序威. 中国区域规划的演变与展望 [J]. 城市规划，2006，30 (B11): 8-12.

[19] 李平，石碧华. "十一五"国家区域政策的成效"十二五"区域规划与政策的建议 [J]. 发展研究，2010，(7): 4-11.

[20] 孙久文，胡安俊. 中国发展中的区域问题、总体战略与区域规划 [J]. 兰州学刊，2011，(12): 34-38.

[21] 曾菊新，刘传明. 构建新时期的中国区域规划体系 [J]. 学习与实践，2006，(11): 23-27.

[22] 杨世智. "十一五"以来我国出台的区域规划和政策文件 [N/OL]. 甘肃日报，2012-03-22. http://gsrb.gansedaily.com.cn/system/2012/03/22/012416718.shtml.

[23] 冯建喜. 建国以来我国区域规划出现的 3 次高潮及原因 [J]. 安徽农业科学，2008，36 (5): 2041-2042.

[24] http://www.cnki.net/

[25] 王进益. 苏联区域规划的做法 [J]. 国外城市规划. 1984，(3).

[26] VP 布杜索娃，袁朱. 苏联的经济区划、区域规划与城市规划 [J]. 地理译报，1984，(4).

[27] 王进益. 苏联区域规划的情况和问题 [J]. 人文地理，1990，(2).

［28］孙娟，崔功豪. 国外区域规划发展与动态［J］. 城市规划汇刊，2002，（2）：48－50.

［29］谢惠芳，向俊波. 面向公共政策制定的区域规划——国外区域规划的编制对我们的启示［J］. 经济地理，2005，25（5）：604－606.

［30］陈志敏，王红扬. 英国区域规划的现行模式及对中国的启示［J］. 地域研究与开发，2006，25（3）：39－45.

［31］张京祥，何建颐，殷洁. 战后西方区域规划环境演变、实施机制与总体绩效［J］. 国外城市规划，2006，21（4）：67－71.

［32］殷为华. 20 世纪 90 年代以来中外区域规划研究的对比分析［J］. 世界地理研究，2006，15（4）：30－34.

［33］严重敏，周克瑜. 关于跨行政区区域规划若干问题的思考［J］. 经济地理，1995，（4）：1－6.

［34］胡序威. 我国区域规划的发展态势与面临问题［J］. 城市规划，2002，（2）：23－26.

［35］牛慧恩. 国土规划、区域规划、城市规划——论三者关系及其协调发展［J］. 城市规划，2004，28（11）：42－46.

［36］周毅仁. "十一五"期间我国区域规划有关问题的思考和建议［J］. 地域研究与开发. 2005，24（3）：1－5.

［37］陈耀. 我国区域规划特点、问题及区域发展新格局［J］创新，2010，（3）：5－7.

［38］王兴平. 对新时期区域规划新理念的思考［C］//中国城市规划学会，城市规划面对面——2005 城市规划年会论文集. 北京. 中国水利水电出版社，2005：245－250.

［39］胡序威. 中国区域规划的演变与展望［J］. 地理学报，2006，（6）：585－592.

［40］崔功豪. 中国区域规划的新特点和发展趋势［J］. 现代城市研究，2006，（9）：4－7.

［41］殷为华，沈玉芳，杨万钟. 基于新区域主义的我国区域规划转型研究［J］. 地域研究与开发，2007，26（5）：12－15.

［42］方忠权，丁四保. 主体功能区划与中国区域规划创新［J］. 地理科学，2008，28（4）：483－487.

［43］胡云锋，曾澜，李军，等. 新时期区域规划的基本任务与工作框架［J］. 地域研究与开发，2010，29（4）：6－9.

［44］戚常庆，李健. 区域主义与我国新一轮区域规划的发展趋势［J］. 上海城市管理，2010，（5）：36－41.

［45］谢涤湘，江海燕. 珠三角城市群地区的区域规划与区域治理——基于《珠江三角洲地区改革发展规划纲要》的思考［J］. 规划师，2011，（1）：16－19.

［46］李阿萌，张京祥. 都市区化背景下特大城市近郊次区域规划探索：以南京为例［J］. 规划师，2011，（3）：70－75.

［47］李立勋，辜桂英. 基于公共理性的区域规划体制创新：以海南城乡总体规划为例［J］. 规划师，2011，（3）：26－32.

［48］刘晓航，李畅，魏婉贞. 区域经济一体化格局下的区域规划研究综述［J］. 企业研究：理论版，2011，（9）：151－151.

［49］方中权，陈烈. 区域规划理论的演进［J］. 地理科学，2007，27（4）：480－485.

［50］李广斌. 新时期我国区域规划理论革新研究［D］. 上海：华东师范大学，2007.

［51］李广斌，王勇，谷人旭. 我国区域规划编制与实施问题研究进展［J］. 地理与地理信息科学，2006，22（6）：48－53.

［52］毛汉英. 新时期区域规划的理论、方法与实践［J］. 地域研究与开发，2005，24（6）：1－6.

［53］鲍超，方创琳. 从地理学的综合视角看新时期区域规划的编制［J］. 经济地理，2006，26（2）：177－180.

［54］刘卫东，陆大道. 新时期我国区域空间规划的方法论探讨：以"西部开发重点区域规划前期研究"为例［J］. 地理学报，2005，11－23.

［55］张京祥，吴启焰．试论新时期区域规划的编制与实施［J］．经济地理，2001，21（5）：513 – 517.

［56］卡斯特．网络社会的崛起［M］．夏铸九，王志弘，等，译．3版．北京：社会科学文献出版社，2006.

［57］RENNIE S J，BREITBACRV C，BVCKMAN S，et al．From world cities to gateway cities：Extending the boundaries of globalization theory．City：analysis of urban trends，culture，theory，policy，action，2000，4（3）：317 – 340.

［58］徐国弟．对我国区域经济区域规划问题的思考——关于编制京津冀区域规划的几点意见［J］．城市，1996，（2）．

［59］李平，石碧华．"十一五"国家区域政策的成效"十二五"区域规划与政策的建议［J］．发展研究．2010 – 07 – 20.

［60］陈耀．我国区域规划特点、问题及区域发展新格局［J］．创新．2010 – 05 – 21.

［61］迪肯·彼得．全球性转变：重溯21世纪的全球经济地图［M］．北京：商务印书馆，2009：90 – 98.

［62］马延吉．区域产业集聚理论初步研究［J］．地理科学，2007，27（6）：756 – 760.

［63］王缉慈．创新的空间：企业集群与区域发展［M］．北京：北京大学出版社，2001.

［64］顾朝林等．概念规划：理论·方法·实例［M］．北京：中国建筑工业出版社，2003.

［65］纪玉山，周英，吴勇民．库兹涅茨人均收入决定论质疑：兼论我国产业结构升级的政策取向［J］．经济经纬，2005，（1）：58 – 61.

［66］赵嘉辉，孙永辉．简论我国新兴能源产业政策的发展定位［J］．中外能源，2012，17（1）：39 – 44.

［67］武越明，王瑞芳，常海燕，等．解读十六产业振兴规划［OL］．http：//www．china．com．cn/fangtan/zhuanti/sdhyzxgz/node_ 7061900．htm.

［68］国务院办公厅．国务院关于加快培育和发展战略性新兴产业的决定［OL］．2010 – 10 – 10．http：//www．gov．cn/zwgk/2010 – 10/18/content_ 1724848．htm.

［69］国务院办公厅．国务院关于中西部地区承接产业转移的指导意见［OL］．2010 – 08 – 31．http：//www．gov．cn/zwgk/2010 – 09/06/content_ 1696516．htm.

［70］中国新闻网．国务院印发《全国主体功能区规划》（全文）［OL］．2011 – 06 – 09．http：//www．chinanews．com/gn/2011/06 – 09/3099774．shtml.

［71］Krugman P R．Making Sense of the Competitiveness Debate［J］．Oxford Review of Economic Policy，1996，12（3）：17 – 25.

［72］Porter M E．Location，Competition，and Economic Development：Local Clusters in a Global Economy［J］．Economic Development Quarterly，2000，14（1）：15 – 34.

［73］Cooke P，Schienstock G．Structural Competitiveness and Learning Regions［J］．Enterprise and Innovation Management Studies，2000，1（3）：265 – 280.

［74］Camagni R．On the Concept of Territorial Competitiveness：Sound or Misleading?［J］．Urban Studies，2002，39（13）：2395 – 2411.

［75］张金昌．国际竞争力评价的理论与方法［M］．北京：经济科学出版社．2002.

［76］World Econonic Forum．The global competitiveness report 2002 – 2003［M］．New York：Oxford University Press，2003.

［77］（美）迈克尔·波特．国家竞争力优势［M］．北京：华夏出版社，2002.

［78］President's Commission on Competitiveness．The Report of the President's Commission on Competitiveness［R］，1984.

［79］Organisation for Economic Cooperation and Development．Programme on Technology and the Economy［R］，1992.

［80］European Commission，Sixth Periodic Report on the Social and Economic Situation and development of the

Regions of the European Union [R], 1999.

[81] Porter, M. E., The competitive advantage of nations, New York: Free Press, 1990.

[82] World Economic Forum, The Global Competitiveness Report 2004 – 2005 [M]. Now York Oxford University Press, 2005.

[83] 樊纲. 论竞争力：关于科技进步与经济效益关系的思考 [J]. 管理世界, 1998, (3)：10 – 15.

[84] 阳国新. 区域贸易与区域竞争 [J]. 经济学家, 1995, (2)：122 – 123.

[85] 王秉安. 区域竞争力理论与实证 [M]. 北京：航空工业出版社, 2000：55 – 56.

[86] 朱铁臻. 经济全球化与提高城市竞争力 [J] 现代经济探讨, 2001, (4)：3 – 7.

[87] 倪鹏飞. 中国城市竞争力报告 [M] 北京：社会科学文献出版社, 2010.

[88] 连玉明, 中国城市蓝皮书 [M]. 北京：中国时代经济出版社, 2003.

[89] 严于龙. 我国地区经济竞争力比较研究 [J]. 中国软科学, 1998, (4) 109 – 111.

[90] (美) 迈克尔·波特. 国家竞争优势 [M]. 北京：华夏出版社, 2002.

[91] 汪应洛, 马亚男, 李泊溪. 几个竞争力概念的内涵及相应关系综述 [J]. 预测, 2003, 22 (1)：25 – 27.

[92] 左继宏, 胡树华. 关于区域竞争力的指标体系设计研究 [J]. 武汉理工大学学报：信息与管理工程版, 2004, 26 (4)：64 – 67.

[93] (美) 保罗·克鲁格曼. 国际经济学 [M]. 北京：中国人民大学出版社, 1998.

[94] (美) 保罗·克鲁格曼. 国际经济学 [M]. 北京：中国人民大学出版社, 1998. 82 – 83.

[95] (美) 保罗·克鲁格曼. 国际经济学 [M]. 北京：中国人民大学出版社, 1998.

[96] 汪洋. 甘肃省三次产业竞争力偏离的实证分析 [J]. 甘肃科学学报, 2003, 15 (1)：112 – 116.

[97] 王连月, 韩立红. AHP 法在区域竞争力综合评价中的应用 [J]. 企业经济, 2004, (6)：112 – 113.

[98] 钟卫东, 张伟. 城市竞争力评价问题研究 [J]. 中国矿业大学学报：社会科学版, 2002, (2)：80 – 86.

[99] 丘远尧, 王贵荣, 黄雪冰. 对新疆地区竞争力的评价和实证分析 [J]. 新疆社会科学, 2002, (4)：22 – 31.

[100] 岳中刚. 基于因子分析法的区域零售业竞争力研究 [J]. 山西财经大学学报, 2006, 28 (2)：49 – 53.

[101] 郭秀云. 灰色关联法在区域竞争力评价中的应用 [J]. 统计与决策, 2004, (11)：55 – 56.

[102] 牛盼强. 区域经济发展环境综合评价模型 [J]. 中国海洋大学学报：社会科学版, 2005, (4)：94 – 96.

[103] 联合研究组, 中国国际竞争力报告. 北京：中国人民大学出版社, 2002.

[104] 叶琪. 区域竞争力评价指标体系的国内外研究综述 [J]. 福建师范大学学报：哲学社会科学版, 2008, (1)：91 – 96.

[105] Porter M E. Regional Foundations of Competitiveness: Issues for Wales [R]. 2002 – 04 – 03.

[106] 唐琦, 虞孝感, 王辰. 试从地理学视角探讨区域综合竞争力的指标体系 [J]. 长江流域资源与环境, 2009, 18 (3)：205 – 210.

[107] 张秀生, 陈立兵. 产业集群、合作竞争与区域竞争力 [J]. 武汉大学学报：哲学社会科学版, 2005, 58 (3)：294 – 299.

[108] 洪银兴, 刘志彪. 长江三角洲地区经济发展的模式和机制 [M]. 北京：清华大学出版社, 2003.

[109] 朱铁臻. 经营城市：提高城市竞争力的新理念 [J]. 江海学刊, 2002, (2)：68 – 72.

[110] 倪鹏飞. 中国城市竞争力与基础设施关系的实证研究 [J]. 中国工业经济, 2002, (5)：62 – 69.

[111] 张斌, 梁山. 区域竞争力初探 [J]. 经济师, 2005, (11)：21 – 22.

[112] 张辉. 区域竞争力的有关理论探讨 [J]. 中国软科学, 2001, (8)：92 – 97.

[113] 周艳群, 田澎. 区域竞争力形成机理的系统经济学分析 [J]. 外国经济管理, 2005, (6)：52 – 58.

[114] (美) 迈克尔·波特著. 国家竞争优势 [M]. 北京：华夏出版社, 2002.

［115］陈剑锋，唐振鹏. 国外产业集群研究综述［J］. 外国经济及管理，2002，(8)：22－27.

［116］陈剑锋，唐振鹏. 国外产业集群研究综述［J］. 外国经济及管理，2002，(8).

［117］Mytelka Lynn，Farinelli Fulvia. Local Cluster，Innovation Systems and Sustained Competitiveness［R］. Maqsstricht，Netherlands：United Nations University，2000.

［118］Henderson J Vennon，Shalizi Zmarak，Venables Anthony J. Geography and Development［J］. Journal of Economic Geography，2001，1 (1)：81－105.

［119］Beaudry Catherine，Swann Peter. Growth in Industrial Cluster：a Bird's Eye View of the United Kingdom［R］. SIEPR Discussion Paper，2001.

［120］陈剑锋，唐振鹏. 国外产业集群研究综述［J］. 外国经济及管理，2002，(8).

［121］王缉慈. 现代工业地理学［M］. 北京：中国科学技术出版社，1994.

［122］张京祥. 全球化视野中长江三角洲区域发展的博弈与再思考［J］. 规划师，2005，21 (4)：14－16.

［123］Kandampully Jay. The dynamics of service clusters：A phenomenon for further study［J］. Managing Service Quality，2001，11 (6) 373－374.

［124］Senn Lanfranco. Service activities' urban hierarchy and cumulative growth［J］. The Service Industries Journal，1993，13 (2)：11－22.

［125］Keeble D，Nachum L，Why do business service firms cluster：Small consultancies，clustering and decentralisation in Londn and Southem England，Cambridge：llniversity of cambridge Working Paper working paper，2001.

［126］(美) 熊彼特. 经济发展理论［M］. 北京：商务印书馆，1990.

［127］Hart，Simmie. Innovation，Competition and the structure of local production networks：Initial findings from the Hertfordshire Prolect［J］. Local Economy，1997，(11)：235－246.

［128］Maillat D. Innovative melieux and new generations of regional policies［J］. Entrepreneurships and Regional development，1998，10 (1)：1－16.

［129］王勇. 竞争性区域构建的理论与实证研究［D］. 上海：华东师范大学，2008.

［130］Saxenian A L. The origin and dynamics of production networks in Silicon Valley［J］. Research Policy，1991，20 (5)：423－437.

［131］张京祥，殷洁，何建颐. 全球化世纪的城市密集地区发展与规划［M］. 北京：中国建筑工业出版社，2008.

［132］余斌，李星明，曾菊新，等. 武汉城市圈创新体系的空间分析：基于区域规划的视角［J］. 地域研究与开发，2007，26 (1)：40－44.

［133］王孝斌，李福刚. 地理邻近在区域创新中的作用机理及其启示［J］. 经济地理，2007，27 (4)：543－546.

［134］张京祥，殷洁，何建颐. 全球化世纪的城市密集地区发展与规划［M］. 北京：中国建筑工业出版社，2008.

［135］苗长虹，樊杰，张文忠. 西方经济地理学区域研究的新视角：论"新区域主义"的兴起［J］. 经济地理，2002，22 (6)：644－650.

［136］李铭，方创琳，孙心亮. 区域管治研究的国际进展与展望［J］. 地理科学进展，2007，26 (4)：107－120.

［137］徐海贤，庄林德，肖烈柱. 国外大都市区空间结构及其规划研究进展［J］. 现代城市研究，2002，(6)：34－38.

［138］张京祥，刘荣增. 美国大都市区的发展及管理［J］. 国外城市规划，2001，(5)：6－8.

［139］张京祥，等. 竞争型区域管治：机制、特征与模式：以长江三角洲地区为例［J］. 长江流域资源与环境，2005，14 (5)：670－674.

[140] 吴未，曹荣林，易晓峰. 南京都市圈城市管治的初步设想 [J]. 规划师，2002，18（9）：22-24.

[141] 刘克华，陈仲光. 区域管治的新探索：厦泉漳城市联盟规划战略 [J]. 经济地理，2005，25（6）：843-846.

[142] 王登嵘. 粤港地区区域合作发展分析及区域管治推进策略 [J]. 现代城市研究，2003，（2）：60-64.

[143] 邓宝善，黄小慧. 大珠江三角洲都会城市带管治问题探讨 [J]. 北京规划建设，2005，（5）：68-70.

[144] 吴玉琴. 区域多中心管治研究：以珠江三角洲为例 [J]. 云南地理环境研究，2003，15（4）：85-89.

[145] 武廷海. 纽约大都市地区规划的历史与现状：纽约区域规划协会的探索 [J]. 国外城市规划，2000，（2）：3-7.

[146] 刘健. 巴黎地区区域规划研究 [J]. 北京规划建设，2002，（1）：67-71.

[147] 吴唯佳. 非正式规划：区域协调发展的新建议 [J]. 规划师，1999，15（4）：104-106.

[148] Amin A, Thrift N. Globalisation, institutions, and regional development in Europe [M]. London: Oxford University Press, 1995.

[149] Garnsey E. The genesis of the high technology mileu: A study in complexity [J]. International Journal of Urban and Regional Research, 1998, 22（3）：361-377.

[150] Amin Ash, Wilkinson F, Learning, proximity and industrial performance: an introduction [J], Cambridge Journal of Economics, 1999, 23（2）：121-125.

[151] Braczyk H J, Cooke P, Heidenreich M, et al. Regional innovation systems: The Role of Governances in a Globalized World [M]. London: UCL Press. 1998.

[152] Cooke, P, Morgan The associational economy: Firms, regions and innovation [M]. Oxford: Oxford University Press, 1998.

[153] Cooke, P. and Morgan, K., The Associational Economy: Firms, Regions and Innovation, Oxford University Press, Oxford, 1998.

[154] 同上。

[155] Hudson R. The learning economy, the learning firms, and the learning region: A sympathetic critique of the limits to learning [J], European Urban and Regional Studies, 1999, 6（1）：59-72.

[156] Lawson C, Lorenz E H, Collective learning, tacit knowledge, and regional innovative capacity [J]. Regional Studies, 1999, 33（4）：305-317.

[157] Lorenzen M. Localised learning and community capabilities: On the organisation of knowledge in markets, firms, and communities. Copenhagen: Samfundslitteratur, 1999.

[158] Malecki E J, Oinas P, Park S O technology and development//Malecki, E J Making connections: Technological learning and regional economic change, Aldershot: Ashgate, 1999.

[159] Maskell, P, Eske linen H, Hannibalsson I, et al, Competitiveness, localised learning, and regional development: Specialisation and prosperity in small open economies [M]. London: Routledge, 1998.

[160] Storper M. The regional world [M]. New York: Guilford Press, 1997.

[161] Maskell, P et al, Competitiveness, localised learning, and regional development: Specialisation and prosperity in small open economies, London: Routledge, 1998.

[162] Eskelinen H. Regional specialisation and local environment: Learning and competitiveness [J]. NordREFO, 1997（3）.

[163] Maskell P, Malmberg A. Localised learning and industrial competitiveness [J]. Cambridge Journal of Economics, 1999, 23（2）：167-185.

[164] Glasmeier A K, Territory-based regional development policy and planning in a learning economy: The case of "real service centers" in industrial districts [J]. European Urban and Regional Studies, 1999, 6（1）：73-84.

[165] Keeble D, Wilkinson F. Collective learning and knowledge development in the evolution of regional clusters of high technology SMEs in Europe [J]. Regional Studies, 1999, 33 (4): 295 – 303.

[166] Capello R. Spatial transfer of knowledge in high technology milieux: Learning versus collective learning processes [J]. Regional Studies, 1999, 33 (4): 353 – 365.

[167] Lawson, C and E H Lorenz, Collective learning, tacit knowledge, and regional innovative capacity, Regional Studies, 1999, 33 (4): 305 – 318.

[168] Malecki, E J., Oinas, P. & S O Park, On technology and development, in Making connections: Technological learning and regional economic change, Malecki, E J (ed.), Aldershot: Ashgate, 1999.

[169] Lorenzen Mark. Localized Learning and Policy: Academic Advice on Enhancing Regional Competitiveness through Learning [J]. European Planning Studies, 2001, 9 (2): 163 – 185.

[170] 孟庆民，李国平，杨开忠. 学习型区域：面向全球化的区域发展 [J]，地理科学，2001，21 (3): 205 – 209.

[171] Wallis Allan D. Regions in action: crafting regional governance under the challenge of global competitiveness [J]. National Civic Review, 1996, 85 (2): 15 – 24.

[172] Hershberg Theodore, Regional cooperation: strategies and incentives for global competitiveness and urban reform [J]. National Civic Review, 1996, 85 (2): 25 – 30.

[173] 蔡洋，胡宝民，霍胜泽. 新经济条件下的京津冀区域合作研究 [J]. 工业技术经济，2002，(4): 7 – 9.

[174] 卓勇良，黄建华. 长江三角洲：政府改革与区域合作 [J]. 江南论坛，2003，(3): 15 – 16.

[175] 王诗成，郑贵斌. 渤海三角经济圈的经济聚合与区域合作 [J]. 港口经济，2004，(3): 26 – 27.

[176] 张稷峰，齐峰. 泛珠三角区域合作机制初探 [J]. 经济前沿，2004，(5): 11 – 15.

[177] Putnam Robert D. Making Democracy Work: Civic Traditions in Modern Italy, Princeton. Princeton, NJ: Princeton University Press, 1993.

[178] Severson Gary R. It's time to restart the global engines: Pafet Sound Bnsiness Mast Forget Alliances to better compete in a world economy [N]. The Seattle Times. 1993 – 09 – 05.

[179] Robert D. Putnam, Making Democracy Work: Civic Traditions in Modern Italy, Princeton, NJ: Princeton University Press, 1993.

[180] Wallis, Allan D., Regions in action: crafting regional governance under the challenge of global competitiveness, National Civic Review, 1996, 85 (2).

[181] 王登嵘，粤港地区区域合作发展分析及区域管治推进策略，现代城市研究，2003，(2): 60 – 64.

[182] 杨毅，李向阳. 区域治理：地区主义视角下的治理模式 [J]. 云南行政学院学报，2004，(2): 50 – 53.

[183] Begg Iain. Cities and Competitiveness [J]. Urban Studies, 1999, 36 (5 – 6): 795 – 809.

[184] Duffy H. Competitive Cities: Succeeding in the Global Economy [M]. London: E&FN Spon, 1995.

[185] DRAKE K. Industrial competitiveness in the knowledge – based economy: the new role of government// OECD. Industrial Competitiveness in the Knowledge – based Economy: The New Role of Governments. Paris: OECD, 1997: 17 – 52.

[186] Duffy, H., Competitive Cities: Succeeding in the Global Economy, London: Spon, 1995.

[187] 王立成. 区域竞争力模型分析与提升路径 [J]. 山东社会科学，2006，(1): 123 – 125.

[188] 王金全. 提升珠三角区域竞争力的几点思考 [J]. 特区经济，2006，(2): 64 – 66.

[189] Porter M E. The Economic Performance of Regions [J]. Regional Studies, 2003, 37 (6 – 7): 549 – 578.

[190] Martin R, Sunley P. Paul Krugman's Geographical Economics and its Implications for Regional Develop-

ment Theory: A Critical Assessment [J]. Economic Geography, 1996, 72 (3): 259 – 292.

[191] OECD. The New Economy: Beyond the Hype [R]. Pan's: OECD, 2001.

[192] DTI. Regional Competitiveness ard State of the Regions [R]. London: DTI, 2004.

[193] European Commission, Sixth Periodic Report on the Social and Economic Situation of Regions in the EU, 1999.

[194] DTI, Regional Competitiveness & State of the Regions, London: Department of Trade and Industry, 2004.

[195] Martin Ronald L. A Study on the Factors of Regional Competitiveness: A draft final report for The European Commission Directorate – General Regional Policy [R/OL]. Cambridge: University of Cambridge 2003. ec. euvopa. eu/regiond_ policy/sources/dogener/studies/pdf/3cr/competitireness. pdf.

[196] Saxenian A. Regional Advantage: Culture and Competition in Silicon Valley and Route 128 [M]. Cambridge, Mass: Harvard University Press, 1996.

[197] ECORYS – NEI. International Benchmark of the Regional Investment Climate in Northwestern Europe [R]. Rotterdam: ECORYS – NEI, 2001.

[198] O'Malley E, Van Egeraat C. Industry Clusters and Irish Indigenous Manufacturing: Limits of the Porter View [J]. The Economic and Social Review, 2000, 31 (1): 55 – 79.

[199] Florida R. The Economic Geography of Talent [R]. SWIC Working Paper, 2000.

[200] Glaeser, EL, Scheinkman JA. Shleifer A. Economic Growth in a Cross – Section of Cities [J]. Journal of Monetary Economics, 1995, 36: 117 – 144.

[201] Saperstein J, Rouach D. Creating Regional Wealth in the Innovation Economy: Models, perspectires, and best practices [M]. Upper Soddle River, New Jersey: FT Press, 2002.

[202] Ritsila JJ. Regional Differences in Environments for Enterprises [J]. Entrepreneurship and Regional Development, 1999, 11 (3): 187 – 202.

[203] Johannisson B. Personal networks in emerging knowledge – based firms: spatial and functional patterns [J]. Entrepreneurship and Regional Development, 1998, 10 (4): 297 – 312.

[204] Beugelsdijk Sjoerd, van Schaik Ton. Social capital and growth in European regions: an empirical test [J]. European Journal of Political Economy, 2005, 21 (2): 301 – 324.

[205] Moers L. Institutions, Economic Performance and Transition [R]. Tinbergen Institute Research Series Working Paper, 2002.

[206] Bradshaw T K, Blakely E J. What Are "Third – Wave" State Economic Development Efforts? From Incentives to Industrial Policy [J]. Economic Development Quarterly, 1999, 13 (3): 229 – 244.

[207] Cooke, P and Morgan, The associational economy: Firms, regions and innovation, Oxford: Oxford University Press, 1998.

[208] NEI. International Benchmarking of Regional Development Agencies [R]. Rotterdam: NEI, 1999.

[209] European Commission, Sixth Periodic Report on the Social and Economic Situation of Regions in the EU, 1999.

[210] European Commission. Second Report on Economic and Social Cohesion [R]. 2001.

[211] Guerrero D C, Seró M A. Spatial Distribution of Patents in Spain: Determining Factors and Consequences on Regional Development [J]. Regional Studies, 1997, 31 (4): 381 – 390.

[212] Cooke P, Integrating global knowledge flows for generative growth in Scotland: Life sciences as a knowledge economy exemplar [M] //Potter J. Global knowledge Flowsand Economic Development [M]. Paris: OECD, 2004: 73 – 96.

[213] Cooke, P., Integrating global knowledge flows for generative growth in Scotland: Life sciences as a

knowledge economy exemplar, in Potter, J. (ed.), Inward Investment, Entrepreneurship and Knowledge Flows in Scotland – International Comparisons. OECD, Paris, 2003.

[214] Dineen DA. The role of a university in regional economic development: A case study of the University of Limerick [J]. Industry and Higher Education, 1995, 9 (3): 140 – 148.

[215] Cooke, P., Integrating global knowledge flows for generative growth in Scotland: Life sciences as a knowledge economy exemplar, in Potter, J. (ed.), Inward Investment, Entrepreneurship and Knowledge Flows in Scotland – International Comparisons. OECD, Paris, 2003.

[216] Cantwell J, Iammarino S. Multinational Corporations and the Location of Technological Innovation in the UK Regions [J]. Regional Studies, 2000, 34 (4): 317 – 332.

[217] Cantwell, J. and Iammarino, S., Multinational Corporations and the Location of Technological Innovation in the UK Regions, Regional Studies, 2000, 34 (4): 317 – 332.

[218] Guerrero, D. C. and Seró, M. A., Spatial Distribution of Patents in Spain: Determining Factors and Consequences on Regional Development, Regional Studies, 1997, 31 (4): 381 – 390.

[219] Peter Karl Kresl. The determinants of urban competitiveness: a survey [M] //Kresl P K, Gappert G. North American cities and the global economy. Thousand Oaks, CA: SAGE publications, 1995: 45 – 68.

[220] Kresl P K, Singh Balwant. Competitiveness and the urban economy: Twenty – four large US metropolitan areas [J]. Urban studies, 1999, 36 (5 – 6): 1017 – 1027.

[221] Rondinelli D A. Vastag Gyula. Analyzing the international competitiveness of metropolitan areas: The MICAM model [J]. Economic Development Quarterly, 1997, 11 (4): 347 – 366.

[222] Begg Iain, Cities and Competitiveness [J]. Urban Studies, 1999, 36 (5 – 6): 795 – 809.

[223] Webster Douglas, Muller Larissa. Urban competitiveness assessment in developing country urban regions: the road forward [R]. Washington D C: The World Bank, 2000.

[224] Gordon I R, Cheshire P C. Locational advantage and lessons of territarial competition in Europe [M] // Johansson B, Karlsson C, stough R. Theories of endogenous regional growth: advances in spertitd science. Berlin: Spronger Berlin Heidelbeng, 2001: 137 – 149.

[225] Putnam R D. Bowling alone: America's declining social capital [J]. Journal of Democracy, 1995, 6 (1): 65 – 78.

[226] Porter, M. E., Location, Competition, and Economic Development: Local Clusters in a Global Economy, Economic Development Quarterly, 2000, 14 (1): 15 – 34.

[227] Markusen A. Sticky places in slippery space: a typology of industrial districts [J]. Economic Geography, 1996, 72 (3): 293 – 313.

[228] 狄昂照, 吴明录, 韩松, 等. 国际竞争力 [M]. 北京: 改革出版社, 1992.

[229] 张金昌, 国际竞争力评价的理论与方法, 北京: 经济科学出版社, 2002.

[230] 王与君. 中国经济国际竞争力 [M]. 南昌: 江西人民出版社, 2000: 40 – 41.

[231] 建设海峡西岸繁荣带提升福建区域竞争力课题组. 区域竞争力研究: 实证分析 [J]. 福建行政学院福建经济管理干部学院学报, 1999, (2): 3 – 7.

[232] 甘健胜. 区域竞争力评估的多目标层次分析模型 [J]. 福建行政学院福建经济管理干部学院学报, 2002 (1): 26 – 29.

[233] 张为付, 吴进红. 对长三角、珠三角、京津地区综合竞争力的比较研究 [J]. 浙江社会科学, 2002, (6): 24 – 28.

[234] 盖文启. 创新网络: 区域经济发展新思维 [M]. 北京: 北京大学出版社, 2002.

[235] 王秉安. 区域竞争力理论与实证 [M]. 北京: 航空工业出版社, 2000.

[236] 张辉. 区域竞争力有关理论探讨 [J]. 中国软科学, 2001, (8).

[237] 赵修卫. 关于发展区域核心竞争力的探讨 [J]. 中国软科学, 2001, (10): 95 – 99.

[238] 赵修卫. 区域竞争力基础的多元化及其思考 [J]. 中国软科学, 2003, (12): 110 – 114.

[239] 王缉慈, 等. 创新的空间——企业集群与区域发展 [M]. 北京: 北京大学出版社, 2001.

[240] 盖文启, 朱华晟. 产业的柔性集聚及其区域竞争力 [J]. 经济理论与经济管理, 2001 (10): 25 – 30.

[241] 陈秋月. 区域经济竞争力的比较模型 [J]. 现代情报, 2002 (6): 152 – 153.

[242] 倪鹏飞. 中国城市竞争力理论研究与实证分析 [M]. 北京: 中国经济出版社, 2001.

[243] 倪鹏飞, 中国城市竞争力报告, 北京: 社会科学文献出版社, 2003.

[244] 连玉明, 中国城市蓝皮书, 北京: 中国时代经济出版社, 2003.

[245] 于涛方. 城市竞争与竞争力 [M]. 南京: 东南大学出版社, 2004.

[246] 郝寿义, 倪鹏飞. 中国城市竞争力研究: 以若干城市为案例 [J]. 经济科学, 1998, (3): 50 – 56.

[247] 宁越敏, 唐礼智. 城市竞争力的概念和指标体系 [J]. 现代城市研究, 2001, (3): 19 – 22.

[248] 仇保兴. 城市定位理论与城市核心竞争力 [J]. 城市规划, 2002, 26 (7): 11 – 13.

[249] 孙明洁. 城市竞争力浅谈 [D]. 南京: 南京大学, 2001.

[250] 石忆邵, 朱红燕. 市场群落、企业群落与城镇网络: 兼论长江三角洲都市经济圈联动发展模式 [J]. 城市规划汇刊, 2000, (2): 35 – 37.

[251] 于涛方, 城市竞争与竞争力, 南京: 东南大学出版社, 2004.

[252] Brandenburger Adam M Nalebuff Barry J. Co – Opetition: a revolution mindset that combines competition and cooreratdon: the game theory strategy that's changing the game of business [M]. New York: Currency Doubleday, 1997: 1 – 304.

[253] 王玉清, 朱文晖, 张玉斌. 从竞合角度看两大三角洲的区域经济整合 [J]. 经济理论与经济管理, 2004, (4): 64 – 68.

[254] 周明生, 孙占. 以竞合促进长三角率先形成服务业为主产业结构的探讨 [J]. 科学发展, 2010, (4). 90 – 100.

[255] Dagnino G B, Padula G. Coopetition strategy: a new kind of interfirm dynamics for value creation [C]. Stockholm: EURAM 2nd annual conference, 2002.

[256] 殷杰, 卢晓. 经济学视角下的城市竞合 [J]. 城市, 2006, (1): 62 – 65.

[257] 张宏书, 张卓清. 竞争、合作、竞合、共生 [J]. 发展, 2007, (7): 120 – 121.

[258] 刘静波. 产业竞合: 合作博弈、网络平台与制度条件 [D]. 上海: 上海社会科学院. 2007.

[259] 王飞. 我国地方政府间竞合博弈与对策研究 [D]. 济南: 山东大学, 2008.

[260] 奥尔森. 集体行动的逻辑 [M]. 上海: 上海人民出版社, 1995.

[261] Hardin Garrett. The Tragedy of the Commons [J]. Science, 1968, 162 (385): 1243 – 1248.

[262] 周黎安. 晋升博弈中政府官员的激励与合作: 兼论我国地方保护主义和重复建设问题长期存在的原因 [J]. 经济研究, 2004, (6): 33 – 40.

[263] 吴泓, 顾朝林. 基于共生理论的区域旅游竞合研究: 以淮海经济区为例 [J]. 经济地理, 2004, (1): 104 – 109.

[264] 江金波, 余构雄. 基于生态位理论的长江三角洲区域旅游竞合模式研究 [J]. 地理与地理信息科学, 2009, (5): 93 – 97.

[265] 米建华, 郑忠良. 长三角港口群竞合模式研究 [J]. 综合运输, 2007, (7): 37 – 40.

[266] 郭来喜. 苏联地域生产综合体的近今趋势 [M]. 1987.

[267] 吴传钧. 论地理学的研究核心: 人地关系地域系统 [J]. 经济地理, 1991, (03).

[268] 董黎明, 孙胤社. 中心城市吸引范围划分的理论与方法 [C] 叶维钧, 张秉忱, 林家宁. 中国城市化道路初探: 兼论我国城市基础设施的建设. 北京: 中国展望出版社, 1988: 228 – 335.

[269] 彭震伟. 区域研究与区域规划 [M]. 上海: 同济大学出版社, 1998.

［270］金凤君. 空间组织与效率研究的经济地理学意义［J］. 世界地理研究，2007，16（4）：55 - 59.

［271］石崧. 从劳动空间分工到大都市区空间组织［D］. 上海：华东师范大学，2005.

［272］张京祥，邹军，吴启焰，等. 论都市圈地域空间的组织［J］. 城市规划，2001，25（5）：19 - 23.

［273］Friedmann J，Alonso W. Regional Development and Planning：a Reader［M］. Cambridge，Mass：MIT Press，1964.

［274］陈群元，喻定仪，我国城市群发展的阶段划分、特征与开发模式［OL］. http：//www. chinareform. org. cn/cirdbbs/TopicOther. asp？t = 5&BoardID = 25&id = 237282.

［275］约翰斯顿 R J. 唐晓峰，译. 地理学与地理学家［M］. 北京：商务印书馆，1999：155 - 157.

［276］彭震伟. 区域研究与区域规划. 上海：同济大学出版社，1998.

［277］王维国. 协调发展的理论与方法研究［M］. 北京：中国财政经济出版社，2000.

［278］邹珊刚，黄麟雏，李继宗. 系统科学［M］. 上海：上海人民出版社，1987.

［279］喻传赞，彭匡鼎，张一方. 熵、信息与交叉学科［M］. 昆明：云南大学出版社，1994.

［280］Kurokawa Kisho. Each One A Hero：The Philosophy of Symbiosis［M］. Tokyo：Kodansha International，1997.

［281］袁纯清. 共生理论：兼论小型经济［M］. 北京：经济科学出版社，1998.

［282］刘荣增. 城镇密集区发展演化机制与整合［M］. 北京：经济科学出版社，2003.

［283］埃比尼泽·霍华德著. 金经元译. 明日的田园城市. 北京：商务印书馆，2000.

［284］Geddes P. Cities in Evolution：An Introduction to the town Planning Movement and to the Study of Civics.［M］. New York：Harper & Row，1968.

［285］Gottmann J. Megalopolis：the unbanized Northeastern Seaboard of the United States［M］. New York：Twentieth Century Fund，1961.

［286］Hall P. urban and Regional Planning［M］. 4th ed. London：Routledge，2002.

［287］Ullman E L. American Commodity Flow：a geographical interpretation of rail and water traffic based on principles of spatial intrchange［M］. Seattle：University of Washington Press，1957.

［288］Scott A J. Globalization and the Rise of City - regions［J］. European Planning Studies，2001，9（7）：813 - 826.

［289］Simmie J. Innovation and Urban Regions as National and International nodes for the Transfer and Sharing of Knowledge［J］. Regional Studies，2003，37（6 - 7）：607 - 620.

［290］唐子来. 西方城市空间结构研究的理论和方法［J］. 城市规划汇刊，1997，（6）：1 - 11.

［291］Bridges Brian. Learning from Europe：Lessons for Asian Pacific regionalism？［J］. Asia Europe Journal，2004，2（3）：387 - 397.

［292］苗长虹. 区域发展理论：回顾与展望［J］. 地理科学进展，1999，18（4）：296 - 305.

［293］张莉. 我国区域经济发展战略研究的回顾与展望［J］. 地理学与国土研究，1999，15（4）：1 - 7.

［294］陆大道. 论区域的最佳结构与最佳发展：提出"点—轴系统"和"T"型结构认来的回顾与再分析［J］. 地理学报，2001，56（2）：127 - 135.

［295］李小建. 经济地理学［M］. 北京：高等教育出版社，1999.

［296］曹光杰. 山东省区域开发布局研究［J］. 国土与自然资源研究，1996，（4）：5 - 9.

［297］代合治. 山东省的国土开发研究［J］. 国土与自然资源研究，1999，（3）：19 - 21.

［298］李吉霞. 鲁南区域经济点轴开发系统研究［J］. 人文地理，1996，11（52）：8 - 11.

［299］张世英. 新亚欧大陆桥与河南经济发展［J］. 地域研究与开发，1996，15（4）：1 - 5.

［300］宫新荷，王云才. 边境贸易与口岸增长极系统开发：以新疆为例［J］. 地域研究与开发，1994，13（1）：15 - 19.

［301］戴颂华. 非均衡性区域协调发展：21 世纪内地与香港发展关系的战略思考［J］. 城市发展研究，

1998，（3）：23 – 27.

[302] 代学珍. 河北省区域开发增长极系统的确定 [J]. 北京大学学报：自然科学版，1999，35（4）：558 – 562.

[303] 李善祥，杜可喜. 河北省生产力布局发展研究 [J]. 地理学与国土研究，1999，15（4）：36 – 39.

[304] 陈修颖，陈国生. 湖南省区域开发的空间模式研究 [J]. 经济地理，2001，21（4）：394 – 398.

[305] 王军，梁红莲，张红菊. 保定市经济区域差异及区域协调发展研究 [J]. 经济地理，2002，22（5）：569 – 573.

[306] 贾铁飞. 鄂尔多斯地区旅游资源配置与旅游发展增长极问题 [J]. 人文地理，2000，15（5）：78 – 80.

[307] 陈俊伟. 论广西旅游业的新增长极 [J]. 旅游学刊，2000，（2）：46 – 49.

[308] 崔功豪，魏清泉，陈宗兴. 区域分析与规划 [M]. 北京：高等教育出版社，2001.

[309] 陆大道. 关于"点 – 轴"空间结构系统的形成机理分析 [J]. 地理科学，2002，22（1）：1 – 6.

[310] 代学珍，杨吾扬. 河北省国土开发整治的点轴系统分析 [J]. 经济地理，1998，18（2）：57 – 62.

[311] 武伟，韩立华. 点域及其开发 [J]. 国土与自然资源研究，1997，（2）：10 – 14.

[312] 黄朝永，甄峰. 从分区点轴推进到"两环"联合开发：河北省内外空间联合开发模式 [J]. 经济地理，1999，19（3）：70 – 73.

[313] 张文尝. 工业波沿交通经济带扩散模式研究 [J]. 地理科学进展，2000，19（4）：335 – 342.

[314] 陈修颖，陈国生. 湖南省区域开发的空间模式研究 [J]. 经济地理，2001，21（4）：394 – 399.

[315] 廖良才，谭跃进，陈英武，等. 点轴网面区域经济发展与开发模式及其应用 [J]. 中国软件学，2000，（10）：80 – 82.

[316] 石培基，李国柱. 点 – 轴系统理论在我国西北地区旅游开发中的运用 [J]. 地理与地理信息科学，2003，19（5）：91 – 95.

[317] 刘继生，陈彦光，刘志刚. 点 – 轴系统的分形结构及其空间复杂性探讨 [J]. 地理研究，2003，22（4）：447 – 454.

[318] 陆玉麒. 论点 – 轴系统理论的科学内涵 [J]. 地理科学，2002，22（2）：136 – 143.

[319] 陆玉麒，俞勇军. 区域双核结构模式的数学推导 [J]. 地理学报，2003，58（3）：406 – 414.

[320] 陆玉麒. 区域双核结构模式的形成机理 [J]. 地理学报，2002，57（1）：85 – 95.

[321] 陆玉麒，董平. 双核结构模式与河北区域发展战略探讨 [J]. 地理学与国土研究，2000，16（1）：14 – 16.

[322] 陆玉麒. 双核型空间结构模式的应用前景 [J]. 地域研究与开发，1999，（3）：10 – 13.

[323] 陆玉麒. 双核型空间结构模式的探讨 [J]. 地域研究与开发，1998，（4）：44 – 48.

[324] 陆玉麒，董平，王颖. 双核结构模式与淮安区域发展 [J]. 人文地理，2004，19（1）：32 – 36.

[325] 崔功豪，魏清泉，陈宗兴. 区域分析与规划 [M]. 北京：高等教育出版社，2001.

[326] 陆大道. 关于"点 – 轴"空间结构系统的形成机理分析 [J]. 地理科学，2002，22（1）：1 – 6.

[327] 许学强，周一星，宁越敏. 城市地理学 [M]. 北京：高等教育出版社，1997.

[328] 汪宇明. 核心 – 边缘理论在区域旅游规划中的运用 [J]. 经济地理，2002，22（3）：372 – 375.

[329] 邱继勤，朱竑. 川黔渝三角旅游区联动开发研究 [J]. 地理与地理信息科学，2004，20（2）：78 – 82.

[330] 严春艳，甘巧林. 旅游核心区与边缘区协同发展研究：以广东省为例 [J]. 热带地理，2003，23（4）：371 – 375.

[331] 刘筱，阎小培. 九十年代广东省不同经济地域差异分析 [J]. 热带地理，2000，20（1）：1 – 7.

[332] 白国强. 广东核心边缘体系的分化与整合 [J]. 探求，2000，124（5）：30 – 32.

[333] 周雷，徐琏. 关于经济全球化中依附发展理论的思考 [J]. 济南大学学报：社会科学版，2001，11（1）：86 – 89.

[334] 周雷，徐琏. 关于经济全球化中依附发展理论的思考 [J]. 济南大学学报，2001，11（1）：86 – 89.

[335] 王新霞，李具恒. 西部开发新模式：基于梯度理论的扩展分析 [J]. 兰州大学学报：社会科学版，2003，31 (6)：112 – 117.

[336] 俞凤英. 关于区域经济的几点思考 [J]. 宁波高等专科学校学报，2000，12 (1)：17 – 18.

[337] Mattli W. The Logic of Regional Integration：Europe and beyond [M]. Cambridge：Cambridge University Press，1999.

[338] Langenhove Luk Van . Regional Integration and the Individualism / Collectivism Dichotomy [J]. Asia Europe Journal，2004，2 (1)：95 – 107.

[339] 李仙. 我国区域经济合作的新趋势和对策 [M] //陈栋生. 中国区域经济新论. 北京：经济科学出版社，2004.

[340] Höll O. Environmental Cooperation in Europe：the Political Dimension [M]. Boulder，co：Westview Press，1994.

[341] Zarsky L，Hays P，Openshaw K. Regional Environmental Cooperation in North – East Asia：Ecosystem Management，in Particular，Deforestation and Desertification；and Capacity – building，Economic and Social Commission for Asia and the Pacific. Expert Group Meeting on Environmental Cooperation in North – East Asia，1994，(11)：24 – 26.

[342] Min B S. Environmental Issues in Northeast Asia and International Cooperation [R]. Seoul：Korean Environmental Technology Research Institute，1996.

[343] Kox H LM. Vander Tak C M. Non – transboundary Pollution and the efficiency of International Environmental Co – opeartion [J]. Ecological Economics，1996，19 (3)：247 – 259.

[344] Min B S. Regional Cooperation for Control of Transboundary Air Pollution in East Asia [J]. Journal of Asian Economics，2001，12 (1)：137 – 153.

[345] 赵晓兵. 越境环境污染的经济分析 [J]. 中国人口·资源与环境，2000，10 (1)：25 – 27.

[346] 周海炜，钟尉，唐震. 我国跨界水污染治理的体制矛盾及其协商解决 [J]. 华中师范大学学报：自然科学版，2006，40 (2)：234 – 239.

[347] Sessa Alberto. The science of systems for tourism development [J]. Annals of tourism research，1988，15 (2)：219 – 235.

[348] Lue Chi – Chuan，Crompton John L，Fesenmaier Daniel R. Conceptualization of Multi – Destination Pleasure Trips [J]. Annals of Tourism Research，1993，20 (2)：289 – 301.

[349] Jamal Tazim B，Getz Donald. Collaboration theory and community tourism planning [J]. Annals of tourism research，1995，22 (1)：186 – 204.

[350] 许惠芳. 建立西安市旅游网络刍议 [J]. 西北大学学报：哲学社会科学版，1989，(2)：107 – 111.

[351] 吴必虎. 区域旅游规划原理 [M]. 北京：中国旅游出版社，2001.

[352] 孙根年. 论旅游业的区位开发与区域联合开发 [J]. 人文地理，2001，16 (4)：1 – 5.

[353] 汪宇明，全伟，胡燕雯，等. 在区域一体化进程中受益：提升上海都市旅游竞争力的战略思考 [J]. 人文地理，2002，17 (3)：31 – 33.

[354] 严春燕，甘巧林. 旅游核心区与边缘区协同发展研究：以广东省为例 [J]. 热带地理，2003，23 (4)：371 – 375.

[355] 张争胜，周永章. 粤西旅游资源的整合与开发 [J]. 华南师范大学学报：自然科学版，2004，(3)：115 – 119.

[356] 郑贵华，田定湘，郑自军. 长株潭旅游资源整合初探 [J]. 湖南社会科学，2004，(3)：96 – 98.

[357] 潘宝明. 扬州运河旅游资源整合开发会议 [J]. 扬州大学学报：人文社会科学版，2003，7 (4)：21 – 26.

[358] 崔功豪，魏清泉，等. 区域分析与规划 [M]. 北京：高等教育出版社，1999.

[359] 杨吾扬. 论城市体系 [J]. 地理研究，1987，6（3）：1-8.

[360] 许学强. 我国城镇规模体系的演变和预测 [J]. 中山大学学报：哲学社会科学版，1982，22（3）：40-49.

[361] 丁金宏，刘虹. 我国城镇体系规模结构模型分析 [J]. 经济地理，1988，8（4）：253-256.

[362] 顾朝林. 中国城镇体系等级规模分布模型及其结构预测 [J]. 经济地理，1990，（3）：54-56.

[363] 顾朝林. 中国城镇体系：历史·现状·展望 [M]. 北京：商务印书馆，1992.

[364] 宋家泰，顾朝林. 城镇体系规划的理论与方法初探 [J]. 地理学报，1988，43（2）：97-107.

[365] 张文奎，刘继生，王力. 论中国城市的职能分类 [J]. 人文地理，1990，（3）.

[366] 周一星，布雷德肖 R. 中国城市（包括辖县）的工业职能分类：理论、方法和结果 [J]. 地理学报，1988，（4）：287-298.

[367] 田文祝，周一星. 中国城市体系的工业职能结构 [J]. 地理研究，1991，（1）：12-23.

[368] Henri Lefebvre. The Production of Space [M]. Noboken, NJ: Wiley-Blaokwell. 1991.

[369] Gunn Clare A, Var Tourgut. 旅游规划：理论与案例. 吴必虎，吴冬青，党宁，译. 4版. 大连：东北财经大学出版社，2005.

[370] 陶伟，戴光金. 区域旅游发展的"竞合模式"探索：以苏南三镇为例 [J]. 人文地理，2002，17（4）：29-33.

[371] 吕斌，陈睿，蒋丕彦. 论三峡库区旅游地空间的变动与重构 [J]. 旅游学刊，2004，19（2）：26-31.

[372] 国家旅游局，国务院三峡办，国家发展和改革委，等. 长江三峡区域旅游发展规划 [M]. 北京：中国旅游出版社，2005.

[373] 胡军. 区域旅游系统整合优化研究 [D]. 北京：北京大学，2005.

[374] 孙克任，李好好. 区域间的经济关联与路桥建设的外部效应 [M] //陈栋生. 中国区域经济新论. 北京：经济科学出版社，2004.

[375] 崔功豪，王兴平. 当代区域规划导论 [M]. 南京：东南大学出版社，2006.

[376] Frobel（1978）在《新的国际分工》一文中通过对德国纺织与服装业全球区位演变的分析认识到，此前形成的极少数工业化国家从事工业生产，其他绝大多数欠发达国家则为前者提供原材料，并主要从事农业生产的国际分工格局正在打破，跨国公司将一批批劳动密集型生产线，开始从工业国家向欠发达国家转移.

[377] 萨森自己认为，这是全球城市定义与弗里德曼的世界城市定义之间最关键的不同. 参见：萨森. 全球城市 [M]. 周振华，译. 上海：上海科学院出版社，2005.

[378] 周振华，陈向明，黄建富. 世界城市：国际经验与上海发展 [M]. 上海：上海社会科学院出版社，2004.

[379] 武进. 中国城市形态：结构、特征及其演变 [M]. 南京：江苏科学技术出版社，1990.

[380] 胡俊. 中国城市：模式与演进 [M]. 北京：中国建筑工业出版社，1995.

[381] 段进. 城市空间发展论 [M]. 南京：江苏科学技术出版社，1999.

[382] 胡序威，周一星，顾朝林. 中国沿海城镇密集地区空间集聚与扩散研究 [M]. 北京：科学出版社，2000.

[383] 顾朝林，甄峰，张京祥. 集聚与扩散：城市空间结构新论 [M]. 南京：东南大学出版社，2000.

[384] 朱喜钢. 城市空间集中与分散论 [M]. 北京：中国建筑工业出版社，2002.

[385] 张京祥. 城镇群体空间组合 [M]. 南京：东南大学出版社，2000.

[386] 周一星，杨焕彩. 山东半岛城市群发展战略研究 [M]. 北京：中国建筑工业出版社，2004.

[387] 黄亚平. 城市空间理论与空间分析 [M]. 南京：东南大学出版社，2002.

[388] GillesPie A, Richardson R, Cornford J. Regional DeveloPment and the New Eeonomy [J]. EIB Pa-

pers, 2001, 6 (1): 109 – 131.

[389] Scott A J. New Industrial Spaces: flecible production organization and regional development in North Americe and Western Europe [M]. London: Pion ltd, 1988.

[390] Batten David F. Network cities: creative urban agglomerations for the 21st century [J]. Urban Studies, 1995, 32 (2): 313 – 327.

[391] 顾朝林. 中国城市发展的新趋势 [J]. 城市规划, 2006, 30 (3): 26 – 31.

[392] Lang R E. Edgeless Cities: Exploring the Elusive Metropolis [M]. Washington D C: Brookings Institution Press, 2003.

[393] Crevoisier Olivier. Quiquerez Frédéric. Inter – Regional Corporate Ownership and Regional Autonomy: the Case of Switzerland [J]. The Annals of Regional Science, 2005, 39 (4): 663 – 689.

[394] Masunaga R. The Asian Perspective of Cross – Border Cooperation in a Globalized Economic Environment [J]. Japan Center for International Fianace, 1999, 37 (11): 147 – 153.

[395] Tjandradewi B I, Marcotullio P J, Kidokoro T. Evaluating city – to – city cooperation: a case study of the Penang and Yokohama experience [J]. Habitat International, 2006, 30 (3): 357 – 376.

[396] Kesteloot Christian, Saey Pieter. Brussels, a Truncated Metropolis [J]. GeoJournal, 2002, 58 (1): 53 – 63.

[397] 中国行政区划研究会. 中国行政区划研究 [M]. 北京: 中国社会科学出版社, 1991: 45 – 61.

[398] 陶希东. 跨省都市圈的行政区经济分析及其整合机制研究: 以徐州都市圈为例 [D]. 上海: 华东师范大学, 2004.

[399] 谷人旭, 李广斌. 区域规划中利益协调初探: 以长江三角洲为例 [J]. 城市规划, 2006, 30 (8): 42 – 46.

[400] 卓越, 邵任薇. 当代城市发展中的行政联合趋向 [J]. 中国行政管理, 2002, (7): 19 – 21.

[401] 童宗煌. 城市规划与行政区划调整: 以温州市为例 [J]. 规划师, 2001, 17 (2): 45 – 48.

[402] 谢涤湘, 文吉, 魏清泉. "撤县 (市) 设区" 行政区划调整与城市发展 [J]. 城市规划汇刊, 2004, 152 (4): 20 – 22.

[403] 李凡. 佛山城镇空间的极化与反极化过程及其协调发展 [J]. 佛山科学技术学院学报: 自然科学版, 2004, 22 (1): 49 – 53.

[404] 周新年, 郭新尧. 区划整合后产业空间与城镇协调发展策略: 以佛山为例 [J]. 规划师, 2004, 20 (7): 84 – 86.

[405] 余丽敏, 许学强, 袁媛. 佛山行政区划调整与整合发展研究 [J]. 热带地理, 2005, 25 (3): 228 – 232.

[406] 徐雷, 张晓晓. 浙江省兼并型城市的城市形态问题思考 [J]. 浙江建筑, 2002, (4): 1 – 3.

[407] 徐雷, 张晓晓. 城市形态不是 "马赛克": 由浙江省城市兼并现象引发的思考 [J]. 浙江建筑, 2002, (3): 54 – 57.

[408] 朱波. 杭州城市空间拓展浅析 [J]. 城市规划, 2003, 27 (5): 89 – 92.

[409] 陈眉舞, 张京祥, 赵伟. 区划调整背景下的都市区内部整合研究: 以杭州为例 [J]. 规划师, 2005, 21 (5): 100 – 103.

[410] 王宁. 组合型城市形态分析: 以浙江省台州市为例 [J]. 经济地理, 1996, 16 (2): 32 – 37.

[411] 孙志涛, 黄蕾, 黄少宏. 行政区划调整之后城市规划面临的问题: 以淮安市城市总体规划为例 [J]. 规划师, 2003, 19 (8): 88 – 90.

[412] 涂建华, 张立明, 胡道华. 跨行政区域的旅游整合开发与管理的观念创新 [J]. 经济与管理, 2004, 18 (5): 11 – 13.

[413] 薛滢. 论旅游区域与行政区域的关系: 以黄山市为例 [J]. 经济地理, 2003, 23 (6): 786 – 790.

[414] 胡丽芳，周玲. 行政区旅游资源争议现象初探 [J]. 广州大学学报：社会科学版，2004，3（1）：58－61.

[415] Kloosterman R C，Lambregts B. Clustering of Economic Activities in Polycentric Urban Region：The case of the randstad [J]. Urban Studies，2001，38（4）：717－732.

[416] Hall，Pain. The Polycentric Metropolis：Learning From Mega－city Regions in Europe [M]. London：Earthscan，2006.

[417] 石忆邵. 从单中心城市到多中心城市：中国特大城市发展的空间组织模式 [J]. 城市规划汇刊，1999，（3）：36－39.

[418] 张晓明. 长江三角洲巨型城市区特征分析 [J]. 地理学报，2006，61（10）：1026－1036.

[419] 于涛方，邵军，周学江. 多中心巨型城市区研究：京津冀地区实证 [J]. 规划师，2007，23（12）：15－23.

[420] 张莉，冯德显. 河南省主体功能区划分的主导因素研究 [J]. 地域研究与开发，2007，26（2）：30－34.

[421] 张可云. 主体功能区的操作问题与解决办法 [J]. 中国发展观察，2007，（3）：26－27.

[422] 刘玉. 主体功能区建设的区域效应与实施建议 [J]. 宏观经济管理，2007，（9）：16－19.

[423] 魏后凯. 对推进形成主体功能区的冷思考 [J]. 中国发展观察，2007，（3）：28－30.

[424] 陈潇潇，朱传耿. 试论主体功能区对我国区域管理的影响 [J]. 经济问题探索，2006，（12）：21－25.

[425] 国家发展改革委宏观经济研究院国土地区研究所课题组. 我国主体功能区划分及其分类政策初步研究 [J]. 宏观经济研究，2007，（4）：3－10.

[426] 全国主体功能区划方案及遥感地理信息制成系统课题组. 省级主体功能区划分技术规程（初稿）[S]，2007.

[427] 樊杰. 基于国家"十一五"规划解析经济地理学科建设的社会需求与新命题 [J]. 经济地理，2006，26（4）：545－550.

[428] 樊杰. 我国主体功能区划的科学基础 [J]. 地理学报，2007，62（4）：339－350.

[429] 杜黎明. 主体功能区区划与建设：区域协调发展的新视野 [M]. 重庆：重庆大学出版社，2007.

[430] 王振波，朱传耿，刘书忠等. 地域主体功能区划理论初探 [J]. 经济问题探索，2007，（8）：46－49.

[431] 樊杰. 我国主体功能区划的科学基础 [J]. 地理学报，2007，62（4）.

[432] 顾朝林，张晓明，刘晋媛，等. 盐城开发空间区划及其思考 [J]. 地理学报，2007，62（8）：787－788.

[433] 冯德显，张莉，杨端霞，等. 基于人地关系理论的河南省主体功能区规划研究 [J]. 地域研究与开发，2008，27（1）：1－5.

[434] 陈敏. 县域主体功能区划分研究：以广东省云安县为例 [J]. 人文地理，2008，23（6）：55－59.

[435] 房庆方，杨细平，蔡瀛. 区域协调和可持续发展：珠江三角洲经济区城市群规划及其实施 [J]. 城市规划，1997，（1）：7－10.

[436] 高群. 长春—吉林城市整合发展研究 [D]. 长春：东北师范大学，2000.

[437] 周本顺. 巨城主导论 [M]. 长沙：湖南人民出版社，2004：132－140.

[438] 周本顺. 区域城镇结构整合战略研究 [D]. 长沙：湖南大学，2003.

[439] 王士君. 城市相互作用与整合发展的理论和实证研究 [D]. 长春：东北师范大学，2003.

[440] 周一星，杨焕彩. 山东半岛城市群发展战略研究. 北京：中国建筑工业出版社，2004.

[441] 甄峰，明立波，张敏，等. 全球化、区域化与江苏沿江区域空间重构 [J]. 城市规划，2006，30（9）：31－35.

[442] 江苏省建设厅，江苏省城乡规划设计研究院. 江苏都市圈规划：苏锡常都市圈规划（2001－2020）.

［443］周本顺. 巨城主导论. 湖南人民出版社，2004：132 - 140.

［444］杨洪，罗秋君，李蔚. 长株潭旅游一体化研究［J］. 热带地理，2003，23（4）：380 - 384.

［445］陈鸿宇. 区域经济梯度推移发展新探索：广东区域经济梯度发展和地区差距研究［M］. 北京：中国言实出版社，2001.

［446］沈建法. 香港跨境城市管治［J］. 上海城市管理职业技术学院学报，2002，（5）：8 - 10.

［447］王学真，高峰. 知识经济条件下的技术创新与区域发展［J］. 齐鲁学刊，2001，（6）：112 - 114.

［448］李培祥，李诚固. 经济全球化的区域效应［J］. 山东经济，2003，（6）：21 - 22.

［449］汤铭潭. 城市信息化与信息网络规划研究：江苏州西部次区域发展战略研究为例［J］. 建设科技，2005，（7）：19 - 21.

［450］陆大道. 中国区域发展的新因素与新格局［J］. 地理研究，2003，22（3）：261 - 271.

［451］陆大道. 中国区域发展的新因素与新格局［J］. 地理研究：2003，22（3）：261 - 271.